3ds Max 2014动画
制作案例课堂

王　强　牟艳霞　李少勇　编著

清华大学出版社

北京

内容简介

本书通过155个具体实例，全面系统地介绍了3ds Max 2014的基本操作方法和动画制作技巧。

本书按照软件功能以及实际应用进行划分，每一章的实例在编排上循序渐进，其中既有打基础、筑根基的部分，又不乏综合创新的例子。其特点是把3ds Max 2014的知识点融入实例中，读者将从中学到3ds Max 2014基本操作、常用三维文字的制作、常用三维模型的制作、设置材质与贴图、对象动画的制作、使用编辑修改器制作动画、摄影机及灯光动画、使用约束和控制器制作建筑动画、空间扭曲动画、粒子与特效动画、大气特效与后期制作、常用三维文字标版动画、电视台片头动画和小桥流水动画片段制作等。

本书内容丰富，语言通俗，结构清晰。适合于初、中级读者学习使用，也可以供从事游戏制作、影视制作和三维设计等从业人员的阅读；同时还可以作为大中专院校相关专业、相关计算机培训班的上机指导教材。

图书在版编目(CIP)数据

3ds Max 2014动画制作案例课堂/王强，牟艳霞等编著. --北京：清华大学出版社，2015
(CG设计案例课堂)
ISBN 978-7-302-38556-1

I. ①3… II. ①王… ②牟… III. ①三维动画软件 IV. ①TP391.41

中国版本图书馆CIP数据核字(2014)第273668号

责任编辑：张彦青
装帧设计：杨玉兰
责任校对：马素伟
责任印制：刘海龙

出版发行：清华大学出版社
　　　　网　　　址：http://www.tup.com.cn，http://www.wqbook.com
　　　　地　　　址：北京清华大学学研大厦A座　　　邮　　编：100084
　　　　社　总　机：010-62770175　　　　　　　　邮　　购：010-62786544
　　　　投稿与读者服务：010-62776969，c-service@tup.tsinghua.edu.cn
　　　　质　量　反　馈：010-62772015，zhiliang@tup.tsinghua.edu.cn
　　　　课　件　下　载：http://www.tup.com.cn，010-62791865
印　装　者：北京亿浓世纪彩色印刷有限公司
经　　　销：全国新华书店
开　　　本：190mm×260mm　　　印　张：29.5　　　字　　数：713千字
　　　　　　(附DVD1张)
版　　　次：2015年1月第1版　　　　　　　　印　　次：2015年1月第1次印刷
印　　　数：1～3000
定　　　价：89.00元

产品编号：061799-01

Autodesk 3ds Max 2014是Autodesk公司开发的基于PC系统的三维动画渲染和制作软件，广泛应用于工业设计、广告、影视、游戏、建筑设计等领域。从用于自动生成群组的具有创新意义的新填充功能集到显著增强的粒子流工具集，再到现在支持 Microsoft DirectX 11 明暗器且性能得到了提升的视口，3ds Max 2014融合了当今现代化工作流程所需的概念和技术。由此可见，3ds Max 2014提供了可以帮助艺术家拓展其创新能力的新工作方式。

本书以155个动画方面的实例向读者详细介绍了Autodesk 3ds Max 2014强大的三维动画制作和渲染等功能。本书注重理论与实践紧密结合，实用性和可操作性强，相对于同类Autodesk 3ds Max 2014实例书籍，本书具有以下特色：

● 信息量大：155个实例为每一位读者架起一座快速掌握3ds Max 2014使用与操作的"桥梁"；155种设计理念令每一个从事影视动画制作的专业人士在工作中灵感迸发；155种艺术效果和制作方法使每一位初学者融会贯通、举一反三。

● 实用性强：155个实例经过精心设计、选择，不仅效果精美，而且非常实用。

● 注重方法的讲解与技巧的总结：本书特别注重对各实例制作方法的讲解与技巧总结，在介绍具体实例制作的详细操作步骤的同时，对于一些重要而常用的实例的制作方法和操作技巧做了较为精辟的总结。

● 操作步骤详细：本书中各实例的操作步骤介绍非常详细，即使是初级入门的读者，只需一步一步按照本书中介绍的步骤进行操作，一定能做出相同的效果。

● 适用广泛：本书实用性和可操作性强，适用于从事三维设计、影视动画制作等行业的从业人员和广大的三维动画制作爱好者阅读参考，也可供各类计算机培训班作为教材使用。

本书主要由王强、牟艳霞、刘蒙蒙、高甲斌、任大为、刘鹏磊、张炜、徐文秀、吕晓梦、于海宝、孟智青、李少勇、赵鹏达、王海峰、王玉、李娜、刘晶、刘峥和弭蓬编写，白文才录制多媒体教学视频，其他参与编写的还有陈月娟、陈月霞、刘希林、黄健、刘希望、黄永生、田冰、徐昊，北方电脑学校的温振宁、刘德生、宋明、刘景君老师，德州职业技术学院的张锋、相世强老师，谢谢你们在书稿前期材料的组织、版式设计、校对、编排以及大量图片的处理等方面所做的工作。

前言
Preface

　　这本书总结了作者从事多年影视编辑的实践经验，目的是帮助想从事影视制作行业的广大读者迅速入门并提高学习和工作效率，同时对有一定视频编辑经验的朋友也有很好的参考作用。由于时间仓促，疏漏之处在所难免，恳请读者和专家指教。如果您对书中的某些技术问题持有不同的意见，欢迎与作者联系，E-mail：Tavili@tom.com。

编　者

目录
Contents

目录
Contents

第 5 章　简单的对象动画

第 6 章　常用编辑修改器动画

目录
Contents

目录
Contents

第 10 章　粒子与特效动画

第 11 章　大气特效与后期制作

目录

第 1 章
3ds Max 2014
的基本操作

本章主要介绍有关 3ds Max 2014 中文版的基础知识，包括安装 3ds Max 2014 系统。3ds Max 属于单屏幕操作软件，它所有的命令和操作都在一个屏幕上完成，不用进行切换，这样可以节省大量工作时间，同时创作也更加直观明了。作为一个 3ds Max 的初级用户，在没有掌握这个软件之前，首先学习和适应软件的工作环境及基本的文件操作是非常重要的。

案例精讲 001　3ds Max 2014 的安装

 案例文件：无

 视频文件：视频教学 | Cha01|3ds Max 2014 的安装 .avi

制作概述

本例介绍 3ds Max 软件的安装，根据安装提示进行安装。

学习目标

掌握 3ds Max 软件的安装方法。

操作步骤

(1) 首先将安装光盘放入到光驱中，打开【我的电脑】，找到 3ds Max 2014 的安装系统，双击 Setup.exe，弹出【安装初始化】对话框，然后在弹出的对话框中单击【安装】按钮，如图 1-1 所示。

(2) 在弹出的对话框中选中右下角的【我接受】单选按钮，如图 1-2 所示，然后单击【下一步】按钮。

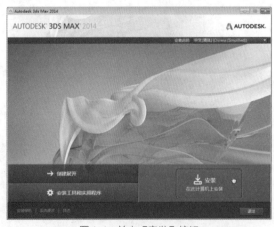

图 1-1　单击【安装】按钮

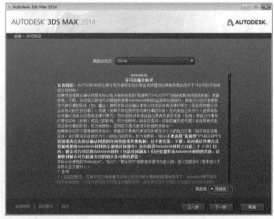

图 1-2　选中【我接受】单选按钮

(3) 在弹出的对话框中选中【我有我的产品信息】单选按钮，然后输入【序列号】和【产品密钥】，如图 1-3 所示，输入完成之后单击【下一步】按钮。

(4) 再在弹出的对话框中指定安装路径，如图 1-4 所示。

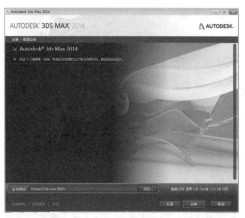

图1-3　输入序列号和产品密钥　　　　　　　　　　　图1-4　选择安装路径

提示　　　　上面所介绍的 3ds Max 2014 是在 Win7 系统上安装的，如果在 XP 系统上安装，将不支持中文。

(5) 单击【安装】按钮，即可弹出如图 1-5 所示的安装进度窗口。

(6) 安装完成之后会弹出一个如图 1-6 所示的对话框，单击【完成】按钮即可。

图1-5　安装进度窗口　　　　　　　　　　　　　　图1-6　安装完成

案例精讲 002　V-Ray 高级渲染器的安装

🖊 案例文件：无

💿 视频文件：视频教学 | Cha01| V-Ray 的安装 .avi

制作概述

本例介绍 V-Ray 高级渲染器插件的安装，根据安装提示进行安装。

学习目标

学会 V-Ray 高级渲染器插件的安装方法。

操作步骤

(1) 首先双击运行 V-Ray 插件的应用程序，打开如图 1-7 所示的安装界面，单击【继续】按钮。

(2) 在打开的窗口中勾选【我同意"许可协议"中的条款】复选框，单击【我同意】按钮，如图 1-8 所示。

图 1-7　单击【继续】按钮

图 1-8　勾选复选框并单击【我同意】按钮

> **知识链接**
>
> 　　V-Ray 是由 Chaosgroup 和 Asgvis 公司出品，中国由曼恒公司负责推广的一款高质量渲染软件。V-Ray 是目前业界最受欢迎的渲染引擎。基于 V-Ray 内核开发的有 V-Ray for 3ds Max、Maya、Sketchup、Rhino 等诸多版本，为不同领域的优秀 3D 建模软件提供了高质量的图片和动画渲染。除此之外，V-Ray 也可以提供单独的渲染程序，方便使用者渲染各种图片。

(3) 在打开的窗口中选择插件的安装路径，插件会自动查找 3ds Max 2014 软件的安装路径，单击【继续】按钮即可，如图 1-9 所示。

(4) 在打开的窗口中，选择是否创建快捷方式，单击【继续】按钮，如图 1-10 所示。

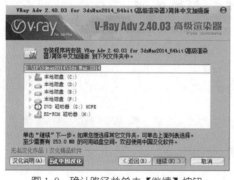

图 1-9　确认路径并单击【继续】按钮

图 1-10　单击【继续】按钮

(5) 在打开的窗口中，单击【安装】按钮即可，如图 1-11 所示。

(6) 即可弹出安装进度界面，如图 1-12 所示，等待进度条完成即可。

图 1-11 单击【安装】按钮

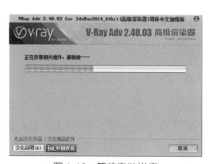

图 1-12 等待安装进度

(7) 安装进度完成后在弹出的对话框中单击【继续】按钮，如图 1-13 所示。

(8) 在打开的窗口中单击【继续】按钮，如图 1-14 所示

图 1-13 单击【继续】按钮

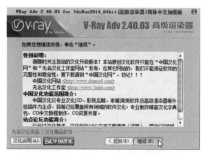

图 1-14 单击【继续】按钮

(9) 在打开的窗口中单击【完成】按钮即可完成安装，如图 1-15 所示。

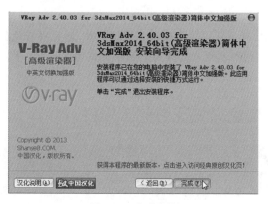

图 1-15 完成安装

案例精讲 003 自定义快捷键

案例文件：无

视频文件：视频教学 | Cha01| 自定义快捷键 .avi

制作概述

本例介绍自定义快捷键，通过使用软件中自带功能，完成提高工作效率的方法。

学习目标

学会自定义快捷键的方法。

操作步骤

(1) 启动 3ds Max 2014，在菜单栏中选择【自定义】|【自定义用户界面】命令，如图 1-16 所示。

(2) 在弹出的对话框中选择【键盘】选项卡，在左侧列表框中选择【CV 曲线】选项，在【热键】文本框中输入要设置的快捷键，例如输入 Alt+Ctrl+A，如图 1-17 所示，再单击【指定】按钮，指定完成后，单击【保存】按钮即可。

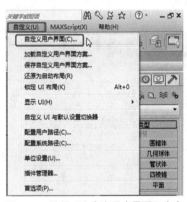

图 1-16　选择【自定义用户界面】命令

图 1-17　【自定义用户界面】对话框

 提示　在 3ds Max 中，除了可以为选项设置快捷键外，还可以将设置的快捷键进行删除，在【键盘】选项卡中左侧的列表框中选择要删除快捷键的选项，然后单击【移除】按钮即可。

案例精讲 004　自定义快速访问工具栏

 案例文件：无

　视频文件：视频教学 | Cha01| 自定义快速访问工具栏 .avi

制作概述

本例介绍如何自定义快速访问工具栏。通过在软件中使用【自定义用户界面】对话框，设置工具栏中的快速访问工具栏选项，来完成创建任意命令的快速访问。

学习目标

掌握添加自定义快速访问工具栏的方法。

操作步骤

(1) 在菜单栏中选择【自定义】|【自定义用户界面】命令，在弹出的对话框中选择【工具栏】

选项卡，在左侧列表框中选择【3ds Max 帮助】选项，按住鼠标将其拖曳到【快速访问工具栏】列表框中，如图 1-18 所示。

(2) 添加完成后，将该对话框关闭，即可在快速访问工具栏中找到添加的按钮，如图 1-19 所示。

 提示　　　用户也可以将快速访问工具栏中的按钮删除，在要删除的按钮上右击鼠标，在弹出的快捷菜单中选择【从快速访问工具栏移除】命令，即可将该按钮删除。

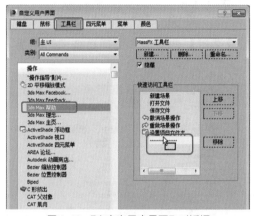

图 1-18　【自定义用户界面】对话框

图 1-19　快速访问工具栏中添加的快速访问

案例精讲 005　自定义菜单

案例文件：无

视频文件：视频教学 | Cha01| 自定义菜单 .avi

制作概述

本例介绍如何自定义菜单。通过在软件中使用【自定义用户界面】对话框，在菜单栏中添加菜单命令。

学习目标

学会自定义添加菜单命令。

操作步骤

(1) 在菜单栏中选择【自定义】|【自定义用户界面】命令，如图 1-20 所示。

(2) 执行该操作后，即可打开【自定义用户界面】对话框，在该对话框中选择【菜单】选项卡，如图 1-21 所示。

(3) 然后再单击【新建】按钮，在弹出的对话框中将【名称】设置为【几何体】，如图 1-22 所示。

图 1-20　选择【自定义用户界面】命令

图 1-21　选择【菜单】选项卡

(4) 输入完成后，单击【确定】按钮，在左侧的【菜单】列表框中选择新添加的菜单，按住鼠标将其拖曳到右侧的列表框中，如图 1-23 所示。

图 1-22　新建菜单

图 1-23　添加菜单命令

(5) 在右侧列表框中单击【几何体】菜单左侧的加号，选择其下方的【菜单尾】，在左侧的【操作】列表框中选择【茶壶】，将其添加到【几何体】菜单中，如图 1-24 所示。

(6) 使用同样的方法添加其他菜单命令，添加完成后，将该对话框关闭，即可在菜单栏中查看添加的命令，如图 1-25 所示。

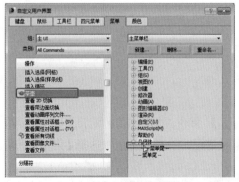

图 1-24　选择命令拖至创建的菜单中

图 1-25　查看自定义的菜单效果

案例精讲 006 加载 UI 用户界面

✍ 案例文件：无

🎬 视频文件：视频教学 | Cha01 | 加载 UI 用户界面 .avi

制作概述

本例介绍加载 UI 用户界面，通过在软件中使用【加载自定义用户界面方案】对话框，选择已经存在的 UI 方案进行使用。

学习目标

学会如何对外部的 UI 方案选择使用。

操作步骤

(1) 启动 3ds Max 2014，在菜单栏中选择【自定义】|【加载自定义用户界面方案】命令，如图 1-26 所示。

(2) 即可打开【加载自定义用户界面方案】对话框，找到我们的安装路径，在该对话框中选择所需的用户界面方案即可，如图 1-27 所示。

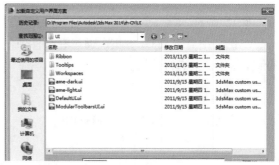

图 1-26　选择【加载自定义用户界面方案】命令　　　　图 1-27　【加载自定义用户界面方案】对话框

(3) DefaultUI.ui 用户界面方案为系统默认的用户界面，如图 1-28 所示。用户可以根据喜好更改其他用户界面方案，其中 ame-light.ui 用户界面方案如图 1-29 所示。

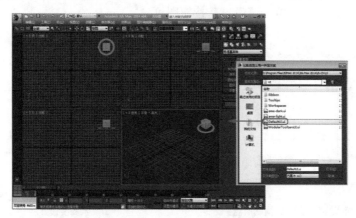

图 1-28　DefaultUI.ui 用户界面方案

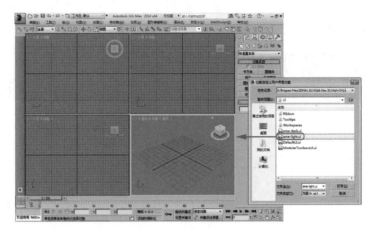

图 1-29　ame-light.ui 用户界面方案

案例精讲 007　自定义 UI 方案

案例文件：无

视频文件：视频教学 | Cha01| 自定义 UI 方案 .avi

制作概述

本例介绍自定义 UI 方案，通过在软件中使用【自定义 UI 与默认设置切换器】对话框，自行设计 UI 方案进行使用。

学习目标

学会如何自定义 UI 方案进行使用。

操作步骤

(1) 启动 3ds Max 2014，在菜单栏中选择【自定义】|【自定义 UI 与默认设置切换器】命令，如图 1-30 所示。

(2) 执行该操作后，即可弹出【为工具选项和用户界面布局选择初始设置】对话框，如图 1-31 所示。选择需要的 UI 方案，单击【设置】按钮即可。

图 1-30　选择【自定义 UI 与默认设置切换器】命令

图 1-31　选择要设置的 UI 方案进行设置

案例精讲 008 保存用户界面

制作概述

本例介绍如何保存用户界面。通过在软件中使用【保存自定义用户界面方案】对话框，保存自行设计的 UI 方案。

学习目标

学会如何保存用户界面。

掌握保存用户界面的操作过程。

操作步骤

(1) 在菜单栏中选择【自定义】|【保存自定义用户界面方案】命令，即可打开【保存自定义用户界面方案】对话框，如图 1-32 所示。

(2) 在该对话框中指定保存路径，并设置【文件名】及【保存类型】，设置完成后，单击【保存】按钮，即可弹出如图 1-33 所示的对话框，在该对话框中使用其默认设置，单击【确定】按钮，即可保存用户界面方案。

图 1-32 【保存自定义用户界面方案】对话框

图 1-33 单击【确定】按钮

案例精讲 009 自定义菜单图标

制作概述

本例介绍如何自定义菜单图标。通过在软件中使用【自定义用户界面】对话框，自行设计菜单的图标。

学习目标

学会如何保存自定义菜单图标。

操作步骤

(1) 启动 3ds Max 2014，在菜单栏中选择【自定义】|【自定义用户界面】命令，如图 1-34 所示。

(2) 在弹出的对话框中选择【菜单】选项卡，然后选择【创建】|【创建 - 图形】|【星形图形】选项，右击鼠标，在弹出的快捷菜单中选择【编辑菜单项图标】命令，如图 1-35 所示。

图 1-34　选择【自定义用户界面】命令

图 1-35　选择【编辑菜单项图标】命令

(3) 在弹出的对话框中，选择随书附带光盘中的 CDROM|Scenes|Cha01|1-5.png 素材文件，如图 1-36 所示。

(4) 选择完成后，单击【打开】按钮，打开完成后，将【自定义用户界面】对话框关闭，将工作区设置为【默认使用增强型菜单】命令。在菜单栏中选择【对象】|【图形】|【星形】选项，即可发现该选项的图标发生了变化，效果如图 1-37 所示。

图 1-36　选择要替换的图标

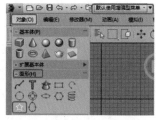

图 1-37　替换菜单图标后的效果

案例精讲 010　禁用小盒控件

 案例文件：无

　　视频文件：视频教学 | Cha01| 禁用小盒控件 .avi

制作概述

本例介绍如何禁用小盒控件。通过在软件中使用【首选项设置】对话框进行设置。

学习目标

学会如何禁用小盒控件。

操作步骤

(1) 打开一个素材文件，在视图中选择Box05，切换至【修改】命令面板中，单击【修改器列表】选择【编辑多边形】，将当前选择集设置为【编辑多边形】，在【编辑几何体】卷展栏中单击【细化】右侧的【设置】按钮，即可弹出一个小盒控件，如图 1-38 所示。

(2) 关闭小盒控件，即可取消小盒控件的显示，在菜单栏中选择【自定义】|【首选项】命令，如图 1-39 所示。

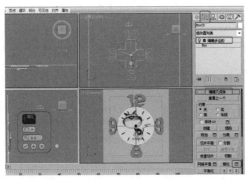

图 1-38　显示小盒控件

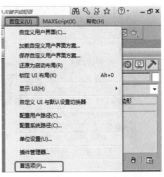

图 1-39　选择【首选项】命令

(3) 在弹出的对话框中选择【常规】选项卡，在【用户界面显示】选项组中取消勾选【启用小盒控件】复选框，如图 1-40 所示。

(4) 设置完成后，单击【确定】按钮，再次在【编辑几何体】卷展栏中单击【细化】右侧的【设置】按钮，即可弹出【细化选择】对话框，如图 1-41 所示。

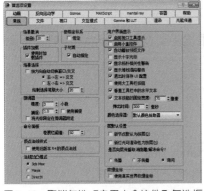

图 1-40　取消勾选【启用小盒控件】复选框

图 1-41　【细化选择】对话框

案例精讲 011　创建新的视口布局

 案例文件：无

 视频文件：视频教学 | Cha01| 创建新的视口布局 .avi

制作概述

本例介绍如何创建新的视口布局。通过【创建新的视口布局选项卡】按钮更改视口布局。

学习目标

学会如何创建新的视口布局。

操作步骤

(1) 继续上面的操作,在界面左侧单击【创建新的视口布局选项卡】按钮▶,在弹出的列表中选择如图 1-42 所示的视口布局。

(2) 选择完成后,即可更改视口布局,更改后的效果如图 1-43 所示。

图 1-42　选择新的视口布局

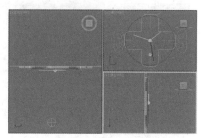

图 1-43　创建新布局后的效果

案例精讲 012　搜索 3ds Max 命令

 案例文件:无

　视频文件:视频教学 | Cha01| 搜索 3ds Max 命令 .avi

制作概述

本例介绍如何使用搜索 3ds Max 命令。用户可以根据需要搜索 3ds Max 中的各项命令。

学习目标

学会使用搜索 3ds Max 命令。

操作步骤

(1) 在菜单栏中选择【帮助】|Search 3ds Max Commands 命令,如图 1-44 所示。

(2) 在弹出的文本框中输入要搜索的命名,将会弹出相应的命令,如图 1-45 所示。

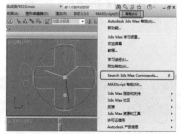

图 1-44　选择 Search 3ds Max Commands 命令

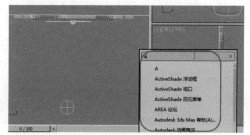

图 1-45　在搜索框中输入命令

第 2 章
常用三维文字的制作

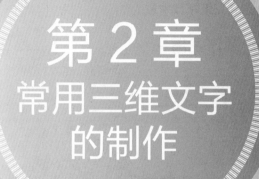

三维字体的实现是利用文本工具创建出基本的文字造型，然后使用不同的修改器完成字体造型的制作。本章将介绍在三维领域中最为常用而又实用的文字制作方法。

案例精讲 013 制作金属文字

> 📝 案例文件：CDROM | Scenes | Cha02 | 制作金属文字 .max
>
> 🎬 视频文件：视频教学 | Cha02 | 制作金属文字 .avi

制作概述

本例将介绍如何制作金属文字。首先使用【文本】工具输入文字，然后为文字添加【倒角】修改器，最后为文字添加摄影机及灯光，完成后的效果如图 2-1 所示。

图 2-1　金属文字

学习目标

学会如何使用【文本】工具和【倒角】修改器，以及如何利用摄影机及灯光更好地表现文字。

操作步骤

(1) 启动软件后，按 G 键取消网格显示，选择【创建】|【图形】|【文本】命令，将【字体】设置为【方正综艺简体】，将【大小】设置为75，在【文本】下的文本框中输入文字"城市花园"，然后在【顶】视图中单击鼠标创建文字，如图 2-2 所示。

(2) 确定文字处于选择状态，单击【修改】按钮，为文字添加【倒角】修改器，在【倒角】卷展栏中将【级别1】下的【高度】设置为13，勾选【级别2】复选框，将【高度】设为1、【轮廓】设为 -1，如图 2-3 所示。

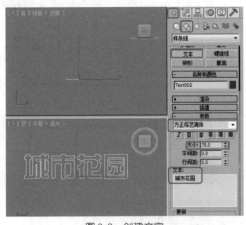

图 2-2　创建文字

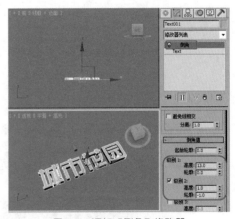

图 2-3　添加【倒角】修改器

知识链接

　　【倒角】修改器是通过对二维图形进行挤出成形，并且在挤出的同时，在边界上加入直形或圆形的倒角，一般用来制作立体文字和标志。

(3) 按 M 键打开【材质编辑器】对话框，选择一个空白的材质球，将其命名为【金属】，然后将明暗器类型设置为【(M) 金属】，将【环境光】RGB 值设置为 209、205、187，在【反射高光】选项组中将【高光级别】、【光泽度】分别设置为 102、74，如图 2-4 所示。

 提示　　材质主要用于描述对象如何反射和传播光线，材质中的贴图主要用于模拟对象质地、提供纹理图案、反射、折射等其他效果 (贴图还可以用于环境和灯光投影)。依靠各种类型的贴图，可以创作出千变万化的材质。例如，在瓷瓶上贴上花纹就成了名贵的瓷器。高超的贴图技术是制作仿真材质的关键，也是决定最后渲染效果的关键。关于材质的调节和指定，系统提供了【材质编辑器】对话框和【材质/贴图浏览器】对话框。【材质编辑器】对话框用于创建、调节材质，并最终将其指定到场景中；【材质/贴图浏览器】对话框用于检查材质和贴图。

(4) 展开【贴图】卷展览，单击【反射】通道后的【无】按钮，在弹出的【材质/贴图浏览器】对话框中双击【光线跟踪】选项，保持默认设置，单击【转到父对象】按钮，效果如图 2-5 所示。

(5) 确定文字处于选择状态，单击【将材质指定给选定对象】按钮和【在视口中显示标准贴图】按钮，将对话框关闭，在【透视】视图中的效果如图 2-6 所示。

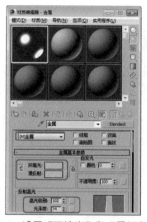
图 2-4　设置【环境光】和【反射高光】

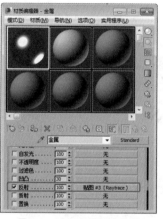
图 2-5　设置【反射】通道

图 2-6　赋予材质后的效果

(6) 选择【创建】|【摄影机】|【目标】选项，然后在【顶】视图中创建一个目标摄影机，激活【透视】视图，按 C 键将该视图转换为【摄影机】视图，然后使用【移动工具】在其他视图中调整摄影机的位置，效果如图 2-7 所示。

(7) 选择【创建】|【几何体】|【平面】工具，在【顶】视图中创建一个【长度】、【宽度】分别为 500、500 的平面，并将其调整至合适的位置，如图 2-8 所示。

(8) 按 M 键打开【材质编辑器】对话框，选择空白材质球，将【Blinn 基本参数】卷展览中【环境光】RGB 值设置为 208、208、200，单击【将材质指定给选定对象】按钮和【在视口中显示标准贴图】按钮，如图 2-9 所示。

提示　　选择 Blinn 明暗器选项后，可以使材质高光点周围的光晕是旋转混合的，背光处的反光点形状为圆形，清晰可见，如增大柔化参数值，Blinn 的反光点将保持尖锐的形态，从色调上来看，Blinn 趋于冷色。

【环境光】用于控制对象表面阴影区的颜色。

【环境光】和【漫反射】的左侧有一个【锁定】按钮，用于锁定【环境光】、【漫反射】两种材质中，锁定的目的是使被锁定的两个区域颜色保持一致，调节一个时另一个也会随之变化。

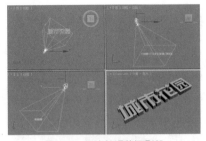
图 2-7 创建并调整摄影机

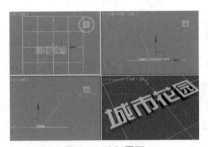
图 2-8 绘制平面

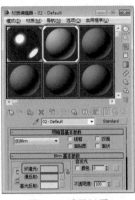
图 2-9 设置材质

(9) 将对话框关闭，选择【创建】|【灯光】|【标准】|【泛光】工具，在【前】视图中创建一个泛光灯，如图 2-10 所示。

(10) 切换至【修改】命令面板，在【阴影参数】卷展栏中将【密度】设置为 0.5，按 Enter 键确认，如图 2-11 所示。

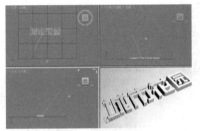
图 2-10 创建泛光灯

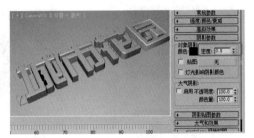
图 2-11 设置【密度】

知识链接

　　【泛光灯】向四周发散光线，标准的泛光灯用来照亮场景，它的优点是易于建立和调节，不用考虑是否有对象在范围外而不被照射；缺点就是不能创建太多，否则显得无层次感。泛光灯用于将"辅助照明"添加到场景中，或模拟点光源。

　　泛光灯可以投射阴影和投影，单个投射阴影的泛光灯等同于 6 盏聚光灯的效果，从中心指向外侧。另外泛光灯常用来模拟灯泡、台灯等光源对象。

(11) 在【顶】视图中再创建一个泛光灯，切换至【修改】命令面板，在【常规参数】卷展栏中勾选【阴影】下的【启用】复选框，在【强度 / 颜色 / 衰减】卷展栏中将【倍增】设置为 0.03，按 Enter 键确认，如图 2-12 所示。

提示　　【启用】选项用来启用和禁用灯光。当【启用】选项处于启用状态时，使用灯光着色和渲染来照亮场景。当【启用】选项处于禁用状态时，进行着色或渲染时不使用该灯光。默认设置为启用。

　　【倍增】设置则可以指定正数或负数量来增减灯光的能量，例如，输入 2，表示灯光亮度增强两倍。使用这个参数提高场景亮度时，有可能会引起颜色过亮，还可能产生视频输出中不可用的颜色，所以除非是制作特定案例或特殊效果，否则选择 1。

(12) 再在【阴影参数】卷展栏中将【密度】设置为 2，按 Enter 键确认，使用同样的方法创建其他灯光，并在视图中调整其位置，调整后的效果如图 2-13 所示。

注意　【密度】参数设置较大时将产生一个粗糙、有明显的锯齿状边缘的阴影；相反，阴影的边缘会变得比较平滑。

(13) 调整完成后按 F9 键对【摄影机】视图进行渲染，渲染完成后的效果如图 2-14 所示。

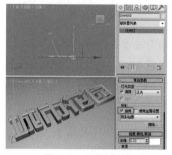
图 2-12　设置参数

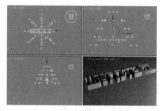
图 2-13　设置其他灯光

图 2-14　渲染完成后的效果

案例精讲 014　制作沙砾金文字

案例文件：CDROM | Scenes| Cha02 | 制作沙砾金文字 .max

视频文件：视频教学 | Cha02 | 制作沙砾金文字 .avi

制作概述

本例将介绍如何制作沙砾金文字。首先创建文字，然后为文字添加【倒角】修改器，利用【长方体】和【矩形】工具制作文字的背板，最后为文字及背板设置材质，完成后的效果如图 2-15 所示。

图 2-15　沙砾金文字

学习目标

学会【文字】、【长方体】、【矩形】工具的使用，以及为文字添加【倒角】修改器。

操作步骤

(1) 选择【创建】|【图形】|【文本】工具，在【参数】卷展栏中将【字体】设置为【隶书】，将【字间距】设置为 0.5，在【文本】框中输入文字"驰名商标"，然后在【前】视图中单击鼠标左键创建文字，如图 2-16 所示。

(2) 单击【修改】按钮，进入【修改】命令面板，在【修改器列表】中选择【倒角】修改器，勾选【避免线相交】复选框，将【起始轮廓】设置为 5，将【级别 1】下的【高度】设置为 10，勾选【级别 2】复选框，将【高度】、【轮廓】分别设置为 2、–2，如图 2-17 所示。

CG设计案例课堂

图 2-16 输入文字

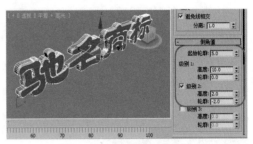

图 2-17 设置【倒角】参数

提示

勾选【避免线相交】复选框，可以防止尖锐折角产生的突出变形。

勾选【避免线相交】复选框会增加系统的运算时间，可能会等待很久，而且将来在改动其他倒角参数时也会变得迟钝，所以尽量避免使用这个功能。如果遇到线相交的情况，最好是返回到曲线图形中手动修改，将转折过于尖锐的地方调节圆滑。

(3) 选择【创建】|【几何体】|【长方体】工具，在【前】视图中创建一个【长度】、【宽度】和【高度】分别为 120、420、-1 的长方体，将其命名为"背板"，如图 2-18 所示。

(4) 选择【创建】|【图形】|【矩形】工具，在【前】视图中沿背板的边缘创建【长度】、【宽度】分别为 120、420 的矩形，将其命名为"边框"，如图 2-19 所示。

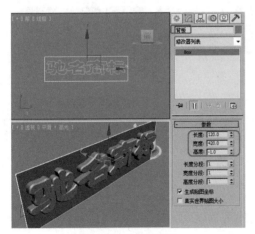

图 2-18 绘制长方体

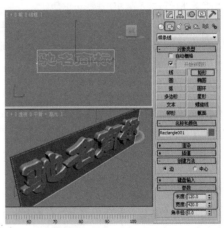

图 2-19 绘制矩形

(5) 进入【修改】命令面板，在【修改器列表】中选择【编辑样条线】修改器，将当前选择集定义为【样条线】，在视图中选择样条曲线，在【几何体】卷展栏中将【轮廓】设置为-12，如图 2-20 所示。

(6) 关闭当前选择集，在【修改器列表】中选择【倒角】修改器，在【倒角值】卷展栏中将【起始轮廓】设置为 1.6，将【级别 1】下的【高度】和【轮廓】分别设置为 10、-0.8，勾选【级别 2】复选框，将【高度】和【轮廓】分别设置为 0.5、-3.8，如图 2-21 所示。

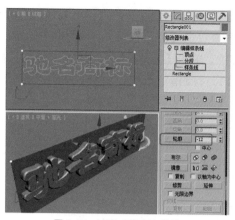
图 2-20 设置【轮廓】参数

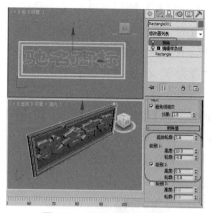
图 2-21 设置【倒角】参数

(7) 按 M 键打开【材质编辑器】对话框，选择一个空白的材质球，在【明暗器基本参数】卷展栏中将明暗器类型设置为【(M) 金属】，将【环境光】的 RGB 值设置为 0、0、0，取消【环境光】与【漫反射】之间的锁定，将【漫反射】的 RGB 值设置为 255、240、5，将【高光级别】和【光泽度】分别设置为 100、80，打开【贴图】卷展栏，单击【反射】通道后的【无】按钮，在打开的对话框中双击【位图】选项，弹出【选择位图图像文件】对话框，在该对话框中选择随书附带光盘中的 CDROM|Map|Gold04.jpg 文件，单击【打开】按钮，如图 2-22 所示。

> 【金属明暗器】选项提供了一种比较特殊的渲染方式，专用于金属材质的制作，可以提供金属所需的强烈反光。它取消了【高光反射】色彩的调节，反光点的色彩仅依据于【漫反射】色彩和灯光的色彩。

由于取消了【高光反射】色彩的调节，所以高光部分的高光度和光泽度设置也与 Blinn 有所不同。【高光级别】仍控制高光区域的亮度，而【光泽度】部分变化的同时将影响高光区域的亮度和大小。

(8) 单击【转到父对象】按钮，返回到上一层级，然后将材质指定给文字和使用矩形制作的边框，效果如图 2-23 所示。

图 2-22 【选择位图图像文件】对话框

图 2-23 指定材质后的效果

(9) 再选择一个空白的材质球，在【明暗器基本参数】卷展栏中将明暗器类型设置为【(M)金属】，在【金属基本参数】卷展栏中将【环境光】设置为黑色，取消【环境光】和【漫反射】之间的锁定，将【漫反射】的 RGB 值设置为 255、240、5，将【高光级别】和【光泽度】分别设置为 100、0。打开【贴图】卷展栏，单击【反射】通道后的【无】按钮，在弹出的对话框中双击【位图】贴图，再在打开的对话框中选择随书附带光盘中的 CDROM|Map|Gold04.jpg 文

件，单击【打开】按钮，单击【转到父对象】按钮，返回到上一层级，将【凹凸】通道后的【数量】设置为 120，单击【无】按钮，在弹出的对话框中双击【位图】贴图，再在打开的对话框中选择随书附带光盘中的 CDROM|Map|SAND.jpg 文件，单击【打开】按钮，将【瓷砖】下的 U、V 均设置为 3，确定【背板】处于选择状态，单击【将材质指定给选定对象】按钮，如图 2-24 所示。

(10) 选择【创建】|【灯光】|【标准】【泛光】工具，在【顶】视图中创建泛光灯，在【强度/颜色/衰减】卷展栏中将【倍增】设置为 0.3，将其后面的颜色的 RGB 值设置为 252、252、238，然后使用【选择并移动】工具，在视图中调整其位置，效果如图 2-25 所示。

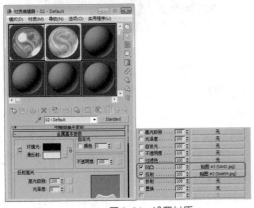

图 2-24　设置材质

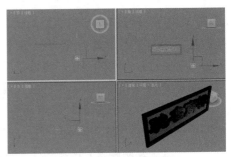

图 2-25　创建并调整泛光灯

(11) 选择【创建】|【灯光】|【标准】【泛光】工具，在【顶】视图中创建泛光灯，将【强度/颜色/衰减】区域下的【倍增】设置为 0.3，将其后面的颜色 RGB 值设置为 223、223、223，然后使用【选择并移动】工具，调整其灯光的位置，如图 2-26 所示。

(12) 使用同样的方法设置其他泛光灯，选择【创建】|【摄影机】|【目标】工具，在【顶】视图中创建摄影机，然后在视图中调整其位置，将【透视】视图转换为【摄影机】视图，如图 2-27 所示。

图 2-26　添加泛光灯

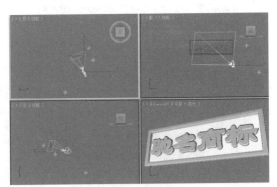

图 2-27　添加摄影机

(13) 激活【摄影机】视图，按 F9 键对其进行渲染输出即可，最后将场景进行保存。

案例精讲 015 制作玻璃文字

✎ 案例文件：CDROM | Scenes | Cha02 | 玻璃文字 .max

💿 视频文件：视频教学 | Cha02 | 玻璃文字 .avi

制作概述

本例介绍玻璃文字的制作。首先使用文字工具设置参数绘制文字，再使用【倒角】修改器为文字增加【高度】、【轮廓】，使文字出现立体效果，再为文字添加明暗效果，最后为文字添加背景，并使用摄影机渲染效果，完成后的效果如图 2-28 所示。

图 2-28　玻璃文字

学习目标

学会玻璃文字的制作方法。

操作步骤

(1) 选择【创建】 ✦ |【图形】 ⊙ |【文本】工具，在【参数】卷展栏中单击【字体】右侧的下三角按钮，在弹出的菜单中选择【经典隶书简】，将【大小】设置为 100，在【文本】文本框中输入"数码时代"，将在【前】视图中单击即可创建文字，如图 2-29 所示。

提示　【文本】工具可以直接产生文字图形，在中文 Windows 平台下可以直接产生各种字体的中文字形，字形的内容、大小、间距都可以调整，在完成了动画制作后，仍可以修改文字的内容。各项参数功能介绍如下。

【大小】：设置文字的大小尺寸。

【字间距】：设置文字之间的间隔距离。

【行间距】：设置文字行与行之间的距离。

【文本】：用来输入文本文字。

【更新】：设置修改参数后，视图是否立刻进行更新显示。遇到大量文字处理时，为了加快显示速度，可以勾选【手动更新】复选框，手动更新视图。

(2) 进入【修改】命令面板，在【修改器列表】中选择【倒角】修改器，在【倒角值】卷展栏中的【级别 1】下的【高度】与【轮廓】文本框中分别输入 2、2，勾选【级别 2】复选框，并在下方的【高度】文本框中输入 15，再勾选【级别 3】复选框，在下方的【高度】与【轮廓】文本框中分别输入 2、–2，按 Enter 键确认即可，如 2-30 所示。

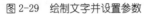

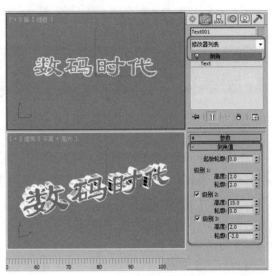

图 2-29　绘制文字并设置参数　　　　　　　　　图 2-30　设置【倒角】参数

（3）在工具栏中单击【材质编辑器】按钮 ，在弹出的【材质编辑器】对话框中选择第一个样本材质球，在【明暗器参数】卷展栏中勾选【双面】复选框，在【Blinn 基本参数】卷展栏中单击 ⊏ 按钮，取消【环境光】和【漫反射】颜色的锁定，单击 ⊏ 按钮，在弹出的对话框中单击【是】按钮，将【漫反射】和【高光反射】锁定，将【环境光】的 RGB 值设置为 200、200、200，将【漫反射】的 RGB 值设置为 255、255、255，然后设置【不透明度】值为 10，按 Enter 键确认，在【反射高光】选项组中的【高光级别】和【光泽度】文本框中分别输入100、69，在【柔化】文本框中输入 0.53，并按 Enter 键确认，如图 2-31 所示。

（4）在【扩展参数】卷展栏中将【过滤】的 RGB 值设置为 255、255、255，在【数量】文本框中输入 100，并按 Enter 键确认，如图 2-32 所示。

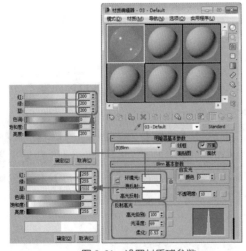

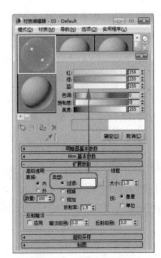

图 2-31　设置材质球参数　　　　　　　　　图 2-32　设置过滤参数

（5）在【贴图】卷展栏中单击【折射】右侧的【无】按钮，在弹出的【材质/贴图浏览器】

对话框中双击【光线追踪】选项，在【光线跟踪器参数】卷展栏中取消勾选【光线跟踪大气】与【反射/折射材质 ID】复选框，如图 2-33 所示。

(6) 单击【转到父对象】按钮🔶，然后在【贴图】卷展栏中将【折射】的【数量】设置为 90，并按 Enter 键确认，设置完成后，单击【将材质指定给选定对象】按钮🔷即可，如图 2-34 所示。

(7) 在【材质编辑器】对话框中选择第二个材质样本球，单击【获取材质】按钮🔷。在弹出的【材质/贴图浏览器】对话框中双击【位图】选项，如图 2-35 所示。

(8) 在弹出的【选择位图图像文件】对话框中找到随书附带光盘中的 CDROM|Map|Cloud001.tif 文件，单击【打开】按钮，将【材质/贴图浏览器】对话框关闭，在【坐标】卷展栏中选中【环境】单选按钮，在【贴图】右侧的下拉列表中选择【收缩包裹环境】选项，将【瓷砖】下的 U、V 都设为 0.9，如图 2-36 所示。

 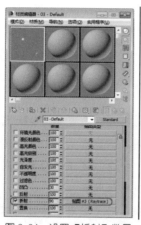  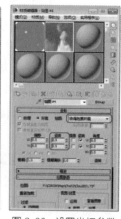

图 2-33　设置【折射】参数　　图 2-34　设置【折射】数量　　图 2-35　选择【位图】选项　　图 2-36　设置坐标参数

(9) 按 8 键，在弹出的【环境和效果】面板中选择【环境】选项卡，将第二个材质样本球上的背景材质拖动到【环境和效果】对话框中的环境贴图中，在弹出的【实例(副本)贴图】对话框中选中【实例】单选按钮，如图 2-37 所示。

> **注意**　现实生活中的所有对象一般都在某种特定的环境中。环境对场景氛围的设置起到很大的作用。【环境和效果】面板中包含有设置颜色、背景图像和光照环境等对话框，使用这些对话框有助于用户定义场景。

其中，【环境贴图】下方的按钮会显示贴图的名称，如果尚未指定名称，则显示"无"。贴图必须使用环境贴图坐标(如球形、柱形、收缩包裹和屏幕)。

要指定环境贴图，请单击【环境贴图】按钮，在弹出【材质/贴图浏览器】对话框中选择贴图，或将【材质编辑器】对话框中的贴图拖放到【环境贴图】按钮上。此时会出现一个对话框，询问用户复制贴图的方法，这里给出了两种方法：一种是【实例】；另一种是【复制】。

(10) 选择【创建】 ✳ |【摄影机】 📷，在【对象类型】卷展栏中选择【目标】工具，在【顶视图】中创建一个摄影机对象，如图 2-38 所示。

(11) 激活【透视】视图，然后按 C 键将当前激活的视图转为【摄影机】视图，并在其他视图中调整摄影机的位置，调整后的效果如图 2-39 所示。

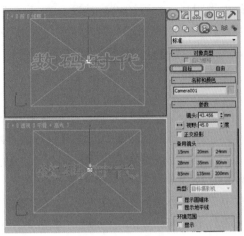

图 2-37　设置【环境贴图】参数　　　　　　　　　图 2-38　添加摄影机

知识链接

　　摄影机通常是场景中不可缺少的组成单位，最后完成的静态、动态图像都要在【摄影机】视图中表现。

　　3ds Max 中的摄影机拥有超过现实摄影机的能力，更换镜头瞬间完成，无级变焦更是真实摄影机无法比拟的。对于景深的设置，直观地用范围线表示，用不着建立光圈计算。对于摄影机的动画，除了设置变动外，还可以表现焦距、视角、景深等动画效果，【自动摄影机】可以绑定到运动目标上，随目标在运动轨迹上运动进行跟随和倾斜；也可以按目标摄影机的目标点连接到运动的物体上，表现目光跟随的动画效果；对于室内外建筑的环游动画，摄影机是必不可少的。

　　(12) 单击确定按钮，并将【环境和效果】对话框关闭。再将【材质编辑器】对话框关闭，按 F9 键进行快速渲染，效果如图 2-40 所示。

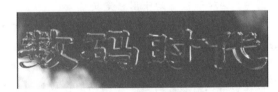

图 2-39　查看【摄影机】视图　　　　　　　　　　图 2-40　完成后的效果

案例精讲 016　制作浮雕文字

　案例文件：CDROM | Scenes | Cha02 |制作浮雕文字 .max

　　视频文件：视频教学 | Cha02|制作浮雕文字 .avi

制作概述

本例将介绍如何制作浮雕文字。本例的制作重点是对长方体添加【置换】修改器，并添加已经制作好的文字位图，通过在【材质编辑器】中设置材质，完成浮雕文字的创建，效果如图2-41所示。

图2-41　浮雕文字

学习目标

掌握浮雕文字的制作方法。

操作步骤

(1)选择【创建】 ☀ |【几何体】 ◎ |【长方体】工具，在【前】视图中创建一个【长度】、【宽度】、【高度】分别为125、380、5，【长度分段】和【宽度分段】分别为90、185的长方体，如图2-42所示。

(2)进入【修改】命令面板，在【修改器列表】中选择【置换】修改器，在【参数】卷展栏中的【置换】选项组中的【强度】文本框中输入8，勾选【亮度中心】复选框，如图2-43所示。

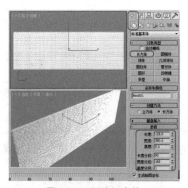

图2-42　创建长方体

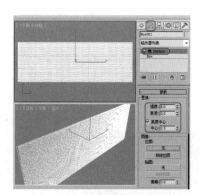

图2-43　添加【置换】修改器

知识链接

　　【置换】修改器以力场的形式推动和重塑对象的几何外形。可以直接从修改器Gizmo应用它的变量力，或者从位图图像应用。

---

(3)在【图像】选项组中单击【位图】下方的【无】按钮，在弹出的【选择置换图像】对话框中选择随书附带光盘中的CDROM|Map|天恒集团.jpg文件，单击【打开】按钮，即可创建文字，效果如图2-44所示。

(4)选择【创建】 ☀ |【图形】 ◎ |【矩形】工具，在【前】视图中沿长方体的边缘创建一个【长度】、【宽度】分别为128、384的矩形，并将其命名为【边框】，如图2-45所示。

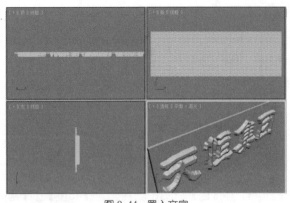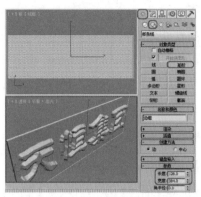

图 2-44 置入文字　　　　　　　　　　　图 2-45 绘制矩形

（5）进入【修改】命令面板，在【修改器列表】中选择【编辑样条线】修改器，将当前选择集定义为【样条线】，在【几何体】卷展栏中的【轮廓】文本框中输入 8，按 Enter 键确认，效果如图 2-46 所示。

（6）在【修改器列表】中选择【倒角】修改器，在【倒角值】卷展栏中将【级别 1】下方的【高度】和【轮廓】均设置为 2，勾选【级别 2】复选框，在【高度】文本框中输入 5，勾选【级别 3】复选框，在【高度】和【轮廓】文本框中分别输入 2、-2，按 Enter 键确认，如图 2-47 所示。

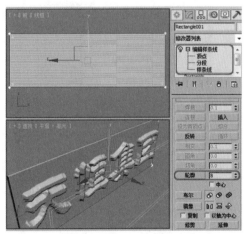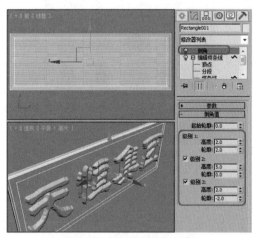

图 2-46 设置【轮廓】参数　　　　　　　图 2-47 设置【倒角】参数

（7）在视图中选择所有的对象，按 M 键打开【材质编辑器】对话框，选择第一个材质样本球，在【明暗器基本参数】卷展栏中将明暗器类型定义为【金属】，在【金属基本参数】卷展栏中将【环境光】的 RGB 值设置为 255、174、0，在【高光级别】和【光泽度】文本框中分别输入 100、80，按 Enter 键确认，如图 2-48 所示。

（8）在【贴图】卷展栏中单击【反射】右侧的【无】按钮，在弹出的【材质 / 贴图浏览器】对话框中双击【位图】选项，在弹出的【选择位图图像文件】对话框中选择随书附带光盘中的 CDROM|Map|Gold04.jpg 文件，如图 2-49 所示。

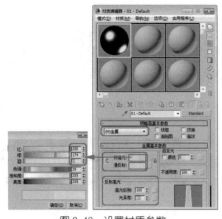

图 2-48　设置材质参数　　　　　　　　图 2-49　添加素材

(9) 单击【打开】按钮,在【坐标】卷展栏中的【模糊偏移】文本框中输入 0.09,按 Enter 键确认,单击【将材质指定给选定对象】按钮 ,将【材质编辑器】对话框关闭即可,指定材质后的文字如图 2-50 所示。

(10) 选择【创建】 ✳ |【摄影机】 📷 |【目标】工具,在【顶】视图中创建一个摄影机对象,在【参数】卷展栏中单击【备用镜头】选项组中的 28mm 按钮,激活【透视】视图,然后按 C 键将当前激活的视图转为【摄影机】视图,并在其他视图中调整摄影机的位置,调整后的效果如图 2-51 所示。

> 🔍提示　【镜头】选项可以设置摄影机的焦距长度,48mm 为标准的焦距,短焦可以造成鱼眼镜头的夸张效果,长焦用来观测较远的景色,保证物体不变形。

　　　　　　　　【视野】选项将决定摄影机查看区域的宽度(视野)。该选项可以设置摄影机显示的区域的宽度,该值以度为单位指定,使用它左边的弹出按钮可将其设置成代表"水平"、"垂直"或"对角"距离。

专业摄影家和电影拍摄人员在他们的工作过程中使用标准的备用镜头,单击【备用镜头】按钮可以在 3ds Max 中使用这些备用镜头,预设的备用镜头包括 15、20、24、28、35、85、135 和 200mm 长度。

(11) 按 8 键打开【环境和效果】对话框,在【公用参数】卷展栏中设置【颜色】值为 255、255、255,设置完成后关闭即可,如图 2-52 所示。按 F9 键对【摄影机】视图进行渲染,然后将完成后的场景进行保存。

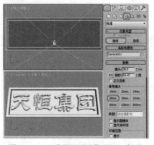

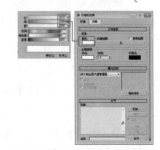

图 2-50　增加模糊偏移　　　　图 2-51　设置【摄影机】参数　　　　图 2-52　设置【环境和效果】参数

案例精讲 017　制作倒角文字

案例文件： CDROM | Scenes | Cha02 | 制作倒角文字 .max

视频文件： 视频教学 | Cha02| 制作倒角文字 .avi

制作概述

本例介绍倒角文字的制作。首先使用文字工具设置参数绘制文字，再使用【倒角】修改器为文字增加高度和轮廓，使文字出现立体效果，再为文字添加背景，并使用摄影机渲染效果，完成后的效果如图 2-53 所示。

图 2-53　倒角文字

学习目标

掌握倒角文字的制作方法。

操作步骤

(1) 选择【创建】 |【图形】 |【文本】工具，在【参数】卷展栏中单击【字体】右侧的下三角按钮，在弹出的菜单中选择【黑体】，将【大小】设置为 100，在【文本】文本框中输入"天天关注"，在【前】视图中单击即可创建文字，如图 2-54 所示。

(2) 进入【修改】命令面板，在【修改器列表】中选择【倒角】修改器，在【倒角值】卷展栏中将【起始轮廓】设置为 1，在【级别 1】下的【高度】与【轮廓】文本框中分别输入 2、2，勾选【级别 2】复选框，并在下方的【高度】文本框中输入 15，再勾选【级别 3】复选框，在下方的【高度】与【轮廓】文本框中分别输入 2、–2.8，按 Enter 键确认即可，如图 2-55 所示。

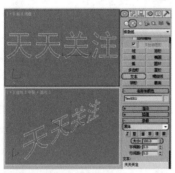

图 2-54　输入文本

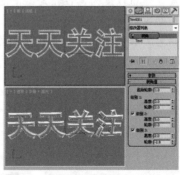

图 2-55　设置倒角

(3) 选择【创建】 |【摄影机】 |【目标】工具，在【顶】视图中创建一个摄影机对象，在【参数】卷展栏中单击【备用镜头】选项组中的 28mm 按钮，激活【透视】视图，然后按 C 键将当前激活的视图转为【摄影机】视图，并在除【摄影机】视图外的其他视图中调整摄影机的位置，调整后的效果如图 2-56 所示。

(4) 按 8 键打开【环境和效果】对话框，在【公用参数】卷展栏中设置【颜色】值为 255、255、255，如图 2-57 所示。设置完成后关闭即可，按 F9 键对【摄影机】视图进行渲染，然后将完成后的场景进行保存。

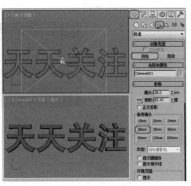

图 2-56　添加摄影机

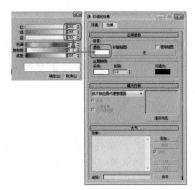

图 2-57　设置【环境和效果】参数

【颜色】：设置场景背景颜色。单击色样，在【颜色选择器】对话框中选择所需的颜色。通过在启用【自动关键点】按钮的情况下更改非零帧的背景颜色，设置颜色效果动画。

在工具栏的右侧提供了几个用于渲染按钮，主要用于渲染工作。下面将对经常用到的几个渲染按钮分别进行介绍。

(渲染设置)按钮：其快捷键是 F10，3ds Max 中最为标准的渲染工具，按下它会弹出【渲染设置】面板，进行各项渲染设置。菜单栏中的【渲染】|【渲染设置】菜单命令与此工具的用途相同。一般对一个新场景进行渲染时，应使用 (渲染设置)工具，以便进行渲染设置，在此以后可以使用 (渲染迭代)按钮，按照已完成的渲染设置再次进行渲染，从而可以跳过渲染设置环节，加快制作速度。

(渲染帧窗口)按钮：单击该按钮可以显示上次渲染的效果。

(渲染产品)按钮：其快捷键是 F9，使用该工具按钮可以按照已完成的渲染设置再次进行渲染从而跳过设置环节，加快制作速度。快速执行渲染只需单击工具栏中的 (渲染产品)按钮则自动以【渲染场景】所设定的参数执行渲染的工作。

(渲染迭代)按钮：渲染迭代命令，可从主工具栏上的渲染弹出按钮中启用，该命令可在迭代模式下渲染场景，而无须打开【渲染设置】对话框。【迭代渲染】会忽略文件输出、网络渲染、多帧渲染、导出到 MI 文件，以及电子邮件通知。在图像(通常对各部分迭代)上执行快速迭代时使用该选项。例如，处理最终聚集设置、反射或者场景的特定对象或区域。同时，在迭代模式下进行渲染时，渲染选定或区域会使渲染帧窗口的其余部分保留完好。

(ActiveShade)按钮：ActiveShade 提供预览渲染，可帮助您查看场景中更改照明或材质的效果。调整灯光和材质时，ActiveShade 窗口交互地更新渲染效果。

案例精讲 018　制作变形文字

制作概述

本例将介绍如何制作变形文字。变形文字在日常生活中随处可见。本例中的变形文字是将制作好的矢量图形导入软件中，通过对其添加【倒角】修改器，使其呈现出立体感，完成后的效果如图 2-58 所示。

图 2-58　变形文字

学习目标

掌握变形文字的制作流程和【倒角】修改器的使用。

了解文件的导入和合并的区别。

操作步骤

(1) 启动软件后打开随书附带光盘中的 CDROM | Scenes |Cha02| 变形文字 .max 素材文件，激活【摄影机】视图进行渲染查看效果，如图 2-59 所示。

(2) 单击系统图标按钮 ，在弹出的下拉列表中选择【导入】|【导入】命令，如图 2-60 所示。

图 2-59　渲染【摄影机】视图

图 2-60　选择【导入】命令

(3) 弹出【选择要导入的文件】对话框，选择随书附带光盘中的 CDROM|Map| 变形文字 .ai 文件，单击【打开】按钮，弹出【AI 导入】对话框，选中【合并对象到当前场景】单选按钮，单击【确定】按钮，弹出【图形导入】对话框，选中【多个对象】单选按钮，单击【确定】按钮，如图 2-61 所示。

> 要在 3ds Max 中打开非 MAX 类型的文件（如 DWG 格式等），则需要用到【导入】命令；要把 3ds Max 中的场景保存为非 MAX 类型的文件（如 3DS 格式等），则需要用到【导出】命令。它们的操作与打开和保存的操作十分类似。

在 3ds Max 中，可以导入的文件格式有 3DS、PRJ、AI、DEM、XML、DWG、DXF、FBX、HTR、IGE、IGS、IGES、IPT、IAM、LS、VW、LP、MTL、OBJ、SHP、STL、TRC、WRL、WRZ、XML 等。

在 3ds Max 中，可以导出的文件格式有 3DS、AI、ASE、ATR、BLK、DF、DWF、DWG、DXF、FBX、HTR、IGS、LAY、LP、M3G、MTL、OBJ、STL、VW、W3D、WRL 等。

(4) 此时导入的对象处于水平状态，在场景中使用【选择并旋转】工具框选所有的文字，对文字进行调整，使其处于垂直状态，如图 2-62 所示。

图 2-61　导入素材文件

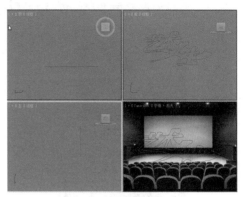

图 2-62　调整后的效果

（5）在【前】视图中选择文字的主体部分，切换到【修改】命令面板，在【几何体】卷展栏中单击【附加】按钮，在场景中拾取文字的其他部分，附加文字使其成为一个整体，选择完成后，单击【附加】按钮，取消附加，如图 2-63 所示。

提示　　　　　使用【附加】按钮选项可以将其他对象包含到当前正在编辑的可编辑网格物体中，使其成为可编辑网格的一部分。

（6）在【修改器列表】中选择【倒角】修改器，对其添加【倒角】修改器，在【倒角值】卷展栏中将【级别 1】的【高度】和【轮廓】分别设为 1.5、0，将【级别 2】的【高度】和【轮廓】分别设为 0.07、–0.05，如图 2-64 所示。

图 2-63　附加文字

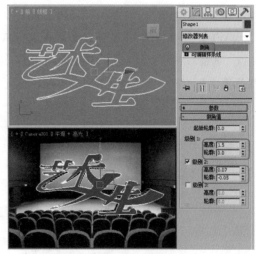

图 2-64　添加【倒角】修改器

（7）按 M 键打开【材质编辑器】对话框，选择一个空的样本球，将其命名为【文字】，在【明暗器基本参数】卷展栏中将明暗器类型设为【金属】，在【金属基本参数】卷展栏中将【环境光】和【漫反射】的颜色的 RGB 值设为 218、37、28，将【自发光】下的【颜色】值设为 40，将【高光级别】和【光泽度】分别设置为 10、50，单击【将材质指定给选定对象】按钮，将材质指定给文字，如图 2-65 所示。

(8)对文字对象调整角度和位置,激活【摄影机】视图进行渲染,完成后的效果如图2-66所示。

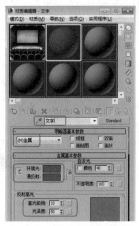

图2-65　设置【材质】参数

图2-66　对文字进行渲染

知识链接

在3ds Max中,可以选择多种文件格式用于保存渲染结果,包括静态图像和动画文件,针对每种格式,都有其对应的参数设置。

当进行渲染设置时,单击【文件】按钮,可以打开文件面板,在下方保存类型中可以选择任意一种文件格式,在保存类型的文件名中输入文件名称,这时就可以单击【保存】按钮进行当前文件格式的具体设置了,如图2-67所示。

下面对一些常用的文件格式进行说明:

AVI文件 (*.avi):这是一种由多媒体和Windows应用程序广泛支持的动画格式。AVI支持灰度、8位彩色和插入声音,还支持与JPEG相似的变化压缩方法,是一种通过Internet传送多媒体图像和动画的常用格式,如图2-68所示。

图2-67　文件类型选择列表

图2-68　AVI文件压缩设置面板

BMP 图像文件 (*.bmp)：BMP 图像文件可以被多种 Windows 和 OS/2 应用程序所支持，在存储 BMP 格式的图像文件中，还可以使用 RLE 压缩方案进行数据压缩。RLE 压缩方案是一个极其成熟的压缩方案，它的特点是无损失压缩。它能使你节省磁盘空间又不牺牲任何图像数据。但是，有利必有弊，用此种方式压缩过的文件，将会花费大量的时间，而且，一些兼容性不太好的应用程序可能会打不开这类文件。它支持 8 位 256 色和 24 位真彩色两种模式，不能保存 Alpha 通道信息，如图 2-69 所示。它可以用在 Windows 的画图程序中，也可以插入 Word 文本中。

图 2-69　BMP 图像文件

JPEG 文件 (*.jpg，*.jpe，*.jpeg)：这是一种高压缩的真彩色图像文件，常用于网络图像的传输。它是苹果机上常用的存储类型，是所有压缩格式中最卓越的使用有损失压缩方案 (Lossy)。但是，在压缩之前，你可以从面板中选取所需图像的最终结果，这样，就有效地控制了 JPEG 在压缩时的损失数据量。JPEG 文件格式的压缩控制面板如图 2-70 所示。

TIF 图像文件 (*.tif，*.tiff)：印刷行业标准的图像格式，有黑白和真彩色之分，它会自动携带 Alpha 通道图像，成为一个 32 位 的文件。在 3ds Max 中，tif 文件无法进行数据压缩处理，所以文件尺寸最大，当然在 Photoshop 中可以进行数据压缩保存，这种压缩后的 tif 格式可以被 3ds Max 读取，但要注意一点，只有 RGB 方式的 tif(或 jpg) 图像能被 3ds Max 读取，而 CMYK 色彩模式的图像格式不能被 3ds Max 引用。TIF 图像的控制面板如图 2-71 所示。

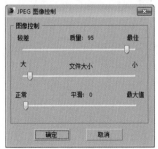

图 2-70　【JPEG 图像控制】对话框

图 2-71　【TIF 图像控制】对话框

第 3 章
常用三维模型的制作

本章重点

- ◆ 制作排球
- ◆ 制作折扇
- ◆ 篮球制作
- ◆ 瓶盖制作
- ◆ 五角星
- ◆ 茶杯
- ◆ 工艺台灯
- ◆ 足球
- ◆ 制作毛巾
- ◆ 制作一次性水杯
- ◆ 制作灯笼
- ◆ 制作酒杯

- ◆ 使用倒角修改器制作电视台标
- ◆ 制作杀虫剂模型
- ◆ 制作牙膏和牙膏盒

本章将重点讲解三维模型的制作方法，其中重点讲解了日常生活常用的一些用具的制作。通过本章的学习可以对三维模型的制作及修改器的应用有更深入的了解。

案例精讲 019 制作排球

> 案例文件：CDROM | Scenes | Cha03 | 制作排球 .max
>
> 视频文件：视频教学 | Cha03 | 制作排球 .avi

制作概述

本例将介绍如何制作排球。首先使用【长方体】工具绘制长方体，为其添加【编辑网格】修改器，设置 ID，将长方体炸开，然后再通过【网格平滑】、【球形化】修改器对长方体进行平滑剂球形化处理，通过【面挤出】和【网格平滑】修改器对长方体进行挤压、平滑处理得到排球的模型，最后为排球添加【多维/子材质】即可，效果如图 3-1 所示。

图 3-1 排球

学习目标

学会如何制作排球。

操作步骤

(1) 打开随书附带光盘中的 CDROM | Scenes | Cha03 | 制作排球 .max 素材文件，选择【创建】|【几何体】|【长方体】工具，在【前】视图中创建一个【长度】、【宽度】、【高度】、【长度分段】、【宽度分段】、【高度分段】分别为 150、150、150、3、3、3 的长方体，并将它命名为【排球】，如图 3-2 所示。

(2) 进入【修改】命令面板，在【修改器列表】中选择【编辑网格】修改器，将当前选择集定义为【多边形】，然后选择多边形，在【曲面属性】卷展栏中将【材质】下的【设置 ID】设为 1，如图 3-3 所示。

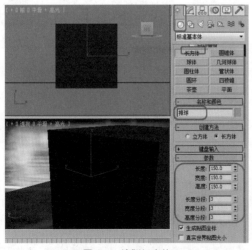

图 3-2 绘制长方体

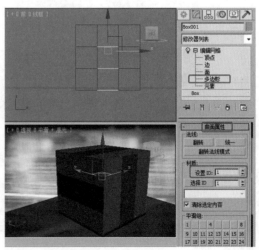

图 3-3 设置 ID1

提示 为对象设置 ID 可以将一个整体对象分开进行编辑，方便以后对其设置材质，一般设置【多维／子对象】材质首先要给对象设置相应的 ID。

（3）在菜单栏中选择【编辑】|【反选】命令，在【曲面属性】卷展栏中将【材质】下的【设置 ID】设为 2，然后再选择【反选】命令，在【编辑几何体】卷展栏中单击【炸开】按钮，在弹出的对话框中将【对象名】设置为【排球】，单击【确定】按钮，如图 3-4 所示。

（4）退出当前选择集，然后选择【排球】对象，在【修改器列表】中选择【网格平滑】修改器，然后再选择【球形化】修改器，效果如图 3-5 所示。

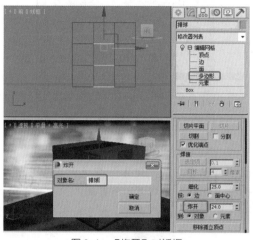

图 3-4 【炸开】对话框

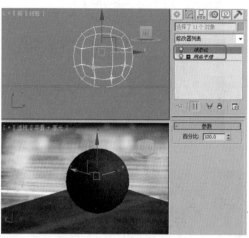

图 3-5 为对象添加【网格平滑】和【球形化】修改器

（5）为其添加【编辑网格】修改器，将当前选择集定义为【多边形】，按 Ctrl+A 组合键选择所有多边形，效果如图 3-6 所示。

（6）选择多边形后，在【修改器列表】中选择【面挤出】修改器，在【参数】卷展栏中将【数量】和【比例】分别设置为 1、99，如图 3-7 所示。

知识链接

　　【面挤出】对其下的选择面集合进行积压成型，从原物体表面长出或陷入。

　　【数量】：设置挤出的数量，当它为负值时，表现为凹陷效果。

　　【比例】：对挤出的选择面进行尺寸放缩。

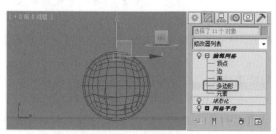

图 3-6 选择所有多边形

图 3-7 设置【面挤出】参数

（7）在【修改器列表】中选择【网格平滑】修改器，在【细分方法】卷展栏中将【细分方法】设置为【四边形输出】，在【细分量】卷展栏中将【迭代次数】设置为2，如图3-8所示。

（8）按 M 键打开【材质编辑器】对话框，选择空白的材质球，将其命名为"排球"，单击 Standard 按钮，在弹出的对话框中选择【标准】下的【多维/子对象】选项，单击【确定】按钮，如图3-9所示。

图3-8　设置【细分方法】参数　　　　　　图3-9　选择【多维/子对象】选项

【网格平滑】修改器通过多种不同方法平滑场景中的几何体。它允许细分几何体，同时在角和边插补新面的角度以及将单个平滑组应用于对象中的所有面。网格平滑的效果是使角和边变圆，就像它们被锉平或刨平一样。使用网格平滑参数可控制新面的大小和数量，以及它们如何影响对象曲面。

【迭代次数】设置细分网格的次数。在提高此值时，每次新迭代会为来自之前迭代的每个顶点、边和面创建平滑插补的顶点，从而细分网格。然后，修改器细分面以使用这些新顶点。默认值为0。范围为0～10。

默认值为0次迭代，允许在程序开始细分网格之前，修改所有设置或参数，例如网格平滑类型或更新选项。

在增加迭代次数时应谨慎。每增加一次迭代，对象中的顶点数和面数（以及由此产生的计算时间）会增加4倍。即使对中等复杂程度的对象应用4次迭代也会花费很长的计算时间。可按 Esc 键停止计算；此操作还将【更新选项】设置为【手动】。在将【更新选项】重新设置为【始终】之前，减少迭代次数。

细分方法选项所包含的各项参数如下。

NURMS 减少非均匀有理数网格平滑对象（缩写为 NURMS）。【强度】和【松弛】平滑参数对于 NURMS 类型不可用。

NURMS 对象与 NURBS 对象相似，即可以为每个控制顶点设置不同权重。通过更改边权重，可进一步控制对象形状。

【古典】生成三面和四面的多面体（这与在版本2.x中启用【四边形输出】时应用【网格平滑】相同）。

【四边形输出】可生成四面多面体（假设看不到隐藏的边，因为对象仍然由三角形面组成）。如果对整个对象（如长方体）应用使用默认参数的此控件，其拓扑与细化完全相同，即为边样式。不过，不是使用张力从网格投影面和边顶点，而是使用"网格平滑强度"将原来的顶点和新的边顶点松弛到网格中。

(9) 在弹出的对话框中保持默认设置，单击【设置数量】按钮，在弹出的对话框中输入 2，单击【确定】按钮，单击 ID1 右侧的按钮，进入下一层级中，将其命名为"红"，将【环境光】RGB 值设置为 222、0、2，将【高光级别】设置为 75，将【光泽度】设置为 15，然后单击【转到父对象】按钮，单击 ID2 右侧的【无】按钮，在弹出的对话框中选择【标准】选项，单击【确定】按钮。将其命名为"黄"，将【环境光】RGB 值设置为 251、253、0，将【高光级别】设置为 75，将【光泽度】设置为 15，然后单击【转到父对象】按钮，确定【排球】对象处于选择状态，然后单击【将材质指定给选定对象】按钮，如图 3-10 所示。

(10) 将对话框关闭，按 F10 键在弹出的对话框中选择【公用】选项卡，单击【渲染输出】选项组中的【文件】按钮，在弹出的对话框中设置存储路径并为其命名，单击【保存】按钮。确定【摄影机】视图处于选择状态，单击【渲染】按钮，即可将渲染的效果输出，效果如图 3-11 所示。

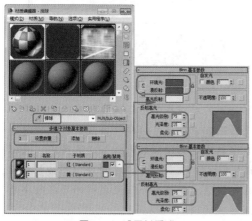

图 3-10　设置材质球

图 3-11　渲染完成后的效果

案例精讲 020　制作折扇

案例文件：CDROM | Scenes| Cha03 | 制作折扇 .max

视频文件：视频教学 | Cha03 | 制作折扇 .avi

制作概述

本例将介绍如何制作折扇。首先是利用【矩形】工具、【编辑样条线】修改器、【挤出】修改器、【UVW 贴图】修改器，制作扇面，然后使用【长方体】工具，将其转换为可编辑多边形，对其进行修改，然后将其旋转复制，最后给扇面和扇骨赋予材质，效果如图 3-12 所示。

图 3-12　折扇

学习目标

学会如何制作折扇对象。

操作步骤

(1) 选择【创建】|【图形】|【矩形】工具，在【顶】视图中创建【长度】为 1、【宽度】

为 360 的矩形，如图 3-13 所示。

(2) 单击【修改】按钮，进入【修改】命令面板，在【修改器列表】中选择【编辑样条线】修改器，将当前选择集定义为【分段】，在场景中选择上下两段分段，在【几何体】卷展栏中设置【拆分】为 32，单击【拆分】按钮，如图 3-14 所示。

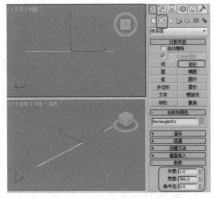

图 3-13　绘制矩形

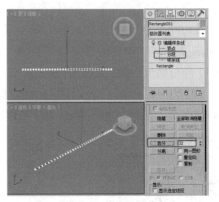

图 3-14　将线段拆分

　　　　【编辑样条线】修改器为选定图形的不同层级提供显示的编辑工具：顶点、线段或者样条线。【编辑样条线】修改器匹配基础【可编辑样条线】对象的所有功能。其中【拆分】选项通过添加由微调器指定的顶点数来细分所选线段。选择一个或多个线段，设置【拆分】微调器（在按钮的右侧），然后单击【拆分】按钮。每个所选线段将被【拆分】微调器中指定的顶点数拆分。顶点之间的距离取决于线段的相对曲率，曲率越高的区域得到越多的顶点。

(3) 将当前选择集定义为【顶点】，在场景中调整顶点的位置，如图 3-15 所示。

(4) 将当前选择集关闭，在【修改器列表】中选择【挤出】修改器，在【参数】卷展栏中设置【数量】为 150，在【输出】选项组中选中【面片】单选按钮，如图 3-16 所示。

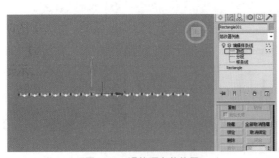

图 3-15　调整顶点的位置

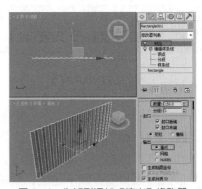

图 3-16　为矩形添加【挤出】修改器

　　　　【挤出】修改器用于将一个样条曲线图形增加厚度，挤成三维实体，这是一个非常常用的建模方法，它也是一个物体转换模块，可以进行面片、网格物体、NURBS 物体三类模型的输出。其中，【数量】用来控制设置挤出的深度。

(5) 在【修改器列表】中，选择【UVW 贴图】修改器，在【参数】卷展栏中选中【长方体】

单选按钮，在【对齐】选项组中单击【适配】按钮，如图 3-17 所示。

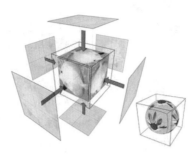
　　(6)确定模型处于选择状态，将其命名为【扇面 01】，在【修改器列表】中选择【弯曲】修改器，在【参数】卷展栏中设置【角度】为 160，选中【弯曲轴】选项组中的 X 单选按钮，如图 3-18 所示。

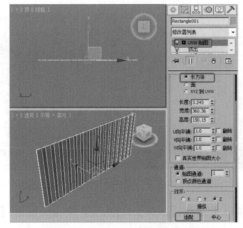

图 3-17　添加【UVW 贴图】修改器

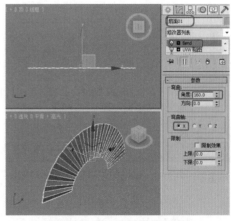

图 3-18　添加【弯曲】修改器

提示

　　　　【弯曲】修改器可以对物体进行弯曲处理，可以调节弯曲的角度和方向，以及弯曲依据的坐标轴向，还可以限制弯曲在一定区域内。其中【角度】参数用来设置弯曲的角度大小。【弯曲轴】组主要控制设置弯曲的坐标轴向。

　　(7)选择【创建】|【几何体】|【长方体】工具，在【前】视图中创建【长度】、【宽度】、【高度】分别为 300、12、1 的长方体，将其命名为【扇骨 01】，如图 3-19 所示。

　　(8)在场景中选择【扇骨 01】，在弹出的快捷菜单中选择【转换为】|【转换为可编辑多边形】命令，进入【修改】命令面板，将当前选择集定义为【顶点】，在场景中选择下面的两个顶点，然后对其进行缩放，关闭当前选择集，然后使用【选择并移动】和【选择并旋转】工具调整【扇

骨01】的位置，如图3-20所示。

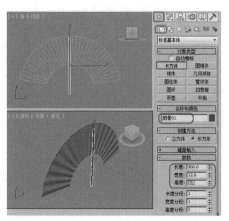
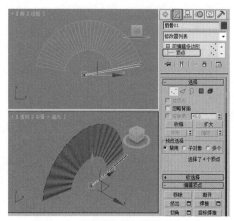

图3-19　绘制扇骨　　　　　　　　图3-20　调整顶点并调整扇骨的位置

(9) 在场景中绘制两条与扇面边平行的线，选择【扇骨01】，单击【层次】按钮，进入【层次】面板，再单击【轴】按钮，在【调整轴】卷展栏中单击【仅影响轴】按钮，然后在场景中将轴移动到两条线段的交点处，如图3-21所示。

(10) 关闭【仅影响轴】按钮，在场景中使用【选择并旋转】工具，按住Shift键将其沿Z轴进行旋转，在弹出的对话框中选中【复制】单选按钮，将【副本数】设置为16，单击【确定】按钮，效果如图3-22所示。

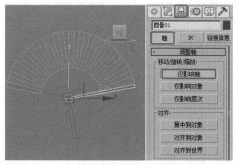
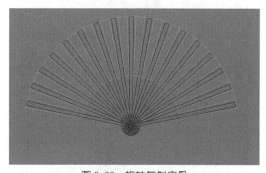

图3-21　创建平行线并调整轴　　　　　　图3-22　旋转复制扇骨

技巧　　　选择所要复制的一个或多个物体，在菜单栏中选择【编辑】|【克隆】命令，打开【克隆选项】对话框，选择对象的复制方式。

　　　　如果按住Shift键，使用移动工具拖动物体也可进行复制，但这种方法比【克隆】命令多一项设置【副本数】。

　　【克隆选项】对话框中各选项的功能说明如下。

　　【复制】：将当前对象在原位置复制一份，快捷键为Ctrl+V。

　　【实例】：复制物体与源物体相互关联，改变一个另一个也会发生同样的改变。

　　【参考】：以原始物体为模板，产生单向的关联复制品，改变原始物体时参考物体同时会发生改变，但改变参考物体时不会影响原始物体。

　　【副本数】：指定复制的个数并且按照所指定的坐标轴向进行等距离复制。

　　(11) 在场景中调整扇骨，将其调整至扇面的两段，效果如图3-23所示。

(12) 选择【创建】|【几何体】|【圆柱体】工具，在场景中创建一个【半径】为 3、【高度】为 12 的圆柱体，创建完成后对圆柱体进行调整，效果如图 3-24 所示。

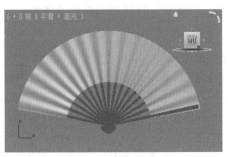

图 3-23　调整扇骨的位置

图 3-24　绘制圆柱体

(13) 按 M 键，打开【材质编辑器】对话框，选择一个空白的材质样本球，将其命名为【木纹】，在【Blinn 基本参数】卷展栏中将【高光级别】和【光泽度】分别设置为 76、47，在【贴图】卷展栏中单击【漫反射颜色】通道后的【无】按钮，在弹出的对话框中选择【位图】选项，单击【确定】按钮，在弹出的对话框中选择 010bosse.jpg 文件，然后按照如图 3-25 所示的参数对位图进行设置参数，然后单击【转到父对象】按钮，将材质指定给场景中所有的【扇骨】对象。

(14) 选择一个新的材质样本球，将其命名为【扇面】，在【明暗器基本参数】卷展栏中勾选【双面】复选框，单击【漫反射颜色】通道后的【无】按钮，在弹出的对话框中选择【位图】选项，单击【确定】按钮，再在弹出的对话框中选择 1517.jpg 文件，单击【打开】按钮，进入下一层级，然后对其进行如图 3-26 所示的设置。单击【转到父对象】按钮，将材质指定给场景中的【扇面】对象。

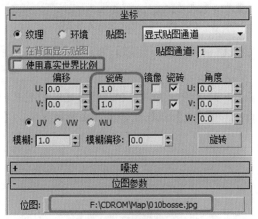

图 3-25　设置扇骨材质

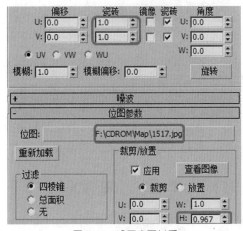

图 3-26　设置扇面材质

(15) 确定扇面处于选择状态，进入【修改】命令面板，在【修改器列表】中选择【UVW 贴图】修改器，在【参数】卷展栏中，选中【长方体】单选按钮，如图 3-27 所示。

(16) 在场景中绘制一个长方体，将该长方体调整至合适的位置，将其【颜色】RGB 值设置为 184、228、153，在【顶】视图中创建摄影机，在【参数】卷展栏中将镜头参数设置为 42mm，然后将透视视图调整为摄影机视图，在其他视图中调整摄影机的位置。

(17) 选择【创建】|【灯光】|【泛光】工具，在【顶】视图中创建泛光灯，并在其他视图中调整灯光的位置，进入【修改】命令面板，在【强度 / 颜色 / 衰减】卷展栏中将【倍增】设置为 0.3，在【常规】参数卷展栏中单击【排除】按钮，在弹出的对话框中选中【排除】和【二者兼有】单选按钮，选择【扇面】和【背面】，将其排除，如图 3-28 所示。

【强度 / 颜色 / 衰减】卷展栏是标准的附加参数卷展栏，它主要对灯光的颜色、强度以及灯光的衰减进行设置。其中【倍增】参数的设置主要是对灯光的照射强度进行控制，标准值为 1，如果设置为 2，则照射强度会增加一倍。如果设置为负值，将会产生吸收光的效果。通过这个选项增加场景的亮度可能会造成场景过暴，还会产生视频无法接受的颜色，所以除非是特殊效果或特殊情况，否则应尽量保持在 1 状态。

单击【排除】按钮，在打开的【排除 / 包含】对话框中，如图 3-28 所示，设置场景中的对象不受当前灯光的影响。在【排除 / 包含】对话框中，在【场景对象】区域中的所有对象都受当前灯光的影响，如果想不受当前灯光的影响，可以在【场景对象】区域中选择一个对象，单击 >> 按钮，将其排除灯光的影响。

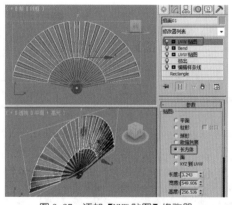

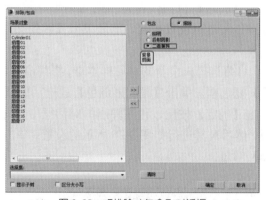

图 3-27　添加【UVW 贴图】修改器　　　　　　图 3-28　【排除 / 包含】对话框

(18) 在场景中创建一盏天光，在【天光参数】卷展栏中设置其【倍增】为 0.9，调整其位置，然后将其渲染输出即可。

【天光】能够模拟日光照射的效果。在 3ds Max 中，有好几种模拟日光照射效果的方法，但如果配合【照明追踪】渲染方式的话，【天光】往往能产生最生动的效果。【启用】：用于开关天光对象。

案例精讲 021　篮球制作

案例文件：CDROM | Scenes | Cha03 | 篮球制作 .max

视频文件：视频教学 | Cha03| 篮球制作 .avi

制作概述

本例介绍篮球的制作方法。首先使用【球体】工具创建一个球体，再使用【编辑网格】修改器删除球体的一半，并使用【对称】、【编辑多边形】等命令对球体进行编辑，最后为球体添加背景，并使用摄影机渲染效果，完成后的效果如图 3-29 所示。

图 3-29　篮球

学习目标

学会如何制作篮球。

操作步骤

(1) 选择【文件】|【重置】菜单命令，重新设定场景。

(2) 激活【顶】视图，选择【创建】|【几何体】|【球体】工具，在视图中创建一个【半径】为 100 的球体，并将其命名为"篮球"，如图 3-30 所示。

(3) 单击【修改】按钮，进入【修改】命令面板，在【修改器列表】中选择【编辑网格】修改器，将当前的选择集定义为【多边形】，然后拖动鼠标选取球体的一半，如图 3-31 所示。

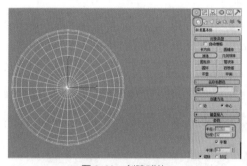

图 3-30　创建球体

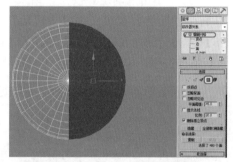

图 3-31　添加【编辑网格】修改器

(4) 按 Delete 键，将其删除，重新定义当前的选择集为【顶点】，在工具栏中选择【选择并移动】工具，在【顶】视图中用鼠标框选圆球体的中心点，然后拖动，如图 3-32 所示。

(5) 在【修改器列表】中选择【对称】修改器，使用【对称】修改器上的【镜像】命令，在【参数】卷展栏中将【镜像轴】定义为 X 轴，并勾选【翻转】复选框，将两个球合在一起，如图 3-33 所示。

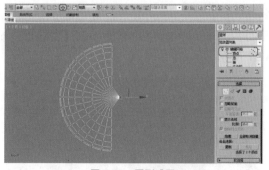

图 3-32　图形设置

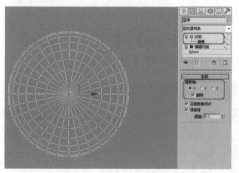

图 3-33　添加对称

CG设计案例课堂

知识链接

【对称】修改器可以应用到任何类型的模型上，变换镜像线框时，会改变镜像或切片对物体的影响，对此过程也可以记录动画。

【镜像】：用于设置对称修改影响物体的程度，在视图中显示为黄色带双向箭头的线框，拖动这个线框时，镜像或切角对物体的影响也会改变。

【镜像轴】：用于指定镜像的作用轴向。

【翻转】：勾选时，翻转对称影响方向。

(6) 在【修改器列表】中选择【编辑多边形】修改器，将当前的选择集定义为【边】，在【顶】视图结合 Ctrl 键将边进行选取，并在其他视图中查看是否漏选，确定当前的选择集为【边】，在【编辑边】卷展栏中单击【切角】后面的■按钮，在打开的【切角边】对话框中将【切角量】设置为1，最后单击【确定】按钮，结果如图 3-34 所示。

(7) 将当前的选择集定义为【多边形】，选择一开始编辑的边。在【编辑多边形】卷展栏中单击【挤出】后面的■按钮，在打开的【挤出多边形】对话框中将【挤出类型】区域下的【局部法线】单选按钮选中，将【挤出高度】设置为 -2，最后单击【确定】按钮，如图 3-35 所示。

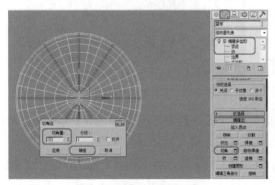
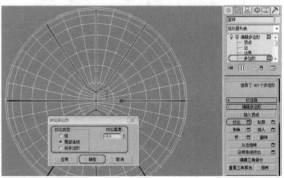

图 3-34　选取边并创建切角　　　　　　　　图 3-35　设置【挤出】参数

(8) 确定当前的选择集为【多边形】，在【多边形：材质 ID】卷展栏中将【设置 ID】设置为 2，如图 3-36 所示。

(9) 选择【编辑】|【反选】菜单命令，将其进行反选，选中剩余的部分，在【多边形：材质 ID】卷展栏中将【设置 ID】设置为 1，如图 3-37 所示。

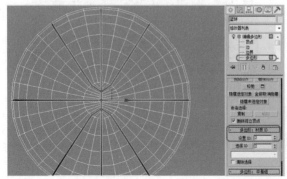
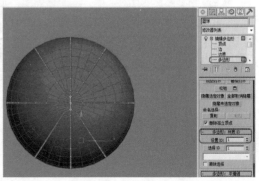

图 3-36　设置【多边形：材质 ID】参数　　　　图 3-37　反选并设置【多边形：材质 ID】参数

(10) 在【修改器列表】中为篮球指定一个【网格平滑】修改器，在【细分量】卷展栏中将【迭代次数】设置为 2，如图 3-38 所示。

(11) 打开材质编辑器，激活一个样本球，单击名称栏左侧的 Standard 按钮，在打开的【材质 / 贴图浏览器】对话框中选择【多维 / 子对象】材质。在【多维 / 子对象基本参数】卷展栏中单击【设置数量】按钮，在打开的【设置材质数量】对话框中将【材质数量】设置为 2，单击【确定】按钮，如图 3-39 所示。

图 3-38 设置【网格平滑】细分量

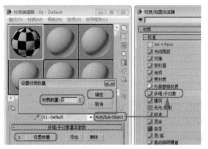

图 3-39 添加【多维 / 子对象】材质

(12) 按照 ID 的排列单击 1 号材质后面的材质按钮，进入该子级材质面板中，在【明暗器基本参数】卷展栏中将阴影模式定义为 Blinn。在【Blinn 基本参数】卷展栏中将锁定的【环境光】和【漫反射】的 RGB 值设置为 230、79、20，将【自发光】区域下的【颜色】设置为 13，将【反射高光】区域下的【高光级别】和【光泽度】分别设置为 27、16。在【贴图】卷展栏中，将【凹凸】后面的【数量】设置为 50，然后单击通道后的【无】按钮，在打开的材质浏览器中选择【噪波】贴图，单击【确定】按钮。进入【凹凸】材质层级，在【坐标】卷展栏中将【瓷砖】下的 X、Y、Z 都设置为 6。在【噪波参数】卷展栏中将【大小】设置为 11，如图 3-40 所示。

(13) 单击【转到父对象】按钮 ，回到顶层面板中。单击 2 号材质后面的材质按钮，进入到【材质 / 贴图浏览器】对话框，选择【标准】选项，如图 3-41 所示。

(14) 进入该子级材质面板，在【明暗器基本参数】卷展栏中将阴影模式定义为 Blinn，在【Blinn 基本参数】卷展栏中将锁定的【环境光】和【漫反射】的 RGB 值设置为 0、0、0，将【自发光】区域下的【颜色】设置为 50，将【反射高光】区域下的【高光级别】和【光泽度】分别设置为 69、16，如图 3-42 所示。

(15) 单击【转到父对象】按钮 ，回到顶层面板中，单击【将材质指定给选定对象】按钮 将当前材质赋予视图中对象。

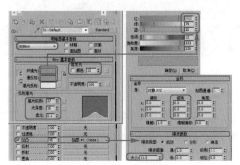

图 3-40 设置 1 号素材参数

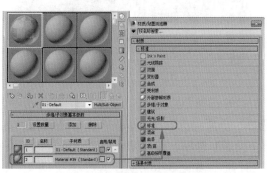

图 3-41 选择【标准】材质

(16) 按 8 键打开【环境和效果】对话框，单击【公共参数】卷展栏下【环境贴图】的【无】按钮，在弹出的【材质 / 贴图浏览器】对话框中选择【位图】材质，在对话框中找到随书附带光盘中的 | Map | 背景 01.jpg 文件，将【环境和效果】对话框中的背景材质拖动到第二个材质样本球上贴图中，在弹出的【实例 (副本) 贴图】对话框中选中【实例】单选按钮，在【坐标】卷展栏中选中【环境】单选按钮，在【贴图】右侧的下拉列表中选择【屏幕】选项，将【瓷砖】下的 U、V 均设置为 1，如图 3-43 所示。

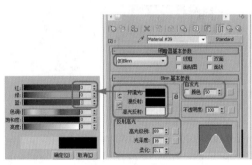
图 3-42　设置参数

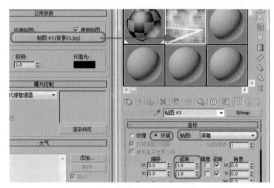
图 3-43　添加【环境和效果】

> **提示**
> 【环境贴图】：环境贴图的按钮会显示贴图的名称，如果尚未指定名称，则显示"无"。贴图必须使用环境贴图坐标 (球形、柱形、收缩包裹和屏幕)。
>
> 要指定环境贴图，请单击该按钮，使用【材质 / 贴图浏览器】对话框选择贴图，或将【材质编辑器】对话框中示例窗中的贴图拖放到【环境贴图】按钮上。此时会出现一个对话框，询问用户复制贴图的方法，这里给出了两种方法：一种是【实例】，另一种是【复制】。

(17) 选择【创建】|【灯光】命令，选择【标准】|【天光】命令，在场景中创建一个天光，天光参数按照默认参数即可，其位置如图 3-44 所示。

(18) 再选择【创建】|【灯光】|【标准】|【泛光】命令，在场景中创建一个泛光灯，其参数为默认参数即可，其位置如图 3-45 所示。

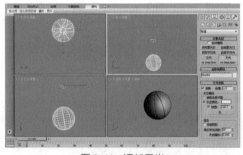
图 3-44　添加天光

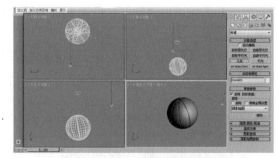
图 3-45　添加泛光灯

(19) 选择【创建】|【几何体】|【平面】命令，在场景中绘制平面，打开【材质编辑器】对话框，选择一个新的材质球，单击 Standard 按钮，在弹出的【材质 / 贴图浏览器】对话框中选择【无光 / 投影】选项，按照默认设置，并单击【将材质指定给选定对象】按钮，为刚刚绘制的平面添加材质，如图 3-46 所示。

(20) 设置完成后按 F9 键，对绘制的对象进行渲染，效果如图 3-47 所示，渲染完成后将场景文件进行存储。

图 3-46　绘制平面并添加材质

图 3-47　完成后的效果

案例精讲 022　瓶盖制作

 案例文件:CDROM | Scenes | Cha03 | 瓶盖制作 .max

　视频文件:视频教学 | Cha03| 瓶盖制作 .avi

制作概述

　　本例介绍瓶盖的制作。首先使用图形工具绘制圆形,再使用【轮廓】为绘制的圆形添加轮廓,再使用【星形】工具绘制【轮廓】,使用【路径】工具将绘制的图形合成立体,使用【变形】工具将得到的立体变形,再为其添加材质,并使用【摄影机】查看渲染效果。完成后的效果如图 3-48 所示。

图 3-48　瓶盖

学习目标

学会如何制作瓶盖。

操作步骤

(1)选择【创建】|【图形】|【圆】工具,激活【顶】视图,在【参数】卷展栏中将【半径】

设置为 60，并将其命名为【图形 01】，如图 3-49 所示。

（2）切换到【修改】命令面板，在【修改器列表】中选择【编辑样条线】修改器，将当前选择集定义为【样条线】，在场景中选择圆形，在【几何体】卷展栏中设置【轮廓】参数为 2，按 Enter 键确定设置轮廓，如图 3-50 所示。

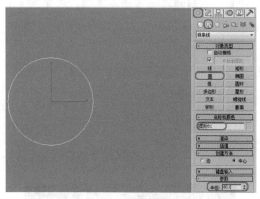
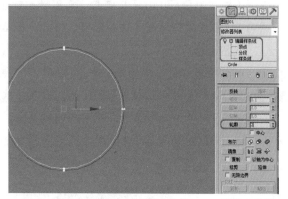

图 3-49　创建圆形　　　　　　　　　　　　　　　　图 3-50　添加轮廓

（3）选择【创建】|【图形】|【星形】工具，在【顶】视图中创建一个星形，在【参数】卷展栏中设置【半径 1】为 60.0、【半径 2】为 64.0、【点】为 20、【圆角半径 1】为 4.0、【圆角半径 2】为 4.0，命名星形为【图形 02】，如图 3-51 所示。

（4）切换到【修改】命令面板，在【修改器列表】中选择【编辑样条线】修改器，将当前选择集定义为【样条线】，在场景中选择样条线，在【几何体】卷展栏中设置【轮廓】为 1，按 Enter 键确定设置轮廓，如图 3-52 所示。

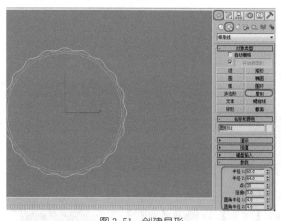
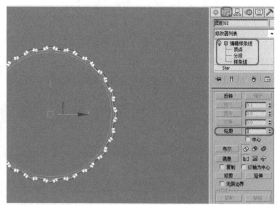

图 3-51　创建星形　　　　　　　　　　　　　　　　图 3-52　添加【轮廓】

（5）选择【创建】|【图形】|【星形】工具，在【顶】视图中创建一个星形，在【参数】卷展栏中设置【半径 1】为 62.0、【半径 2】为 68.0、【点】为 20、【圆角半径 1】为 2.0、【圆角半径 2】为 2.0，命名星形为【图形 03】，如图 3-53 所示。

【星形】工具可以建立多角星形，尖角可以钝化为圆角，制作齿轮图案；尖角的方向可以扭曲，产生倒刺状锯齿；参数的变换可以产生许多奇特的图案，因为它是可以渲染的，所以即使交叉，也可以制作一些特殊的图案花纹。

【半径1/ 半径2】：分别设置星形的内径和外径。

【点】：设置星形的尖角个数。

【扭曲】：设置尖角的扭曲度。

【圆角半径1/ 圆角半径2】：分别设置尖角的内外倒角圆半径。

(6) 切换到【修改】命令面板，在【修改器列表】中选择【编辑样条线】修改器，将当前选择集定义为【样条线】，在场景中选择样条线，在【几何体】卷展栏中设置【轮廓】为1，按 Enter 键确定设置轮廓，如图 3-54 所示。

有三种方法可以创建轮廓：一是先选择样条曲线，然后在【轮廓】输入框中输入数值并单击【轮廓】按钮；二是先选择样条曲线，然后调节【轮廓】输入框后的微调按钮；三是先按下【轮廓】按钮，然后在视图中的样条曲线上单击并拖动鼠标设置轮廓。

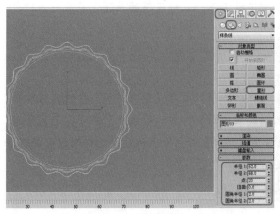

图 3-53　创建星形

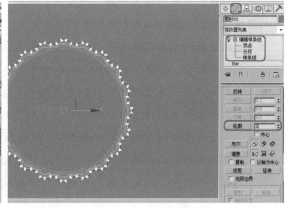

图 3-54　添加轮廓

(7) 选择【创建】|【图形】|【线】工具，在【左】视图中从上向下创建垂直的样条线，命名样条线为【路径】，如图 3-55 所示。

【线】工具可以绘制任何形状的封闭或开放型曲线（包括直线）。在绘制线条时，当线条的终点与第一个节点重合时，系统会询问是否关闭图形，单击【是】按钮时即可创建一个封闭的图形；如果单击【否】按钮，则继续创建线条。

在创建线条时，通过按住鼠标拖动，可以创建曲线。

(8) 确定新创建的路径处于选择状态，选择【创建】|【几何体】|【复合对象】|【放样】按钮，在【路径参数】卷展栏中设置【路径】为48.0，在【创建方法】卷展栏中单击【获取图形】按钮，在场景中拾取【图形01】对象，如图 3-56 所示。

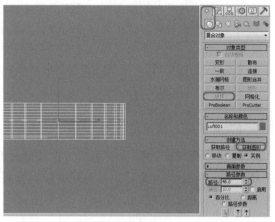

图 3-55　创建路径　　　　　　　　　　　　图 3-56　拾取图形

知识链接

　　【放样】同布尔运算一样，是合成对象的一种建模工具。放样建模的原理就是在一条指定的路径上排列截面，从而形成对象的表面。

　　放样建模的基本步骤如下：

　　创建资源型，资源型包括路径和截面图形。

　　选择一个型，在【创建方法】卷展栏中单击【获取路径】或者【获取图形】按钮并拾取另一个型。如果先选择作为放样路径的型，则选取【获取图形】，然后拾取作为截面图形的样条曲线。如果先选择作为截面的样条曲线，则选取【获取路径】并拾取作为放样路径的样条曲线。

　　【获取路径】：在先选择图形的情况下获取路径。

　　【获取图形】：在先选择路径的情况下拾取截面图形。

　　(9) 设置【路径】为66.0，单击【获取图形】按钮，在场景中拾取【图形02】对象，如图3-57所示。

　　(10) 设置【路径】为100，单击【获取图形】按钮，在场景中拾取【图形03】对象，如图3-58所示。

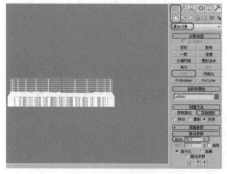
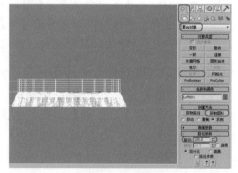

图 3-57　拾取图形　　　　　　　　　　　　图 3-58　拾取图形

(11) 确定 Loft01 对象处于选择状态，切换到【修改】命令面板，在【变形】卷展栏中单击【缩放】按钮，在弹出的对话框中单击【插入角点】按钮，在曲线上 16 的位置处添加控制点，选择【移动控制点】工具，在场景中调整左侧的顶点的位置，在信息栏中查看信息为 (0、0)，选择顶点并右击，在弹出的快捷菜单中选择【Bezier- 角点】命令，调整各个顶点，如图 3-59 所示。

(12) 关闭选择集，在【修改器列表】中选择【UVW 贴图】修改器，在【参数】卷展栏中选中【平面】单选按钮，在【对齐】选项组中选中 Y 单选按钮，单击【适配】按钮，如图 3-60 所示。

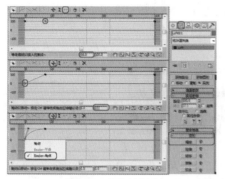

图 3-59　添加控制点

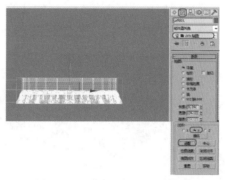

图 3-60　添加【UVW 贴图】修改器

(13) 选择工具栏中的【材质编辑器】工具，打开【材质编辑器】对话框，单击【获取材质】按钮，打开【材质 / 贴图浏览器】对话框，单击【材质 / 贴图浏览器选项】按钮，选择【打开材质库】选项，单击【打开】按钮，在弹出的对话框中选择随书附带光盘中的 Scenes | Cha03 | 瓶盖贴图 .mat 文件，单击【打开】按钮，如图 3-61 所示。

提示　　　指定材质后我们发现贴图的方向不对，下面对贴图进行修改，在【参数】卷展栏下勾选 U 向平铺后面的【翻转】复选框。

(14) 确定图形处于选择状态，使用工具箱中的【选择并移动】工具并配合 Shift 键对图形进行复制，在弹出的对话框中选中【实例】单选按钮，将【副本数】设置为 2，单击【确定】按钮，并调整复制图形的位置，完成后的效果如图 3-62 所示。

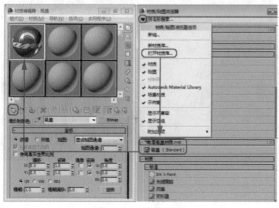

图 3-61　设置材质

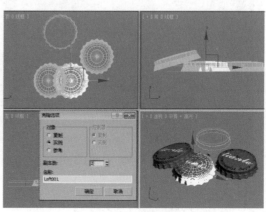

图 3-62　复制对象

(15) 激活【顶】视图,选择 ✦【创建】|◯【几何体】|【长方体】工具,在【顶】视图中创建一个长方体,在【名称和颜色】卷展栏中将其命名为"地面",将颜色定义为白色,在【参数】卷展栏中将【长度】、【宽度】和【高度】分别设置为 700、600 和 0。在【前】视图中调整图形的位置,如图 3-63 所示。

(16) 选择工具栏中的【材质编辑器】工具🔲,打开【材质编辑器】对话框,在【贴图】卷展栏中单击【漫反射颜色】后的【无】按钮,打开【材质 / 贴图浏览器】对话框,选择【位图】选项,在弹出的对话框中选择随书附带光盘中的 CDROM|Map|009.jpg 文件,单击【打开】按钮,在【坐标】选项区中将 U、V 的【偏移】都设置为 1,将【瓷砖】下的 U 设置为 2,并将材质球命名为"木纹",并将其赋予【地面】对象,如图 3-64 所示。

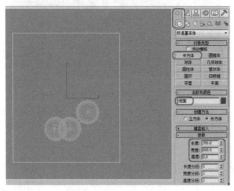
图 3-63　创建长方体

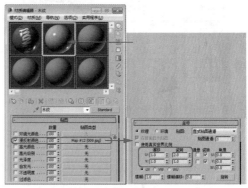
图 3-64　设置材质球

(17) 选择 ✦【创建】|📷【摄影机】|【目标】摄影机,在【顶】视图中创建一架摄影机对象,在【参数】卷展栏中将【镜头】设置为 24,然后在场景中调整其位置,激活【透视】视图,按 C 键将【透视】视图转换为【摄影机】视图,如图 3-65 所示。

(18) 激活【顶】视图,选择 ✦【创建】|◁【灯光】|【标准】|【天光】工具,在【顶】视图中创建天光,添加完成后如图 3-66 所示。

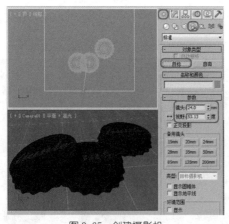
图 3-65　创建摄影机

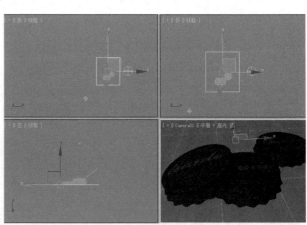
图 3-66　创建天光

(19) 渲染完成后将场景文件进行存储。

案例精讲 023 五角星

图 3-67 五角星

案例文件：CDROM | Scenes | Cha03| 五角星 .max

视频文件：视频教学 | Cha03| 五角星 .avi

制作概述

五角星在日常生活中随处可见，本例将讲解如何利用 3ds Max 软件制作五角星，如图 3-67 所示。首先利用【星形】命令绘制出星形形状，利用【挤出】和【编辑网格】修改器进行修改。

学习目标

掌握如何利用【挤出】和【编辑网格】修改器创建五角星。

操作步骤

(1) 启动软件后打开随书附带光盘中的 CDROM |Scenes|Cha03| 五角星 .max 素材文件，执行【创建】|【图形】|【星形】命令，在【前】视图中绘制形状，如图 3-68 所示。

(2) 选择上一步绘制的星形，打开【修改】命令面板，将【名称】设为【五角星】，将【颜色】设为红色，在【参数】选项栏中将【半径 1】设为 90，将【半径 2】设为 34，将【点】设为 5，如图 3-69 所示。

(3) 进入【修改】命令面板，在【修改器列表】中选择【挤出】修改器，将【参数】卷展栏中的【数量】设为 20，如图 3-70 所示。

图 3-68　绘制星形

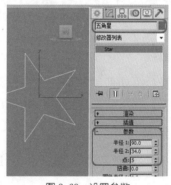
图 3-69　设置参数

(4) 选择【五角星】对象，使用【选择并旋转】工具对其进行旋转，如图 3-71 所示。

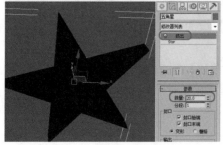
图 3-70　设置【数量】参数

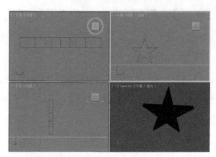
图 3-71　旋转图形

> **知识链接**
>
> 　【挤出修改器】：可以使二维线在垂直方向上产生厚度，从而生成三维实体。

　　(5) 切换到【修改】命令面板，选择【编辑网格】修改器，并定义当前选择集为【顶点】，在【顶】视图中框选如图 3-72 所示的顶点。

　　(6) 选择【选择并均匀缩放】工具，在【前】视图中对选择的顶点进行缩放，使其缩放到最小，即到不可以再缩放为止，如图 3-73 所示。

　　(7) 退出【顶点】选择集，使用【选择并移动】和【选择并旋转】工具对其进行适当移动和旋转，切换到【摄影机】视图，按 F9 键进行渲染，完成后的效果如图 3-74 所示。

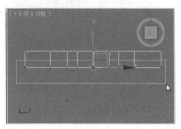
图 3-72　选择顶点

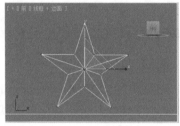
图 3-73　进行缩放

图 3-74　完成后的效果

案例精讲 024　茶杯

 案例文件：CDROM | 场景 | Cha03 | 茶杯 .max

 视频文件：视频教学 | Cha03 | 茶杯 .avi

制作概述

　　本例将介绍如何制作茶杯。首先应用【线】绘制其基本的轮廓，再对其添加修改器，利用贴图达到想要的效果，如图 3-75 所示。

图 3-75　茶杯

学习目标

　　掌握制作茶杯的要领，灵活利用【UVW 贴图】、【挤出】和【车削】修改器。

操作步骤

　　(1) 启动软件后打开随书附带光盘中的 CDROM| Scenes|Cha03| 茶杯 .max 素材文件，执行【创建】|【图形】|【线】命令，在【前】视图中绘制样条线并将其命名为【茶杯】，进入【修改】命令面板，调整顶点，在【插值】卷展栏中将【步数】设为 12，将当前选择集定义为【顶点】，并进行调整，如图 3-76 所示。

　　(2) 在【修改器列表】中选择【车削】修改器，在【参数】卷展栏中，勾选【焊接内核】复选框，将【分段】设为 80，在【方向】选项组中单击 Y 按钮，在【对齐】选项组中单击【最小】按钮，如图 3-77 所示。

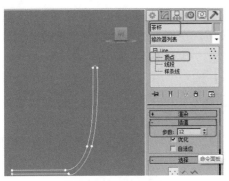

图 3-76　绘制样条线

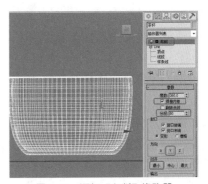

图 3-77　添加【车削】修改器

【车削】修改器可以通过旋转二维图形产生三维造型。

【焊接内核】将轴中间的顶点进行焊接精减，得到结构更精简和平滑无缝的模型。如果要作为变形对象，不能将此项打开。

【分段】用以设置旋转圆周上的片段划分数，值越高，模型越平滑。

【方向】选项组中的 X、Y、Z 用以分别设置不同的轴向。

【对齐】选项组中包括【最小】、【中心】以及【最大】三个选项，其功能分别如下。

【最小】：将曲线内边界与中心轴对齐。

【中心】：将曲线中心与中心轴对齐。

【最大】：将曲线外边界与中心轴对齐。

(3) 选择【茶杯】对象，按 Ctrl+V 组合键打开【克隆选项】对话框，选中【复制】单选按钮，将【名称】命名为"茶杯贴图"。然后在【修改器堆栈】中选择 Line，将选择集定义为【顶点】，并调整其顶点的位置，如图 3-78 所示。

(4) 为【茶杯贴图】对象添加【UVW 贴图】修改器，在【参数】卷展栏中选中【贴图】选项组中的【柱形】单选按钮，将【U 向平铺】设置为 2。选中【对齐】选项组中的 X 单选按钮，并单击【适配】按钮，如图 3-79 所示。

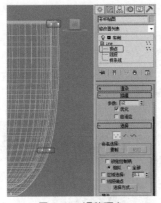

图 3-78　调整顶点

图 3-79　添加【UVW 贴图】修改器

(5) 按 M 键，打开材质编辑器，选择一个新的材质样本球，将其命名为"茶杯贴图"，在【Blinn 基本参数】卷展栏中，将明暗器类型设为 Blinn，将【环境光】和【漫反射】设置为白色，【自发光】设置为 30，将【反射高光】组中的【高光级别】和【光泽度】分别设置为 100、83，在

【贴图】卷展栏中，勾选【漫反射颜色】并单击后面的【无】按钮，在打开的【材质/贴图浏览器】对话框中选择【位图】选项，单击【确定】按钮，在打开的对话框中选择随书附带光盘中的 CDROM | Map | 杯子 .jpg 文件，返回到父级对象，单击【反射】后的【无】按钮，在打开的【材质/贴图浏览器】对话框中选择【光线跟踪】选项，单击【确定】按钮，单击【转到父对象】按钮，返回父级材质面板，将【反射】的【数量】设置为 8，单击【将材质指定给选定对象】按钮，将材质指定给场景中的【茶杯贴图】对象，如图 3-80 所示。

(6) 选择【创建】|【图形】|【线】命令，在【前】视图中绘制样条线，将其命名为"杯把"。进入【修改】命令面板，在【渲染】卷展栏中勾选【在渲染中启用】和【在视口中启用】复选框，将【厚度】设置为 25，将选择集定义为【顶点】，然后对顶点进行调整，如图 3-81 所示。

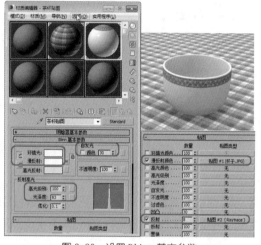

图 3-80 设置 Blinn 基本参数

图 3-81 绘制杯把

(7) 在【修改器列表】中选择【编辑网格】和【锥化】修改器，选择【锥化】修改器，在【参数】卷展栏中将【锥化】组中的【数量】和【曲线】分别设置为 0.7、−1.61，在【锥化轴】选项组中将【主轴】设置为 X，【效果】设置为 ZY，如图 3-82 所示。

(8) 将选择集定义为 Gizmo，使用【选择并移动】工具进行调整，完成后的效果如图 3-83 所示。

图 3-82 添加修改器

图 3-83 进行调整

> 知识链接
>
> 【编辑网格修改器】：该修改器是一个针对三维对象操作的修改命令，同时也是一个修改功能非常强大的命令，其最大优势可以创建个性化模型，并辅以其他修改工具，适合创建表面复杂而无须精确建模的对象。

(9) 按 M 键打开材质编辑器，选择一个新的材质样本球，将其命名为"白色瓷器"，在【Blinn 基本参数】卷展栏中，将【环境光】、【漫反射】和【高光反射】的颜色都设置为白色，将【自发光】设置为 35，将【反射高光】选项组中的【高光级别】和【光泽度】分别设置为 100、83，在【贴图】卷展栏中，单击【反射】后面的【无】按钮，在打开的【材质/贴图浏览器】对话框中选择【光线跟踪】选项，单击【确定】按钮，进入反射层级面板。单击【转到父对象】按钮，返回父级材质面板，将【反射】的【数量】设置为 8，选择场景中的【茶杯】和【杯把】对象，单击【将材质指定给选定对象】按钮，为其指定材质，如图 3-84 所示。

(10) 选择【创建】|【图形】|【线】命令，在场景中绘制托盘的截面，并将其命名为"托盘"，如图 3-85 所示。

图 3-84　设置材质

图 3-85　绘制托盘

(11) 在【修改器列表】中选择【车削】修改器，在【参数】卷展栏中将【分段】设置为 80，单击【方向】选项组中的 Y 按钮和【对齐】选项组中的【最小】按钮，如图 3-86 所示。

(12) 按 M 键，打开材质编辑器，选择一个新的材质样本球，将其命名为【托盘】，在【Blinn 基本参数】卷展栏中，将【自发光】设置为 30，将【反射高光】选项组中的【高光级别】和【光泽度】分别设置为 100、83。在【贴图】卷展栏中，单击【漫反射颜色】右侧的【无】按钮，在打开的【材质/贴图浏览器】对话框中选择【位图】选项，单击【确定】按钮，在打开的对话框中选择随书附带光盘中的 CDROM | Map | 盘子 .jpg 文件，将其打开。返回父级材质面板，单击【反射】后面的【无】按钮，在打开的【材质/贴图浏览器】对话框中选择【光线跟踪】选项，单击【确定】按钮，进入反射层级面板。返回父级材质面板，将【反射】的【数量】设置为 8，单击【将材质指定给选定对象】按钮，将材质指定给场景中的【托盘】对象，如图 3-87 所示。

图 3-86　添加【车削】修改器

图 3-87　设置贴图参数

(13) 为【托盘】对象添加【UVW 贴图】修改器，在【参数】卷展栏中选中【贴图】选项组中的【平面】单选按钮，在【对齐】选项组中选 Y 单选按钮，单击【适配】按钮，如图 3-88 所示。

(14) 使用【线】工具在【前】视图中绘制茶杯盖的截面图形，命名为"杯盖"，将其调整至如图 3-89 所示的形状。

图 3-88　添加【UVW 贴图】修改器

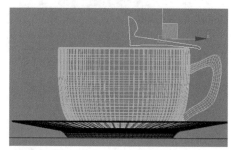
图 3-89　绘制茶杯盖

(15) 为【杯盖】对象施加【车削】修改器，在【参数】卷展栏中将【分段】设置为 80，将【方向】设为 Y，将【对齐】设为【最小】，如图 3-90 所示。

(16) 打开材质编辑器，将【托盘】材质指定给【杯盖】对象，然后为【杯盖】对象施加【UVW 贴图】修改器。在【参数】卷展栏中，选择【贴图】选项组下的【平面】单选按钮，选中【对齐】选项组中的 Y 单选按钮，单击【适配】按钮，如图 3-91 所示。

图 3-90　添加【车削】修改器

图 3-91　设置【UVW 贴图】参数

(17) 使用【选择并移动】和【选择并旋转】工具，对【杯盖】进行调整，如图 3-92 所示。

(18) 对所有的图像进行适当调整，按 F9 键进行渲染，完成后的效果如图 3-93 所示。

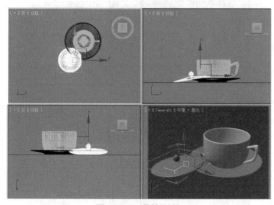

图 3-92　调整形状

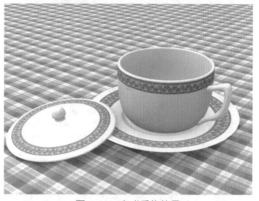

图 3-93　完成后的效果

案例精讲 025　工艺台灯

 案例文件：CDROM | 场景 | Cha03 | 工艺台灯 .max

视频文件：视频教学 | Cha03 | 工艺台灯 .avi

制作概述

本例将讲解如何制作工艺台灯。利用【圆柱体】和【布尔】工具创建出灯罩和灯罩顶边，利用【切角长方体】工具创建出支架，利用【圆柱体】工具创建出灯罩和灯，效果如图 3-94 所示。

图 3-94　工艺台灯

学习目标

掌握制作工艺台灯的步骤，能熟练运用【圆柱体】、【切角长方体】和【布尔】工具。

操作步骤

(1) 打开随书附带光盘中的 CDROM|Scenes|Cha03| 工艺灯 .max 素材文件，选择【创建】|【几何体】|【扩展基本体】|【切角圆柱体】工具，在【顶】视图中创建一个【半径】为 200、【高度】为 10、【圆角】为 1、【边数】为 50 的切角圆柱体，将其命名为"台灯底座"，如图 3-95 所示。

(2) 选择【创建】|【几何体】|【标准基本体】|【圆柱体】工具，在【顶】视图中创建【半径】为 190、【高度】为 600、【高度分段】为 1 和【边数】为 50 的圆柱体，将其命名为"灯罩"，再创建一个半径为 180 的圆柱体作为布尔运算的对象，如图 3-96 所示。

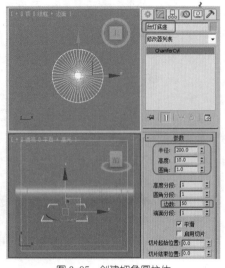

图 3-95　创建切角圆柱体

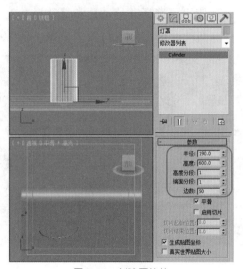

图 3-96　创建圆柱体

　　(3) 在场景中选择【灯罩】对象，选择【创建】|【几何体】|【复合对象】|【布尔】工具，在【拾取布尔】卷展栏中单击【拾取操作对象 B】按钮，在【前】视图中选择新创建的圆柱体，在【操作】选项组中选中【差集 (A-B)】单选按钮，为了便于观察，对【台灯底座】更换一种颜色，如图 3-97 所示。

　　(4) 选择上一步创建的布尔对象，按 Ctrl+V 组合键，在弹出的对话框中选中【复制】单选按钮，将【名称】定义为【灯罩顶边】，单击【确定】按钮，如图 3-98 所示。

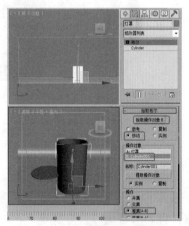

图 3-97　创建【布尔】对象

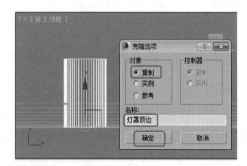

图 3-98　复制对象

知识链接

　　【布尔】运算类似于传统的雕刻建模技术，因此，布尔运算建模是许多建模者常用、也非常喜欢使用的技术。通过使用基本几何体，可以快速、容易地创建任何非有机体的对象。

在数学里，【布尔】意味着两个集合之间的比较；而在 3ds Max 中，是两个几何体次对象集之间的比较。布尔运算是根据两个已有对象定义一个新的对象，是对两个以上的物体进行并集、差集、交集和切割运算，得到新的物体形状。

　　【差集 (A-B)】：将两个造型进行相减处理，得到一种切割后的造型。这种方式对两个物体相减的顺序有要求，会得到两种不同的结果，其中【差集 (A-B)】是默认的一种运算方式。

　　技巧　　经过布尔运算后的对象点面分布特别混乱，出错的概率会越来越高，这是由于经布尔运算后的对象会增加很多面片，而这些面是由若干个点相互连接构成的，这样一个新增加的点就会与相邻的点连接，这种连接具有一定的随机性。随着布尔运算次数的增加，对象结构变得越来越混乱。这就要求布尔运算的对象最好有多个分段数，这样可以大大减少布尔运算出错的机会。

经过布尔运算之后的对象最好在编辑修改器堆栈中使用鼠标右键菜单中的【塌陷到】或者【塌陷全部】命令对布尔运算结果进行塌陷，尤其是在进行多次布尔运算时显得尤为重要。在进行布尔运算时，两个布尔运算的对象应该充分相交。

(5) 选择【灯罩顶边】，激活【前】视图，在工具箱中右击【选择并均匀缩放】工具，在弹出的对话框中将【绝对：局部】选项组中的 Z 设置为 2，如图 3-99 所示。

(6) 使用【选择并移动】工具，对文档中绘制的所有对象进行适当调整，完成后的效果如图 3-100 所示。

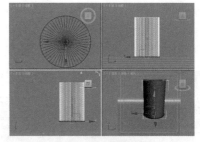

图 3-99　缩放图形　　　　　　　　　　　　　　　图 3-100　调整对象

(7) 选择【创建】|【几何体】|【扩展基本体】|【切角长方体】工具，在【前】视图中创建图形，在【参数】卷展栏中将【长度】、【宽度】、【高度】、【圆角】、【长度分段】和【圆角分段】分别设置为 700、30、30、2、4 和 3，然后将其命名为【支架 1】，使用【选择并移动】工具在场景中调整图形的位置，如图 3-101 所示。

(8) 确定【支架 1】对象处于选择状态，单击【修改】按钮，进入【修改】命令面板，对其添加【编辑网格】修改器，将当前选择集定义为【顶点】，在场景中调整顶点的位置，完成后的效果如图 3-102 所示，关闭选择集。

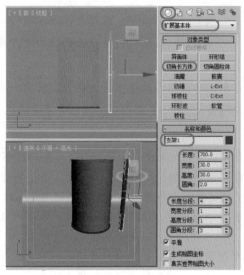

图 3-101　创建【切角长方体】

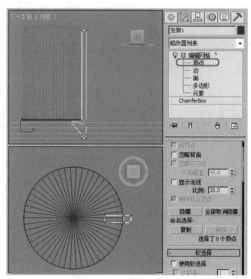

图 3-102　调整顶点

(9) 确定【支架 1】对象处于选择状态，激活【顶】视图，单击【层次】按钮，进入【层次】面板，单击【轴】在【调整轴】组中选择【仅影响轴】按钮，选择工具箱中的【对齐】工具，在场景中单击【台灯底】对象，在弹出的对话框中勾选【X 位置】、【Y 位置】和【Z 位置】3 个复选框，并选中【当前对象】和【目标对象】选项组中的【轴点】单选按钮，设置完成后单击【确定】按钮，如图 3-103 所示。

(10) 选择【支架 1】对象，激活【顶】视图，执行【工具】|【阵列】命令，在弹出的对话框中将【旋转】下的 Z 轴设置为 120.0，将【对象类型】设为【复制】，将【阵列维度】选项组中 1D 后面的【数量】设置为 3，设置完成后单击【确定】按钮，如图 3-104 所示。

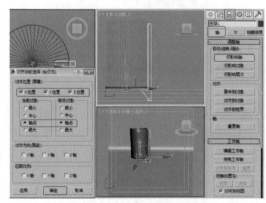

图 3-103　调整层次并对齐

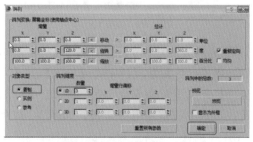

图 3-104　设置【阵列】参数

　　　　　有时候对象创建完成后，需要按着一定方向对对象进行多次复制，这时就可以利用【阵列】命令，通过设置不同的阵列方向，使源对象沿着设定好的方向进行阵列，提高工作效率。

　　　　　【阵列】可以大量有序地复制对象，它可以控制产生一维、二维、三维的阵列复制。

知识链接

选中要进行阵列复制的对象，选择【工具】|【阵列】命令（或者在工具栏中单击 【阵列】按钮），可以打开【阵列】对话框。【阵列】对话框中各项功能介绍如下。

【阵列变换】：用来设置在 1D 阵列中，三种类型阵列的变量值，包括位置、角度、比例。左侧为增量计算方式，要求设置增值数量；右侧为总计计算方式，要求设置最后的总数量。如果我们想在 X 轴方向上创建间隔为 10 个单位一行的对象，就可以在【增量】下的【移动】前面的 X 输入框中输入 10。如果我们想在 X 轴方向上创建总长度为 10 的一串对象，那么就可以在【总计】下的【移动】后面的 X 输入框中输入 10。

【移动】：分别设定三个轴向上的偏移值。

【旋转】：分别设定沿三个轴向旋转的角度值。

【缩放】：分别设定在三个轴向上缩放的百分比例。

【重新定向】：在以世界坐标轴旋转复制原对象时，同时也对新产生的对象沿其自身的坐标系统进行旋转定向，使其在旋转轨迹上总保持相同的角度，否则所有的复制对象都与原对象保持相同的方向。

【均匀】：选择此选项后，【缩放】的输入框中会有一个允许输入，这样可以锁定对象的比例，使对象只发生体积的变化，而不产生变形。

【对象类型】：设置产生的阵列复制对象的属性。

【复制】：标准复制属性。

【实例】：产生关联复制对象，与原对象息息相关。

【参考】：产生参考复制对象。

【阵列维度】：增加另外两个维度的阵列设置，这两个维度依次对前一个维度发生作用。

1D：设置第一次阵列产生的对象总数。

2D：设置第二次阵列产生的对象总数，右侧 X、Y、Z 用来设置新的偏移值。

3D：设置第三次阵列产生的对象总数，右侧 X、Y、Z 用来设置新的偏移值。

【阵列中的总数】：设置最后阵列结果产生的对象总数目，即 1D、2D、3D 三个【数量】值的乘积。

【重置所有参数】：将所有参数还原为默认设置。

(11) 激活【顶】视图，选择【创建】|【几何体】|【圆柱体】工具，在【顶】视图中创建一个圆柱体，在【参数】卷展栏中将【半径】、【高度】、【高度分段】和【边数】分别设置为 42、106、1 和 50，然后将其命名为【灯口】，将其放置到【台灯底】的中央，如图 3-105 所示。

(12) 继续使用【圆柱体】工具在【顶】视图中创建一个圆柱体，在【参数】卷展栏中将【半径】、【高度】、【高度分段】和【边数】分别设置为 34、106、1 和 50，如图 3-106 所示。

(13) 选择场景中的【灯口】对象，选择【创建】|【几何体】|【复合对象】|【布尔】工具，在【拾取布尔】卷展栏中单击【拾取操作对象 B】按钮，在【顶】视图中选择圆柱体，在【操作】选项组中选中【差集 (A-B)】单选按钮，如图 3-107 所示。

(14) 选择【创建】|【几何体】|【扩展基本体】|【切角圆柱体】工具，在【顶】视图中创建图形，在【参数】卷展栏中将【半径】、【高度】、【圆角】、【圆角分段】和【边数】分别设置为 38、400、20、6 和 50，然后在【左】视图中调整图形的位置，如图 3-108 所示。

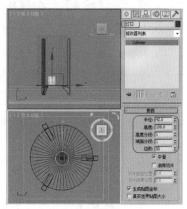
图 3-105　绘制圆柱体

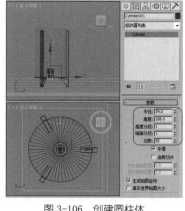
图 3-106　创建圆柱体

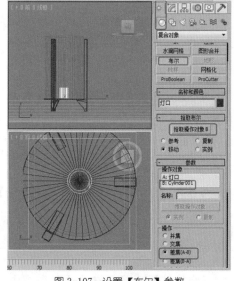
图 3-107　设置【布尔】参数

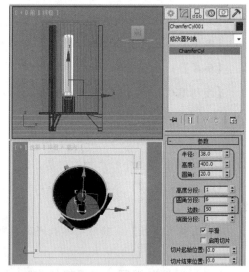
图 3-108　绘制切角圆柱体

提示

在执行布尔运算后当选择两个物体后，在【操作】卷展栏中可以选择不同的操作。【并集】表示原物体和目标物体进行组合；【交集】表示原物体与目标物体的重合部分；【差集 (A-B)】表示原物体减去目标物体，【差集 (B-A)】表示目标物体减去原物体。

(15) 按 M 键打开【材质编辑器】对话框，单击【获取材质】按钮，弹出【材质 / 贴图浏览器】对话框，单击【材质 / 贴图浏览器】按钮，在其下拉列表中选择【打开材质库】命令，打开随书附带光盘中的 CDROM|Map| 工艺台灯材质 .mat 文件，单击【打开】按钮，选择空样球，

双击添加的材质，将其添加到材质编辑器中，如图 3-109 所示。

(16) 选择相应的材质添加到场景对象中，切换到【透视】视图，选择【灯罩】，使用【选择并旋转】工具适当调整其位置，选择所有的工艺灯对象将其成组，添加【目标】摄影机，进行调整，查看效果，如图 3-110 所示。

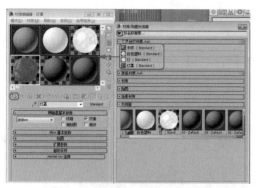

图 3-109　添加材质

图 3-110　完成后的效果

案例精讲 026　足球

案例文件：CDROM | Scenes | Cha03 | 足球 .max

视频文件：视频教学 | Cha03 | 足球 .avi

制作概述

本例将讲解如何制作足球。制作足球的重点是各种修改器之间的应用。其中主要应用了【编辑网格】、【网格平滑】和【面挤出】修改器的应用，效果如图 3-111 所示。

图 3-111　足球

学习目标

掌握足球的制作步骤，能熟练运用【编辑网格】、【网格平滑】和【面挤出】修改器。

操作步骤

(1) 启动软件后打开随书附带光盘中的 CDROM|Scenes|Cha03| 足球 .max 素材文件，选择【创建】|【几何体】|【扩展基本体】|【异面体】工具，在【顶】视图中创建异面体，并将它命名为【足球】，在【参数】卷展栏中将【系列】区域下的【十二面体 / 二十面体】单选按钮选中，将【系数参数】区域下的 P 设置为 0.35，将【半径】设为 50，如图 3-112 所示。

提示

创建出由奇特的表面组合成的多面体，通过参数的调节，可创建出各种复杂的造型。

在任意视图中单击鼠标左键并进行拖动，然后释放鼠标即可创建出一个异面体，通过在参数卷展栏中设置，能够创建出不同的造型。

【系列】：提供了【四面体】、【立方体 / 八面体】、【十二面体 / 二十面体】、【星形 1】和【星形 2】五种异面体的表面形状。

【系列参数】：P、Q是可控制异面体的点与面进行相互转换的两个关联参数，它们的设置范围是"0.0 ～ 1.0"。当P、Q值都为0时处于中点；当其中一个值为1.0时，那么另一个值为0.0，它们分别代表所有的顶点和所有的面。

【半径】：通过设置半径来调整异面体的大小。

(2) 进入【修改】命令面板，在【修改器列表】中选择【编辑网格】修改器，将当前的选择集定义为【多边形】，按 Ctrl+A 组合键选择所有的多边形面，在【编辑几何体】卷展栏中单击【炸开】按钮，在打开的【炸开】对话框中将【对象名】命名为"足球"，单击【确定】按钮，如图 3-113 所示。

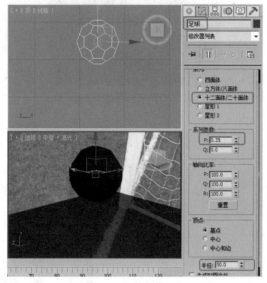

图 3-112 绘制异面体

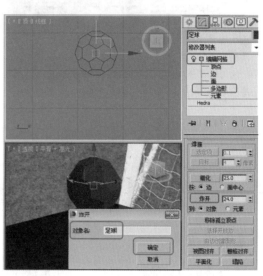

图 3-113 添加【编辑网格】修改器并设置

 提示　【炸开】用于将当前选择面炸散后分离出当前物体，使它们成为独立的新个体。

(3) 选择【足球】所有对象，单击【修改】按钮，进入【修改】命令面板，在【修改器列表】中选择【网格平滑】修改器，在【细分量】卷展栏中将【迭代次数】设置为2，如图 3-114 所示。

(4) 选择所有的【足球】对象，在【修改器列表】中选择【球形化】修改器并对其添加该修改器，如图 3-115 所示。

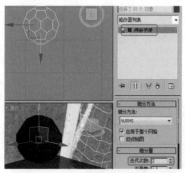

图 3-114 添加【网格平滑】修改器

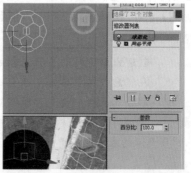

图 3-115 添加【球形化】修改器

(5) 确认选择所有【足球】对象，在【修改器列表】中选择【编辑网格】修改器并为其添加，将当前的选择集定义为【多边形】，打开【选择对象】对话框，依次选择五边形对象，然后在【曲面属性】卷展栏中将【材质】区域下的【设置 ID】设置为 1，如图 3-116 所示。

(6) 再次打开【选择对象】对话框，单击【反选】按钮，将剩余的六边形选中，在【曲面属性】卷展栏中将【材质】区域下的【设置 ID】设置为 2，如图 3-117 所示。

图 3-116　设置 ID

图 3-117　设置其他边的 ID

(7) 退出【编辑网格】修改器，选择所有的【足球】对象，在修改器卷展栏中选择【面挤出】修改器并对其进行添加，在【参数】卷展栏中将【数量】和【比例】分别设置为 1、98，如图 3-118 所示。

(8) 选择所有的足球对象，再次添加一个【网格平滑】修改器，在【细分方法】卷展栏中选择【四边形输出】类型，如图 3-119 所示。

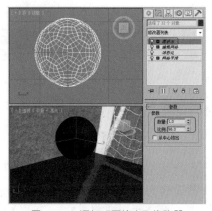

图 3-118　添加【面挤出】修改器

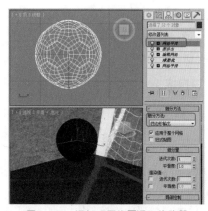

图 3-119　添加【网格平滑】修改器

(9) 按 M 键，打开【材质编辑器】面板，激活一个样本球，单击名称栏左侧的 Standard 按钮，在打开的【材质/贴图浏览器】对话框中选择【多维/子对象】材质。按照 ID 的排列单击 1 号材质后面的材质按钮，进入该子级材质面板中，将明暗的类型设为 Phong，在【Phong 基本参数】卷展栏中，将【环境光】和【漫反射】分别设置为黑色，将【反射高光】区域下的【高光级别】和【光泽度】值分别设置为 98、40，回到父级材质层级中。单击 2 号材质后面的材质按钮，进入该子级材质面板中。在【明暗器基本参数】卷展栏中，将阴影模式定义为 Phong，在【Phong 基本参数】卷展栏中，将【环境光】和【漫反射】设置为白色，将【自发光】区域下的【颜色】值设置为 5，将【反射高光】区域下的【高光级别】和【光泽度】值分别设置为 25、30，回到父级材质层级，最后单击【将材质指定给选定对象】按钮，将当前材质赋予视图中的对象，如图 3-120 所示。

(10) 选择所有的足球对象，进行适当调整，进行渲染查看效果，如图 3-121 所示。

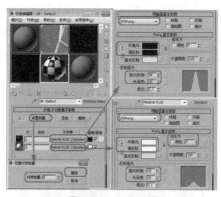

图 3-120　创建材质

图 3-121　完成后的效果

案例精讲 027　制作毛巾

案例文件：CDROM | Scenes | Cha03| 毛巾 .max

视频文件：视频教学 | Cha03| 毛巾 .avi

制作概述

　　毛巾的制作非常简单，先由【矩形】工具来制作毛巾的支架，再使用【平面】工具来制作毛巾对象，然后再通过【弯曲】和 FFD 4×4×4 修改器来调整毛巾的形状，最后再为其指定材质，完成后的效果如图 3-122 所示。

图 3-122　毛巾

学习目标

　　掌握【挤出】、【弯曲】、FFD 4×4×4 等修改器的应用。

操作步骤

　　(1) 激活【左】视图，选择【创建】 ※ |【图形】 ╕ |【矩形】工具，在【左】视图中创建一个【长度】和【宽度】分别为 230、11 的矩形，并将其命名为"支架"，如图 3-123 所示。

　　(2) 单击【修改】按钮 ☑，切换到【修改】命令面板，在【修改器列表】中选择【编辑样条线】修改器，将当前选择集定义为【顶点】，在【几何体】卷展栏中单击【优化】按钮，在支架的上方添加一个顶点，然后调整顶点效果至如图 3-124 所示的形状。

图 3-123　绘制矩形

图 3-124　添加并调整顶点

图 3-125　添加【挤出】修改器

技巧　直接使用【图形】工具创建的二维图形不能够直接生成三维物体，需要对它们进行编辑修改才可转换为三维物体。在对二维图形进行编辑修改时，【编辑样条线】修改器是我们的首选工具，它为我们提供了对顶点、分段、样条线 3 个次级物体级别的编辑修改。

在对使用【线】工具绘制的图形进行编辑修改时，可以不必为其指定【编辑样条线】修改器，因为它本身包含了与【编辑样条线】相同的参数和命令，不同的是，它还保留一些基本参数的设置，如【渲染】参数、【插值】等参数。

在对二维图形进行编辑修改时，最基本、最常用的就是对【顶点】选择集的修改。通常会对图形进行添加点、移动点、断开点、连接点等操作，以至调整到我们所需要的形状。

当选择【优化】选项后，可以从样条线的直线线段中删除不需要的步长。默认设置为启用。

注意　启用【自适应】时，【优化】不可用。

(3) 在【修改器列表】中添加【挤出】修改器，在【参数】卷展栏中将【数量】设置为230，设置支架的厚度，如图 3-125 所示。

(4) 按 M 键打开【材质编辑器】对话框，选择第一个材质样本球并将其命名为"支架"。在【明暗器基本参数】卷展栏中勾选【双面】复选框。在【Blinn 基本参数】卷展栏中，将锁定的【环境光】和【漫反射】的 RGB 值设置为 231、244、221，将【自发光】设置为 30，将【不透明度】设置为 40，在【反射高光】区域下将【高光级别】和【光泽度】分别设置为 35、0。设置完成后单击【将材质指定给选定对象】按钮，将设置好的材质指定给场景中的支架对象，如图 3-126 所示。

(5) 激活【前】视图，选择【创建】 ＊ |【几何体】 ◎ |【平面】工具，在【前】视图中创建一个平面，在【名称和颜色】卷展栏中将其命名为"毛巾"，在【参数】卷展栏中将【长度】、【宽度】、【长度分段】和【宽度分段】分别设置为 450、200、150、15，如图 3-127 所示。

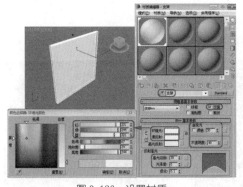

图 3-126　设置材质

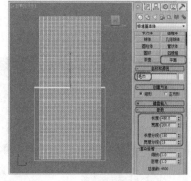

图 3-127　创建【毛巾】对象

提示　【平面】工具用于创建平面，然后再通过编辑修改器进行设置制作出其他效果，比如制作崎岖的地形。与使用【长方体】命令创建平面物体相比较，【平面】命令更显得非常的特殊与实用。首先是使用【平面】制作的对象没有厚度，其次可以使用参数来控制平面在渲染时的大小，如果将【参数】卷展栏中【渲染倍增】区域的【缩放】参数设置为 2，那么在渲染中【平面】的长宽分别被放大了 2 倍输出。

(6) 切换到【修改】命令面板，在【修改器列表】中选择【弯曲】修改器，在【参数】卷

第 3 章　常用三维模型的制作

展栏中将【弯曲】区域下的【角度】和【方向】分别设置为180、90，选中【弯曲轴】区域下的 Y 单选按钮，在【限制】区域下勾选【限制效果】复选框，并将【上限】和【下限】的值分别设置为22、0，如图 3-128 所示。

> **注意** 【弯曲】修改器允许将当前选中对象围绕单独轴弯曲360度，在对象几何体中产生均匀弯曲。可以在任意三个轴上控制弯曲的角度和方向。也可以对几何体的一段限制弯曲。
>
> 【角度】参数控制从顶点平面设置要弯曲的角度。范围为 –999999.0 ～ 999999.0。

【方向】参数用以设置弯曲相对于水平面的方向。范围为 –999999.0 ～ 999999.0。

【X/Y/Z】选项用来指定要弯曲的轴。注意此轴位于弯曲 Gizmo 并与选择项不相关。默认设置为 Z 轴。

【限制效果】将限制约束应用于弯曲效果。默认设置为禁用状态。

【上限】以世界单位设置上部边界，此边界位于弯曲中心点上方，超出此边界弯曲不再影响几何体。默认设置为 0。范围为 0 ～ 999999.0。

【下限】以世界单位设置下部边界，此边界位于弯曲中心点下方，超出此边界弯曲不再影响几何体。默认设置为 0。范围为 –999999.0 ～ 0。

(7) 再在【修改器列表】中选择 FFD 4×4×4 修改器，并将当前选择集定义为【控制点】，使用【选择并移动】工具 ✛ 调整点的位置，完成后的效果如图 3-129 所示。

> **知识链接**
>
> FFD4×4×4修改器是使用晶格框包围选中几何体。通过调整晶格的控制点，可以改变封闭几何体的形状。
>
> 【弯曲】修改器允许将当前选中对象围绕单独轴弯曲360度，在对象几何体中产生均匀弯曲。可以在任意三个轴上控制弯曲的角度和方向。也可以对几何体的一段限制弯曲。

(8) 再在【修改器列表】中选择【编辑多边形】修改器，将当前选择集定义为【顶点】，使用【选择并移动】工具 ✛ 调整点的位置，完成后的效果如图 3-130 所示。

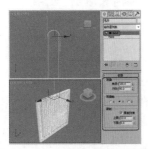  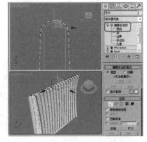

图 3-128　为毛巾施加【弯曲】修改器　图 3-129　为毛巾施加 FFD 4×4×4 修改器　　图 3-130　调整顶点的位置

(9) 打开材质编辑器，选择第二个材质样本球并命名为【毛巾】。在【明暗器基本参数】卷展栏中勾选【双面】复选框。在【Blinn 基本参数】卷展栏中，将锁定的【环境光】和【漫反射】的 RGB 值设置为227、217、109，将【自发光】设置为30。打开【贴图】卷展栏，单击【漫反射颜色】后面的灰色条形按钮，在打开的【材质/贴图浏览器】对话框中选择【位图】贴图，单击【确定】按钮。在打开的对话框中选择随书附带光盘中的 CDROM | Map | arch30-026-diffuse.

jpg 文件，最后单击【打开】按钮，进入漫反射颜色通道面板，打开【位图参数】卷展栏，在【裁减/放置】区域中单击【查看图像】按钮，调整图像的大小，并勾选【应用】复选框，如图 3-131 所示。

(10) 设置完成后，单击【转到父对象】按钮 ，返回父材质层级，并单击【将材质指定给选定对象】按钮，将设置好的材质指定给场景中的【毛巾】对象，按 8 键，在弹出的【环境和效果】对话框中，将背景颜色设置为白色，然后对场景进行渲染，完成后的效果如图 3-132 所示。

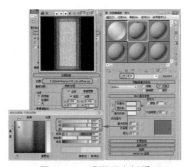

图 3-131　设置毛巾材质

图 3-132　渲染后的效果

(11) 激活【顶】视图，选择【创建】 ｜【摄像机】 ｜【目标】工具，在【顶】视图的左下角创建一架摄影机，然后激活【透视】视图，按 C 键，将其转换为【摄影机】视图。最后在其他视图中调整摄影机的位置，如图 3-133 所示。

(12) 按 8 键，在弹出的【环境和效果】对话框中，将背景颜色的 RGB 值设置为 53、53、53，如图 3-134 所示。然后对场景进行渲染，最后将场景文件进行保存。

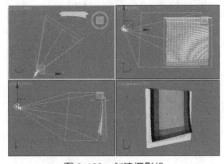

图 3-133　创建摄影机

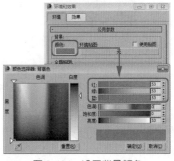

图 3-134　设置背景颜色

案例精讲 028　制作一次性水杯

> 📝 案例文件：CDROM | Scenes | Cha03| 一次性水杯 .max
>
> 💿 视频文件：视频教学 | Cha03| 一次性水杯 .avi

制作概述

下面介绍一次性水杯的制作方法。首先创建一次性水杯的截面图形，再为其施加【车削】修改器完成水杯模型的制作，然后复制水杯并调整模

图 3-135　一次性水杯

型的位置，使用【长方体】工具绘制地面，并为场景中的模型添加材质，最后添加摄影机和灯光，渲染后的效果如图 3-135 所示。

学习目标

掌握一次性水杯的制作流程，熟练掌握【车削】修改器的应用。

操作步骤

(1) 选择【创建】|【图形】|【线】工具，在场景中创建水杯的截面图形(闭合的图形)，切换到【修改】命令面板，将选择集定义为【顶点】，并在场景中调整截面的形状，命名截面图形为【一次性水杯 01】，在【插值】卷展栏中将【步数】设置为 40，如图 3-136 所示。

(2) 关闭选择集，在【修改器列表】中选择【车削】修改器，在【参数】卷展栏中设置【度数】为 360，勾选【焊接内核】复选框，设置【分段】为 55，在【方向】选项组中单击 Y 按钮，在【对齐】选项组中单击【最小】按钮，如图 3-137 所示。

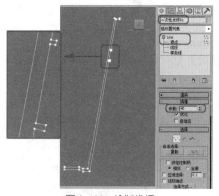

图 3-136 绘制线框

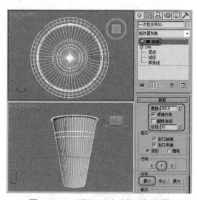

图 3-137 添加【车削】修改器

在车削建模中，【分段】参数越高车削出的模型就越平滑。

(3) 确定新创建的图形处于选择状态，将图形进行复制并对图形进行旋转，完成后的效果如图 3-138 所示。

当对场景中的物体进行旋转时，可以打开【角度捕捉】按钮，该功能主要用于精确地旋转物体和视图，可以在【栅格和捕捉设置】对话框中进行设置，其中的【选项】标签的【角度】参数用于设置旋转时递增的角度，系统默认值为 5 度。

(4) 激活【顶】视图，选择【创建】|【几何体】|【长方体】工具，在【顶】视图中创建一个长方体，在【名称和颜色】卷展栏中将其命名为【地面】，在【参数】卷展栏中将【长度】、【宽度】和【高度】分别设置为 1500、1500 和 0。在其他视图中调整图形的位置，如图 3-139 所示。

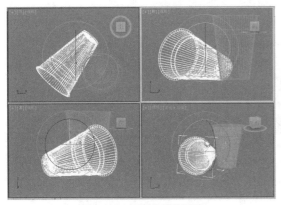

图 3-138　复制并旋转图形

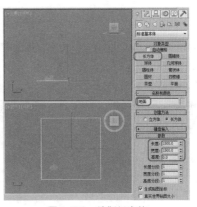

图 3-139　绘制长方体

(5) 打开【材质编辑器】对话框，单击【获取材质】按钮，打开【材质／贴图浏览器】对话框，单击 按钮，在弹出的下拉菜单中选择【打开材质库】命令，在打开的【导入材质库】对话框中选择随书附带光盘中的 Scenes｜Cha03｜一次性水杯材质 .mat 文件，单击【打开】按钮，将打开的材质分别指定给【材质编辑器】中的两个样本球，如图 3-140 所示。

【材质库】：从材质库中获取材质和贴图。使用这个选项时，允许调入 .mat 或 .max 格式的文件，.mat 是专用材质库文件，.max 文件是场景文件，它会将该场景中的全部材质调入。当这个选项启用时。最左下角的【文件】区内会出现 4 个按钮：【打开】用来开启一个材质库（或场景）文件；【合并】用来合并一个新的材质库（或场景）文件；【保存】用来重新快速保存当前的材质库；【另存为】用来将当前材质库以其他名称进行保存。

　　材质库在保存时可以同时保存材质／贴图的彩色图标，以便于在调出时能快捷地显示。保存的方法是使材质库以大（或小）图标方式显示，拖动滑块使它们全部出现一次，这时再进行材质库的保存，就可以将图标一并保存了。它的副作用是使材质库的文件尺寸变大。

(6) 按 H 键，在弹出的对话框中选择【一次性水杯 01】和【一次性水杯 02】对象，单击【确定】按钮，在材质编辑器中选择【一次性水杯材质】，单击【将材质指定给选定对象】按钮，将材质指定给场景中选择的对象；按 H 键，在弹出的对话框中选择【地面】对象，单击【确定】按钮，在材质编辑器中选择【木】材质，单击【将材质指定给选定对象】按钮，将材质指定给场景中选择的对象，如图 3-141 所示。

在材质编辑器中单击【在视口中显示标准材质】按钮，能够在视口中预览添加材质后的场景效果。

(7) 激活【顶】视图，选择【创建】｜【摄像机】｜【目标】工具，然后在【顶】视图中创建一架摄影机，在【参数】卷展栏中设置【镜头】为 316.99mm，【视野】为 6.5 度。激活【透视】视图，然后按 C 键，将当前视图转换为【摄影机】视图，最后在场景中调整摄影机的位置，如图 3-142 所示。

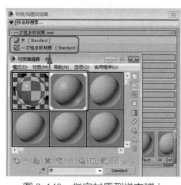

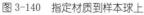

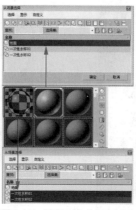

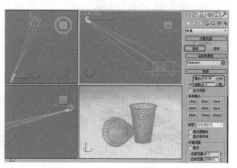

图 3-140　指定材质到样本球上　　　图 3-141　选择对象并指定材质　　　图 3-142　添加并调整摄影机

(8) 激活【摄影机】视图，按 Shift+F 组合键为该视图添加安全框，按 F10 键，弹出【渲染设置】对话框，在【输出大小】选项组中将【宽度】和【高度】分别设置为 1280 和 728，如图 3-143 所示。

(9) 选择【创建】 ☀ |【灯光】 ◁ |【标准】|【目标聚光灯】工具，在【顶】视图中创建灯光，在【常规参数】卷展栏中勾选【启用】复选框，在【聚光灯参数】卷展栏中将【聚光区 / 光束】和【衰减区 / 区域】分别设置为 40 和 75，在【阴影参数】卷展栏中将颜色的 RGB 值设置为 168、168、168，如图 3-144 所示。

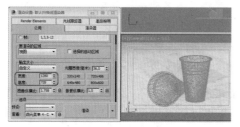

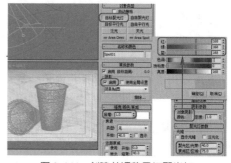

图 3-143　添加安全框并设置输出参数　　　　　图 3-144　创建并调整目标聚光灯

提示　　　【目标聚光灯】产生锥形的照射区域，在照射区以外的物体不受灯光影响。创建目标聚光灯后，有投射点和目标点可以调节，是一个有方向的光源，它可以向独立移动的目标点投射光，可以产生优质静态仿真效果。它有矩形和圆形两种投影区域，矩形适合制作电影投影图像、窗户投影等，圆形适合制作路灯、车灯、台灯、舞台跟踪灯等灯光照射，如果作为体积光源，它能产生一个锥形的光柱。

【启用】：设置灯光在场景中生较或无效。

(10) 单击【泛光灯】按钮，在【顶】视图中创建一盏泛光灯，在【强度 / 颜色 / 衰减】卷展栏中将【倍增】设置为 0.8，然后将【地面】排除该灯光的照射，并在场景中调整灯光的位置，如图 3-145 所示。

(11) 将创建的泛光灯光进行复制，并调整灯光的位置，如图 3-146 所示。设置完成后按 F9 键进行渲染，并将场景文件进行保存。

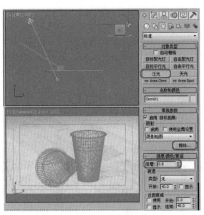

图 3-145　创建并调整泛光灯

图 3-146　复制灯光

【倍增】：对灯光的照射强度进行控制，标准值为 1，如果设置 2，则照射强度会增加一倍。如果设置为负值，将会产生吸收光的效果。通过这个选项增加场景的亮度可能会造成场景过暴，还会产生视频无法接受的颜色，所以除非是特殊效果或特殊情况，否则应尽量保持在 1 状态。

案例精讲 029　制作灯笼

　　案例文件：CDROM | Scenes | Cha03| 灯笼 .max

　　视频文件：视频教学 | Cha03| 灯笼 .avi

制作概述

　　本例将介绍一个圆形灯笼的制作方法。通过【长方体】工具创建一个薄片物体，再为薄片两个方向上添加【弯曲】修改器，即产生灯笼的造型，最后再对灯笼模型进行一些装饰就可以了，其效果如图 3-147 所示。

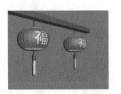

图 3-147　灯笼

学习目标

　　学会灯笼以及地球等的制作。掌握【弯曲】修改器的使用。

操作步骤

　　(1) 新建一个场景，选择【创建】 ![icon] |【几何体】 ![icon] |【长方体】工具，在【前】视图中创建一个薄片，将它命名为"灯笼"，在【参数】卷展栏中将它的【长度】、【宽度】和【高度】分别设置为 160、500 和 1，将【长度分段】和【宽度分段】分别设置为 20、30，如图 3-148 所示。

【长方体】工具可以用来制作正六面体或矩形。其中，长、宽、高的参数控制立方体的形状，如果只输入其中的两个数值，则产生矩形平面。片段的划分可以产生栅格长方体，多用作修改加工的原型物体，如波浪平面、山脉地形等。

配合 Ctrl 键可以建立正方形底面的立方体。

　　在【创建方法】卷展栏下选中【立方体】单选按钮可以直接创建正方体模型。

(2) 切换至【修改】命令面板，在【修改器列表】中选择【UVW 贴图】修改器，为灯笼指定贴图坐标，使用默认的参数即可。再在【修改器列表】中选择【弯曲】修改器，在【参数】卷展栏中将【弯曲】区域下的【角度】和【方向】分别设置为 180 和 90，在【弯曲轴】区域下选择 Y 轴选项，得到如图 3-149 所示的弯曲效果。

(3) 再次在【修改器列表】中选择【弯曲】修改器，在【参数】卷展栏中将【弯曲】区域下的【角度】设置为 -360，在【弯曲轴】区域下选择 X 轴选项，得到的造型如图 3-150 所示。

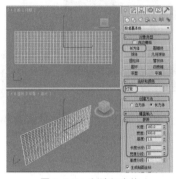
图 3-148　创建长方体

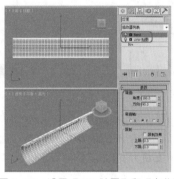
图 3-149　设置【UVW 贴图】和【弯曲】
修改器

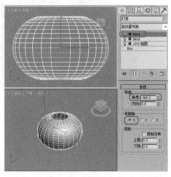
图 3-150　设置【弯曲】修改器

(4) 打开材质编辑器，为灯笼设置材质。将第一个材质样本球命名为"灯笼"，然后设置它的参数，如图 3-151 所示。在【明暗器基本参数】卷展栏中将阴影模式定义为 Phong。在【Phong基本参数】卷展栏中将【自发光】值设置为 85；将【不透明度】值设置为 95；将【高光级别】和【光泽度】分别设置为 30、20。打开【贴图】卷展栏，单击【漫反射颜色】通道后的【无】按钮，在打开的【材质 / 贴图浏览器】窗口中双击【位图】贴图。在打开的对话框中选择随书附带光盘中的 CDROM | Map | dll 福 .jpg 文件，单击【打开】按钮。进入位图层，在【坐标】卷展栏中将【瓷砖】下的 U 值设置为 2，将【角度】下的 V 值设置为 180。单击【将材质指定给选定的对象】按钮，将材质指定给场景中选择的对象。

(5) 选择【创建】　|【几何体】　|　【管状体】工具，在【顶】视图中灯笼的中心创建一个【半径 1】、【半径 2】和【高度】分别为 30、22 和 2 的管状体，将它的【高度分段】和【边数】分别设置为 1、12，如图 3-152 所示。

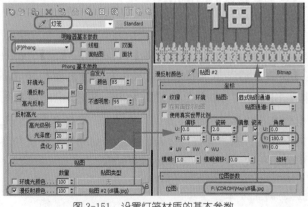
图 3-151　设置灯笼材质的基本参数

图 3-152　创建管状体

【管状体】用来建立各种空心管状物体，包括圆管、棱管以及局部圆管。

(6) 打开材质编辑器，选择第二个材质样本球，将它命名为"木框"，并参照图 3-153 所示参数进行设置。在【明暗器基本参数】卷展栏中将明暗模式定义为 Phong。在【Phong 基本参数】卷展栏中将【反射高光】区域下的【高光级别】和【光泽度】分别设置为 30、50。打开【贴图】卷展栏，单击【漫反射颜色】后面的【无】按钮并在打开的【材质 / 贴图浏览器】对话框中将贴图方式定义为【位图】，单击【确定】按钮。在打开的对话框中选择随书附带光盘中的 CDROM | Map | Anegre.jpg 文件，然后单击【打开】按钮，返回父材质层级。在场景中选择 Tube001 对象，然后在材质编辑器中单击【将材质指定给选定对象】按钮 🎨，将设置好的材质指定给当前选择物体。

(7) 在工具栏中单击【对齐】按钮 🔲，然后在【前】视图中选择【灯笼】对象，在打开的【对齐当前选择】对话框中只勾选【Y 位置】复选框，在【当前对象】和【目标对象】两个区域下都选中【最大】单选按钮，单击【确定】按钮将管状体的顶端与灯笼的顶端对齐，如图 3-154 所示。

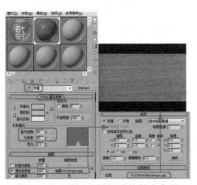

图 3-153　设置木框材质的基本参数

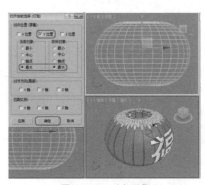

图 3-154　对齐对象

(8) 按 Ctrl+V 组合键对当前的管状体进行复制，在打开的对话框中选中【复制】单选按钮，单击【确定】按钮，复制对象，如图 3-155 所示。

(9) 确定新复制的管状体对象处于选择状态，在【修改】命令面板中，将【半径 1】、【半径 2】和【高度】分别更改为 15、10 和 5，如图 3-156 所示。

图 3-155　复制管状体

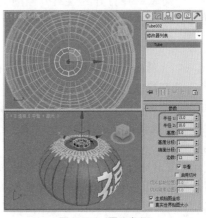

图 3-156　更改参数

(10) 按 Alt+Q 组合键进入孤立模式，将其他对象隐藏，在【修改器列表】中选择【编辑网格】修改器，定义当前选择集为【多边形】，然后使用【选择对象】工具，配合 Ctrl 键与【环绕子对象】工具在【透视】视图中管状体的外侧隔一个多边形选择一个多边形。单击【孤立当前选择切换】按钮退出孤立模式，在【编辑几何体】卷展栏中将【挤出】值调整到 7，如图 3-157 所示。

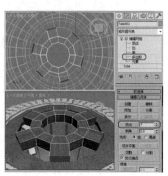

图 3-157　挤压多边形面

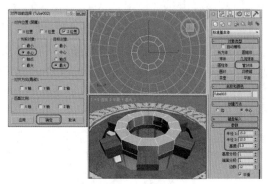

图 3-158　设置管状体参数

提示　　孤立当前选择用于将当前选择的物体最大化显示在视图中，同时隐藏全部其他未选择的物体，主要用于对单个物体的细节编辑，在大场景的制作中非常有用，可以使屏幕刷新速度大大加快。隔离选择也可以隔离显示多个选择物体。其快捷键为 Alt+Q。

知识链接

　　孤立选择命令只能对选择的物体应用。不能孤立选择的次物体，如果当前处在物体的次物体级别，这个工具无法使用。但在孤立物体的次物体级别可以单击【孤立当前选择切换】按钮，退出孤立模式。

(11) 选择【创建】 |【几何体】 |【管状体】工具，在【顶】视图中灯笼的中心创建一个【半径 1】、【半径 2】和【高度】分别为 15.0、10.0 和 9.0 的管状体，将它的【边数】设置为 12，参照前面的操作步骤，在工具栏中单击【对齐】按钮，然后在【顶】视图中选择 Tube002 对象，在打开的【对齐当前选择】对话框中只勾选【Z 位置】复选框，在【当前对象】和【目标对象】两个区域下分别选中【中心】、【最大】单选按钮，单击【确定】按钮，如图 3-158 所示。

提示　　【对齐】工具就是通过移动操作使物体自动与其他对象对齐，所以它在物体之间并没有建立什么特殊的关系。
　　　　在【前】视图中创建一个球体、一个圆柱体，并选择球体，在工具栏中单击【对齐】按钮，然后在视图中选择圆柱体对象，可以打开【对齐当前选择】对话框，并使球体在圆柱体的底端对齐。
　　【对齐当前选择】对话框中各选项的功能说明如下。
　　【对齐位置】：根据当前的参考坐标系来确定对齐的方式。
　　【X/Y/Z 位置】：指定位置对齐依据的轴向，可以单方向对齐，也可以多方向对齐。
　　【当前对象】/【目标对象】：分别设定当前对象与目标对象对齐的设置。

【最小】: 以对象表面最靠近另一对象选择点的方式进行对齐。

【中心】: 以对象中心点与另一对象的选择点进行对齐。

【轴心】: 以对象的重心点与另一对象的选择点进行对齐。

【最大】: 以对象表面最远离另一对象选择点的方式进行对齐。

【对齐方向(局部)】: 指定方向对齐依据的轴向,方向的对齐是根据对象自身坐标系完成的,三个轴向可任意选择。

【匹配比例】: 将目标对象的缩放比例沿指定的坐标轴向施加到当前对象上。要求目标对象已经进行了缩放修改,系统会记录缩放的比例,将比例值应用到当前对象上。

(12) 然后将【木框】材质赋予当前新创建的管状体,选择三个管状体,激活【前】视图,在工具栏中单击【镜像】按钮 ，对管状体进行镜像复制,在打开的对话框中选择 Y 轴选项,选中【实例】单选按钮,将【偏移】值设置为 –105,单击【确定】按钮完成镜像复制,如图 3-159 所示。

> **提示** 使用镜像复制可方便地制作出物体的反射效果。
>
> 【镜像】工具可以移动一个或多个选择的对象沿着指定的坐标轴镜像到另一个方向,同时也可以产生具备多种特性的复制对象。选择要进行镜像复制的对象,选择【工具】|【镜像】命令(或者在工具栏中单击 工具),可以打开【镜像】对话框。

需要注意的是,在我们复制对象时经常会遇到复制选项中【不克隆】、【复制】、【实例】和【参考】这几个选项,下面是这四个选项的具体释义。

【克隆当前选择】: 确定是否复制以及复制的方式。

【不克隆】: 只镜像对象,不进行复制。

【复制】: 复制一个新的镜像对象。

【实例】: 复制一个新的镜像对象,并指定为关联属性,这样改变复制对象将对原始对象也产生作用。

【参考】: 产生参考复制对象。

(13) 选择【创建】 |【图形】 |【线】工具,在【前】视图中灯笼上方和下方各创建一条线段作为灯笼提杆绳和灯笼穗绳,在【渲染】卷展栏中勾选【在渲染中启动】和【在视口中启动】复选框,最后将【厚度】设置为 2,效果如图 3-160 所示。然后在各个视图中调整其位置。

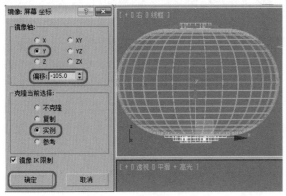

图 3-159　复制灯笼托

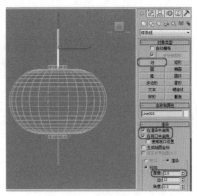

图 3-160　绘制线

提示 灯笼的穗轴可以使用圆柱体并指定【编辑网格】修改器来创建；灯笼穗可以使用很细的圆柱体或者是可渲染的线来制作，并使用阵列工具来复制。

(14) 选择【创建】 ※ |【几何体】 ◯ |【圆柱体】工具，在【顶】视图中灯笼穗绳的下方创建一个【半径】、【高度】和【高度分段】分别为7、−40和2的圆柱体作为灯笼穗头，并调整其到适当位置，如图 3-161 所示。

(15) 切换至【修改】命令面板，在【修改器列表】中选择【编辑网格】修改器，并定义当前选择集为【顶点】，在【前】视图中选择圆柱体顶端的节点，并在【顶】视图中将其进行缩放。最后在【前】视图中选择圆柱体中间的节点并依照图 3-162 所示进行调整。

(16) 选择【创建】 ※ |【图形】 ◌ |【螺旋线】工具，在【顶】视图中灯笼穗头的下方创建一条螺旋线，在【渲染】卷展栏中勾选【在渲染中启动】和【在视口中启动】复选框，并将【厚度】设置为0.6，然后将【参数】卷展栏下的【半径1】、【半径2】、【高度】、【圈数】分别设置为7.4、7.4、25.41、30，在【前】视图中将其对象进行调整。效果如图 3-163 所示。

  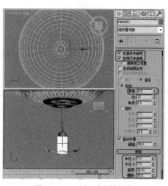

图 3-161　制作灯笼穗头　　　　图 3-162　对圆柱体灯笼穗头进行编辑　　　　图 3-163　创建螺旋线

 提示 【螺旋线】工具用来制作平面或空间的螺旋线，常用于完成弹簧、线轴等造型或用来制作运动路径。

(17) 打开材质编辑器，选择材质样本球，在【明暗器基本参数】卷展栏中将锁定的【环境光】和【漫反射】设置为255、0、0，将【高光级别】和【光泽度】分别设置为30、50。将【自发光】区域下的【颜色】设置为43。然后将设置好的材质指定给所有灯笼的穗绳对象，如图 3-164 所示。

(18) 选择【创建】 ※ |【图形】 ◌ |【线】工具，在【前】视图中灯笼穗头下方创建一条线段，将【厚度】更改为0.2。然后在【顶】视图中将线段调整至灯笼穗头轮廓下方，效果如图 3-165 所示。

(19) 切换至【层次】命令面板，进入【轴】标签面板，在【调整轴】卷展栏中单击【仅影响轴】按钮，调整轴心点至灯笼穗头的中心位置处，如图 3-166 所示。完成调整后，关闭【仅影响轴】按钮。

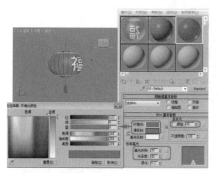

图3-164　创建灯笼穗绳的材质

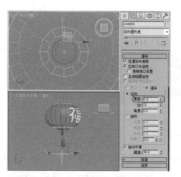

图3-165　创建并调整线段

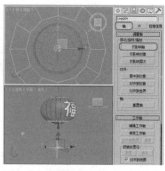

图3-166　调整轴心点至灯笼穗头的
中心位置处

(20) 选择【工具】|【阵列】菜单命令，在打开的【阵列】设置面板中将【增量】下的 Z 轴参数设置为 10，然后将【阵列维度】区域下的【数量】的 ID 设置为 72，最后单击【确定】按钮进行阵列，如图 3-167 所示。

(21) 选择阵列后的所有灯笼穗。打开材质编辑器，选择新的材质样本球，在【明暗器基本参数】卷展栏中将锁定的【环境光】和【漫反射】设置为 255、234、0，将【高光级别】和【光泽度】分别设置为 35、10。将【自发光】区域下的【颜色】设置为 65，如图 3-168 所示。然后将材质指定给灯笼穗对象。

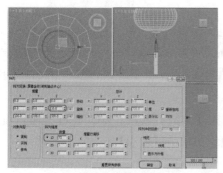

图3-167　对灯笼穗进行阵列

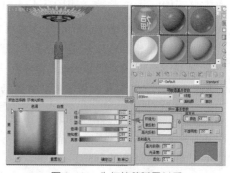

图3-168　为灯笼穗赋予材质

(22) 选择【创建】 |【几何体】 |【长方体】工具，在【顶】视图中创建一个长方体作为悬挂灯笼的横梁，并将第三个材质样本球的材质指定给横梁，然后调整其到适当位置，然后复制一个灯笼到适当位置，如图 3-169 所示。

(23) 在【顶】视图中创建摄影机并将【透视】视图转换为【摄影机】视图，然后调整摄影机的位置，如图 3-170 所示。并按 F9 键对【摄影机】视图进行渲染，

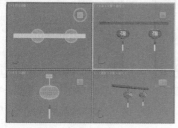

图3-169　绘制横梁并复制灯笼

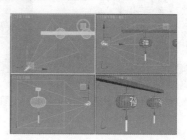

图3-170　添加摄影机

案例精讲 030 制作酒杯

> 案例文件：CDROM | Scenes | Cha03| 制作酒杯 .max
>
> 视频文件：视频教学 | Cha03| 制作酒杯 .avi

制作概述

本例将介绍酒杯的制作方法。使用【线】工具创建酒杯半截轮廓并调整 Bezier 角点，然后添加【车削】修改器，制作出酒杯模型。最后制作玻璃体并为酒杯设置材质，完成后的效果如图 3-171 所示。

图 3-171　酒杯

学习目标

掌握 Bezier 角点的调整方法。

操作步骤

(1) 选择【创建】 ※ |【图形】 ◯ |【线】工具，在【前】视图中依照图 3-172 所示创建一个酒杯对象的半剖面图形。

(2) 然后切换至【修改】命令面板，将当前选择集定义为【顶点】，然后在【前】视图中对转换为点的模式进行调整，如图 3-173 所示。

> 提示　因为在视图中通常无法准确地直接绘制出对象的截面图形，所以在绘制完成后必须将当前选择集定义为【顶点】。当选择相应的点并右击，在弹出的快捷菜单中可以分别选择 Bezier 角点、Bezier、角点和平滑四种调整模式，其中较为常用的是 Bezier 角点和 Bezier 两种模式，它们在点的调节上非常灵活。

(3) 选择【修改器列表】中的【车削】修改器，在【参数】卷展栏中，将【分段】设置为 16；在【方向】选项组中选择 Y 轴，在【对齐】选项组中单击【最小】按钮，如图 3-174 所示，此时已完成对酒杯对象的制作。

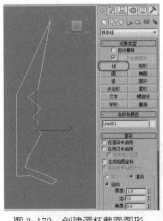

图 3-172　创建酒杯截面图形

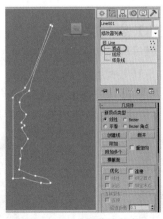

图 3-173　编辑修改节点

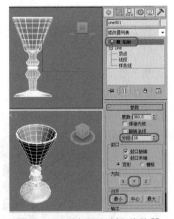

图 3-174　添加【车削】修改器

（4）激活【顶】视图，选择【创建】 |【几何体】 |【球体】工具，然后在【顶】视图中创建一个【半径】为 4.0 的圆球。切换至【修改】命令面板，选择 FFD 4×4×4 修改器，并将当前选择集定义为【控制点】，并使用【选择并移动】工具 ✛ 和【选择并均匀缩放】工具 对该对象进行调整，调整后的效果如图 3-175 所示。将【控制点】选择集关闭。

（5）选择调整后的球体对象，激活【左】视图，选择【镜像】工具 ，在打开的【镜像：屏幕坐标】对话框中，选择【镜像轴】区域的 Z 轴选项，然后选中【克隆当前选择】区域中的【复制】单选按钮，单击【确定】按钮，调整至如图 3-176 所示位置处。

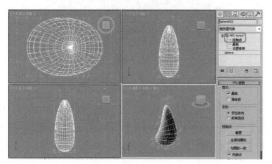

图 3-175　绘制球体并添加【FFD 4×4×4】修改器

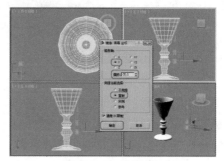

图 3-176　镜像球体

（6）在编辑堆栈中重新回到位于顶层的 FFD 4×4×4 修改器层级。为镜像的对象添加【噪波】修改器，在【参数】卷展栏中，勾选【分形】复选框，将【粗糙度】设置为 0.4；在【强度】选项组中，将 X、Y、Z 的参数分别设置为 5、6、7，如图 3-177 所示。

（7）选择【创建】 |【几何体】 |【球体】工具，然后在【顶】视图中创建一个【半径】为 3 的圆球对象，激活【前】视图，然后在【前】视图中将新建的圆球对象调整至第一个球体对象的正上方，效果如图 3-178 所示。

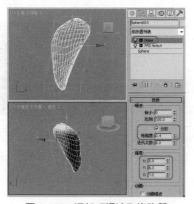

图 3-177　添加【噪波】修改器

图 3-178　创建球体对象

（8）重新选择第一个球体对象，然后为该对象施加【编辑网格】修改器，单击【编辑几何体】卷展栏中的【附加】按钮，然后将其他两个球体对象进行连接。选择连接后的球体对象，选择【对齐】工具 ，然后在【顶】视图中点选酒杯对象，在打开的对话框中勾选【X 位置】、【Y 位置】和【Z 位置】复选框，在【当前对象】和【目标对象】两个区域下都选中【中心】单选按钮，单击【确定】按钮，如图 3-179 所示。

（9）在【前】视图中选择酒杯对象，为酒杯对象施加【编辑网格】修改器，单击【编辑几何体】

参数卷展栏中的【附加】按钮，然后将 3 个球体对象进行连接，效果如图 3-180 所示。

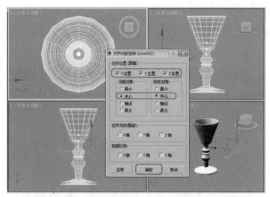
图 3-179　对齐到酒杯

图 3-180　附加对象

（10）打开材质编辑器选择一个新样本球，并命名为【酒杯】。单击 Standard 按钮，在打开的【材质/贴图浏览器】对话框中选择【光线跟踪】选项，单击【确定】按钮。在【光线跟踪基本参数】卷展栏中，将【透明度】的 RGB 值设置为 235、237、255，将【折射率】设置为 1.5；在【反射高光】选项组中，将【高光级别】、【光泽度】、【柔化】分别设置为 250、60、0.5。在【贴图】卷展栏中，单击【反射】右侧的【无】按钮，在【材质/贴图浏览器】对话框中选择【位图】贴图，单击【确定】按钮，在对话框中选择随书附带光盘中的 CDROM｜Map｜Ref.jpg 文件，返回到父级面板中。将【透明度】的【数量】设置为 60，同时单击右侧的【无】按钮，在【材质/贴图浏览器】对话框中选择【衰减】，单击【确定】按钮，在【衰减参数】卷展栏中的设置如图 3-181 所示，将其赋予酒杯对象。

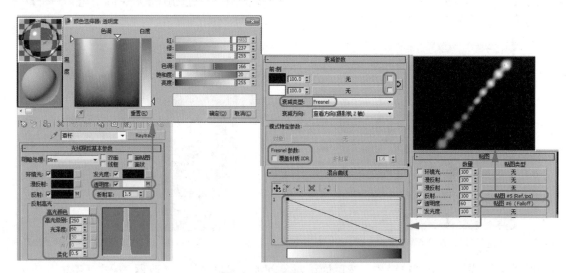
图 3-181　设置酒杯质感材质

（11）选择【创建】|【几何体】|【平面】工具，在【顶】视图中创建一个【长度】为 800、【宽度】为 1000 的矩形，打开材质编辑器，选择第二个材质样本球，在【贴图】卷展栏中，单击【漫反射颜色】右侧的【无】按钮，并在打开的【材质/贴图浏览器】对话框中将贴图方式定义为【位图】，单击【确定】按钮确认。在打开的对话框中选择随书附带光盘中

的 CDROM｜Map｜009.jpg 文件，然后单击【打开】按钮，在【坐标】卷展栏中将【瓷砖】下的 U 设置为 20、V 设置为 15，单击【将材质指定给选定对象】按钮，将材质指定给场景中的平面对象，如图 3-182 所示。

(12) 激活【顶】视图，选择【创建】 ✳ ｜【摄像机】 📷 ｜【目标】工具，然后在【顶】视图中创建一架摄影机，激活【透视】视图，然后按 C 键，将当前视图转换为【摄影机】视图，最后在场景中调整摄影机的位置，如图 3-183 所示。

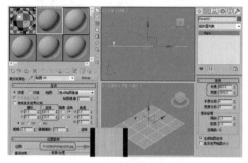

图 3-182　绘制平面并添加材质

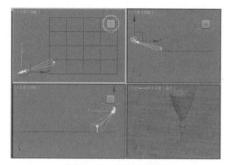

图 3-183　添加摄影机

(13) 选择【创建】 ✳ ｜【灯光】 💡 ｜【标准】｜【目标聚光灯】工具，在【顶】视图中创建灯光，在【常规参数】卷展栏中勾选【启用】复选框，在【强度/颜色/衰减】卷展栏中将【倍增】设置为 0.8，在【阴影参数】卷展栏中将颜色的 RGB 值设置为 144、144、144，如图 3-184 所示。

(14) 按 8 键，在弹出的【环境和效果】对话框中，将背景颜色设置为白色，如图 3-185 所示。然后对场景进行渲染，最后将场景文件进行保存。

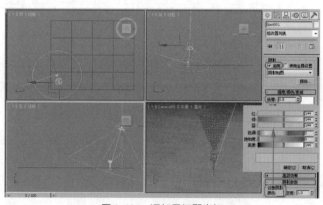

图 3-184　添加目标聚光灯

图 3-185　设置背景颜色

案例精讲 031　制作电视台标

 案例文件：CDROM｜Scenes｜Cha03｜电视台标 .max

 视频文件：视频教学｜Cha03｜电视台标 .avi

制作概述

本例将介绍电视台标的制作方法。使用【线】工具绘制电视台标的轮廓并调整 Bezier 角点，然后添加【倒角】修改器，制作出电视台标的厚度。最后为其设置材质，完成后的效果如图 3-186 所示。

图 3-186 电视台标

学习目标

学会如何制作电视台标。

操作步骤

(1) 选择【创建】 ※ |【图形】 ⓞ |【线】工具，激活【前】视图，按 Alt+W 组合键将【前】视图最大化显示，在【前】视图中依照图 3-187 所示绘制电视台标的轮廓。

(2) 然后切换至【修改】命令面板中，将当前选择集定义为【顶点】，然后在【前】视图中选择顶点将其转换为【Bezier 角点】，然后对转换的顶点进行调整，如图 3-188 所示。

提示   节点的调整有 5 种类型，它们分别为：【Bezier 角点】、Bezier、【角点】、【平滑】以及【重置切线】，其中【Bezier 角点】是一种比较常用的节点类型，通过分别对它的两个控制手柄进行调节，可以灵活控制曲线的曲率。其他 4 种功能如下：

Bezier：通过调整节点的控制手柄来改变曲线的曲率，以达到修改样条曲线的目的，它没有【Bezier 角点】调节起来灵活。

【角点】：使各点之间的【步数】按线性、均匀方式分布，也就是直线连接。

【平滑】：该属性决定了经过该节点的曲线为平滑曲线。

【重置切线】：在可编辑样条线【顶点】层级时，可以使用标准方法选择一个和多个顶点并移动它们。如果顶点属于 Bezier 或【Bezier 角点】类型，还可以移动和旋转控制柄，进而影响在顶点联接的任何线段的形状。可以使用切线复制 / 粘贴操作在顶点之间复制和粘贴控制柄，同样也可以使用【重置切线】重置控制柄或在不同类型之间切换。

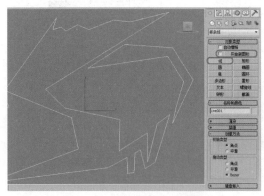

图 3-187 绘制电视台标的轮廓

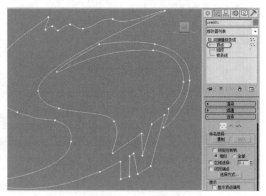

图 3-188 调整顶点

(3) 退出【顶点】选择集，在【修改器列表】中选择【倒角】修改器，在【参数】卷展栏中，将【级别 1】的【高度】设置为 30.0，勾选【级别 2】复选框，将【高度】设置为 3.0、【轮廓】设置为 -3.0，如图 3-189 所示。

(4) 按 M 键打开材质编辑器，选择一个材质样本球，将其命名为【金属质感】，在【明暗器基本参数】卷展栏中将阴影模式定义为【金属】。在【金属基本参数】卷展栏中将【环境光】的 RGB 值设置为 0、0、0，将【漫反射】的 RGB 值设置为 251、191、29；将【自发光】设置为 20、【高光级别】设置为 100、【光泽度】设置为 80，如图 3-190 所示。

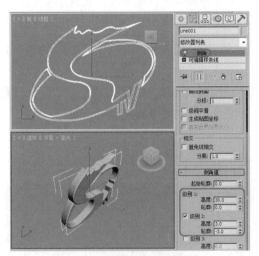

图 3-189　添加【倒角】修改器

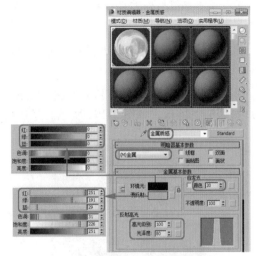

图 3-190　设置材质参数

　　(5) 打开【贴图】卷展栏，单击【反射】通道后的【无】按钮，在打开的【材质 / 贴图浏览器】对话框中选择【位图】贴图，再在打开的对话框中选择随书附带光盘中的 CDROM|Map|Gold04. jpg 文件，单击【打开】按钮。进入【反射】通道的位图层，在【坐标】卷展栏中，选择【环境】贴图中的【收缩包裹环境】，将【模糊偏移】设置为 0.02，在【输出】卷展栏中将【输出量】设置为 1.3，如图 3-191 所示。单击【将材质指定给选定对象】按钮 ，将材质指定给场景中的电视台标对象。

　　(6) 激活【顶】视图，选择【创建】　｜【摄影机】　｜【目标】工具，在【顶】视图中创建摄影机对象。将【透视】视图激活，然后按 C 键将当前激活视图转换为【摄影机】视图显示。然后在【左】视图和【前】视图中调整摄影机的位置，并通过【摄影机】视图观察调整效果，调整后的效果如图 3-192 所示。

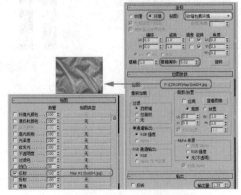

图 3-191　设置【反射】贴图

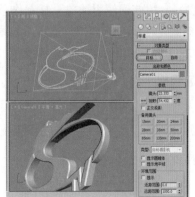

图 3-192　设置摄影机

提示　可以将位图作为环境贴图使用，它被贴到场景中一个不可见的物体上，从右侧【贴图】菜单中可以选择【球形环境】、【柱形环境】、【收缩包裹环境】和【屏幕】4 种贴图方式。球形环境会在两端产生撕裂现象，收缩包裹只有一端有少许撕裂现象，如果要进行摄影机移动，它是最好的选择，但要求位图精度足够高；如果是静帧渲染，使用【屏幕】方式可以将图像不变形地放置在屏幕上。

(7) 按 8 键打开【环境和效果】对话框，将背景颜色的 RGB 值设置为 47、35、203，如图 3-193 所示。

(8) 激活【摄影机】视图，按 F10 键，在弹出的【渲染设置】对话框中，设置渲染参数，单击【渲染】按钮渲染场景，如图 3-194 所示。最后将场景文件进行保存。

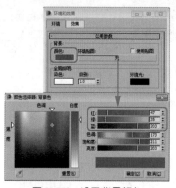
图 3-193　设置背景颜色

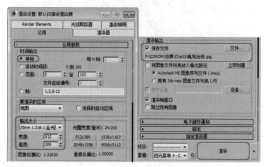
图 3-194　设置渲染参数

案例精讲 032　制作杀虫剂模型

案例文件：CDROM | Scenes | Cha03| 杀虫剂 .max

视频文件：视频教学 | Cha03| 杀虫剂 .avi

制作概述

本例将介绍如何使用缩放工具制作杀虫剂模型。首先使用【圆柱体】工具创建杀虫剂外形，并使用【缩放工具】调整顶点，然后为杀虫剂模型设置【多维 / 子对象】材质，最后添加摄影机和灯光，完成后的效果如图 3-195 所示。

图 3-195　杀虫剂模型

学习目标

掌握缩放工具的使用方法。

熟悉【多维 / 子对象】材质的设置技巧。

操作步骤

(1) 选择【创建】|【几何体】|【标准基本体】|【圆柱体】工具，在【顶】视图中绘制一个【半径】为 40、【高度】为 340 的圆柱体，如图 3-196 所示。

(2) 然后切换至【修改】命令面板中，将 Cylinder001 圆柱体转换为【可编辑多边形】，将当前选择集定义为【顶点】，然后在【前】视图中选择如图 3-197 所示的顶点，使用【选择并均匀缩放】工具 ⬚，对顶点沿着 Y 轴进行缩放调整。

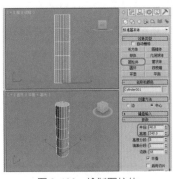

图 3-196　绘制圆柱体

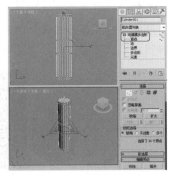

图 3-197　缩放调整顶点

(3) 在【前】视图中选择如图 3-198 所示的顶点，在【顶】视图中，使用【选择并均匀缩放】工具 ⬚，对顶点沿着 XY 轴进行缩放调整。

(4) 退出当前选择集，选择【创建】|【几何体】|【标准基本体】|【圆柱体】工具，在【顶】视图中继续绘制一个【半径】为 35、【高度】为 70 的圆柱体，如图 3-199 所示。

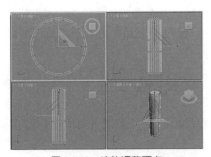

图 3-198　缩放调整顶点

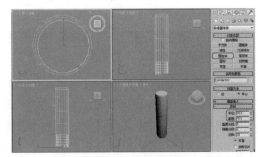

图 3-199　绘制圆柱体

(5) 选中创建的 Cylinder002 圆柱体对象，单击【对齐】按钮 ⬚，然后单击先前创建的 Cylinder001 圆柱体，在弹出的对话框中勾选【X 位置】、【Y 位置】和【Z 位置】复选框，将【当前对象】和【目标对象】都选择为【中心】，然后单击【确定】按钮，如图 3-200 所示。

(6) 在【前】视图中，使用【选择并移动】工具 ⬚，将 Cylinder002 圆柱体对象向上移动，移动后的位置如图 3-201 所示。

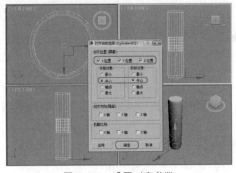

图 3-200　设置对齐参数

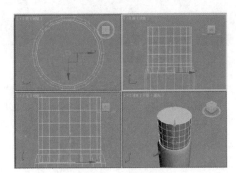

图 3-201　移动圆柱体

(7) 切换至【修改】命令面板中，将 Cylinder002 圆柱体转换为【可编辑多边形】，将当前选择集定义为【顶点】，然后在【前】视图中选择如图 3-202 所示的顶点，使用【选择并均匀缩放】工具 和【选择并移动】工具 ，对顶点进行适当调整。

> **提示** 使用【选择并缩放】弹出按钮上的【选择并均匀缩放】按钮，可以沿所有三个轴以相同量缩放对象，同时保持对象的原始比例。

均匀缩放不会更改对象的比例

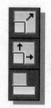
【选择并缩放】弹出按钮选项

主工具栏上的【选择并缩放】弹出按钮提供了对用于更改对象大小的三种工具的访问。

从上到下分别为：【选择并均匀缩放】、【选择并非均匀缩放】、【选择并挤压】。此外，【缩放】命令在四元（右键单击）菜单的【编辑】菜单和【变换】区域中可用，选择此命令激活当前在弹出按钮中选择的任何一个缩放工具。

> **注意** 注意【智能缩放】命令激活【选择并缩放】功能，并在重复使用时通过可用的缩放方法循环。默认情况下，将【智能缩放】指定给 R 键，可以使用自定义用户界面将其指定给不同的键盘快捷键、菜单等。

(8) 退出当前选择集，单击【编辑几何体】卷展栏中的【附加】按钮，然后单击 Cylinder001 圆柱体，将其与 Cylinder002 圆柱体附加在一起，如图 3-203 所示。

(9) 将当前选择集定义为【多边形】，然后在【前】视图中选择如图 3-204 所示的多边形，在【多边形：材质 ID】卷展栏中，将【设置 ID】设置为 1。

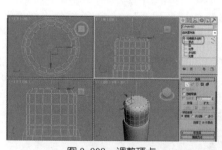
图 3-202　调整顶点

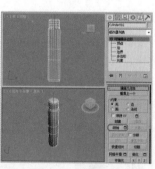
图 3-203　附加对象

图 3-204　将【设置 ID】设置为 1

> **提示** 附加选项的选择可以将场景中的另一个对象附加到选定的网格。可以附加任何类型的对象，包括样条线、片面对象和 NURBS 曲面。附加非网格对象时，该对象会转化成网格。单击要附加到当前选定网格对象中的对象。

附加对象时，两个对象的材质可以采用下列方式进行组合：

• 如果正在附加的对象尚未分配到材质，将会继承与其连接的对象的材质。

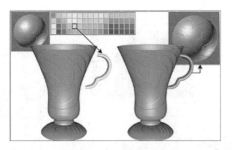

控制柄继承附加到杯子的材质

· 如果附加到的对象没有材质，也会继承与其连接的对象的材质。

· 如果两个对象都有材质，生成的新材质是包含输入材质的【多维／子对象】材质。此时，将会显示一个对话框，其中提供了三种组合对象材质和材质 ID 的方法。

(10) 然后在【前】视图中选择如图 3-205 所示多边形，在【多边形：材质 ID】卷展栏中，将【设置 ID】设置为 2。

(11) 按 M 键打开材质编辑器，选择第一个材质样本球，将其命名为"杀虫剂 01"，然后单击材质名称栏右侧的 Standard 按钮，在弹出的【材质/贴图浏览器】对话框中选择【标准】|【多维/子对象】选项，然后单击【确定】按钮。在弹出的【替换材质】对话框中，选择【丢弃旧材质】，然后单击【确定】按钮。在【多维／子对象基本参数】卷展栏中，单击【设置数量】按钮，在弹出的【设置材质数量】对话框中将【材质数量】设置为 2，单击【确定】按钮，如图 3-206 所示。

图 3-205 将【设置 ID】设置为 2

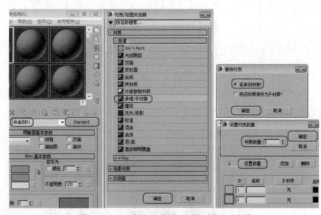

图 3-206 设置【多维／子对象】材质

(12) 单击 ID1 右侧的【无】按钮，在弹出的【材质/贴图浏览器】对话框中选择【标准】选项，然后单击【确定】按钮，进入该子级材质面板中。在【明暗器基本参数】卷展栏中，将明暗器设置为 Phong，在【Phong 基本参数】卷展栏中，将【环境光】和【漫反射】的 RGB 值设置为 223、223、223，将【高光反射】设置为 223、223、255，将【高光级别】和【光泽度】分别设置为 88、72。打开【贴图】卷展栏，单击【漫反射颜色】通道后的【无】按钮，在打开的【材质/贴图浏览器】对话框中双击【位图】贴图。在打开的对话框中选择随书附带光盘中的 CDROM | Map | CY-BLUE01.TGA 文件，单击【打开】按钮。在【坐标】卷展栏中，将【模糊】设置为 1.07，如图 3-207 所示。

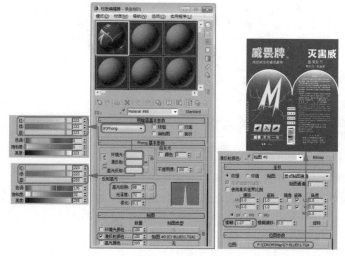

图 3-207　设置 ID1 材质

(13) 双击【转到父对象】按钮，返回至顶层面板，单击 ID2 右侧的【无】按钮，在弹出的【材质 / 贴图浏览器】对话框中选择【标准】选项，然后单击【确定】按钮，进入该子级材质面板中。在【明暗器基本参数】卷展栏中，将明暗器设置为 Phong，在【Phong 基本参数】卷展栏中，将【环境光】和【漫反射】的 RGB 值设置为 214、214、214，将【高光反射】设置为 255、255、255，将【高光级别】和【光泽度】分别设置为 88、75。打开【贴图】卷展栏，设置【反射】的【数量】为 12，单击【反射】通道后的【无】按钮，在打开的【材质 / 贴图浏览器】对话框中双击【位图】贴图。在打开的对话框中选择随书附带光盘中的 CDROM | Map | NEWREF3.gif 文件，单击【打开】按钮。在【坐标】卷展栏中，将【模糊偏移】设置为 0.026，如图 3-208 所示。

(14) 双击【转到父对象】按钮，返回至顶层面板，单击【将材质指定给选定对象】按钮，将材质指定给场景中的杀虫剂模型对象。激活【前】视图，按 F9 键进行渲染，查看效果如图 3-209 所示。

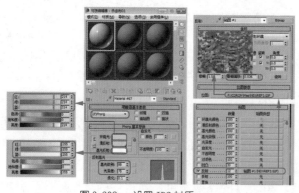

图 3-208　设置 ID2 材质

图 3-209　查看渲染效果

(15) 选中杀虫剂模型对象，将当前选择集定义为【多边形】，在【前】视图中选择要设置的多边形，然后在【修改器列表】中添加【UVW 贴图】修改器，在【参数】卷展栏中，将【贴图】选择为【柱形】，单击【对齐】中的【适配】按钮，如图3-210所示。

(16) 在材质编辑器中，将第一个材质球拖动到第二个材质球中，并将其命名为【杀虫剂02】，将ID1的位图贴图更改为随书附带光盘中的CDROM | Map | CY-RED01.TGA 文件，如图3-211所示。

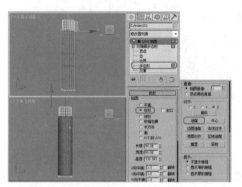

图3-210 添加【UVW贴图】修改器

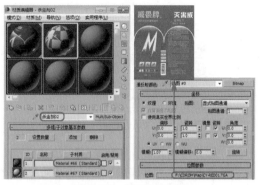

图3-211 更改位图贴图

(17) 在场景中复制杀虫剂模型对象，将【杀虫剂02】材质指定给复制的对象，如图3-212所示。

(18) 选择【创建】|【几何体】|【标准基本体】|【平面】工具，在【顶】视图中绘制一个【长度】为3500.0、【宽度】为3500.0的平面，如图3-213所示。

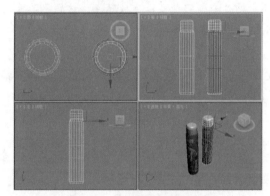

图3-212 复制对象并指定材质

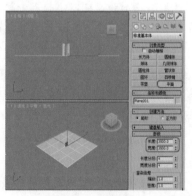

图3-213 绘制平面

(19) 在材质编辑器中，选择一个新的材质样本球，将其命名为"地面"，在【贴图】卷展栏中，单击【漫反射颜色】右侧的【无】按钮，在打开的【材质/贴图浏览器】对话框中双击【位图】贴图。在打开的对话框中选择随书附带光盘中的CDROM | Map | 009.jpg 文件，单击【打开】按钮，如图3-214所示。

(20) 将【地面】材质指定给平面对象。然后激活【顶】视图，选择【创建】 ※ |【摄像机】 ｜【目标】工具，在【顶】视图中创建摄影机对象；将【透视】视图激活，然后按C键将当前激活视图转换为【摄影机】视图显示。然后在【左】视图和【前】视图中调整摄影机以及【杀虫剂】对象的位置，并通过【摄影机】视图观察调整效果，调整后的效果如图3-215所示。

图 3-214　设置【地面】材质

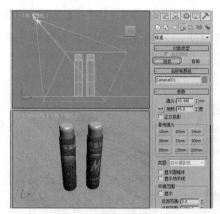

图 3-215　添加摄影机

(21) 选择【创建】 ❋ |【灯光】 ◁ |【标准】|【天光】工具，在【顶】视图中创建灯光，在【天光参数】卷展栏中将【倍增】设置为0.8，勾选【渲染】中的【投射阴影】复选框，如图3-216所示。

 启用和禁用灯光。当【启用】选项处于启用状态时，使用灯光着色和渲染以照亮场景。当该选项处于禁用状态时，进行着色或渲染时不使用该灯光。默认设置为启用。

【倍增】参数的调整可以将灯光的功率放大一个正或负的量。例如，如果将【倍增】设置为2，灯光将亮两倍。默认值为1。

使用该参数增加强度可以使颜色看起来有"烧坏"的效果。它也可以生成颜色，该颜色不可用于视频中。通常，将【倍增】设置为其默认值1，特殊效果和特殊情况除外。

(22) 选择【创建】 ❋ |【灯光】 ◁ |【标准】|【目标聚光灯】工具，在【顶】视图中创建灯光，在【强度／颜色／衰减】卷展栏中，将【倍增】设置为0.3，在【聚光灯参数】卷展栏中将【聚光区／光束】和【衰减区／区域】分别设置为1和100，如图3-217所示。然后对场景进行渲染，最后将场景文件进行保存。

【聚光区／光束】参数用以调整灯光圆锥体的角度。聚光区值以度为单位进行测量。默认值为43。

【衰减区／区域】参数用以调整灯光衰减区的角度。衰减区值以度为单位进行测量。默认值为45。

对于光度学灯光，【区域】角度相当于【衰减区】角度。它是灯光强度减为0的角度。

通过在视口中拖动操纵器可以操纵聚光区和衰减区。也可以在【灯光】视口中调整聚光区和衰减区的角度（从聚光灯的视野在场景中观看）。

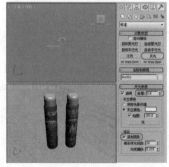

图 3-216　添加天光

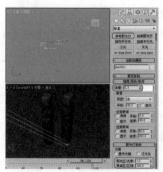

图 3-217　添加目标聚光灯

案例精讲 033 制作牙膏和牙膏盒

 案例文件：CDROM | Scenes |Cha03| 牙膏 .max

 视频文件：视频教学 | Cha03| 牙膏 .avi

制作概述

本例将详细介绍如何制作牙膏和牙膏盒。制作牙膏盒主要应用了长方体和【多维 / 子对象】材质对象，在制作牙膏主体中主要应用了【圆】、【线】和【放样】工具制作出牙膏桶的主体部分，利用圆锥体制作出牙膏盖，完成后的效果如图 3-218 所示。

图 3-218 牙膏及牙膏盒

学习目标

掌握牙膏盒和牙膏桶的制作流程，并熟练掌握【放样】工具和【多维 / 子对象】材质的应用。

操作步骤

(1) 启动软件后打开随书附带光盘中的 CDROM | Scenes |Cha10| 牙膏 .max 素材文件，如图 3-219 所示。

(2) 激活【顶】视图，选择【创建】|【几何体】|【标准基本体】|【长方体】工具，在视图中心创建一个立方体，将它命名为【牙膏盒】，在【参数】卷展栏中将它的【长度】、【宽度】、【高度】分别设置为 45、190、37，如图 3-220 所示。

图 3-219 打开的素材文件

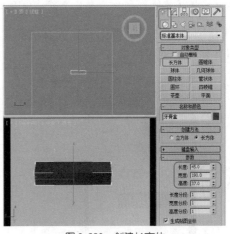

图 3-220 创建长方体

(3) 切换到【修改】命令面板，选择【修改器列表】中选择【编辑网格】修改器，将当前选择集定义为【多边形】，在【顶】视图中选择面向屏幕的多边形面，在【曲面属性】卷展栏中将【材质】区域中的【设置 ID】设置为 1，如图 3-221 所示。

(4) 在【前】视图中选择多边形面，在【曲面属性】卷展栏中将【材质】区域中的【设置 ID】参数设置为 3，如图 3-222 所示。

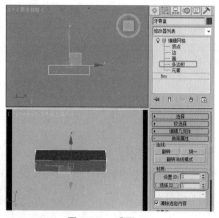
图 3-221　设置 ID1

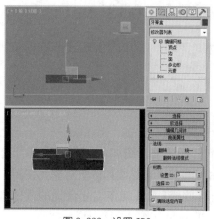
图 3-222　设置 ID3

(5) 在【前】视图左上角右击，在弹出的快捷菜单中选择【视图】|【右】命令，切换到【右】视图，在该视图中选择面向屏幕的多边形面，在【曲面属性】参数卷展栏中将【材质】区域中的【设置 ID】参数设置为 2，如图 3-223 所示。

> 　　在默认状态下，3ds Max 使用三个正交视图和一个透视图来显示场景中的物体。顶、前和左三个正交视图采用【线框】显示模式，透视图则采用【光滑＋高光】的显示模式。
>
> 　　光滑模式显示效果逼真，但刷新速度慢，线框模式只能显示物体的线框轮廓，但刷新速度快，可以加快计算机的处理速度，特别是当处理大型、复杂的效果图时，应尽量使用线框模式，只有当需要观看最终效果时，才将高光模式打开。
>
> 　　此外，3ds Max 还提供了其他几种视图显示模式。右击视图左上端的视图名称，在弹出的快捷菜单中选择【其他】命令，在其子菜单中共提供了 7 种显示模式。

(6) 按 B 键将当前视图转换为【底】视图，在该视图中选择面向屏幕的多边形面，在【曲面属性】参数卷展栏中将【材质】区域中的【设置 ID】参数设置为 4，如图 3-224 所示。

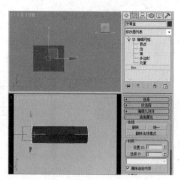
图 3-223　设置 ID2

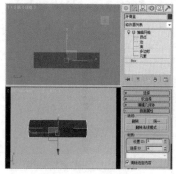
图 3-224　设置 ID4

(7) 按 L 键将当前视图转换为【左】视图。在【左】视图中框选立方体的两个侧面，将它们的 ID 号设置为 5，如图 3-225 所示。

(8) 按 M 键打开【材质编辑器】对话框，选择一个材质样本球，单击 Standard 按钮，在打开的【材质/贴图浏览器】对话框中选择【多维/子对象】材质，单击【确定】按钮。再在打开的对话框中单击【确定】按钮，将材质类型设置为多维次物体材质。在【多维/子对象基本参数】卷展栏中单击【设置数量】按钮，在打开的【设置材质数量】对话框中将【材质数量】设置为 5，单击【确定】按钮，如图 3-226 所示。

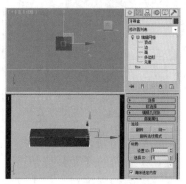

图 3-225　设置 ID5

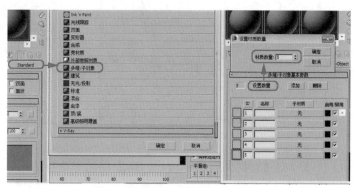

图 3-226　设置材质

【设置数量】：设置拥有子级材质的数目，注意如果减少数目，会将已经设置的材质丢失。最左侧的 1、2、3 数字代表该子材质的 ID 号码。空白区可以输入文字，作为次级材质的名称。按钮用来选择不同的材质作为次级材质。右侧颜色钮用来确定材质的颜色，它实际上是该次级材质的【过渡色】值。最右侧的复选框可以对单个次级材质进行有效和无效的开关控制。

(9) 将多维次物体材质命名为【牙膏盒】，单击【将材质指定给选定对象】按钮将其指定给场景中的牙膏盒对象，然后单击 ID1 后面的【无】按钮，在弹出的对话框中选择【标准】选项，单击【确定】按钮。进入该子级材质面板中。在【明暗器基本参数】卷展栏中，将阴影模式定义为 Phong。在【Phong 基本参数】卷展栏中，将【自发光】值设置为 80。打开【贴图】卷展栏，单击【漫反射颜色】通道右侧的【无】按钮，在打开【材质/贴图浏览器】对话框中选择【位图】贴图，单击【确定】按钮。再在打开的对话框中选择随书附带光盘中的 CDROM | Map | 风华 ID1.tif 文件，单击【打开】按钮，保存默认值，如图 3-227 所示。

(10) 单击【转到父对象】按钮，向上移动一个材质层，单击 ID2 后面的【无】按钮进入第二个同级材质，设置该材质的基本参数与第一个材质相同。打开【贴图】卷展栏，单击【漫反射颜色】通道右侧的【无】按钮，在打开的【材质/贴图浏览器】对话框中选择【位图】贴图，单击【确定】按钮。再在打开的对话框中选择随书附带光盘中的 CDROM | Map | 风华 ID2.tif 文件，单击【打开】按钮。进入过渡色通道的位图层，在【坐标】卷展栏中将【角度】区域下的 W 值设置为 180，如图 3-228 所示。

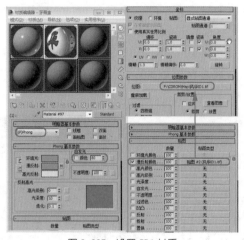

图 3-227 设置 ID1 材质

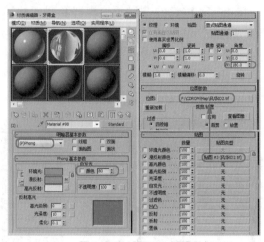

图 3-228 设置 ID2 材质

(11) 单击【转到父对象】按钮，向上移动一个材质层，单击 ID3 后面的【无】按钮进入第三个同级材质，设置该材质的基本参数与第一个材质相同。打开【贴图】卷展栏，单击【漫反射颜色】通道右侧的【无】按钮，在打开的【材质 / 贴图浏览器】对话框中选择【位图】贴图，单击【确定】按钮。再在打开的对话框中选择随书附带光盘中的 CDROM | Map | 风华 ID3.tif 文件，单击【打开】按钮，保持默认值，如图 3-229 所示。

(12) 单击【转到父对象】按钮，进入【多维 / 子对象基本参数】卷展栏，将 ID1 后面的材质按钮拖动至 ID4 后面的材质按钮上，在打开的对话框中选中【复制】单选按钮，然后进入【漫反射颜色】通道的位图层，在【坐标】卷展栏中将【角度】区域下的 W 值设置为 180，如图 3-230 所示。

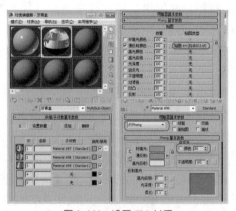

图 3-229 设置 ID3 材质

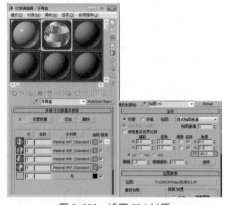

图 3-230 设置 ID4 材质

 在 3ds Max 中，两种情况下可以使用到 ID 设置，一种是用于多维次物体材质设置的材质 ID 号，另外一种则是对象级别的 ID 设置，就是直接为所创建的对象进行 ID 设置。通常选择【编辑】|【对象属性】菜单命令，在打开的【对象属性】对话框中的【G- 缓冲区】区域中设置对象 ID。这里的 ID 号主要是用于在 Video Post 视频合成器中进行特效的设置。

(13) 单击【转到父对象】按钮，向上移动一个材质层，单击 ID5 后面的【无】按钮进入第五个同级材质，设置该材质的基本参数与第一个材质相同。打开【贴图】卷展栏，单击【漫反

射颜色】通道右侧的【无】按钮，在打开的【材质/贴图浏览器】对话框中选择【位图】贴图，单击【确定】按钮。再在打开的对话框中选择随书附带光盘中的 CDROM | Map | 风华 ID56.tif 文件，单击【打开】按钮，保持默认值，如图 3-231 所示。

(14) 创建牙膏桶选择 【创建】|【图形】|【样条线】|【圆】工具，在【左】视图中牙膏盒的中心创建一个半径为 15 的圆形，作为牙膏筒的放样截面，如图 3-232 所示。

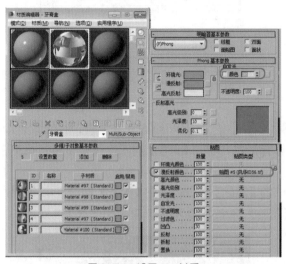

图 3-231　设置 ID5 材质

图 3-232　创建圆

(15) 选择【线】工具，在【前】视图中按照从左到右的顺序创建一条直线段，作为牙膏筒的放样路径，如图 3-233 所示。

(16) 确认当前选择的为放样路径，选择【创建】|【几何体】|【复合对象】|【放样】工具，在【创建方法】卷展栏中单击【获取图形】按钮，然后在【左】视图中选择作为放样截面的圆形图形，得到如图 3-234 所示的筒状结构。

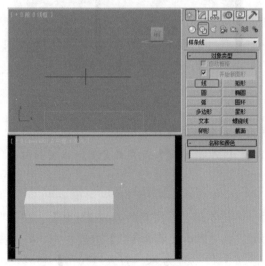

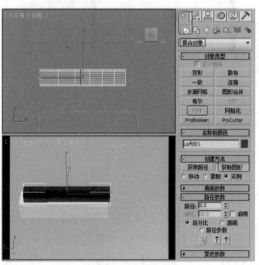

图 3-233　绘制直线

图 3-234　进行放样

(17) 切换到【修改】命令面板，在【变形】卷展栏中单击【缩放】按钮，打开【缩放变形】

窗口,单击■按钮取消XY轴的锁定。单击■按钮,然后在变形曲线相应的位置添加一个控制点,如图3-235所示。

(18) 使用■工具调整两个贝塞尔角点的控制手柄,将曲线调整为如图3-236所示形状,此时场景中的牙膏筒变得圆滑起来。

图3-235 设置缩放变形

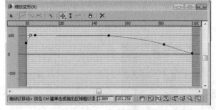

图3-236 调整曲线

(19) 关闭【缩放变形】窗口,选择【修改器列表】中的【UVW贴图】修改器,在【参数】卷展栏中选择【平面】贴图,然后在【对齐】区域选择Y轴并单击【适配】按钮使线框与模型适配,如图3-237所示。

(20) 关闭当前选择集,选择【修改器列表】中的【锥化】修改器,在【参数】卷展栏中将【数量】值设置为0.2,在【锥化轴】区域下选择【主轴】区域下的X轴选项,如图3-238所示。

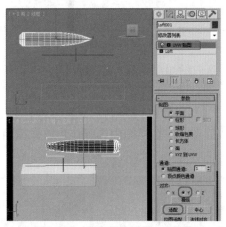

图3-237 添加【UVW贴图】修改器

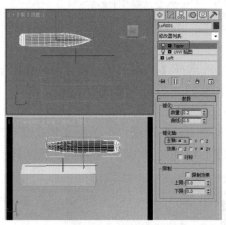

图3-238 添加【锥化】修改器

知识链接

【UVW贴图】决定一张二维纹理贴图以何种方式贴到三维对象表面之上,这也被称为贴图方式。贴图方式实际上也是一种投影方式,所以说【UVW贴图】是用来定义一张图如何被投影到三维对象的表面之上的。

---

(21) 按M键打开【材质编辑器】对话框,选择一个样本球,并将其命名为【牙膏】,在【明暗器基本参数】卷展栏中,将阴影模式定义为Phong。在【Phong基本参数】卷展栏中,将【高光级别】、【光泽度】分别设置为5、25;将【自发光】值设置为80。打开【贴图】卷展栏,单击【漫反射颜色】通道右侧的【无】按钮,在打开的【材质/贴图浏览器】对话框中选择【位图】贴图,单击【确定】按钮。再在打开的对话框中选择随书附带光盘中的CDROM | Map | 面

01.tif 文件，单击【打开】按钮。保持默认值，单击【将材质指定给选定对象】按钮将设置好的材质指定给场景中的牙膏，如图 3-239 所示。

(22) 选择【创建】|【几何体】|【标准基本体】|【圆锥体】工具，在【左】视图中创建一个圆锥体，将它命名为"牙膏盖"，然后在【参数】卷展栏中将它的【半径1】、【半径2】和【高度】分别设置为 8、6.5、15，如图 3-240 所示。

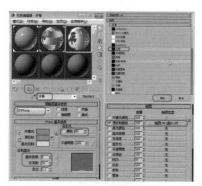

图 3-239　设置牙膏筒材质

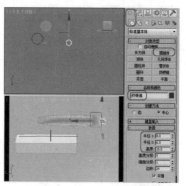

图 3-240　创建牙膏盖

(23) 在工具栏中选择【选择并移动】工具，在【顶】视图中沿 X 轴将牙膏盖移动到牙膏筒的左侧，如图 3-241 所示。

(24) 按 M 键打开【材质编辑器】对话框，选择一个样本球，并将其命名为"牙膏盖"，在【明暗器基本参数】卷展栏中，将阴影模式定义为 Phong。在【Phong 基本参数】卷展栏中，取消【环境光】和【漫反射】的锁定。将【环境光】的 RGB 值设置为 0、0、0，将【漫反射】、【高光反射】的 RGB 值设置为 255、255、255；将【高光级别】、【光泽度】分别设置为 90、25；将【自发光】设置为 55。打开【贴图】卷展栏，单击【漫反射颜色】通道右侧的【无】按钮，在打开的【材质/贴图浏览器】对话框中选择【位图】贴图，单击【确定】按钮。再在打开的对话框中选择随书附带光盘中的 CDORM | Map | Siding1.jpg 文件，单击【打开】按钮。进入【漫反射颜色】通道的位图层，在【坐标】卷展栏中将【瓷砖】下的 U、V 值分别设置为 1、5，取消【瓷砖】下面的 U 值复选框的选择；将【角度】下的 W 值设置为 90，如图 3-242 所示。

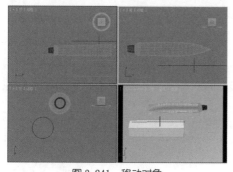

图 3-241　移动对象

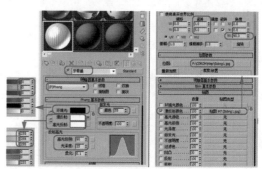

图 3-242　设置材质

(25) 单击【转到父对象】按钮向上移动一个贴图层，在【贴图】卷展栏中将【凹凸】通道后的【数量】值设置为 150，拖动【漫反射颜色】通道后的贴图按钮到【凹凸】通道右侧的【无】按钮上，对它进行复制，在打开的对话框中选中【实例】单选按钮，单击【确定】按钮。单击

【将材质指定给选定对象】按钮，将设置好的材质指定给场景中的【牙膏盖】对象，如图 3-243
所示。

(26) 在场景中将多余的线条删除，对创建的牙膏筒和牙膏盒调整位置，激活【摄影机】视
图进行渲染，完成后的效果如图 3-244 所示。

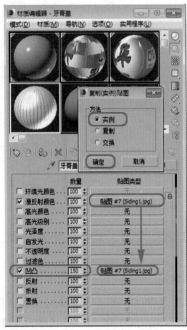

图 3-243　设置【凹凸】贴图

图 3-244　调整后的效果

第 4 章
材质与贴图

材质在表现模型对象时起着至关重要的作用。材质的调试主要在材质编辑器中完成，通过设置不同的材质通道，可以调试出逼真的材质效果，使模型对象能够被完美的表现。

案例精讲 034 为咖啡杯添加瓷器材质

案例文件：CDROM | Scenes | Cha04 | 为咖啡杯添加瓷器材质 .max

视频文件：视频教学 | Cha04 | 为咖啡杯添加瓷器材质 .avi

制作概述

本案例将介绍如何为茶杯添加瓷器材质。该案例主要通过为选中的茶杯添加反射材质，并在其子对象中为其添加光线跟踪贴图，从而达到瓷器效果。完成后的效果如图 4-1 所示。

学习目标

图 4-1 为咖啡杯添加瓷器材质

学会设置反射高光参数。

学会设置折射数量与贴图。

学会添加光线跟踪贴图。

操作步骤

(1) 按 Ctrl+O 组合键，打开"为咖啡杯添加瓷器材质 .max"素材文件，如图 4-2 所示。

(2) 在场景文件中选择咖啡杯，按 M 键打开【材质编辑器】对话框，在该对话框中选择一个材质样本球，将其命名为"咖啡杯"，在【Blinn 基本参数】卷展栏中将【环境光】的 RGB 值设置为 255、255、255，将【自发光】设置为 15，将【反射高光】选项组中的【高光级别】、【光泽度】分别设置为 93、75，如图 4-3 所示。

【自发光】：使材质具备自身发光效果，常用于制作灯泡、太阳等光源对象，100% 的发光度使阴影色失效，对象在场景中不受到来自其他对象的投影影响，自身也不受灯光的影响，只表现出漫反射的纯色和一些反光，亮度值 (HSV 颜色值) 保持与场景灯光一致。在 3ds Max 中，自发光颜色可以直接显示在视图中。

【高光级别】：设置高光强度，默认为 5。

【光泽度】：设置高光的范围。值越高，高光范围越小。

图 4-2 打开的素材文件

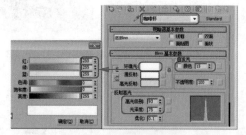

图 4-3 设置材质参数

(3) 在【贴图】面板中将【反射】右侧的【数量】设置为 10，并单击其右侧的【无】按钮，在弹出的对话框中选择【光线跟踪】选项，如图 4-4 所示。

（4）单击【确定】按钮，在【光线跟踪器参数】卷展栏中单击【无】按钮，在弹出的对话框中选择【位图】选项，如图 4-5 所示。

> **提示**　光线跟踪贴图主要被放置在反射或者折射贴图通道中，用于模拟物体对于周围环境的反射或折射。它的原理是：通过计算光线从光源处发射出来，经过反射，穿过玻璃，发生折射后再传播到摄影机处的途径，然后反推回去计算所得的反射或者折射结果。所以，它要比其他一些反射或者折射贴图来得更真实一些。

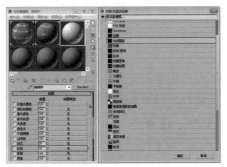
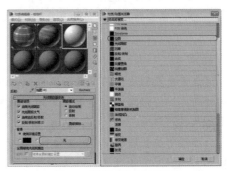

图 4-4　设置反射参数并选择【光线跟踪】选项　　　　图 4-5　选择【位图】选项

（5）单击【确定】按钮，在弹出的对话框中选择随书附带光盘中的 CDROM|Map| BXG.jpg 贴图文件，如图 4-6 所示。

（6）单击【打开】按钮，单击【将材质指定给选定对象】按钮，指定完成后，将材质编辑器关闭，激活【摄影机】视图，按 F9 键进行渲染，效果如图 4-7 所示。

图 4-6　选择贴图文件　　　　　　　　　　图 4-7　添加材质后的效果

知识链接

在材质应用中，贴图作用非常重要，因此 3ds Max 提供了多种贴图通道，如图 4-4 所示，分别在不同的贴图通道中使用不同的贴图类型，使物体在不同的区域产生不同的贴图效果。

3ds Max 为标准材质提供了 12 种贴图通道。

【环境光颜色】贴图和【漫反射颜色】贴图：【环境光颜色】是最常用的贴图通道，它将贴图结果像绘画或壁纸一样应用到材质表面。在通常情况下，【环境光颜色】和【漫反射颜色】处于锁定状态。

【高光颜色】贴图：【高光颜色】使贴图结果只作用于物体的高光部分。通常将场景中的光源图像作为高光颜色通道，模拟一种反射，如在白灯照射下的玻璃杯，玻璃杯上的高光点反射的图像。

【光泽度】贴图：设置光泽组件的贴图不同于设置高光颜色的贴图。设置光泽的贴图会改变高光的位置，而高光贴图会改变高光的颜色。

当向光泽和高光度指定相同的贴图时，光泽贴图的效果最好。在【贴图】卷展栏中，通过将一个贴图按钮拖到另一个按钮即可实现。

 可以选择影响反射高光显示位置的位图文件或程序贴图。指定给光泽度决定曲面的哪些区域更具有光泽，哪些区域不太有光泽，具体情况取决于贴图中颜色的强度。贴图中的黑色像素将产生全面的光泽。白色像素将完全消除光泽，中间值会减少高光的大小。

知识链接

【自发光】贴图：将贴图图像以一种自发光的形式加到物体表面，图像中纯黑色的区域不会对材质产生任何影响，不是纯黑的区域将会根据自身的颜色产生发光效果，发光的地方不受灯光以及投影影响。

【不透明度】贴图：利用图像的明暗度在物体表面产生透明效果，纯黑色的区域完全透明，纯白色的区域完全不透明，这是一种非常重要的贴图方式，可以为玻璃杯加上花纹图案，如果配合过渡色贴图，而剪影图用作不透明贴图，在三维空间中将它指定给一个薄片物体上，从而产生一个立体的镂空图像，将它放于室内外建筑的地面上，可以产生真实的反射与投影效果，这种方法在建筑效果图中应用非常广泛。

【过滤色】贴图：过滤色贴图专用于过滤方式的透明材质，通过贴图在过滤色表面进行染色，形成具有彩色花纹的玻璃材质，它的优点是在体积光穿过物体或采用【光线跟踪】投影时，可以产生贴图滤过的光柱的阴影，观察上图中带有图案纹理的阴影效果。

【凹凸】贴图：使对象表面产生凹凸不平的幻觉。位图上的颜色按灰度不同突起，白色最高。因此用灰度位图作凹凸贴图效果最好。凹凸贴图常和漫反射贴图一起使用来增加场景的真实感。

【反射】贴图：常用来模拟金属、玻璃光滑表面的光泽，或用作镜面反射。当模拟对象表面的光泽时，贴图强度不宜过大，否则反射将不自然。

【折射】贴图：当观察水中的筷子时，筷子会发生弯曲。折射贴图用来表现这种效果。定义折射贴图后，不透明度参数、贴图将被忽略。

【置换】贴图：与凹凸贴图通道类似，按照位图颜色的灰度不同产生凹凸，它的幅度更大一些。

案例精讲 035 为勺子添加不锈钢材质

 案例文件：CDROM | Scenes | Cha04 | 为勺子添加不锈钢材质 .max

视频文件：视频教学 | Cha04 | 为勺子添加不锈钢材质 .avi

制作概述

本案例将介绍为勺子添加不锈钢材质。该效果主要通过设置明暗器类型、添加反射贴图等来达到不锈钢效果。完成后的效果如图 4-8 所示。

图 4-8　为勺子添加不锈钢材质

学习目标

学会通过反射贴图设置不锈钢材质。

操作步骤

(1) 启动 3ds Max 2014，按 Ctrl+O 组合键，打开上一个案例精讲的场景文件，如图 4-9 所示。

(2) 在场景文件中选择【勺子】，按 M 键打开【材质编辑器】对话框，在该对话框中选择一个材质样本球，将其命名为"勺子"，在【明暗器基本参数】卷展栏中将明暗器类型设置为【(M) 金属】，在【金属基本参数】卷展栏中单击【环境光】左侧的 C 按钮，取消【环境光】与【漫反射】的链接，将【环境光】的 RGB 值设置为 0、0、0，将【漫反射】的 RGB 值设置为 255、255、255，将【自发光】设置为 5，在【反射高光】选项组中将【高光级别】和【光泽度】分别设置为 100、80，如图 4-10 所示。

图 4-9　打开的素材文件

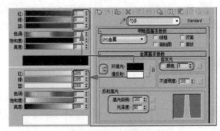

图 4-10　设置材质

> **提示**　在【环境光】与【漫反射】左侧为 C 锁定钮，用于锁定【环境光】、【漫反射】、【高光反射】3 种材质中的两种 (或 3 种全部锁定，金属明暗器模式下为【环境光】和【漫反射】两种)，锁定的目的是使被锁定的两个区域颜色保持一致，调节一个时另一个也会随之变化。

【环境光】：控制对象表面阴影区的颜色。

【漫反射】：控制对象表面过渡区的颜色。

(3) 在【贴图】卷展栏中单击【反射】右侧的【无】按钮，在弹出的对话框中选择【位图】选项，如图 4-11 所示。

(4) 单击【确定】按钮，在弹出的对话框中选择 Chromic.jpg 贴图文件，单击【打开】按钮，在【坐标】卷展栏中将【模糊偏移】设置为 0.096，如图 4-12 所示。

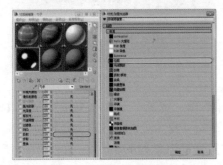

图 4-11　选择【位图】选项

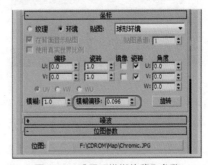

图 4-12　设置【模糊偏移】参数

第 4 章　材质与贴图

111

(5) 设置完成后，单击【将材质指定给选定对象】按钮，对完成后的场景进行保存即可。

知识链接

贴图通道中 12 个贴图通道名称的右侧分别有个小的空白按钮，无材质时显示为【无】，单击它们可以直接进入该项目的贴图层级，为其指定相应的贴图，属于贴图设置的快捷操作，另外的 4 个与此相同。如果指定了贴图，小方钮上会显示 M 字样，以后单击它可以快速进入该贴图层级。如果该项目贴图目前是关闭状态，则显示小写 m。

案例精讲 036 为桌子添加木质材质

  案例文件：CDROM | Scenes | Cha04 | 为桌子添加木质材质 .max

视频文件：视频教学 | Cha04 | 为桌子添加木质材质 .avi

制作概述

本例将介绍如何为桌子添加木质材质。通过为【漫反射颜色】通道添加【位图】贴图来设置木质材质，最后将设置好的材质指定给选定对象。完成后的效果如图 4-13 所示。

图 4-13 木质材质

学习目标

学会如何添加木质材质。

操作步骤

(1) 启动 3ds Max 2014，打开随书附带光盘中的 CDROM | Scenes | Cha04 | 为桌子添加木质材质 .max 素材文件，如图 4-14 所示。

(2) 在【顶】视图中框选所有桌子对象，如图 4-15 所示。

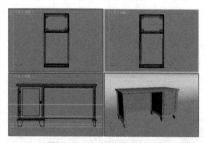

图 4-14 打开的素材文件

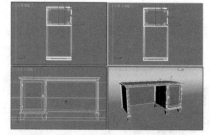

图 4-15 选择要添加材质的对象

(3) 按 M 键，在弹出的对话框中选择一个材质样本球，将其命名为【桌子】，在【Blinn 基本参数】卷展栏中将【环境光】的 RGB 值设置为 255、192、83，将【自发光】设置为 35，将【反射高光】选项组中的【高光级别】、【光泽度】分别设置为 178、68，如图 4-16 所示。

(4) 在【贴图】卷展栏中单击【漫反射颜色】右侧的【无】按钮，在弹出的对话框中选择【位图】选项，如图 4-17 所示。

标准材质通过4种不同的颜色类型来模拟这种现象，它们是【环境光】、【漫反射】、【高光反射】和【过滤色】，不同的明暗器类型中颜色类型会有所变化。【漫反射】是对象表面在最佳照明条件下表现出的颜色，即通常所描述的对象本色；在适度的室内照明情况下，【环境光】的颜色可以选用深一些的【漫反射】颜色，但对于室外或者强烈照明情况下的室内场景，【环境光】的颜色应当指定为主光源颜色的补色；【高光反射】的颜色不外乎与主光源一致或是高纯度、低饱和度的漫反射颜色。

标准材质的界面分为：【明暗器基本参数】、【基本参数】、【扩展参数】、【超级采样】、【贴图】和【动力学属性】和【Directx 管理器】卷展栏，通过单击顶部的项目条可以收起或展开对应的参数面板，鼠标指针呈手形时可以进行上下滑动，右侧还有一个细的滑块可以进行面板的上下滑动，具体用法和【修改】命令面板相同。

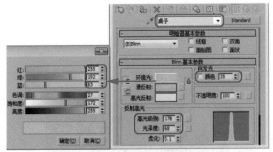 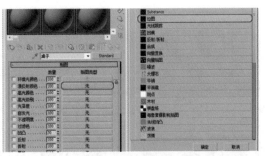

图4-16 设置Blinn基本参数　　　　　　　　　图4-17 选择【位图】选项

注意　　　【位图】贴图模式就是使用一张位图图像作为贴图，这是最常用的贴图类型，支持多种格式，包括FLC、AVI、BMP、Kodak Cineon、DDS、GIF、IFL、JPEG、QuiekTime Movie、PNG、PSD、SGI Image File Format(RGB)、RLA、Targa、TIFF、YUV等。使用动画贴图时，渲染每一帧都会重新读取动画文件中所包含的材质、放映机灯光或环境设置等信息，影响速度。

位图贴图在使用时不必先去打通图像路径，在选择它的同时，系统会自动将其路径打通，不过一旦该图像文件转移了路径，系统不会进行自动寻找，只有重新进行路径设置，建议将全部贴图与场景文件(Max)放置在同一目录下，这样在调入Max文件时该目录会自动打通。

(5) 单击【确定】按钮，在弹出的对话框中选择A-d-017.jpg贴图文件，单击【打开】按钮，在【坐标】卷展栏中将【瓷砖】下的U、V分别设置为2、1，将【模糊偏移】设置为0.05，如图4-18所示。

提示　　　UV/VW/WU：改变贴图所使用的贴图坐标系统。默认的UV坐标系统将贴图像放映幻灯片一样投射到对象表面；VW与WU坐标系统对贴图进行旋转，使其垂直于表面。

【平铺】：决定贴图沿每根轴平铺的次数。

【镜像】：将贴图在对象表面进行镜像复制，形成该方向上两个镜像的贴图效果。

【角度】：控制在相应的坐标方向上产生贴图的旋转效果，即可以输入数据，也可以单击【旋转】钮进行实时调节。

【模糊】：影响图像的尖锐程度，影响力较低，主要用于位图的抗锯齿处理。

【模糊偏移】：利用图像的偏移产生大幅度的模糊处理，常用于产生柔化和散焦效果，它的值很灵敏，一般用于反射贴图的模糊处理。

【旋转】：单击激活旋转贴图坐标示意框。可以直接在框中拖动鼠标对贴图进行旋转。

(6) 单击【将材质指定给选定对象】按钮，将材质编辑器关闭，激活【摄影机】视图，按 F9 键进行渲染，渲染后的效果如图 4-19 所示。

知识链接

　　贴图主要用于表现材质的纹理效果，当值为 100% 时，会完全覆盖漫反射的颜色，这就好像在对象表面油漆绘画一样，例如为墙壁指定砖墙的纹理图案，就可以产生砖墙的效果。制作中没有严格的要求非要将漫反射贴图与环境光贴图锁定在一起，通过对漫反射贴图和环境光贴图分别指定不同的贴图，可以制作出很多有趣的融合效果。但如果漫反射贴图用于模拟单一的表面，就需要将漫反射贴图和环境光贴图锁定在一起。

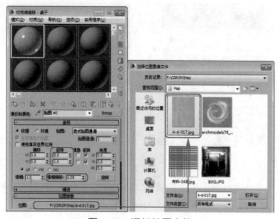

图 4-18　添加贴图文件

图 4-19　指定材质后的效果

案例精讲 037　为壁灯添加材质

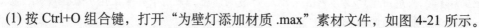

　案例文件：CDROM | Scenes | Cha04 | 为壁灯添加材质 .max

　视频文件：视频教学 | Cha04 | 为壁灯添加材质 .avi

制作概述

　　本例将介绍如何为壁灯添加材质。通过【多维 / 子材质】在一个材质球中设置不同的材质，然后将设置好的材质指定给选定对象。完成后的效果如图 4-20 所示。

学习目标

学会如何为壁灯添加材质。

操作步骤

(1) 按 Ctrl+O 组合键，打开"为壁灯添加材质 .max"素材文件，如图 4-21 所示。

(2) 按 H 键，在弹出的对话框中选择【背板】，如图 4-22 所示。

图 4-20　添加材质后的壁灯

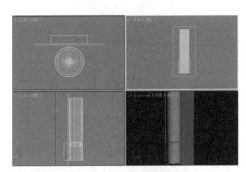

图 4-21　打开的素材文件　　　　　　　　　　　　图 4-22　选择【背板】命令

(3) 选择后，单击【确定】按钮，切换至【修改】命令面板中，将当前选择集定义为【多边形】，在【前】视图中选择正面的多边形，在【曲面属性】卷展栏中将【设置 ID】设置为 1，如图 4-23 所示。

(4) 在菜单栏中选择【编辑】|【反选】命令，在【曲面属性】卷展栏中将【设置 ID】设置为 2，如图 4-24 所示。

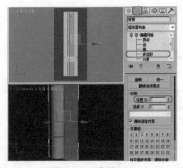

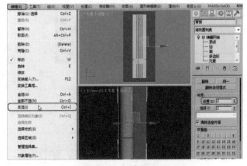

图 4-23　设置 ID1　　　　　　　　　　　　　　图 4-24　设置 ID2

(5) 关闭当前选择集，按 M 键，打开【材质编辑器】对话框，在该对话框中选择一个材质样本球，将其命名为"背板"，单击 Standard 按钮，在弹出的对话框中选择【多维 / 子对象】选项，如图 4-25 所示。

　　　使用【多维 / 子对象】材质可以采用几何体的子对象级别分配不同的材质。创建多维材质，将其指定给对象并使用【网格选择】修改器选中面，然后选择多维材质中的子材质指定给选中的面。

如果该对象是可编辑网格，可以拖放材质到面的不同选中部分，并随时构建一个【多维/子对象】材质。

子材质 ID 不取决于列表的顺序，可以输入新的 ID 值。

(6) 单击【确定】按钮，在弹出的对话框中选中【将旧材质保存为子材质】单选按钮，单击【确定】按钮，在【多维 / 子对象基本参数】卷展栏中单击【设置数量】按钮，在弹出的对话框中将【材质数量】设置为 2，如图 4-26 所示。

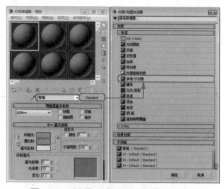

图 4-25　选择【多维/子对象】选项

图 4-26　设置【材质数量】参数

（7）设置完成后，单击【确定】按钮，在【多维/子对象基本参数】卷展栏中单击材质 1 右侧的子材质按钮，在【明暗器基本参数】卷展栏中将明暗器类型设置为【(M) 金属】，在【金属基本参数】卷展栏中单击【环境光】左侧的 ᴄ 按钮，取消【环境光】和【漫反射】的链接，将【环境光】的 RGB 值设置为 0、0、0，将【漫反射】的 RGB 值设置为 226、226、226，将【反射高光】选项组中的【高光级别】、【光泽度】分别设置为 90、51，如图 4-27 所示。

（8）在【贴图】卷展栏中单击【反射】右侧的【无】按钮，在弹出的对话框中选择【平面镜】选项，如图 4-28 所示。

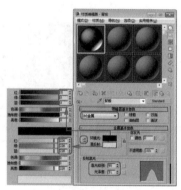

图 4-27　设置金属基本参数

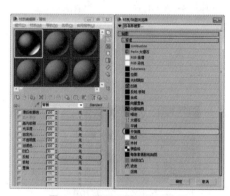

图 4-28　选择【平面镜】选项

　　　　　　　　【平面镜】贴图可使一组共面的表面产生镜面反射的效果，它是对【反射/折射】贴图的补充，前者唯一的缺陷是在共平面表面无法正确表现出反射效果，平面镜则仅能作用于镜面反射的制作，它必须要指定给【反射】贴图方式。

　　镜面反射贴图在使用时要遵循很多规则，否则将不会正确计算反射结果：

　　必须将镜面反射贴图指定给选择的面。可以通过下面两种方式来实现，一是将镜面反射贴图以【多维次物体】类型的一个次级材质出现，通过 ID 号指定给表面；二是以标准材质出现，通过其自身的【用 ID 号指定给面】指定给表面。

　　如果将贴图指定给多个选择的面，这些面必须共处一个平面上。

　　同一物体上不共平面的表面不能有相同的镜面反射材质。如果需要同一物体上的两个不共平面的表面产生平整的反射，就需要通过【多维次物体】材质方式，将镜面反射指定给不同的两个次级材质，再将它们的材质 ID 分别指定给两个不共平面的表面。

　　镜面反射的材质 ID 对于物体的共平面表面必须是唯一的。

(9) 单击【确定】按钮，在【平面镜参数】卷展栏中勾选【应用于带 ID 的面】复选框，如图 4-29 所示。

 提示

【应用于带 ID 的面】：根据右侧的 ID 号码来决定物体表面具有相同 ID 号的共平面产生镜面反射效果，打开它时不必使用【多维次物体】材质类型就可以在物体表面产生镜面反射，但是只能是一组共平面。

(10) 单击两次【转到父对象】按钮，在【多维/子对象基本参数】卷展栏中单击 ID2 右侧的【无】按钮，在弹出的对话框中选择【标准】选项，如图 4-30 所示。

图 4-29　勾选【应用于带 ID 的面】复选框

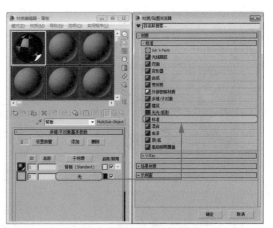

图 4-30　选择【标准】选项

(11) 单击【确定】按钮，在【明暗器基本参数】卷展栏中将明暗器类型设置为【(M)金属】，勾选【双面】复选框，在【金属基本参数】卷展栏中单击【环境光】左侧的 ⊏ 按钮，取消【环境光】和【漫反射】的链接，将【环境光】的 RGB 值设置为 85、85、85，将【漫反射】的 RGB 值设置为 255、255、255，将【反射高光】选项组中的【高光级别】、【光泽度】分别设置为 100、86，如图 4-31 所示。

(12) 在【贴图】卷展栏中将【反射】右侧的【数量】设置为 80，单击其右侧的【无】按钮，在弹出的对话框中选择【位图】选项，如图 4-32 所示。

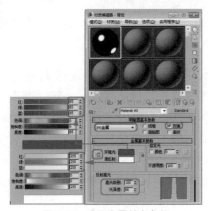

图 4-31　设置金属基本参数

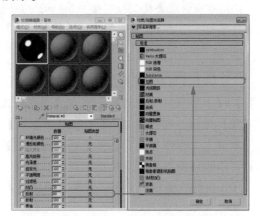

图 4-32　设置【反射】参数并选择【位图】选项

(13) 单击【确定】按钮，打开 Metal01.tif 贴图文件，在【坐标】卷展栏中将【瓷砖】下的 U、V 分别设置为 0.8、0.1，将【模糊偏移】设置为 0.06，如图 4-33 所示。

(14) 单击【将材质指定给选定对象】按钮，在【前】视图中选择【灯】，在【材质编辑器】对话框中选择一个材质样本球，将其命名为【灯】，在【明暗器基本参数】卷展栏中勾选【双面】复选框，在【Blinn 基本参数】卷展栏中将【环境光】的 RGB 值设置为 255、255、255，将【自发光】设置为 70，在【反射高光】选项组中将【光泽度】设置为 0，在【扩展参数】卷展栏中将【数量】设置为 30，如图 4-34 所示。

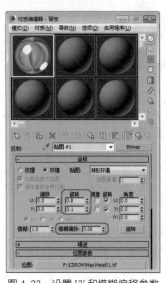

图 4-33　设置 UV 和模糊偏移参数

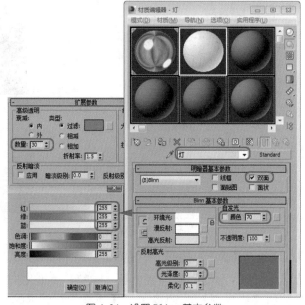

图 4-34　设置 Blinn 基本参数

提示

【双面】：将对象法线相反的一面也进行渲染，通常计算机为了简化计算只渲染对象法线为正方向的表面（即可视的外表面），这对大多数对象都适用，但有些敞开面的对象，其内壁会看不到任何材质效果，这时就必须打开双面设置。

使用双面材质会使渲染变慢。最好的方法是对必须使用双面材质的对象使用双面材质，而不要在最后渲染时打开渲染设置框中的【强制双面】渲染属性（它会强行对场景中的全部对象都进行双面渲染，一般发生在出现漏面但又很难查出是哪些模型出现问题的情况下使用）。

(15) 单击【将材质指定给选定对象】按钮，按 H 键，在弹出的对话框中选择【侧板】、【灯座】、【下底座】三个对象，单击【确定】按钮，选择【背板】材质样本球，单击两次【转到父对象】按钮，在【多维 / 子对象基本参数】卷展栏中将 ID2 右侧的子材质拖曳至一个新的材质样本球上，在弹出的对话框中选中【复制】单选按钮，单击【确定】按钮，将其命名为【金属】，单击【将材质指定给选定对象】按钮，如图 4-35 所示。

(16) 将材质编辑器关闭，激活【摄影机】视图，按 F9 键进行渲染，效果如图 4-36 所示。

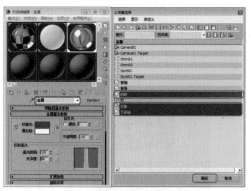
图 4-35 选择对象并为其指定材质

图 4-36 指定材质后的效果

知识链接

【明暗器基本参数】卷展栏中的【线框】、【面贴图】和【面状】选项的功能介绍如下。

【线框】：以网格线框的方式来渲染对象，它只能表现出对象的线架结构，对于线框的粗细，可以通过【扩展参数】中的【线框】项目调节，【尺寸】值确定它的粗细，可以选择【像素】和【单位】两种单位，如果选择【像素】，对象无论远近，线框的粗细都将保持一致；如果选择【单位】，将以 3ds Max 内部的基本单元作单位，会根据对象离镜头的远近而发生粗细的变化。如果需要更优质的线框，可以对对象使用结构线框修改器。

【面贴图】：将材质指定给造型的全部面，如果是含有贴图的材质，在没有指定贴图坐标的情况下，贴图会均匀分布在对象的每一个表面上。

【面状】：将对象的每个表面以平面化进行渲染，不进行相邻面的组群平滑处理。

案例精讲 038 利用多维 / 子材质为魔方添加材质

 案例文件：CDROM | Scenes | Cha04 | 利用多维 / 子材质为魔方添加材质 .max

视频文件：视频教学 | Cha04 | 利用多维 / 子材质为魔方添加材质 .avi

制作概述

本例将介绍如何利用多维 / 子材质为魔方添加材质。首先为魔方的面设置不同的 ID，然后将材质设置为多维 / 子材质，设置不同的材质，最后将材质指定给魔方。完成后的效果如图 4-37 所示。

图 4-37 为魔方添加
材质后的效果

学习目标

学会利用多维 / 子材质为魔方添加材质。

操作步骤

(1) 启动 3ds Max 2014，打开随书附带光盘中的 CDROM | Scenes | Cha04 | 利用多维 / 子材

质为魔方添加材质 .max 素材文件，如图 4-38 所示。

(2) 在场景中选择【魔方】，切换至【修改】命令面板，将当前选择集定义为【多边形】，在【顶】视图中选择最上方的面，在【多边形：材质 ID】卷展栏中将【设置 ID】设置为 1，如图 4-39 所示。

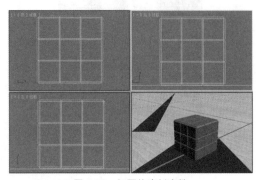

图 4-38　打开的素材文件

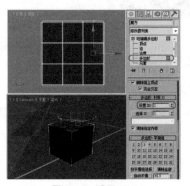

图 4-39　设置 ID1

(3) 使用同样的方法为其他多边形设置 ID，设置完成后，将当前选择集关闭，按 M 键打开【材质编辑器】对话框，在弹出的对话框中选择一个材质样本球，将其命名为"魔方"，单击 Standard 按钮，在弹出的对话框中选择【多维 / 子对象】对象，如图 4-40 所示。

(4) 单击【确定】按钮，在弹出的对话框中选中【将旧材质保存为子材质】单选按钮，单击【确定】按钮，在【多维 / 子对象基本参数】卷展栏中单击【设置数量】按钮，在弹出的对话框中将【材质数量】设置为 7，如图 4-41 所示。

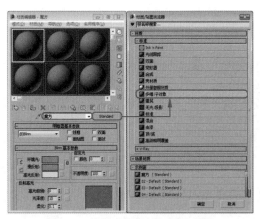

图 4-40　选择【多维 / 子对象】选项

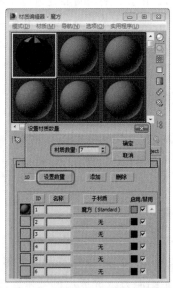

图 4-41　设置【材质数量】参数

(5) 设置完成后，单击【确定】按钮，单击 ID1 右侧的材质通道按钮，将明暗器类型设置为【(A)各向异性】，在【各向异性基本参数】卷展栏中将【环境光】的 RGB 值设置为 255、246、0，将【自发光】设置为 40，将【漫反射级别】设置为 102，在【反射高光】选项组中将【高光级别】、【光泽度】、【各向异性】分别设置为 96、65、86，如图 4-42 所示。

【各向异性明暗器】通过调节两个垂直正交方向上可见高光尺寸之间的差额，从而实现一种"重折光"的高光效果。这种渲染属性可以很好地表现毛发、玻璃和被擦拭过的金属等模型效果。它的基本参数大体上与 Blinn 相同，只在高光和漫反射部分有所不同。

【自发光】参数的设置可以使材质具备自身发光效果，常用于制作灯泡、太阳等光源对象，100%的发光度使阴影色失效，对象在场景中不受到来自其他对象的投影影响，自身也不受灯光的影响，只表现出漫反射的纯色和一些反光，亮度值(HSV 颜色值)保持与场景灯光一致。在3ds Max 中，自发光颜色可以直接显示在视图中。

指定自发光有两种方式。一种是勾选前面的复选框，使用带有颜色的自发光，另一种是取消勾选复选框，使用可以调节数值的单一颜色的自发光，对数值的调节可以看作是对自发光颜色的灰度比例进行调节。

要在场景中表现可见的光源，通常是创建好一个几何对象，将它和光源放在一起，然后给这个对象指定自发光属性。如果希望创建透明的自发光效果，可以将自发光同 Translucent Shader 方式结合使用。

【漫反射级别】参数控制漫反射部分的亮度。增减该值可以在不影响高光部分的情况下增减漫反射部分的亮度，调节范围为 0 ～ 400，默认为 100。

在【反射高光】选项区域中的【各向异性】则控制高光部分的各向异性和形状。值为 0 时，高光形状呈椭圆形；值为 100 时，高光变形为极窄条状。反光曲线示意图中的一条曲线用来表示【各向异性】的变化。

(6) 单击【转到父对象】按钮 ，单击 ID2 右侧的材质按钮，在弹出的对话框中选择【标准】选项，如图 4-43 所示。

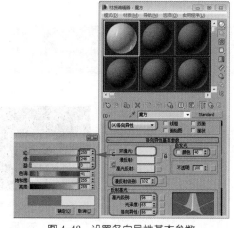
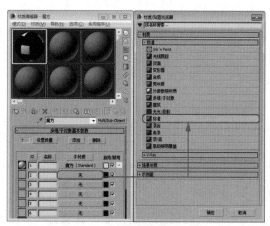

图 4-42　设置各向异性基本参数　　　　　图 4-43　选择【标准】选项

(7) 单击【确定】按钮，在【明暗器基本参数】卷展栏中将明暗器类型设置为【(A) 各向异性】，在【各向异性基本参数】卷展栏中将【环境光】的 RGB 值设置为 255、0、0，将【自发光】设置为 40，将【漫反射级别】设置为 102，在【反射高光】选项组中将【高光级别】、【光泽度】、【各向异性】分别设置为 96、65、86，如图 4-44 所示。

(8) 根据相同的方法设置其他材质，设置完成后，单击【将材质指定给选定对象】按钮，激活【摄影机】视图，按 F9 键对其进行渲染，效果如图 4-45 所示。

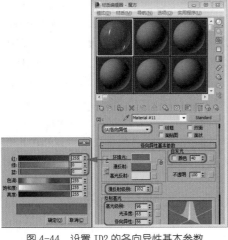 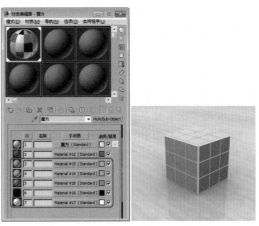

图 4-44　设置 ID2 的各向异性基本参数　　　图 4-45　为魔方指定材质后的效果

知识链接

　　【多维／子对象】材质用于将多种材赋予物体的各个次对象，在物体表面的不同位置显示不同的材质。该材质是根据次对象的 ID 号进行设置的，使用该材质前，首先要给物体的各个次对象分配 ID 号。

案例精讲 039　利用位图贴图为墙体添加材质

　　案例文件：CDROM | Scenes | Cha04 | 利用位图贴图为墙体添加材质 .max
　　视频文件：视频教学 | Cha04 | 利用位图贴图为墙体添加材质 .avi

制作概述

　　本例将通过为【漫反射颜色】通道添加位图来为墙体添加材质。完成后的效果如图 4-46 所示。

学习目标

　　学会利用位图贴图制作墙体材质。

图 4-46　为墙体添加材
质后的效果

操作步骤

　　(1) 启动 3ds Max 2014，打开随书附带光盘中的 CDROM | Scenes | Cha04 | 利用位图贴图为墙体添加材质 .max 素材文件，如图 4-47 所示。

　　(2) 在场景文件中选择要添加材质的【墙】，按 M 键，打开【材质编辑器】对话框，选择一个材质样本球，将其命名为"墙"，将【自发光】设置为 32，在【贴图】卷展栏中单击【漫反射颜色】右侧的【无】按钮，在弹出的对话框中选择【位图】选项，如图 4-48 所示。

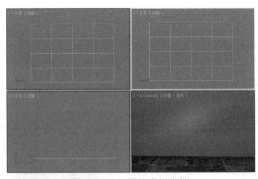

图 4-47　打开的素材文件

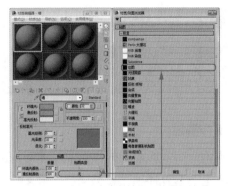

图 4-48　设置自发光并选择【位图】选项

(3) 在弹出的对话框中打开 bas07BA.jpg 贴图文件，在【坐标】卷展栏中将【瓷砖】下的 U、V 分别设置为 2、1，如图 4-49 所示。

(4) 设置完成后，单击【将材质指定给选定对象】按钮，将材质编辑器关闭，激活【摄影机】视图，按 F9 键对其进行渲染，效果如图 4-50 所示。

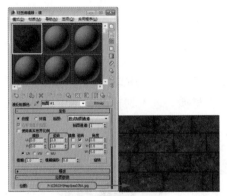

图 4-49　设置贴图参数

图 4-50　指定材质后的效果

【将材质指定给选定对象】按钮选项可以将当前激活示例窗中的材质指定给当前选择的对象，同时此材质会变为一个同步材质。贴图材质被指定后，如果对象还未进行贴图坐标的指定，在最后渲染时也会自动进行坐标指定；如果打开贴图显示的按钮，在视图中观看贴图效果，同时也会自动进行坐标指定。

如果在场景中已有一个同名的材质存在，这时会弹出一个对话框并询问是对当前材质进行替换还是重命名，具体参数如下。

【将其替换】：这样会以新的材质代替旧有的同名材质。

【重命名该材质】：将当前材质改为另一个名称，重新进行指定，名称在名称项目中指定。

案例精讲 040 木质地板砖

案例文件：CDROM | Scenes | Cha04 | 木质地板砖 .max

视频文件：视频教学 | Cha04| 木质地板砖 .avi

制作概述

本例介绍木质地板砖的制作。首先创建一个长方体，再使用【材质编辑器】为长方体填充材质，并使用复制粘贴创建地板线，并使用【摄影机】渲染效果，完成后的效果如图 4-51 所示。

图 4-51 木质地板砖效果

学习目标

学会木质地板砖的制作。

操作步骤

(1) 首先打开素材文件，选择【创建】|【几何体】|【长方体】工具，在【顶】视图中创建一个长方体，将它的【长度】、【宽度】、【高度】分别设置为 5750、9130 和 100，并将其命名为"木地板"，如图 4-52 所示。

(2) 在工具栏中单击【材质编辑器】按钮，选择一个空白材质球，选择【获取材质】，在弹出的【材质 / 贴图浏览器】对话框中，选择【标准】材质，进入到标准贴图中，选择【Blinn 基本参数】卷展栏下的【反射高光】，将【高光级别】、【光泽度】分别设置为 45、25，如图 4-53 所示。

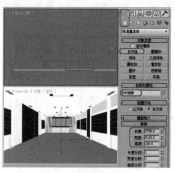

图 4-52 创建长方体

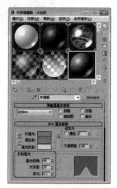

图 4-53 设置材质参数

提示

选择【获取材质】，打开【材质 / 贴图浏览器】对话框，进行材质和贴图的选择，也可以调出材质和贴图，从而进行编辑修改。对于【材质 / 贴图浏览器】对话框，可以在不同地方将它打开，不过它们在使用上还有区别，从【获取材质】按钮打开的浏览器是一个浮动性质的对话框，不影响场景的其他操作。

(3) 在【贴图】卷展栏中选择【漫反射颜色】后的【无】按钮，在弹出的【材质 / 贴图浏览器】对话框中选择【位图】选项，在对话框中找到随书附带光盘中的 | Map | Cherrywd.jpg 素材文件，单击【转到父对象】按钮，返回到【贴图】卷展栏，选择【反射】后的【无】按钮，

在弹出的【材质/贴图浏览器】对话框中选择【平面镜】材质，单击【转到父对象】按钮 ，
返回到【贴图】卷展栏，将【反射】设置为 10，如图 4-54 所示。

　　　【转到父对象】按钮 ：向上移动一个材质层级，只在复合材质的子级层级有效。

(4) 调整完成后，选择一开始绘制的长方体，在【材质编辑器】上单击【将材质指定给选
定对象】，效果如图 4-55 所示。

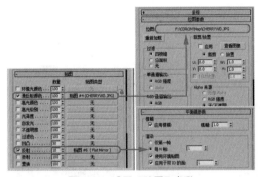

图 4-54　设置【贴图】参数

图 4-55　完成后的效果

(5) 选择【木地板】对象，按 Ctrl+C 组合键、Ctrl+V 组合键进行复制粘贴，在弹出的【克
隆选项】对话框中选中【复制】单选按钮，将名称命名为"地板线"，设置完成后单击【确定】
按钮，如图 4-56 所示。

(6) 在【修改】命令面板中将参数卷展栏下的【高度】设置为 100.6，将【长度分段】、【宽
度分段】分别设置为 8、11，如图 4-57 所示。

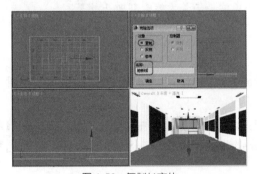

图 4-56　复制长方体

图 4-57　设置分段

(7) 在工具栏中单击【材质编辑器】按钮 ，选择一个空白材质球，选择【获取材质】，
在弹出的【材质/贴图浏览器】对话框中，选择【标准】材质，进入到标准贴图中，在【明暗
器基本参数】卷展栏中勾选【线框】复选框，将【Blinn 基本参数】卷展栏下的【环境光】的
颜色 RGB 值设置为 0、0、0，将【高光级别】、【光泽度】都设置为 0，单击【将材质指定给
选定对象】按钮，如图 4-58 所示。

(8) 设置完成后，按 F9 键，进行渲染，效果如图 4-59 所示。

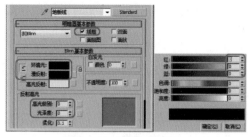

图 4-58　设置材质参数

图 4-59　完成后的效果

案例精讲 041　制作地砖材质

✎ 案例文件：CDROM | Scenes | Cha04 | 制作地砖材质 .max

▶ 视频文件：视频教学 | Cha04| 制作地砖材质 .avi

制作概述

本例介绍凹凸地面砖材质的制作方法。首先使用几何体工具绘制长方体，再使用【材质编辑器】为其添加材质，在【修改】编辑器中为对象添加【UVW 贴图】修改器，完成后的效果如图 4-60 所示。

图 4-60　地砖材质

学习目标

学会利用凹凸制作地砖材质。

 提示　在视图中不能预览凹凸贴图的效果，必须渲染场景才能看到凹凸效果。

操作步骤

(1) 打开随书附带光盘中的 CDROM |Scenes|Cha04| 利用凹凸制作地砖材质 .max 素材文件，如图 4-61 所示。

(2) 选择 ❖【创建】|❍【几何体】|【长方体】工具，在【顶】视图中创建一个长方体，在【参数】卷展栏中将【长度】、【宽度】、【高度】分别设置为 5.229m、8.08m、0.036m，将名称设置为【地面】，如图 4-62 所示。

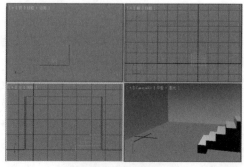

图 4-61　打开的素材文件

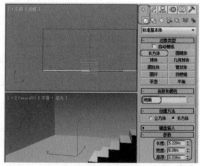

图 4-62　创建长方体

（3）打开材质编辑器，选择第一个材质球，将【Blinn 基本参数】卷展栏中的【高光级别】设置为 20，如图 4-63 所示。

（4）在【贴图】卷展栏中选择【漫反射颜色】后的【无】进入到【材质/贴图浏览器】对话框中，选择【位图】选项，在弹出的对话框中找到随书附带光盘中的 | Map | set03-05.jpg 文件，单击【转到父对象】按钮，再在【贴图】卷展栏中单击【凹凸】后的【无】按钮，进入到【材质/贴图浏览器】对话框中，选择【位图】选项，在弹出的对话框中找到随书附带光盘中的 | Map | set03-05.jpg 文件，如图 4-64 所示。

图 4-63　设置材质球

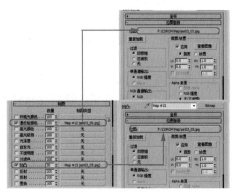

图 4-64　设置贴图

> **提示**
>
> 　　　　【凹凸】贴图类型通过图像的明暗强度来影响材质表面的光滑程度，从而产生凹凸的表面效果，白色图像产生凸起，黑色图像产生凹陷，中间色产生过渡。这种模拟凹凸质感的优点是渲染速度很快，但这种凹凸材质的凹凸部分不会产生阴影投影，在对象边界上也看不到真正的凹凸，对于一般的砖墙、石板路面，它可以产生真实的效果，如图 4-65 所示。但是如果凹凸对象很清晰地靠近镜头，并且要表现出明显的投影效果，应该使用【置换】功能，利用图像的明暗度真实地改变对象造型，但需要花费大量的渲染时间。

> **注意**
>
> 　　　　凹凸贴图的强度值可以调节到 999，但是过高的强度会带来不正确的渲染效果，如果发现渲染后高光处有锯齿或者闪烁，应开启【超级采样】进行渲染。

（5）在材质编辑器中单击【将材质指定给选定对象】按钮，指定给之前绘制的长方体，如图 4-65 所示。

（6）切换到【修改】命令面板，在【修改器列表】中选择【UVW 贴图】修改器，将【参数】卷展栏中的【贴图】设置为【长方体】，将【长度】设置为 1.78m、【宽度】设置为 3.478m、【高度】设置为 0.036m，如图 4-66 所示。

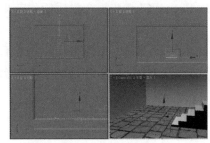

图 4-65　填充材质

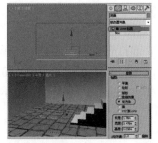

图 4-66　添加【UVW 贴图】修改器

知识链接

材质的可信性是由应用材质的几何体以及贴图模型的有效性决定的。也就是说，材质可以是用户组合不同的图像文件，这样可以使模型呈现各种所需纹理以及各种性质，而这种组合被称为贴图，贴图就是指材质如何被"包裹"或"涂"在几何体上。所有贴图材质的最终效果是由指定在表面上的贴图坐标决定。

3ds Max 在对场景中的物体进行描述的时候，使用的是 XYZ 坐标空间，但对于位图和贴图来说使用的却是 UVW 坐标空间。位图的 UVW 坐标是表示贴图的比例。

在默认状态下，每创建一个对象，系统都会为它指定一个基本的贴图坐标，该坐标的指定是在创建物体时【参数】卷展栏底部【生成贴图坐标】复选框的选择。

当需要更好地控制贴图坐标，可以进入编辑修改命令面板，选择【修改器列表】|【UVW贴图】，即可为对象指定一个 UVW 贴图坐标。【UVW 贴图】修改器可以放在堆栈中基本对象以上的任意位置，所以可以精确控制应用坐标。如果激活的选择集是次对象的表面或面片，则贴图只赋予次对象选择集的表面及面片。如果激活的选择集是次对象级的【顶点】或【分段】，则选择集将被忽略，系统将对整个对象实施贴图。

需要注意的是：如果一个物体已经具备了贴图坐标，在对它施加【UVW 贴图】修改器之后，会覆盖以前的坐标。

案例精讲 042　使用复合材质制作苹果

✎ 案例文件：CDROM | Scenes | Cha04 | 复合材质制作苹果 .max

◉ 视频文件：视频教学 | Cha04 | 复合材质制作苹果 .avi

制作概述

本例将介绍如何制作苹果的材质。苹果一般分为两部分：主体部分和把，主要利用【漫反射颜色】、【凹凸】贴图制作而成，效果如图 4-67 所示。

学习目标

学会如何创建苹果需要的材质。

图 4-67　复合材质制作苹果
后效果

操作步骤

（1）启动软件后，打开随书附带光盘中的 CDROM | Scenes|Cha04| 复合材质制作苹果 .max 素材文件，如图 4-68 所示。

（2）按 M 键打开材质编辑器，选择一个空的材质样本球，并将其命名为【苹果】，将【环境光】和【漫反射】的 RGB 值设为 137、50、50，将【自发光】下的【颜色】设为 15，将【高光级别】设为 45，将【光泽度】设为 25，如图 4-69 所示。

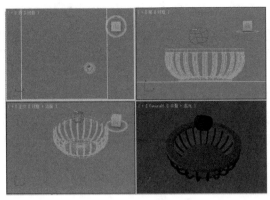

图 4-68　打开的素材文件

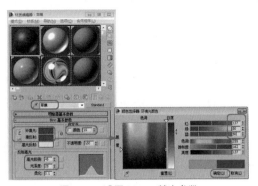

图 4-69　设置 Blinn 基本参数

提示　除了上述方法可以打开材质编辑器外，还可以直接在【工具栏】中单击【材质编辑器】按钮，也可以在菜单栏中执行【渲染】|【材质编辑器】命令，在弹出的子菜单中选择相应的材质编辑器选项即可。

(3) 切换到【贴图】卷展栏中，单击【漫反射颜色】后面的【无】按钮，弹出【材质／贴图浏览器】对话框，选择【位图】选项，弹出【选择位图图像文件】对话框，选择随书附带光盘中的 CDROM|Map|Apple-A.jpg 文件，单击【打开】按钮，返回到材质编辑器中，保存默认值，单击【转到父对象】按钮，单击【凹凸】后面的【无】按钮，弹出【材质／贴图浏览器】对话框，选择【位图】选项，弹出【选择位图图像文件】对话框，选择随书附带光盘中的 CDROM|Map|Apple-B.jpg，返回到材质编辑器中，单击【转到父对象】按钮，并将【凹凸】值设为 12，如图 4-70 所示。

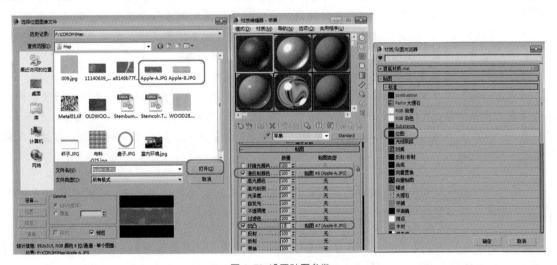

图 4-70　设置贴图参数

提示　在设置【自发光】组中的【颜色】时，可以通过勾选【颜色】左侧的复选框，通过其后面的色块可以设置不同的颜色，在渲染时系统会根据所选的颜色的色相、明度等来调整物体自发光的亮度、颜色等。

(4) 选择一个空的材质样本球，并将其命名为"把"，将【明暗器的类型】设为 Blinn，在

【Blinn 基本参数】卷展栏中取消【环境光】和【漫反射】的锁定，将【环境光】的 RGB 值设为 44、14、2，将【漫反射】的 RGB 值设为 100、44、22，将【高光反射】的 RGB 值设为 241、222、171，将【自发光】下的【颜色】值设为 9，将【反射高光】下的【高光级别】设为 75，将【光泽度】设为 15，如图 4-71 所示。

(5) 切换到【贴图】卷展栏中，单击【漫反射颜色】后面的【无】按钮，弹出【材质 / 贴图浏览器】对话框，选择【位图】选项，弹出【选择位图图像文件】对话框，选择随书附带光盘中的 CDROM|Map| Stemcolr.TGA 文件，单击【打开】按钮，返回到材质编辑器中，选择【位图参数】卷展栏，在【裁剪 / 放置】组中勾选【应用】复选框，分别将 U、V、W、H 设为 0、0.099、1、0.901，单击【转到父对象】按钮，查看效果，如图 4-72 所示。

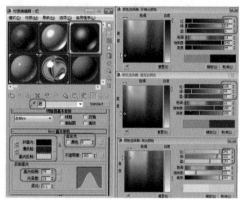

图 4-71　设置 Blinn 基本参数

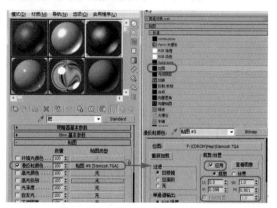

图 4-72　设置【漫反射颜色】贴图

> 📖提示　【剪切 / 放置】选项组是贴图参数中非常有用的一种控制方式，它允许在位图上任意剪切一部分图像作为贴图进行使用，或者将原位图比例进行缩小使用，它并不会改变原位图文件，只是在材质编辑器中实施控制。这种方法非常灵活，尤其是在进行反射贴图时，可以随意调节反射贴图的大小和内容，以便取得最佳的质感。

【应用】：勾选此复选框，全部的剪切和定位设置才能发生作用。

【查看图像】：单击此按钮，会弹出一个虚拟图像设置框，可以直观地进行剪切和放置操作。拖动周围的虚线方框，可以剪切和缩小位图；在方框内拖动，可以移动剪切和缩小的图像；选择【放置】方式，配合 Ctrl 键可以保持比例进行缩放；选择【裁剪】方式，配合 Ctrl 键按左、右键，可以对图像显示进行缩放。

> 👤注意　对贴图框的移动和缩放均可以记录成动画，实现动态的贴圈效果，一般在制作流动的金属反射贴图时经常用到。

(6) 单击【高光级别】后面的【无】按钮，弹出【材质 / 贴图浏览器】对话框，选择【位图】选项，弹出【选择位图图像文件】对话框，选择随书附带光盘中的 CDROM|Map| Stembump. TGA 文件，单击【打开】按钮，返回到材质编辑器中，保持默认值，单击【转到父对象】按钮，将【高光级别】的值设为 78，单击【凹凸】后面的【无】按钮，选择【位图】选项，弹出【选择位图图像文件】对话框，选择随书附带光盘中的 CDROM|Map| Stembump.TGA 文件，单击【打开】按钮，返回到材质编辑器中，保存默认值，单击【转到父对象】按钮查看效果，如图 4-73 所示。

(7) 将制作好的【材质】分别指定给场景中的图形，选择【苹果】和【把】并将其成组，对其进行多次复制，调整位置和大小，进行渲染，完成后的效果如图 4-74 所示。

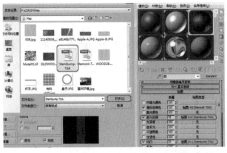
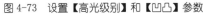

图 4-73　设置【高光级别】和【凹凸】参数

图 4-74　完成后的效果

案例精讲 043　使用渐变材质制作植物

案例文件：CDROM | Scenes | 渐变材质制作植物 .max

视频文件：视频教学 | Cha04 | 渐变材质制作植物 .avi

制作概述

本例将介绍如何利用渐变材质制作出栩栩如生的植物。本例的重点是渐变色的选择，合理的渐变色的搭配能起到意想不到的效果，效果如图 4-75 所示。

学习目标

学会如何利用渐变色材质制作出植物所需的材质。

图 4-75　植物

操作步骤

(1) 启动软件后打开随书附带光盘中的 CDROM | Scenes | Cha04 | 渐变材质制作植物 .max 素材文件，如图 4-76 所示。

(2) 按 M 键打开材质编辑器，选择一个空的样本球，将其命名为"花朵"，在【明暗器基本参数】卷展栏中将明暗器的类型设为 Blinn，在【Blinn 基本参数】卷展栏中将【自发光】组中的【颜色】设为 50，在【贴图】卷展栏中单击【漫反射颜色】后面的【无】按钮，弹出【材质 / 贴图浏览器】对话框，选择【贴图】|【标准】|【渐变】选项，如图 4-77 所示。

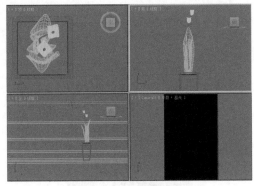

图 4-76　打开的素材文件

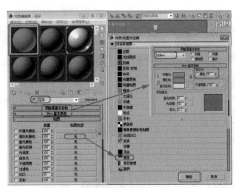

图 4-77　设置材质

渐变是从一种颜色到另一种颜色进行过渡着色。为渐变指定两种或三种颜色；该软件将插补中间值。渐变贴图是 2D 贴图。

(3) 单击【确定】按钮，进入渐变材质编辑器中，选择【渐变参数】卷展栏，将【颜色 1】的颜色的 RGB 值设为 49、137、233，将【颜色 2】的 RGB 值设为 240、235、152，将【颜色 2 的位置】设为 0.3，如图 4-78 所示。

【颜色 #1-3】：设置渐变在中间进行插值的 3 个颜色。显示颜色选择器。可以将颜色从一个色样中拖放到另一个色样中。

(4) 单击【转到父对象】按钮，继续选择一个空的样本球，并将其命名为"叶子"，确认【明暗器的类型】为 Blinn，切换到【贴图】卷展栏，单击【漫反射颜色】右侧的【无】按钮，弹出【材质 / 贴图浏览器】对话框，选择【贴图】|【标准】|【渐变】选项，如图 4-79 所示。

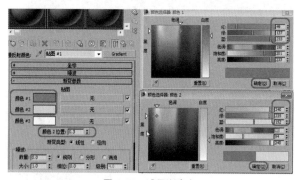

图 4-78　设置渐变色

图 4-79　设置材质

(5) 单击【确定】按钮，进入渐变材质编辑器中，切换到【渐变参数】卷展栏中，将【颜色 1】的 RGB 值设为 22、119、0，将【颜色 2】的 RGB 值设为 223、220、172，将【颜色 3】的 RGB 值设为 168、164、101，将【颜色 2 的位置】设为 0.2，如图 4-80 所示。

(6) 单击【转到父对象】按钮，将创建的两个材质分别添加到场景图形中，进行渲染后查看效果，如图 4-81 所示。

【颜色 2 位置】：控制中间颜色的中心点。位置范围为 0 到 1。当为 0 时，颜色 2 替换颜色 3。当为 1 时，颜色 2 替换颜色 1。

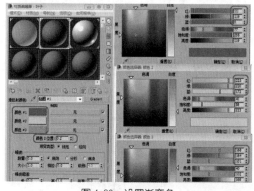

图 4-80　设置渐变色

图 4-81　完成后的效果

案例精讲 044 制作青铜器材质

案例文件： CDROM | Scenes | Cha04 | 制作青铜器材质 .max

视频文件： 视频教学 | Cha04 | 制作青铜器材质 .avi

制作概述

本例将介绍如何制作青铜器材质。首先设置好【环境光】、【漫反射】和【高光反射】，然后进行贴图设置，效果如图 4-82 所示。

学习目标

学会如何创建青铜器材质。

操作步骤

图 4-82　青铜器

(1) 启动软件后打开随书附带光盘中的 CDROM| Scenes | Cha04 | 制作青铜器 .max 素材文件，如图 4-83 所示。

(2) 按 M 键打开材质编辑器，选择一个空的样本球，并将其命名为"青铜"，将【明暗器类型】设为 Blinn，在【Blinn 基本参数】卷展栏中取消【环境光】和【漫反射】的锁定，将【环境光】的 RGB 值设为 166、47、15，将【漫反射】的 RGB 值设为 51、141、45，将【高光反射】的 RGB 值设为 255、242、188，在【自发光】选项组中将【颜色】右侧的值设为 14，在【反射高光】选项组中将【高光级别】设为 65，将【光泽度】设为 25，如图 4-84 所示。

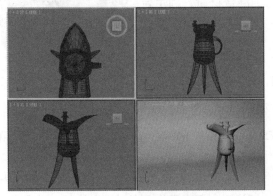

图 4-83　打开的素材文件

图 4-84　调整材质参数

(3) 切换到【贴图】卷展栏中，单击【漫反射颜色】右侧的【无】按钮，弹出【材质 / 贴图浏览器】对话框，选择【贴图】|【标准】|【位图】选项，单击【确定】按钮，弹出【选择位图图像文件】对话框，选择随书附带光盘中的 CDROM|Map|MAP03.jpg 文件，单击【打开】按钮，进入【位图】材质编辑器中，保持默认值，单击【转到父对象】按钮，将【漫反射颜色】的值设为 75，如图 4-85 所示。

(4) 单击【凹凸】后面的【无】按钮，弹出【材质 / 贴图浏览器】对话框，选择【贴图】|【标准】|【位图】选项，单击【确定】按钮，弹出【选择位图图像文件】对话框，选择随书附带光盘中的 CDROM|Map|MAP03.jpg 文件，单击【打开】按钮，进入【位图】材质编辑器中，

CG 设计案例课堂

保持默认值，单击【转到父对象】按钮，在场景中选择【青铜酒杯】并对其赋予该材质，如图 4-86 所示。

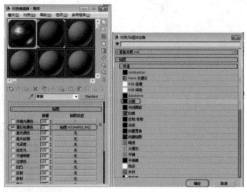

图 4-85　设置【漫反射颜色】参数

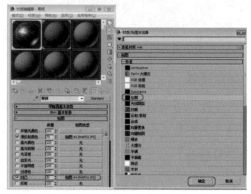

图 4-86　设置【凹凸】参数

案例精讲 045　为植物添加材质

> 📝 **案例文件：** CDROM | Scenes | Cha04 | 为植物添加材质 .max
>
> 🖌 **视频文件：** 视频教学 | Cha04 | 为植物添加材质 .avi

制作概述

本例将介绍如何为植物添加材质，主要应用了混合材质，利用合理的贴图进行设置，效果如图 4-87 所示。

学习目标

学会如何利用【反射光颜色】和【凹凸】制作树叶和树干。

图 4-87　为植物添加材质
后效果

操作步骤

(1) 启动软件后打开随书附带光盘中的 CDROM| Scenes | Cha04 | 为植物添加材质 .max 素材文件，如图 4-88 所示。

(2) 按 M 键打开材质编辑器，选择一个空的样本球，并将其命名为"树叶"，将【明暗器的类型】设为 Blinn，切换到【贴图】卷展栏，单击【漫反射颜色】右侧的【无】按钮，弹出【材质 / 贴图浏览器】对话框，选择【贴图】|【标准】|【混合】选项，单击【确定】按钮，如图 4-89 所示。

> **知识链接**
>
> 　　混合材质是指在曲面的单个面上将两种材质进行混合。可通过设置【混合量】参数来控制材质的混合程度，该参数用于绘制材质变形功能曲线，以控制随时间混合两个材质的方式。

图 4-88　打开的素材文件

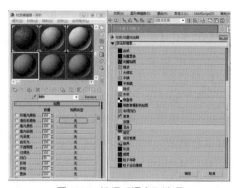

图 4-89　选择【混合】选项

(3) 在【混合选项】参数卷展栏中单击【颜色 #1】后面的【无】按钮，弹出【材质/贴图浏览器】对话框，选择【贴图】|【标准】|【位图】选项，单击【确定】按钮，弹出【选择位图图像文件】对话框，选择随书附带光盘中的 CDROM|Map| Arch41_029_leaf_1.jpg 文件，单击【打开】按钮，进入贴图的子菜单，保持默认值，单击【转到父对象】按钮，使用同样的方法单击【颜色 #2】后面的【无】按钮，选择【位图】选项，添加 CDROM|Map| Arch41_029_leaf_2.jpg 文件，单击【混合量】后面的【无】按钮，选择 CDROM|Map| Arch41_029_leaf_mask.jpg 文件，进入其子菜单，在【坐标】卷展栏中将【贴图通道】设为 2，如图 4-90 所示。

> 提示
> 【颜色1/颜色2】：分别设置两个颜色或贴图进行混合，交换按钮可以将它们的设置进行交换。
> 【混合量】：确定混合的比例。其值为 0 时意味着只有颜色 1 在曲面上可见，其值为 1 时意味着只有颜色 2 为可见。也可以使用贴图而不是混合值。两种颜色会根据贴图的强度以大一些或小一些的程度混合。
> 【贴图】：设置一个贴图来控制混合情况，通过贴图产生图像的明暗度控制混合的透明度。

(4) 单击【转到父对象】按钮，在【贴图】卷展栏中单击【凹凸】右侧的【无】按钮，弹出【材质/贴图浏览器】对话框，选择【贴图】|【标准】|【位图】选项，单击【确定】按钮，选择随书附带光盘中的 CDROM|Map|Arch41_029_leaf_bump.jpg 文件，单击【打开】按钮，返回到【贴图】子菜单，保持默认值，单击【转到父对象】按钮，将【凹凸】值设为 300，如图 4-91 所示。

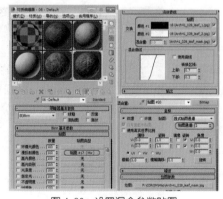

图 4-90　设置混合参数贴图

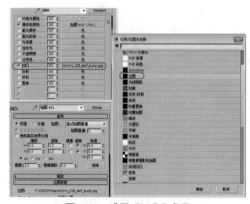

图 4-91　设置【凹凸】参数

(5) 选择一个新的样本球并将其命名为"树干"，将【明暗器类型】设为 Blinn，在【贴图】

卷展栏中单击【漫反射颜色】右侧的【无】按钮，弹出【材质／贴图浏览器】对话框，选择【贴图】|【标准】|【混合】选项，单击【确定】按钮，如图 4-92 所示。

(6) 在【混合选项】参数卷展栏中单击【颜色 #1】后面的【无】按钮，弹出【材质／贴图浏览器】对话框，选择【贴图】|【标准】|【位图】选项，单击【确定】按钮，弹出【选择位图图像文件】对话框，选择随书附带光盘中的 CDROM|Map| Arch41_029_bark.jpg 文件，单击【打开】按钮，进入贴图的子菜单，在【坐标】卷展栏中将【瓷砖】的 U 和 V 值都设为 3。单击【转到父对象】按钮，使用同样的方法单击【颜色 #2】后面的【无】按钮，选择【位图】选项，添加 CDROM|Map| Arch41_029_bark.jpg 文件，在【坐标】卷展栏中将【瓷砖】的 U 和 V 值都设为 3。单击【转到父对象】按钮，单击【混合量】后面的【无】按钮，选择 CDROM|Map| Arch41_029_leaf_mask.jpg 文件，进入其子菜单，保持默认值，如图 4-93 所示。

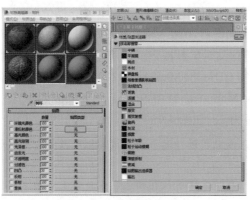
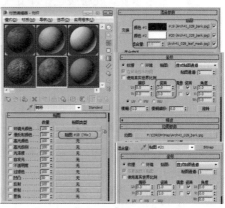

图 4-92　选择【混合】选项　　　　　　　　图 4-93　设置混合参数

(7) 单击【转到父对象】按钮，在【贴图】卷展栏中单击【凹凸】右侧的【无】按钮，弹出【材质／贴图浏览器】对话框，选择【贴图】|【标准】|【位图】选项，单击【确定】按钮，选择随书附带光盘中的 CDROM|Map| Arch41_029_bark_bump.jpg 文件，单击【打开】按钮，返回到【贴图】子菜单，在【坐标】卷展栏中将【瓷砖】的 U 和 V 都设为 3，将【模糊】设为 4，单击【转到父对象】按钮，将【凹凸】值设为 300，如图 4-94 所示。

(8) 选择创建好的材质，赋予场景的对象，进行渲染后查看效果，如图 4-95 所示。

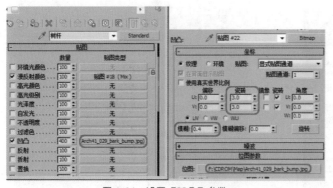

图 4-94　设置【凹凸】参数　　　　　　　　图 4-95　完成后的效果

案例精讲 046 皮革材质的制作

✎ 案例文件：CDROM | Scenes | Cha04 | 皮革材质的制作 .max

🎬 视频文件：视频教学 | Cha04 | 皮革材质的制作 .avi

制作概述

皮革材质是非常常见的一种材质。本例将介绍皮革材质的制作，其中主要应用了【漫反射颜色】和【凹凸】贴图的设置，效果如图 4-96 所示。

图 4-96 皮革材质

学习目标

掌握制作皮革材质的步骤。

操作步骤

(1) 启动软件后打开随书附带光盘中的 CDROM| Scenes | Cha04 | 皮革材质的制作 .max 素材文件，如图 4-97 所示。

(2) 按 M 键打开材质编辑器，选择一个空白的材质样本球，并将其重命名为"皮革"，在【Blinn 基本参数】卷展栏中取消【环境光】和【漫反射】的锁定，将【环境光】颜色的 RGB 值设置为 17、47、15，将【漫反射】颜色的 RGB 值设置为 51、53、51，在【自发光】选项组中将【颜色】设置为 26，在【反射高光】选项组中将【高光级别】设置为 40，将【光泽度】设置为 20，如图 4-98 所示。

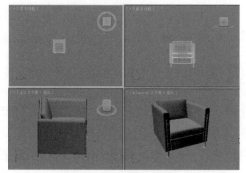

图 4-97 打开的素材文件

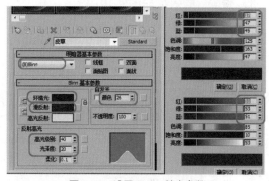

图 4-98 设置 Blinn 基本参数

(3) 展开【贴图】卷展栏，单击【漫反射颜色】右侧的【无】按钮，在弹出的对话框中选择【位图】选项，单击【确定】按钮，在弹出的对话框中选择随书附带光盘中的 CDROM|Map|c-a-004.jpg 贴图文件，在【坐标】卷展栏中将【瓷砖】下的 U、V 设置为 2、2.1，如图 4-99 所示。

(4) 单击【转到父对象】按钮，将【凹凸】数量设置为 166，单击右侧的【无】按钮，在弹出的对话框中选择【位图】选项，使用同样的方法，为其添加 c-a-004.jpg 贴图文件，在【坐标】卷展栏中将【瓷砖】下的 U、V 都设置为 2，如图 4-100 所示。

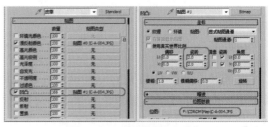

图 4-99　设置【漫反射颜色】参数　　　　　图 4-100　设置【凹凸】参数

(5) 单击【转到父对象】按钮，将制作好的【皮革】材质指定给沙发对象。

案例精讲 047　制作黄金质感文字

案例文件：CDROM | Scenes | Cha04 | 黄金质感 .max

视频文件：视频教学 | Cha04 黄金质感 .avi

制作概述

本例将介绍黄金质感文字的制作。打开素材文件后输入文字并添加
【倒角】修改器，然后设置金属材质，最后添加摄影机并渲染【摄影机】
视图，完成后的效果如图 4-101 所示。

图 4-101　黄金质感文字

学习目标

掌握金属质感的制作、修改以及编辑操作。

操作步骤

(1) 打开随书附带光盘中的 CDROM | Scenes | Cha04 | 黄金质感 .max 素材文件，选择【创建】
※ |【图形】　|【文本】，在【参数】卷展栏中的【字体】列表中选择一种字体，并为其添
加倾斜和下划线，在文本输入框中输入 AUTODESK，然后在【前】视图中单击鼠标左键创建
字母，如图 4-102 所示。

(2) 进入【修改】命令面板，在【修改器列表】中选择【倒角】修改器，在【倒角值】卷
展栏中将【级别 1】下的【高度】设置为 25，勾选【级别 2】复选框，将它下面的【高度】和【轮
廓】分别设置为 2、−1，如图 4-103 所示。

图 4-102　创建字母　　　　　　　　　　　　　　　图 4-103　为字母设置倒角

(3) 打开材质编辑器，单击第一个材质样本球，将其命名为"黄金质感"，在【明暗器基本参数】卷展栏中将阴影模式定义为【金属】。在【金属基本参数】卷展栏中将【环境光】的 RGB 值设置为 0、0、0，将【漫反射】的 RGB 值设置为 255、222、0；将【高光级别】和【光泽度】都设置为 100。打开【贴图】卷展栏，单击【反射】通道后的【无】按钮，在打开的【材质 / 贴图浏览器】对话框中选择【位图】贴图，再在打开的对话框中选择随书附带光盘中的 CDROM|Map|Gold04.jpg 文件，单击【打开】按钮。进入【反射】通道的位图层，在【输出】卷展栏中将【输出量】设置为 1.3。单击【将材质指定给选定对象】按钮，将材质指定给场景中的文字对象，如图 4-104 所示。

　　　　　　【反射】贴图通道常用来模拟金属、玻璃光滑表面的光泽，或用作镜面反射。当模拟对象表面的光泽时，贴图强度不宜过大，否则反射将不自然。

(4) 激活【顶】视图，选择【创建】 |【摄像机】 |【目标】工具，在【顶】视图中创建摄影机；再在打开的【参数】卷展栏中选择【备用镜头】区域中的 24mm 选项，将【透视】视图激活，然后按 C 键将当前激活视图转换为【摄像机】视图显示。然后在【左】视图和【前】视图中调整摄影机的位置，并通过【摄像机】视图观察调整效果，调整后的效果如图 4-105 所示。

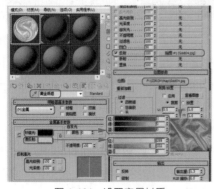

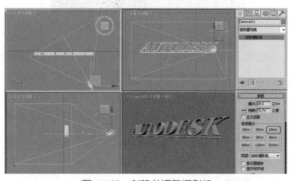

图 4-104　设置字母材质　　　　　　　　　　　　　图 4-105　创建并调整摄影机

(5) 按 F9 键对【摄影机】视图进行渲染，选择【文件】|【保存】菜单命令，保存场景文件。

案例精讲 048 使用凹凸贴图制作菠萝

✎ 案例文件：CDROM | Scenes | Cha04 | 制作菠萝 .max

⊙ 视频文件：视频教学 | Cha04 | 制作菠萝 .avi

制作概述

下面介绍如何使用凹凸贴图制作菠萝。打开素材文件后，设置 Phong 基本参数，然后设置【漫反射颜色】、【高光颜色】、【凹凸】和【反射】贴图，最后渲染的效果如图 4-106 所示。

图 4-106 菠萝

学习目标

学会使用凹凸贴图制作菠萝。

操作步骤

(1) 打开随书附带光盘中的 CDROM | Scenes | Cha04 | 菠萝 .max 素材文件，选择【菠萝】对象，如图 4-107 所示。

(2) 打开材质编辑器，选择一个空白材质样本球，将其命名为"菠萝"，在【明暗器基本参数】卷展栏中将阴影模式定义为 Phong，勾选【双面】复选框。在【Phong 基本参数】卷展栏中将【环境光】和【漫反射】的 RGB 值设置为 127、127、127，将【高光反射】的 RGB 值设置为 15、15、15；将【高光级别】和【光泽度】分别设置为 15、62，如图 4-108 所示。

图 4-107 选择【菠萝】对象

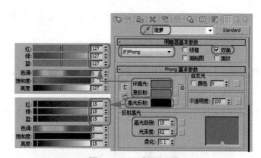

图 4-108 设置材质

🔍 提示

Phong 高光点周围的光晕是发散混合的，背光处 Phong 的反光点为梭形，影响周围的区域较大，如果增大【柔化】参数的数值，Phong 的反光点趋向于均匀柔和的反光，从色调上看，Phong 趋于暖色，易表现暖色柔和的材质，常用于塑性材质，可以精确地反映出凹凸、不透明、反光、高光和反射贴图效果。

(3) 在【贴图】卷展栏中，单击【漫反射颜色】右侧的【无】按钮，在打开的【材质 / 贴图浏览器】对话框中双击【位图】贴图。在打开的对话框中选择随书附带光盘中的 CDROM | Map | 菠萝 01.jpg 文件，单击【打开】按钮，如图 4-109 所示。

(4) 返回父级对象，单击【高光颜色】右侧的【无】按钮，在打开的【材质 / 贴图浏览器】

对话框中双击【位图】贴图。在打开的对话框中选择随书附带光盘中的 CDROM | Map | 菠萝 02.jpg 文件，单击【打开】按钮，如图 4-110 所示。

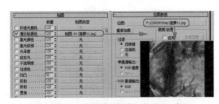

图 4-109 设置【漫反射颜色】参数

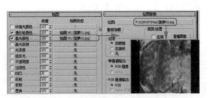

图 4-110 设置【高光颜色】参数

(5) 返回父级对象，将【凹凸】的【数量】设置为 0，单击【凹凸】右侧的【无】按钮，在打开的【材质 / 贴图浏览器】对话框中双击【位图】贴图。在打开的对话框中选择随书附带光盘中的 CDROM | Map | 菠萝 03.jpg 文件，单击【打开】按钮，如图 4-111 所示。

(6) 返回父级对象，单击【反射】右侧的【无】按钮，在打开的【材质 / 贴图浏览器】对话框中双击【位图】贴图。在打开的对话框中选择随书附带光盘中的 CDROM | Map | 菠萝 04.jpg 文件，单击【打开】按钮，如图 4-112 所示。然后将设置好的材质指定给选定的菠萝对象。

图 4-111 设置【凹凸】参数

图 4-112 设置【反射】参数

(7) 然后对场景进行渲染，最后将场景文件进行保存。

案例精讲 049 使用折射贴图制作玻璃杯的折射效果

 案例文件：CDROM | Scenes | Cha04 | 玻璃杯 .max

 视频文件：视频教学 | Cha04 | 玻璃杯 .avi

制作概述

本例将介绍玻璃杯折射效果的制作方法。其中，主要利用反射和折射两个贴图通道来设置玻璃杯的材质，其效果如图 4-113 所示。

图 4-113 玻璃杯

学习目标

掌握【反射】和【折射】贴图通道的设置。

操作步骤

(1) 打开随书附带光盘中的 CDROM | Scenes | Cha04 | 玻璃杯 .max 素材文件，在场景中选择【玻璃杯】对象，如图 4-114 所示。

(2) 打开材质编辑器，选择一个材质样本球，并将其重新命名为"酒杯"。在【明暗器基本参数】卷展栏下将渲染模式定义为 Phong 材质，勾选【双面】复选框。展开【Phong 基本参数】卷展栏，将【环境光】和【漫反射】的 RGB 值设置为 191、191、191；将【高光反射】RGB 值设置为 255、255、255；将【不透明度】设置为 0、【高光级别】设置为 35、【光泽度】设置为 50、【柔化】设置为 0.5，如图 4-115 所示。

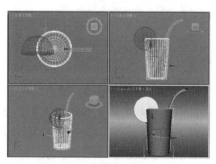

图 4-114　选择【玻璃杯】对象

图 4-115　设置材质

提示

【反射/折射】产生表面反射和折射效果，将它指定为【反射】贴图时制造曲面反射效果，将它指定为【反射】贴图时制造折射效果。你可能已经掌握了【光线跟踪】材质的制作方法，知道在现实生活中反射是相互无限次地发生的，直到光线衰减消失为止，在【反射/折射】贴图材质中，也可以进行反射次数的设置，不过是在【渲染场景】|【渲染器】中【默认扫描线】卷展栏中，【自动反射/折射贴图】项目下的【渲染迭代次数】值，最大可以设为 10 次，当然渲染时间也会增加 10 倍。

知识链接

【反射/折射】的工作原理是由物体轴心点处向 6 个方向拍摄 6 张周围景观的照片，然后将它们以球形贴图方式贴在物体表面，这就叫作六面贴图，系统会自动完成这一切，它的优点是比【光线跟踪】算法要快很多，当然效果也差一些，尤其是对 Flat 平面反射效果，不能正确计算，必须使用【平面镜】贴图来完成，对于折射效果，唬一下人还可以，如果来真的（如表现玻璃杯中吸管的折射效果），还是得使用【光线跟踪】材质或【薄壁折射】贴图。

(3) 打开【贴图】卷展栏，将【反射】设置为 20，单击右侧的【无】按钮，在打开的【材质/贴图浏览器】对话框中选择【反射/折射】材质，如图 4-116 所示。

(4) 在【贴图】卷展栏中单击【折射】右侧的【无】按钮，在打开的【材质/贴图浏览器】对话框中选择【光线追踪】选项，如图 4-117 所示，然后将酒杯材质指定给玻璃杯。

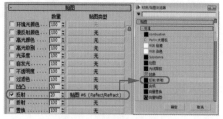

图 4-116　设置【反射】参数

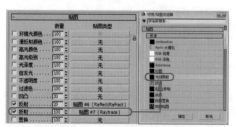

图 4-117　设置【折射】参数

【光线跟踪】贴图与【光线跟踪】材质相同，能提供完全的反射和折射效果，更优越于【反射/折射】贴图，但渲染时间却很长，当然可以通过排除功能对场景进行优化计算，这样可以相对地节省一定时间。

【光线跟踪】贴图与【光线跟踪】材质有一些不同之处：光线跟踪贴图可以与其他贴图类型一同使用，可以用于任何种类的材质；可以将光线跟踪贴图指定给其他反射或折射材质；光线跟踪贴图比光线跟踪材质有着更多的衰减控制；通常光线跟踪贴图要比光线跟踪材质渲染得更快一些；由于【光线跟踪】贴图和【光线跟踪】材质使用相同的光线跟踪器和共享全局参数，因此它们具有相同的名称；

【折射贴图通道】模拟空气和水等介质的折射效果，在物体表面产生对周围景物的折射映象，与反射贴图不同的是它表现一种穿透的属性，具体折射效果受折射率的控制，在扩展参数面板中【折射贴图/光线跟踪折射率】参数专门用于调节折射率，值为1时代表空气的折射率，不产生折射效果，值大于1时为凸起的折射效果，多用于表现玻璃，值小于1时为凹陷的折射效果。

(5) 再选择一个新的材质样本球，并将其重新命名为【水】，在【Blinn 基本参数】卷展栏，将【环境光】和【漫反射】RGB值设置为228、235、230；将【高光级别】设置为48、【光泽度】设置为24，如图 4-118 所示。

(6) 在【贴图】卷展栏中将【折射】设置为90，单击右侧的【无】按钮，在打开的【材质/贴图浏览器】对话框中选择【光线追踪】材质，单击【确定】按钮，如图 4-119 所示，将该材质指定给水对象。

(7) 激活【摄影机】视图，并按F9键，对【摄影机】视图进行渲染。最后对场景文件进行保存。

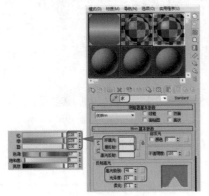

图 4-118　设置水材质

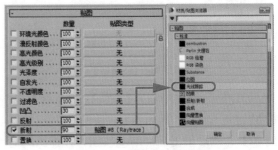

图 4-119　设置【折射】参数

注意

使用【反射/折射】贴图作为折射贴图，只能产生对背景图像的折射表现，如果想反映物体之间的折射表现（如插在水杯中的吸管会发生弯折现象），应该使用【薄壁折射】或【光线跟踪】贴图。

案例精讲 050　透明材质——玻璃画框

案例文件：CDROM|Scenes| Cha04 | 透明材质——玻璃画框 .max

视频文件：视频教学 | Cha04 | 透明材质——玻璃画框 .avi

制作概述

本例将介绍如何制作透明材质——玻璃画框。首先为要设置透明材质对象的 ID，然后将材质球设置为多维 / 子材质，设置不同 ID 的材质，最后将材质指定给选定对象，效果如图 4-120 所示。

图 4-120　玻璃画框

学习目标

掌握多维 / 子材质的设置以及透明材质的制作。

操作步骤

(1) 打开"透明材质——玻璃画框 .max"素材文件，按 H 键打开【从场景中选择】对话框，在该对话框中选择【玻璃 02】对象，单击【确定】按钮，如图 4-121 所示。

(2) 打开【修改】命令面板，将【编辑网格】修改器展开，选择【多边形】修改器，在【前】视图中选择正面和背面，在【曲面属性】卷展栏中将【设置 ID】设置为 1，如图 4-122 所示。

图 4-121　选择【玻璃 02】对象

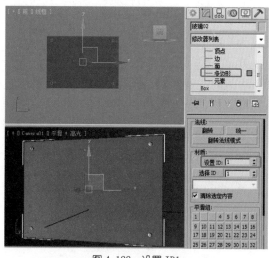

图 4-122　设置 ID1

(3) 在菜单栏中选择【编辑】|【反选】命令，将【设置 ID】设置为 2，关闭当前选择集，按 M 键打开【材质编辑器】对话框，在该对话框中选择一个空白的材质样本球，将其命名为【玻璃 02】，然后单击 Standard 按钮，在弹出的对话框中选择【多维 / 子对象】选项，单击【确定】按钮，如图 4-123 所示。

(4) 在弹出的对话框中选中【将材质保存为子材质】单选按钮，单击【确定】按钮，单击【设置数量】按钮，在弹出的对话框中将【材质数量】设置为 2，单击【确定】按钮，单击 ID1 右侧的按钮，进入下一层级，单击 Standard 按钮，在弹出的对话框中选择【光线跟踪】选项，单击【确定】按钮，将【环境光】设置为白色，将【漫反射】设置为黑色，将【发光度】、【透明度】设置为白色，将【折射率】设置为 1.5，将【高光级别】设置为 65，如图 4-124 所示。

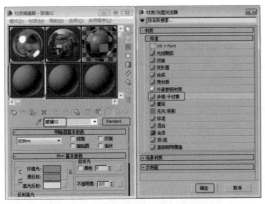

图 4-123　选择【多维／子对象】选项　　　　　图 4-124　设置光线跟踪基本参数

(5) 展开【扩展参数】卷展栏，将【特殊效果】选项组中的【荧光偏移】设置为 1，展开【贴图】卷展栏，单击【反射】右侧的【无】按钮，在弹出的对话框中选择【衰减】选项，单击【确定】按钮，单击两次【转到父对象】按钮。

(6) 单击 ID2 右侧的【无】按钮，在弹出的对话框中选择【标准】选项，单击【确定】按钮，保持默认设置，单击【转到父对象】按钮，然后单击【将材质指定给选定对象】按钮，对【摄影机】视图进行渲染输出即可。

案例精讲 051　反射材质——镜面反射

 案例文件：CDROM|Scenes| Cha04 | 反射材质——镜面反射 .max

视频文件：视频教学 | Cha04 | 反射材质——镜面反射 .avi

制作概述

本例将介绍如何制作镜面反射。首先为对象添加环境光与漫反射，然后将反射材质设置为【光线跟踪】，最后为对象添加材质，效果如图 4-125 所示。

图 4-125　镜面反射

学习目标

学会为【反射】通道添加【光线跟踪】材质。

操作步骤

(1) 打开随书附带光盘中的 CDROM | Scenes | Cha04 | 反射材质——镜面反射 .max 素材文件，按 H 键打开【从场景中选择】对话框，选择【镜面】，单击【确定】按钮，按 M 键打开【材质编辑器】对话框，选择一个空白材质球，将其命名为"镜面"，取消【环境光】和【漫反射】颜色之间的锁定，将【环境光】RGB 值设置为 77、150、150，【漫反射】的 RGB 值设置为 255、255、255，将【高光级别】、【光泽度】均设置为 0，如图 4-126 所示。

(2) 展开【贴图】卷展栏，单击【反射】右侧的【无】按钮，在弹出的对话框中选择【光线跟踪】选项，单击【确定】按钮，进入下一层级，如图 4-127 所示。

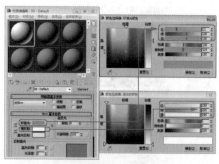
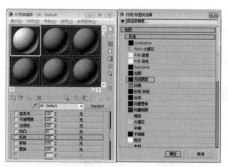

图 4-126　设置【环境光】和【漫反射】参数　　　　图 4-127　选择【光线跟踪】选项

（3）保持默认设置单击【转到父对象】按钮，单击【将材质指定给选定对象】按钮，将材质指定给镜面，最后将场景渲染输出即可。

> 知识链接
>
> 　　设置反射贴图时不用指定贴图坐标，因为它们锁定的是整个场景，而不是某个几何体。反射贴图不会随着对象的移动而变化，但如果视角发生了变化，贴图会像真实的反射情况那样发生变化。

案例精讲 052　为胶囊添加塑料材质

 案例文件：CDROM|Scenes| Cha04 | 为胶囊添加塑料材质 .max

视频文件：视频教学 | Cha04 | 为胶囊添加塑料材质 .avi

制作概述

　　本例将介绍如何为胶囊添加塑料材质。首先为胶囊外皮设置材质，主要是设置材质的不透明度和【环境光】与【漫反射】的颜色，为胶囊外皮设置半透明的材质，其次设置胶囊的材质，主要是设置【多维 / 子材质】；最后设置胶囊底板的材质，主要是设置材质的【凹凸】和【反射】，最后完成后的效果如图 4-128 所示。

图 4-128　为胶囊添加塑料材质后效果

学习目标

学会为胶囊设置塑料材质。

操作步骤

　　（1）打开随书附带光盘中的 CDROM | Scenes | Cha04 | 为胶囊添加塑料外皮 .max 素材文件，按 M 键，选择新的材质球，将【环境光】设置为白色，将【颜色】设置为 25，将【不透明度】设置为 50，将【高光级别】设置为 44，将【光泽度】设置为 19，如图 4-129 所示。

提示　　　【不透明度】参数设置材质的不透明度百分比值，默认值为 100，即不透明材质。降低值使透明度增加，值为 0 时变为完全透明材质。对于透明材质，还可以调节它的透明衰减，这需要在扩展参数中进行调节。

（2）展开【扩展参数】卷展栏，将【衰减】选项组中的【数量】设置为 30，按 H 键打开【从场景选择】对话框，在该对话框中选择所有的胶囊塑料外皮，如图 4-130 所示。单击【确定】按钮，然后在【材质编辑器】对话框中单击【将材质指定给选定对象】按钮。

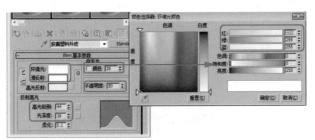

图 4-129　设置胶囊塑料外皮材质

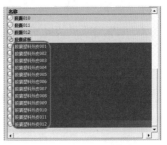

图 4-130　【从场景选择】对话框

 提示　　　【高级透明】区域下的各项参数控制透明材质的透明衰减设置。其中：

【内】：由边缘向中心增加透明的程度，类似玻璃瓶的效果。

【外】：由中心向边缘增加透明的程度，类似云雾、烟雾的效果。

【数量】：指定衰减的程度。

【类型】：确定以哪种方式来产生透明效果。

（3）选择一个空白的材质编辑器，将其命名为"胶囊"，单击 Standard 按钮，在弹出的对话框中选择【多维 / 子对象】选项，单击【确定】按钮，在弹出的对话框中单击【确定】按钮，然后单击【设置数量】，在弹出的对话框中将【材质数量】设置为 2，单击【确定】按钮，单击 ID1 右侧的按钮，将【环境光】设置为 255、255、0，将【颜色】设置为 30，将【高光级别】设置为 47，将【光泽度】设置为 28，如图 4-131 所示。

（4）单击【转到父对象】按钮，单击 ID2 右侧的【无】按钮，在弹出的对话框中选择【标准】选项，单击【确定】按钮，然后将【环境光】设置为红色，单击【转到父对象】按钮，选择【胶囊 001】对象，然后单击【将材质指定给选定对象】按钮，然后对胶囊进行复制，效果如图 4-132 所示。

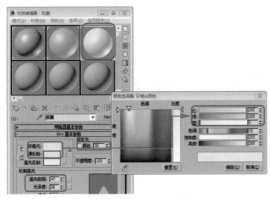

图 4-131　设置 ID1 参数

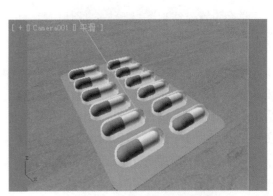

图 4-132　为胶囊添加材质并进行复制

(5) 选择一个空白材质样本球，将其命名为【胶囊塑料底板】，将【明暗器类型】设置为【(M)金属】，将【环境光】RGB 值设置为 189、189、189，单击【凹凸】右侧的【无】按钮，在弹出的对话框中选择【位图】选项，单击【确定】按钮，在弹出的对话框中选择素材 BUMP.GIF，将【瓷砖】下的 U、V 设置为 32、34，如图 4-133 所示。

(6) 单击【转到父对象】按钮，将【凹凸】设置为 500，单击【反射】右侧的【无】按钮，在弹出的对话框中选择【位图】选项，在弹出的对话框中选择素材 REFMAP.GIF，在弹出的对话框中将【模糊偏移】设置为 0.036，然后单击【转到父对象】按钮，如图 4-134 所示。

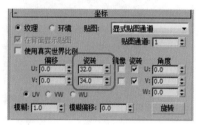

图 4-133　设置瓷砖下的 U、V

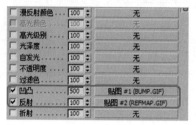

图 4-134　设置【凹凸】和【反射】参数

(7) 确定【胶囊塑料底板】处于选择状态，单击【将材质指定给选定对象】按钮，然后对【摄影机】视图进行渲染即可。

案例精讲 053　光线追踪材质——冰块

案例文件：CDROM|Scenes| Cha04 |光线追踪材质——冰块 .max

视频文件：视频教学 | Cha04 |光线追踪材质——冰块 .avi

制作概述

本例将介绍如何制作冰块材质。首先设置材质的明暗器类型，为【反射】通道设置材质，来表现冰块的材质，然后为【折射】设置【光线跟踪】材质，使冰块具有透明的效果，最后对【摄影机】视图进行渲染即可，效果如图 4-135 所示。

图 4-135　冰块

学习目标

学会设置光线追踪材质——冰块。

操作步骤

(1) 打开"光线追踪材质——冰块 .max"素材文件，按 M 键，在打开的窗口中选择新的材质球，将【明暗器类型】设置为【(M) 金属】，将【高光级别】设置为 66，将【光泽度】设置为 76，将【反射】设置为 60，单击其右侧的【无】按钮，在弹出的对话框中选择【位图】选项，在弹出的对话框中选择 CHROMIC.jpg，如图 4-136 所示。

(2) 单击【位图参数】卷展栏，勾选【应用】复选框，将 U、V、W、H 分别设置为 0.225、0.427、0.209、0.791，如图 4-137 所示。

图 4-136　选择素材

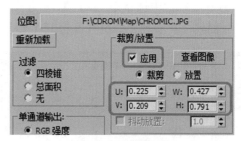

图 4-137　裁剪图像

(3) 单击【转到父对象】按钮，将【折射】设置为 70，单击右侧的【无】按钮，在弹出的对话框中选择【光线跟踪】选项，单击【确定】按钮，然后单击【转到父对象】按钮，在场景中选择所有的冰块，然后单击【将材质指定给选定对象】按钮，对【摄影机】视图进行渲染即可。

案例精讲 054　玻璃材质

制作概述

本例介绍如何设置玻璃材质。首先为要指定玻璃材质的对象指定 ID，然后在材质编辑器中，通过使用【多维 / 子对象】材质，为指定的不同 ID 对象设置材质属性，最终将材质指定给对象，效果如图 4-138 所示。

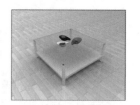

图 4-138　玻璃材质

学习目标

学会玻璃材质的设置方法。

操作步骤

(1) 首先打开素材文件，在【摄影机】视图中选中【玻璃】对象，然后切换至【修改】命令面板，将当前选择集设置为【多边形】，如图 4-139 所示。

(2) 在【底】视图和【顶】视图中，按住 Ctrl 键选中玻璃对象的正面与反面，在【曲面属性】卷展栏中将【设置 ID】设置为 1，并按 Enter 键确认设置，如图 4-140 所示。

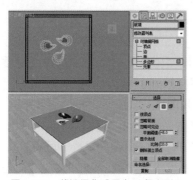

图 4-139　将选择集设置为【多边形】

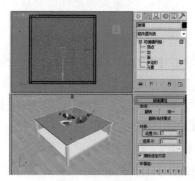

图 4-140　设置 ID1

(3) 在菜单栏中选择【编辑】|【反选】命令，进行反选，即可选中【玻璃】对象的其他多边形，在【曲面属性】卷展栏中将【设置 ID】设置为 2，并按 Enter 键确认设置，如图 4-141 所示。

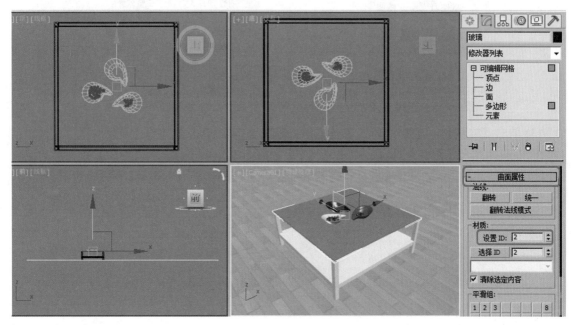

图 4-141 设置 ID2

知识链接

材质示例窗用来显示材质的调节效果，默认为 6 个示例球，每当调节参数，其效果会立刻反映到示例球上，用户可以根据示例球近似判断材质的效果。示例窗中共有 24 个示例球；示例窗可以变小或变大；示例窗的内容不仅可以是球体，还可以是其他几何体，包括自定义的模型；示例窗的材质可以直接拖动到对象上进行指定。

在示例窗中，窗口都以黑色边框显示。当前正在编辑的材质称为激活材质，它具有白色边框。这一点与激活视图的概念相同，如果要对材质进行编辑，首先要在其上单击左键，将其激活。

对于示例窗中的材质，有一种同步材质的概念，当一个材质指定给了场景中的对象，它便成为同步材质，特征是四角有三角形标记。如果对同步材质进行编辑操作，场景中的对象也会随之发生变化，不需要再进行重新指定。

(4) 然后按 M 键打开【材质编辑器】对话框，选择一个空白的材质样本球，将其命名为"玻璃"，单击【获取材质】按钮 ，在打开的【材质 / 贴图浏览器】对话框中选择【材质】|【标准】|【多维 / 子对象】选项并双击，关闭该窗口，在【材质编辑器】对话框中单击【设置数量】按钮，将【材质数量】设置为 2，单击【确定】按钮，如图 4-142 所示。

(5) 单击 ID1 右侧的【无】按钮，在弹出的【材质 / 贴图浏览器】对话框中选择【材质】|【标准】|【标准】选项并双击，然后关闭该窗口，为材质球命名，勾选【明暗器基本参数】卷展栏中的【双面】复选框，在【Blinn 基本参数】卷展栏中设置【环境光】和【漫反射】的 RGB 值为 133、170、155，将【自发光】下的【颜色】设置为 80，【不透明度】设置为 20，

如图 4-143 所示。

(6) 展开【贴图】卷展栏单击【反射】右侧的【无】按钮，在弹出的【材质 / 贴图浏览器】对话框中选择【贴图】|【标准】|【光线跟踪】选项并双击，使用默认设置，然后单击【转到父对象】按钮，将【反射】的数量设置为 10，如图 4-144 所示。

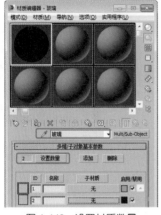

图 4-142　设置材质数量

图 4-143　设置 ID1 的材质

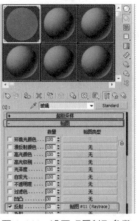

图 4-144　设置【反射】参数

(7) 单击【转到父对象】按钮，返回上一级，单击 ID2 右侧的【无】按钮，在弹出的【材质 / 贴图浏览器】对话框中选择【材质】|【标准】|【标准】选项并双击，然后关闭该窗口，为材质球命名，勾选【明暗器基本参数】卷展栏中的【双面】复选框，在【Blinn 基本参数】卷展栏中设置【环境光】和【漫反射】的 RGB 值为 133、170、155，将【自发光】下的【颜色】设置为 80，【不透明度】设置为 60，如图 4-145 所示。

(8) 单击【转到父对象】按钮，返回上一级，在【修改】命令面板中关闭当前选择集，然后在【材质编辑器】对话框中单击【将材质指定给选定对象】按钮，指定给【玻璃】对象，如图 4-146 所示。

图 4-145　设置 ID2 的材质

图 4-146　将材质指定给选定对象

(9) 激活【摄影机】视图，按 F9 键渲染产品查看效果即可。

案例精讲 055 设置水面材质

📝 **案例文件：** CDROM|Scenes|Cha04| 设置水面材质 .max

🎬 **视频文件：** 视频教学 | Cha04 | 设置水面材质 .avi

制作概述

本例介绍设置水面材质的方法。通过在【材质编辑器】对话框中设置【高光反射】、【环境光】和【漫反射】的颜色制作海水的颜色，然后通过为贴图添加噪波产生波浪效果，添加【光线跟踪】产生倒影效果，添加【衰减】调整光线的效果，效果如图 4-147 所示。

图 4-147　水面材质

学习目标

学会水画材质的设置方法。

操作步骤

(1) 首先打开素材文件，按 M 键打开【材质编辑器】对话框，选择一个新的材质样本球，将其命名为【水面】，在【明暗器基本参数】卷展栏中选择【各向异性】，在【各向异性基本参数】卷展栏中取消【环境光】与【漫反射】的锁定，将【环境光】的 RGB 值设置为 18、18、18，【漫反射】的 RGB 值设置为 53、79、98，【高光反射】的 RGB 值设置为 139、154、165，勾选【颜色】复选框，将颜色设置为黑色，将【反射高光】下的【高光级别】设置为 150、【光泽度】设置为 50，如图 4-148 所示。

(2) 展开【贴图】卷展栏，单击【凹凸】右侧的【无】按钮，在打开的【材质 / 贴图浏览器】对话框中选中【噪波】并双击，然后关闭该窗口，在【材质编辑器】对话框中选中【噪波参数】卷展栏中的【分形】单选按钮，将【级别】设置为 10、【大小】设置为 30，如图 4-149 所示。

 噪波贴图是通过两种颜色的随机混合，产生一种噪波效果，它是使用比较频繁的一种贴图，常用于无序贴图效果的制作。

噪波类型一共有三种，分别为【规则】、【分形】和【湍流】，相应功能介绍如下。

【规则】：（默认设置）生成普通噪波。基本上与层级设置为 1 的分形噪波相同。将噪波类型设置为【规则】时，级别微调器不可用（因为【规则】不是分形功能）。

【分形】：使用分形算法生成噪波。【层级】选项设置分形噪波的迭代数。

【湍流】：生成应用绝对值函数来制作故障线条的分形噪波。

【大小】：设置噪波纹理的大小，也可通过【重复】值来控制。

【级别】：决定有多少分形能量用于分形和湍流噪波函数。可以根据需要设置确切数量的湍流，也可以设置分形层级数量的动画。默认值为 3.0。

(3) 然后单击【转到父对象】按钮🔲，将【凹凸】设置为 30，单击【反射】右侧的【无】按钮，在打开的【材质 / 贴图浏览器】对话框中选择【遮罩】并双击，然后关闭该窗口，在【遮罩参数】卷展栏中单击【贴图】右侧的【无】按钮，在打开的【材质 / 贴图浏览器】对话框中选择【光线跟踪】并双击，然后关闭该窗口，如图 4-150 所示。

> 遮罩贴图是使用一张贴图作为遮罩，透过它来观看上面的贴图效果，遮罩板图本身的明暗强度将决定透明的程度。默认状态下，遮罩贴图的纯白色区域是完全不透明的，越暗的区域透明度越高，显示出下面材质的效果，纯黑色的区域是完全透明的。通过【反转遮罩】选项可以颠倒遮罩的效果。

(4) 单击【转到父对象】按钮，然后单击【遮罩】右侧的【无】按钮，在打开的【材质 / 贴图浏览器】对话框中选择【衰减】并双击，然后关闭该窗口，如图 4-151 所示。

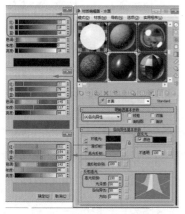   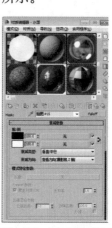

图 4-148　设置各向异性基本参数　　图 4-149　设置【凹凸】参数　　图 4-150　添加【光线跟踪】　　图 4-151　添加【衰减】

(5) 设置完成后，单击两次【转到父对象】按钮，在视图中选择【海面】对象，在【材质编辑器】对话框中单击【将材质指定给选定对象】按钮，然后激活【摄影机】视图，按 F9 键进行渲染即可。

案例精讲 056　设置大理石质感

> 案例文件：CDROM| Scenes|Cha04| 设置大理石质感 .max
>
> 视频文件：视频教学 | Cha04| 设置大理石质感 .avi

制作概述

本例介绍设置大理石质感的效果。通过在【材质编辑器】对话框中，选择明暗器，设置扩展参数并为【贴图】卷展栏中的【漫反射颜色】添加贴图，然后为【反射】添加【平面镜】材质，显示出倒影的效果，为大理石赋予质感，效果如图 4-152 所示。

图 4-152　大理石质感

学习目标

掌握设置大理石质感的方法。

操作步骤

(1) 首先打开素材文件，按 M 键打开【材质编辑器】对话框，选择一个空白的材质样本球，将它命名为"地板"，在【明暗器基本参数】卷展栏中选择 Phong，在【Phong 基本参数】卷展栏中将【环境光】与【漫反射】的 RGB 值设置为 255、248、204，将【自发光】下的【颜色】设置为 30，将【反射高光】下的【光泽度】设置为 10，如图 4-153 所示。

(2) 在【扩展参数】卷展栏中，在【高级透明】下选中【外】单选按钮，将【类型】右侧的颜色设置为黑色，如图 4-154 所示。

 提示

【高级透明】选项组中的参数用来控制透明材质的透明衰减设置。其中【内】为向内衰减，由边缘向中心增加透明的程度，像玻璃瓶的效果。

而【外】则是向外衰减，由中心向边缘增加透明的程度，类似云雾、烟雾的效果。【类型】则是确定以哪种方式来产生透明效果。

(3) 在【贴图】卷展栏中单击【漫反射颜色】右侧的【无】按钮，在弹出的【材质贴图浏览器】对话框中双击【位图】选项，在弹出的窗口中选择 CDROM|Map| 地板 .jpg 文件，单击【打开】按钮，在【坐标】卷展栏中，将【瓷砖】下的 U、V 均设置为 20，将【模糊】设置为 1.07，然后单击【转到父对象】按钮，将【漫反射颜色】设置为 70，如图 4-155 所示。

(4) 然后单击【反射】右侧的【无】按钮，在弹出的【材质贴图浏览器】对话框中双击【平面镜】选项，勾选【应用于带 ID 的面】复选框，单击【转到父对象】按钮，按 H 键打开【从场景中选择】对话框，选择【地板】对象，单击【确定】按钮，然后单击【将材质指定给选定对象】按钮，然后激活【透视】视图，按 F9 键进行渲染即可。

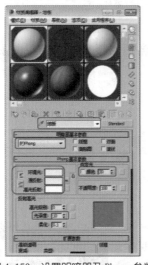

图 4-153　设置明暗器及 Phong 参数

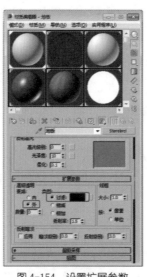

图 4-154　设置扩展参数

图 4-155　为贴图添加漫反射颜色贴图

案例精讲 057　红酒材质的制作

案例文件：CDROM | Scenes |Cha04| 红酒材质的制作 .max

视频文件：视频教学 | Cha04| 红酒材质的制作 .avi

制作概述

本例将介绍如何利用 V-Ray 制作红酒的材质。红酒材质一般偏重于红色，其中最重要的一点是半透明，完成后的效果如图 4-156 所示。

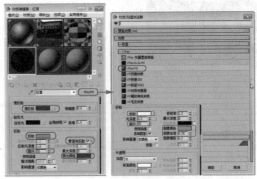

图 4-156　红酒材质的效果

学习目标

学会如何制作红酒材质。

知识链接

　　V-Ray 渲染器拥有一个特殊的材质——VRayMtl。在 V-Ray 中使用它可以得到较好的物理上的正确照明(能源分布)、较快的渲染速度，并可以更方便地设置反射、折射、反射模糊、凹凸、置换等参数，还可以使用纹理贴图。

操作步骤

(1) 启动软件后打开随书附带光盘中的 CDROM | Scenes |Cha04| 红酒材质的制作 .max 素材文件，如图 4-157 所示。

(2) 按 M 键打开材质编辑器，选择一个样本球并将其命名为"红酒"，单击 Standard 按钮，在弹出的对话框中选择【材质】|V-Ray|VRayMtl，单击【确定】按钮，在【基本参数】卷展栏中将【漫反射】颜色的 RGB 值设为 133、0、0，在【反射】选项组中将【反射】的 RGB 值设为 133、133、133，将【细分】设为 50，勾选【菲涅耳反射】复选框，将【退出颜色】的 RGB 值设为 133、0、0。在【折射】选项组中将【折射】颜色设为白色，将【细分】设为 50，并勾选【影响阴影】复选框，将【烟雾颜色】的 RGB 值设为 249、124、124，将【烟雾倍增】设为 0.05，如图 4-158 所示。

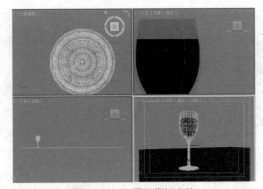

图 4-157　打开的素材文件

图 4-158　设置基本参数

【反射】：材质的反射效果是靠颜色来控制的，颜色越白反射越亮，颜色越黑反射越弱。而这里选择的颜色则是反射出来的颜色，和反射的强度是分开来计算的。单击右侧的按钮，可以使用贴图的灰度来控制反射的强弱。颜色分为色度和灰度，灰度是控制反射的强弱，色度是控制反射出什么颜色。

【菲涅尔反射】：勾选此项，反射的强度将取决于物体表面的入射角，自然界中有一些材质（如玻璃）的反射就是这种方式。不过要注意的是这个效果还受材质的折射率影响。

【退出颜色】：当光线在场景中的反射达到最大深度定义的反射次数后就会停止反射，此时这个颜色将被返回，并且不再追踪远处的光线。

【折射】：材质的折射效果是靠颜色来控制的，颜色越白物体越透明，进入物体内部产生折射的光线也就越多；颜色越黑物体越不透明，进入物体内部产生折射的光线也就越少；单击右侧的按钮，可以通过贴图的灰度来控制折射的效果。

【细分】：控制折射模糊的品质，较高的值可以得到比较光滑的效果，但是渲染的速度就会慢；较低的值模糊区域将有杂点，但是渲染速度会快一些。

【烟雾颜色】：当光线穿透材质的时候，它会变稀薄，这个选项可以让用户模拟厚的物体比薄物体透明度低的效果。注意，雾颜色的效果取决于物体的绝对尺寸。

【烟雾倍增】：定义雾效的强度，不推荐取值超过1的设置。

(3) 在【双面反射分布函数】卷展栏中将反射类型设为【多面】，在【选项】卷展栏中取消勾选【雾系统单位比例】复选框。在【反射插值】选项组中将【最小比率】和【最大比率】分别设为-1、0，在【折射插值】选项组中将【最小比率】和【最大比率】分别设为-3、0，如图4-159所示。

(4) 设置完成后将贴图指定给【红酒】对象，对【摄影机】视图进行渲染并查看效果，如图4-160所示。

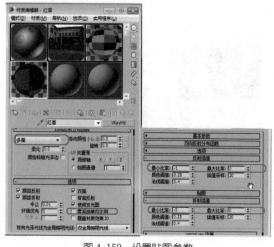

图 4-159　设置贴图参数

图 4-160　完成后的效果

案例精讲 058 为鼠标添加材质

案例文件：CDROM | Scenes |Cha04| 为鼠标添加材质 .max

视频文件：视频教学 | Cha04| 为鼠标添加材质 .avi

制作概述

本例将讲解如何对鼠标添加材质。对于鼠标主体应用了【多维／子
对象】材质进行设置，通过设置不同 ID 的材质，使其呈现不同效果，鼠
标滚轮和鼠标线的设置主要是通过设置颜色及细分得到的，完成后的效
果如图 4-161 所示。

图 4-161 鼠标材质

学习目标

学会如何制作鼠标材质。

操作步骤

(1) 启动软件后打开随书附带光盘中的 CDROM | Scenes |Cha04| 为鼠标添加材质 .max 素材
文件，如图 4-162 所示。

(2) 按 M 键打开材质编辑器，选择一个新的样本球将其命名为"鼠标"，单击 Standard 按钮，
在弹出的对话框中选择【多维／子对象】选项，单击【确定】按钮，如图 4-163 所示。

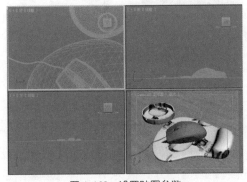

图 4-162 设置贴图参数

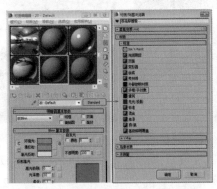

图 4-163 选择【多维／子对象】选项

(3) 进入【多维／子对象】参数面板中，单击【设置数量】按钮，在弹出的对话框中将【材
质数量】设为 4，单击 ID1 后面的【无】按钮，在弹出的对话框中选择 V-Ray|VRayMtl 选项，
进入子材质对象中，在【基本参数】卷展栏中将【漫反射】的颜色设为黑色，将【反射】的【细
分】设为 50，将【折射】的 RGB 值设为 27、27、27，将【折射】的【细分】设为 50，如图 4-164
所示。

(4) 单击【ID2】后面的【无】按钮，在弹出的对话框中选择 V-Ray|VRayMtl 选项，在【基
本参数】卷展栏中将【漫反射】的颜色设为白色，将【反射】的【细分】设为 10，将【折射】
的 RGB 值设为 10、10、10，将【折射】的【细分】设为 50，如图 4-165 所示。

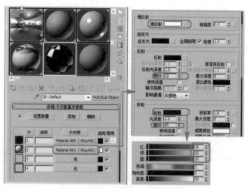

图 4-164　设置 ID1 的材质　　　　　　　　　图 4-165　设置 ID2 的材质

(5) 回到多维材质贴图主级面板中，将 ID1 的材质以复制的形式拖动到 ID4 后的【无】按钮上，同理将 ID2 的材质拖到 ID3 材质的【无】按钮上，材质设置完成后，指定给场景的【鼠标主体】对象上，如图 4-166 所示。

(6) 选择一个新的样本球，将其命名为【鼠标滚轮】，单击 Standard 按钮，在弹出的对话框中选择 V-Ray|VRayMtl 选项，单击【确定】按钮，如图 4-167 所示。

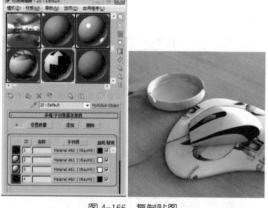

图 4-166　复制贴图

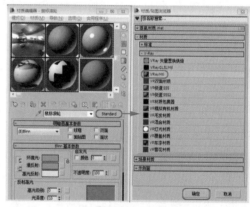

图 4-167　设置 V-Ray 材质

(7) 在【基本参数】卷展栏中将【漫反射】的颜色设为白色，将【反射】的【细分】设为 50，将【折射】的 RGB 值设为 29、29、29，将【折射】的【细分】设为 10，将【烟雾颜色】的 RGB 值设置为 243、250、255，将【烟雾偏移】设为 0.63，设置完成后将材质指定给【鼠标滚轮】对象，如图 4-168 所示。

(8) 选择一个新的样本球，并将其命名为【鼠标线】，在【明暗器基本参数】卷展栏中将其【明暗器的类型】设为 Blinn，在【Blinn 基本参数】卷展栏中将【环境光】和【漫反射】都设为白色，将【自反光】的【颜色】值设为 10，将【高光级别】和【光泽度】分别设为 50、75，将设置好的材质指定给【鼠标线】对象，如图 4-169 所示。

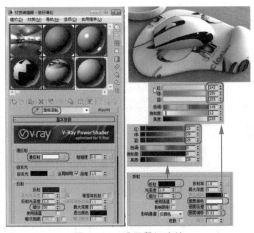

图 4-168 设置鼠标滚轮

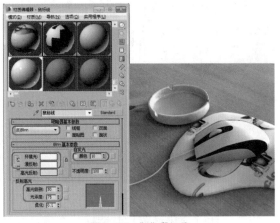

图 4-169 制作鼠标线

案例精讲 059 为玻璃杯添加 V-Ray 材质

 案例文件：CDROM | Scenes | Cha04 | 为玻璃杯添加 V-Ray 材质 OK.max

 视频文件：视频教学 | Cha04 | 为玻璃杯添加 V-Ray 材质 .avi

制作概述

本案例将介绍为玻璃杯添加 V-Ray 材质，该效果主要是通过
设置材质 VRayMtl 和渲染参数来实现的。完成后的效果如图 4-170
所示。

学习目标

学会设置材质 VRayMtl。
学会设置 V-Ray 渲染参数。

图 4-170 为玻璃杯添加 V-Ray 材质

操作步骤

(1) 打开玻璃杯 2.max 素材文件，如图 4-171 所示。

(2) 在工具栏中单击【渲染设置】按钮，在弹出的对话框中选择【公用】选项卡，在【指定渲染器】卷展栏中单击【产品级】右侧的…按钮，在弹出的【选择渲染器】对话框中选择 V-Ray
渲染器，单击【确定】按钮，如图 4-172 所示。

> **提示**   V-Ray 渲染器是目前业界最受欢迎的渲染引擎之一，它针对 3ds Max 具有良好的兼容性与协作渲染能力，拥有【光线跟踪】和【全局照明】渲染功能。

图 4-171　打开的素材文件

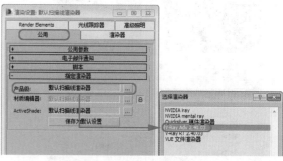

图 4-172　选择 V-Ray 渲染器

(3) 关闭【渲染设置】对话框，在场景文件中选择【杯子】，按 M 键打开【材质编辑器】对话框，在该对话框中选择一个材质样本球，将其命名为【杯子】，并单击其右侧的 Standard 按钮，在打开的【材质/贴图浏览器】对话框中选择【VRayMtl】材质，单击【确定】按钮，如图 4-173 所示。

知识链接

　　VRayMtl：在 V-Ray 中使用它可以得到较好的物理上的正确照明 (能源分布)，较快的渲染速度，并且可以非常方便地设置反射、折射和置换等参数，还可以使用纹理贴图。

---

(4) 然后在【基本参数】卷展栏中将【漫反射】的 RGB 值设置为 218、231、246，如图 4-174 所示。

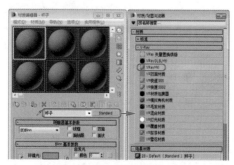

图 4-173　选择材质

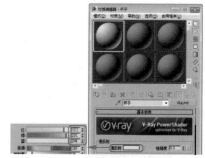

图 4-174　设置【漫反射】颜色

(5) 在【反射】选项组中，单击【反射】右侧的空白按钮，在打开的【材质/贴图浏览器】对话框中选择【衰减】贴图，单击【确定】按钮，如图 4-175 所示。

　　　【衰减】贴图基于几何体曲面上面法线的角度衰减来生成从白到黑的值。用于指定角度衰减的方向会随着所选的方法而改变。然而，根据默认设置，贴图会在法线从当前视图指向外部的面上生成白色，而在法线与当前视图相平行的面上生成黑色。

　　与标准材质【扩展参数】卷展栏的【衰减】设置相比，【衰减】贴图提供了更多的不透明度衰减效果。可以将【衰减】贴图指定为不透明度贴图。但是，为了获得特殊效果也可以使用【衰减】贴图，如彩虹色的效果。

当使用【衰减】的旧文件在 3ds Max 中使用时，就会显示旧的【衰减】界面，而取代
注意　　新的【衰减】界面。

（6）进入【衰减】贴图面板，在【衰减参数】卷展栏中，将两个色块的 RGB 值分别设置为
12、12、12 和 133、133、133，如图 4-176 所示。

　　　　　默认情况下，【前：侧】是位于该卷展栏顶部的组的名称。【前：面】表示【垂直/平行】
技巧　　衰减。该名称会因选定的衰减类型而改变。在任何情况下，左边的名称是指顶部的那组控件，
　　　　而右边的名称是指底部的那组控件。

【衰减】"前侧"参数控制如下：

单击色样以指定颜色。

使用数值字段和微调器来调整颜色的相对强度。

单击标记为【无】的按钮以指定贴图。

启用复选框以激活该贴图；否则该颜色就会被使用。默认情况下这些处于启用状态。

：单击该按钮以交换这些指定。

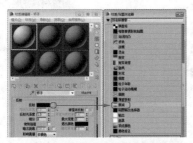　　　　　　　　　　　　　　　　　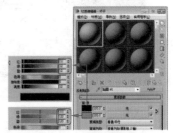

　　图 4-175　选择【衰减】贴图　　　　　　　　　　　　图 4-176　设置衰减参数

（7）单击【转到父对象】按钮，返回到父级材质面板，然后在【基本参数】卷展栏中，
将反射后的衰减贴图按钮，拖曳至折射后的空白按钮上，在弹出的对话框中选中【复制】单选
按钮，单击【确定】按钮，如图 4-177 所示。

（8）然后进入【折射】通道的衰减参数面板，在【衰减参数】卷展栏中，将两个色块的
RGB 值分别设置为 255、255、255 和 181、181、181，如图 4-178 所示。

（9）单击【转到父对象】按钮，返回到父级材质面板，在【折射】选项组中，将【烟雾颜色】
的 RGB 值设置为 235、235、235，将【烟雾倍增】设置为 0.03，如图 4-179 所示。设置完成后，
单击【将材质指定给选定对象】按钮。

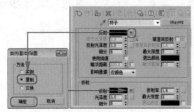　　　　　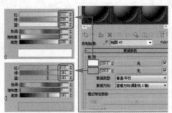　　　　　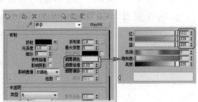

　图 4-177　复制贴图　　　　　图 4-178　设置衰减参数　　　　　图 4-179　设置参数

（10）选择一个新的材质样本球，将其命名为【地面】，在【Blinn 基本参数】卷展栏中将【环
境光】和【漫反射】的 RGB 值设置为 240、243、249，将【反射高光】选项组中的【高光级别】

和【光泽度】分别设置为 25、30，如图 4-180 所示。设置完成后将材质指定给场景文件中的地面对象。

(11) 选择一个新的材质样本球，单击【获取材质】按钮 ，在弹出的【材质 / 贴图浏览器】对话框中双击 VRayHDRI 贴图，如图 4-181 所示。

> **知识链接**
>
> VRayHDRI：该贴图主要用于导入高动态范围图像 (HDRI) 来作为环境贴图，支持大多数标准环境的贴图类型。

(12) 然后在【参数】卷展栏中单击【浏览】按钮，在弹出的对话框中打开 kitchen_probe.hdr 贴图文件，并将【水平旋转】设置为 271，将【全局倍增】设置为 0.3，如图 4-182 所示。

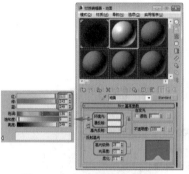
图 4-180　为【地面】设置材质

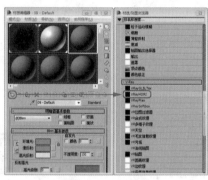
图 4-181　选择贴图

图 4-182　设置参数

(13) 再次打开【渲染设置】对话框，选择 V-Ray 选项卡，在【V-Ray：全局开关 [无名]】卷展栏中，将【照明】选项组中的【默认灯光】设置为【关】，如图 4-183 所示。

(14) 在【V-Ray：图像采样器 (反锯齿)】卷展栏中，将图像采样器类型设置为【自适应细分】，并设置【抗锯齿过滤器】类型，在【V-Ray：自适应细分图像采样器】卷展栏中，将【最小比率】设置为 1，如图 4-184 所示。

　　【最小比率】：定义每个像素使用的样本的最小数量。值为 0 意味着一个像素使用一个样本，值为 -1 意味着每两个像素使用一个样本；值为 -2 则意味着每 4 个像素使用一个样本。

(15) 在【V-Ray：环境 [无名]】卷展栏中，勾选【全局照明环境 (天光) 覆盖】选项组和【反射 / 折射环境覆盖】选项组中的【开】复选框，并在材质编辑器中，将贴图以实例的方式拖曳到两个选项组中的贴图按钮上，如图 4-185 所示。

图 4-183　关闭默认灯光

图 4-184　设置采样参数

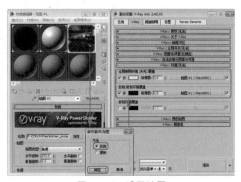

图 4-185　设置贴图

(16) 在【渲染设置】对话框中选择【间接照明】选项卡，在【V-Ray：间接照明(GI)】卷展栏中，勾选【开】复选框，将【二次反弹】选项组中的【倍增器】设置为0.6，在【V-Ray：发光图 [无名]】卷展栏中，将【当前预置】设置为【高】，将【半球细分】设置为50，将【插值采样】设置为30，并勾选【显示计算相位】复选框，如图 4-186 所示。

(17) 在【V-Ray：焦散】卷展栏中勾选【开】复选框，将【倍增器】设置为1000，将【最大光子】设置为30，如图 4-187 所示。

(18) 激活【摄影机】视图，按 F9 键进行渲染，渲染后的效果如图 4-188 所示。

图 4-186　开启间接照明

图 4-187　设置参数

图 4-188　渲染后的效果

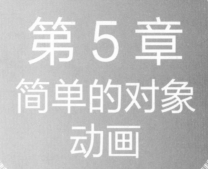

第 5 章
简单的对象
动画

本章重点

◆ 制作蝴蝶动画
◆ 钟表动画
◆ 使用变换工具制作落叶动画
◆ 使用自动关键点制作排球动画
◆ 自动关键点打开门动画
◆ 自动关键点檀木扇动画
◆ 使用轨迹视图制作秋千动画
◆ 设置关键点制作象棋动画
◆ 使用轨迹视图制作风车旋转动画

动画在现代社会中深受人们的喜爱，可以说已融入生活中的每一个角落。3ds Max 软件提供了一些常用动画的制作，常用的动画制作包括关键帧和轨迹视图动画的制作。本章重点讲解这两种动画的制作流程。通过本章的学习可以对动画制作有一定的了解。

知识链接

在制作动画之前一般要对制作的动画进行整体构思，确定其中心思想，一部作品总是要向观众表达某种感情或者展示某种观点，从哪一个方面来表达自己的什么样的感情，在制作动画之前要加以考虑。有很多人将精力放在如何建模、运用材质、渲染上，而动画的制作中心思想不明确，这样的作品是不成功的。

在制作动画时一般只有有限的动画时间，在一定的时间内将动画作品的思想表达出来，然后要对场景的布局进行规划，以及摄影机的设置，每个镜头由几个镜头应用，以及在制作过程中镜头如何切换，都需要用户明确。

建模是动画制作中不可缺少的一个过程，也是用户最熟悉的步骤。建模是整个动画制作中将设计表现为实物的主要路径，模型要符合场的设计风格，灯光、色调都要和谐。

建模完成后对它们进行动画的编辑组合，以及动画的输出，这样一部最终作品就形成了。

案例精讲 060 制作蝴蝶动画

案例文件：CDROM | Scenes |Cha05| 制作蝴蝶动画 .max

视频文件：视频教学 | Cha05| 制作蝴蝶动画 .avi

制作概述

本例将学习制作蝴蝶飞舞的动画。首先对蝴蝶的翅膀添加关键帧，然后对蝴蝶的位置添加关键帧，完成后的效果如图 5-1 所示。

学习目标

学会如何制作蝴蝶动画。

图 5-1 蝴蝶动画

知识链接

动画的制作原理和电影一样，当一系列相关的静态图片快速地从眼前闪过时，人的眼有视觉暂留的现象，因此就会感觉它们是连续运动的。在运动时的一幅静态图像被称为一帧，在 3ds Max 中制作动画，并不用做出每一帧的场景，而只需要做出运动的关键帧画面即可使动画看上去很流畅。

Max 中的每一个对象都可以接受输入参数并输出某些结果。它们的每一个参数都被赋予了一个特定的值，当值随时间的变化而变化时，参数设置就变成了动画。在制作动画时就需要设置关键帧，通常第一帧与最后一帧的关键帧是默认的，关键帧的多少与动画的复杂程度有关。

操作步骤

(1) 启动软件后打开随书附带光盘中的 CDROM|Scenes|Cha5| 制作蝴蝶动画 .max 素材文件，查看效果，如图 5-2 所示。

(2) 在动画控制区域单击【设置关键点】按钮，开启设置关键点模式。选择蝴蝶的左侧翅膀，确认光标在 0 帧位置，单击【设置关键点】按钮，添加关键帧，如图 5-3 所示。

图 5-2　打开的素材文件

图 5-3　添加关键帧

提示　　单击【设置关键点】按钮，进入关键点设置模式，允许同时对所选对象的多个独立轨迹进行调整。设置关键点模式可以在任何时间对任何对象进行关键点的设置。

(3) 单击【关键点过滤器】按钮，弹出【设置关键点】按钮，勾选【位置】、【旋转】、【缩放】复选框，如图 5-4 所示。

提示　　单击【关键点过滤器…】按钮可以弹出【设置关键点】对话框，如图 5-4 所示，可以定义哪些类型的轨迹可以设置关键点，哪些类型不可以。【设置关键点】对话框中所有选项的功能介绍如下。

【全部】：可以对所有轨迹设置关键点的快速方式。勾选该选项后，其他切换都无效。启用【全部】过滤器，单击【设置关键点】按钮将导致在所有可设置关键点的轨迹上放置关键点。

【位置】：可以创建位置关键点。

【旋转】：可以创建旋转关键点。

【缩放】：可以创建缩放关键点。

【IK 参数】：可以设置反向运动学参数关键点。

【对象参数】：可以设置对象参数关键点。

【自定义属性】：可以设置自定义属性关键点。

【修改器】：可以设置修改器关键点。

注意　　当启用【修改器】时，应当启用"对象"参数，因此，可以设置 Gizmo 关键点。

【材质】：可以设置材质属性关键帧。

【其他】：可以使用【设置关键点】设置其他未归入上列类别的参数关键帧。它们包括辅助对象属性以及跟踪目标摄影机和灯光的注视控制器等。

(4) 将时间滑块移动到 4 帧位置，使用【选择并旋转】工具，在【前】视图中对蝴蝶的左侧翅膀进行旋转，并添加关键帧，如图 5-5 所示。

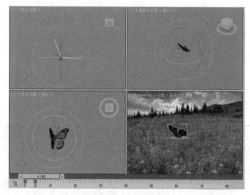

图 5-4　设置关键点

图 5-5　进行旋转

(5) 将时间滑块移动到 8 帧位置，使用【选择并旋转】工具，使用旋转工具对翅膀进行旋转，并添加关键帧，如图 5-6 所示。

(6) 选择第 4 帧处的关键帧，按住 Shift 键将其复制到第 16 帧位置，如图 5-7 所示。

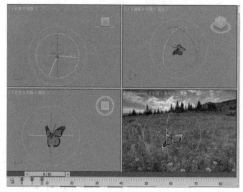

图 5-6　进行旋转并添加关键帧

图 5-7　复制关键帧

提示
　　当选择一个关键帧时，按住 Shift 键进行移动，就可以将此关键帧进行复制，如果不按住 Shift 键，此帧只是单纯的移动。

(7) 选择第 8 帧位置的关键帧，按住 Shift 键将其复制到第 24 帧的位置，如图 5-8 所示。

(8) 将时间滑块移动到第 28 帧位置，对蝴蝶的翅膀进行旋转，并添加关键帧，如图 5-9 所示。

图 5-8　复制关键帧

图 5-9　添加关键帧

(9) 将时间滑块移动到第 32 帧位置，使用【选择并旋转】工具将蝴蝶适当向上旋转，并添加关键帧，如图 5-10 所示。

(10) 将时间滑块移动到第 40 帧位置，使用【选择并旋转】工具将蝴蝶适当向上旋转，并添加关键帧，如图 5-11 所示。

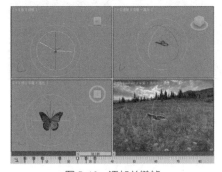

图 5-10　添加关键帧

图 5-11　添加关键帧

(11) 选择第 24 帧位置的关键帧，按住 Shift 键将其复制到第 48 帧位置，如图 5-12 所示。

(12) 选择第 4 帧位置的关键帧，按住 Shift 键将其复制到第 56 帧位置，如图 5-13 所示。

图 5-12　复制关键帧

图 5-13　复制关键帧

(13) 将时间滑块移动到第 64 帧位置，使用【选择并旋转】工具，对蝴蝶的翅膀进行旋转，并添加关键帧，如图 5-14 所示。

(14) 将时间滑块移动到第 68 帧位置，使用【选择并旋转】工具，对蝴蝶的翅膀进行旋转，并添加关键帧，如图 5-15 所示。

图 5-14　添加关键帧

图 5-15　添加关键帧

(15) 分别在第 72、76、80 帧位置添加关键帧，使用【选择并旋转】工具对翅膀进行旋转，如图 5-16 所示。

图 5-16　设置关键帧

(16) 使用同样的方法设置右侧翅膀的关键帧，如图 5-17 所示。

(17) 选择 Group01 对象，将时间滑块移动到 0 帧处，并单击【设置关键点】按钮，添加关键帧，如图 5-18 所示。

图 5-17　添加右侧翅膀的关键帧

图 5-18　添加关键帧

(18) 将时间滑块移动到第 40 帧处，使用【选择并移动】工具调整蝴蝶的位置，并单击【设置关键点】按钮，添加关键帧，如图 5-19 所示。

(19) 将时间滑块移动到第 60 帧处，使用【选择并移动】工具调整蝴蝶的位置，并单击【设置关键点】按钮，添加关键帧，如图 5-20 所示。

图 5-19　添加关键帧

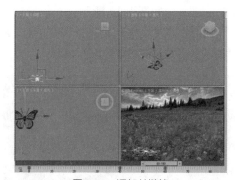

图 5-20　添加关键帧

(20) 将时间滑块移动到第 68 帧处，使用【选择并移动】工具调整蝴蝶的位置，并单击【设置关键点】按钮，添加关键帧，如图 5-21 所示。

(21) 将时间滑块移动到第 80 帧处，使用【选择并移动】工具调整蝴蝶的位置，并单击【设置关键点】按钮，添加关键帧，如图 5-22 所示。

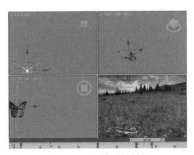

图 5-21 添加关键帧

图 5-22 添加关键帧

(22) 关闭关键帧记录，对动画进行输出即可。

案例精讲 *061* 钟表动画

案例文件：CDROM | Scenes |Cha05| 钟表动画 .max

视频文件：视频教学 | Cha05 | 钟表动画 .avi

制作概述

本例将讲解如何制作钟表动画。制作该动画的关键是设置关键帧，然后在【曲线编辑器】中设置【超出范围的类型】，完成后的效果如图 5-23 所示。

学习目标

学会如何制作钟表动画。

图 5-23 钟表动画

操作步骤

(1) 启动软件后打开随书附带光盘中的 CDROM| Scenes |Cha05| 钟表动画 .max 素材文件，如图 5-24 所示。

(2) 在工具选项栏中右击【角度捕捉切换】按钮，弹出【栅格和捕捉设置】对话框，切换到【选项】对话框，将【角度】设为 6 度，按 Enter 键，将该对话框关闭，如图 5-25 所示。

在主工具栏上，单击【角度捕捉切换】按钮 。启用该选项后，角度捕捉将影响所有旋转变换。

启用【角度捕捉切换】按钮 并旋转对象。

默认情况下，旋转角度以 5 度递增。

要将对象旋转一个精确的度数，请执行以下操作之一：

单击【选择并旋转】按钮 ，然后右击以显示【变换输入】对话框。输入想要的精确位置。

右击以查看四元菜单，然后单击【旋转】旁边的 设置按钮，打开【变换输入】对话框。输入想要的精确位置。

右击【角度捕捉切换】按钮 ，然后在【栅格和捕捉设置】对话框中单击【选项】选项卡。设置【常规】选项组中的【角度】值以旋转需要旋转的精确度数，然后旋转对象。将捕捉旋转到指定的角度增量。

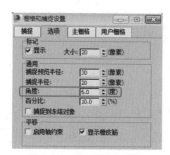

图 5-24　打开的素材文件　　　　　　　　图 5-25　设置栅格和捕捉

 提示　　　　通过设置捕捉的角度，再通过【选择并旋转】工具，对对象进行调整时，系统会根据设置的捕捉角度进行旋转。

(3) 单击【设置关键点】按钮，开启关键帧记录，选择【分针】对象，将时间滑块移动到 0 帧处，单击【设置关键点】按钮，创建关键帧，如图 5-26 所示。

(4) 将时间滑块移动到第 60 帧位置，选择【选择并旋转】工具选择【分针】对象，在【前】视图中沿 Z 轴拖动鼠标，此时指针会自动旋转 6 度，单击【设置关键点】按钮，添加关键帧，如图 5-27 所示。

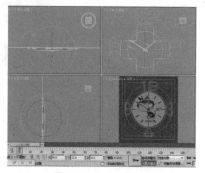　　　　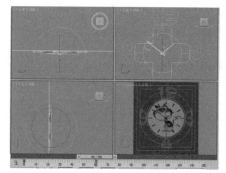

图 5-26　添加关键帧　　　　　　　　图 5-27　添加关键帧

(5) 选择【秒针】对象，将时间滑块移动到第 0 帧处，单击【设置关键点】按钮，添加关键帧，如图 5-28 所示。

(6) 将时间滑块移动到第 1 帧处，使用【选择并旋转】工具，沿 Z 轴顺时针拖动鼠标，此时旋转角度为 6 度，单击【设置关键点】按钮，添加关键帧，如图 5-29 所示。

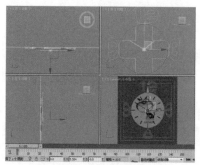　　　　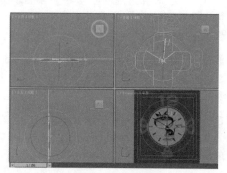

图 5-28　添加关键帧　　　　　　　　图 5-29　添加关键帧

(7) 单击【曲线编辑器】按钮，打开【轨道视图-曲线编辑器】对话框，选择【X轴旋转】、【Y轴旋转】、【Z轴旋转】的所有关键帧，如图5-30所示。

提示 如果曲线编辑器打开后轨迹和曲线不显示，请在左侧的控制器窗口中平移，直到看到位置轨迹，然后按住Ctrl键并单击以高光显示它们。

蓝色的Z轨迹清楚地显示球的上下移动。X和Y轨迹都是平的，这表示这两个轴没有变化。实际上，球应该沿X轴移动，就像在它落下时对它施加了某种前进的动力一样。

技巧 注意轨迹曲线就像变换Gizmo上的轴一样进行了颜色编码：X为红色，Y为绿色，Z为蓝色。

(8) 在【曲线编辑器】对话框中选择【编辑】|【控制器】|【超出范围类型】命令，弹出【参数曲线超出范围类型】对话框，选择【相对重复】后单击【确定】按钮，如图5-31所示。

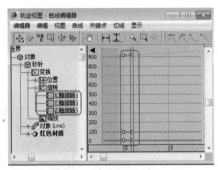

图5-30　选择关键帧

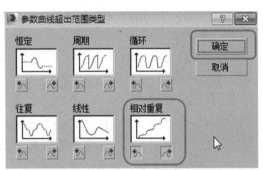

图5-31　选择【相对重复】选项

知识链接

【轨迹视图】提供两种基于图形的不同编辑器，用于查看和修改场景中的动画数据。另外，可以使用【轨迹视图】来指定动画控制器，以便插补或控制场景中对象的所有关键点和参数。

【轨迹视图】使用两种不同的模式：【曲线编辑器】和【摄影表】。【曲线编辑器】模式将动画显示为功能曲线，而【摄影表】模式将动画显示为包含关键点和范围的电子表格。关键点是带颜色的代码，便于辨认。一些【轨迹视图】功能(例如移动和删除关键点)也可以在时间滑块附近的轨迹栏上进行访问，还可以展开轨迹栏来显示曲线。默认情况下，【曲线编辑器】和【摄影表】打开为浮动窗口，但也可以将其停靠在界面底部的视口下面，甚至可以在视口中打开它们。可以命名【轨迹视图】布局，并将其存储在缓冲区中，以供以后重用。【轨迹视图】布局使用MAX场景文件存储。

---

(9) 使用同样对【分针】对象添加【相对重复】曲线，单击【时间配置】按钮，弹出【时间配置】对话框，将【结束时间】设为600，单击【确定】按钮，如图5-32所示。

(10) 渲染到300帧位置，进行渲染并查看效果，如图5-33所示。

图 5-32 【时间配置】对话框

图 5-33 渲染单帧后的效果

案例精讲 062 使用变换工具制作落叶动画

案例文件：CDROM | Scenes | Cha05| 落叶动画 .max

视频文件：视频教学 | Cha05| 落叶动画 .avi

制作概述

本例将使用变换工具制作落叶动画。选中其中一片落叶对象后，单击
【自动关键点】按钮，打开关键帧动画模式，然后使用【选择并移动】工
具和【选择并旋转】工具设置各个关键帧动画。完成后的效果如图5-34所示。

图 5-34 落叶动画

学习目标

学会使用【选择并移动】工具和【选择并旋转】工具设置对象动画。

操作步骤

(1) 打开随书附带光盘中的 CDROM | Scenes | Cha05| 落叶动画 .max 素材文件，如图 5-35
所示。

(2) 在第 0 帧处，单击【自动关键点】按钮，打开关键帧动画模式，选择 Plane01 树叶对象，
使用【选择并移动】工具✥和【选择并旋转】工具⟳对其进行调整，如图 5-36 所示。

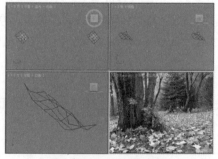

图 5-35 打开的素材文件

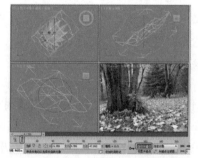

图 5-36 设置第 0 帧动画

(3) 在第 50 帧处，使用【选择并移动】工具✥和【选择并旋转】工具⟳选择 Plane01 树叶
对象，将其向下移动并进行适当调整，如图 5-37 所示。

(4) 在第 80 帧处，使用【选择并移动】工具 ✛ 和【选择并旋转】工具 ⟳ 选择 Plane01 树叶对象，将其向下移动并进行适当调整，如图 5-38 所示。

图 5-37　设置第 50 帧动画

图 5-38　设置第 80 帧动画

(5) 在第 110 帧处，使用【选择并移动】工具 ✛ 和【选择并旋转】工具 ⟳ 选择 Plane01 树叶对象，将其向下移动并进行适当调整，如图 5-39 所示。

(6) 在第 147 帧处，使用【选择并移动】工具 ✛ 和【选择并旋转】工具 ⟳ 选择 Plane01 树叶对象，将其向下移动并进行适当调整，如图 5-40 所示。

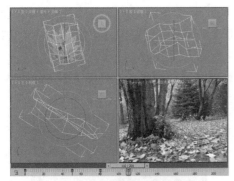
图 5-39　设置第 110 帧动画

图 5-40　设置第 147 帧动画

(7) 在第 180 帧处，使用【选择并移动】工具 ✛ 和【选择并旋转】工具 ⟳ 选择 Plane01 树叶对象，将其向下移动并进行适当调整，如图 5-41 所示。

(8) 单击【自动关键点】按钮，关闭关键帧动画模式，使用相同的方法设置 Plane02 树叶对象的动画，如图 5-42 所示。最后将动画进行渲染并保存场景文件。

图 5-41　设置第 180 帧动画

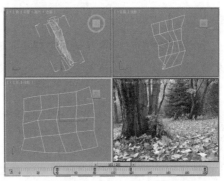
图 5-42　设置 Plane02 树叶对象的动画

第 5 章　简单的对象动画

案例精讲 063 使用自动关键点制作排球动画

> 案例文件：CDROM | Scenes | Cha05| 排球动画 .max
>
> 视频文件：视频教学 | Cha05| 排球动画 .avi

制作概述

本例将使用自动关键点制作排球动画。选中其中排球对象后，单击【自动关键点】按钮，打开关键帧动画模式，然后使用【选择并移动】工具和【选择并旋转】工具设置各个关键帧动画，最后开启【运动模糊】。完成后的效果如图 5-43 所示。

图 5-43 排球动画

学习目标

学会使用自动关键点制作排球动画。

操作步骤

(1) 打开随书附带光盘中的 CDROM | Scenes | Cha05| 排球动画 .max 素材文件，单击【时间配置】按钮 🔡，在弹出的【时间配置】对话框中，将【帧速率】设置为【电影】，将【结束时间】设置为 120，然后单击【确定】按钮，如图 5-44 所示。

(2) 在第 0 帧处，单击【自动关键点】按钮，打开关键帧动画模式，如图 5-45 所示。

图 5-44 打开的素材文件

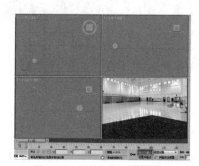

图 5-45 打开关键帧动画模式

知识链接

【时间配置】对话框提供了帧速率、时间显示、播放和动画的设置。可以使用此对话框来更改动画的长度或者拉伸或重缩放。还可以用于设置活动时间段和动画的开始帧和结束帧。

提示

执行【去色】命令可以删除彩色图像的颜色，但不会改变图像的颜色模式。

【帧速率】选项区域中有 4 个选项按钮，分别标记为 NTSC、电影、PAL 和自定义，可用于在每秒帧数 (FPS) 字段中设置帧速率。前 3 个按钮可以强制所做的选择使用标准 FPS。使用【自定义】按钮可通过调整微调器来指定自己的 FPS。

其中，FPS(每秒帧数) 采用每秒帧数来设置动画的帧速率。视频使用 30 fps 的帧速率，电影使用 24 fps 的帧速率，而 Web 和媒体动画则使用更低的帧速率。

(3) 在第 5 帧处，在【前】视图中，使用【选择并移动】工具 将排球对象向前进行移动，并向上移动适当距离，如图 5-46 所示。

(4) 在第 10 帧处，使用【选择并移动】工具 将排球对象向前进行移动，并向下移动适当距离，如图 5-47 所示。

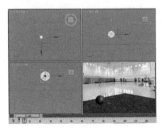

图 5-46　设置第 5 帧动画

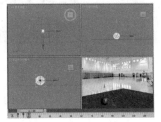

图 5-47　设置第 10 帧动画

(5) 使用【选择并移动】工具 ，按照相同的方法设置其他向前运动的动画，如图 5-48 所示。

(6) 参照前面的操作步骤，使用【选择并移动】工具 ，模拟排球跳动动画，如图 5-49 所示。

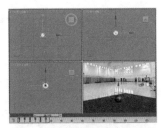

图 5-48　模拟向前运动的动画

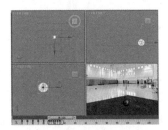

图 5-49　模拟跳动动画

(7) 在第 70 帧处，使用【选择并移动】工具 和【选择并旋转】工具 将排球对象向前移动并调整旋转，模拟排球滚动动画，如图 5-50 所示。

(8) 单击【自动关键点】按钮，关闭关键帧动画模式。选择排球对象并右击，在弹出的快捷菜单中选择【对象属性】命令，在弹出的【对象属性】对话框中，选中【运动模糊】中的【图像】单选按钮，然后单击【确定】按钮，如图 5-51 所示。最后将动画进行渲染并保存场景文件。

 提示　　开启【运动模糊】可以模拟物体真实的运动效果，可以增加其移动的真实效果。

知识链接

　　使用【对象属性】对话框可以查看和编辑参数以确定选定对象在视口和渲染过程中的行为，该对话框可通过【编辑】菜单或者单击右键来访问。

　　并不是所有的属性都可以编辑；应用于可渲染几何体的参数不适用于不可渲染对象。但是，应用于任意对象的参数（例如【隐藏】/【取消隐藏】、【冻结】/【解冻】、【轨迹】等），仍可用于这些不可渲染的对象。

　　通过【对象属性】对话框可以按对象或者按层来指定设置。对象设置仅影响选定的一个或多个对象。如果某个对象被设置为"按层"，它将从层设置（通过【层属性】对话框来设置）继承它的属性。

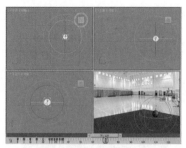

图 5-50　模拟排球滚动动画

图 5-51　选中【图像】单选按钮

案例精讲 064　自动关键点打开门动画

> 案例文件：CDROM | Scenes| Cha05| 自动关键点打开门动画 .max
>
> 视频文件：视频教学 | Cha05| 自动关键点打开门动画 .avi

制作概述

本例将介绍自动关键点打开门动画的制作。首先使用【设置关键点】在第 0 帧处设置关键点，再在第 50 帧处利用【仅影响轴】将旋转轴进行调整，最后利用【自动关键点】为第 50 帧处添加关键点，效果如图 5-52 所示。

图 5-52　自动关键点打开门动画

学习目标

学会制作自动关键点打开门动画效果。

操作步骤

(1) 打开随书附带光盘中的 CDROM| Scenes|Cha05| 自动关键点打开门动画 .max 素材文件，如图 5-53 所示 。

(2) 在【顶】视图中选择门的最左侧的一扇，关键帧在第 0 处时，单击【设置关键点】按钮 🔑，如图 5-54 所示。

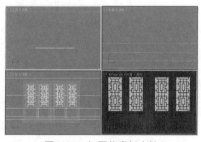

图 5-53　打开的素材文件

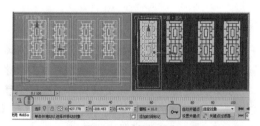

图 5-54　设置关键点

(3) 然后将关键帧调整到第 50 帧处，选择【层次】|【轴】选项，在【调整轴】卷展栏中选择【仅影响轴】选项，将轴调整到适当位置，如图 5-55 所示。

提示　　　【仅影响轴】选项仅影响选定对象的轴点。需要注意的一点是，"缩放变换"对轴没有影响。

(4) 将【仅影响轴】关闭，单击【自动关键点】按钮，在工具栏中右击【角度捕捉切换】按钮，在弹出的对话框中将【角度】设置为90度，设置完成后将其关闭，并使【角度捕捉切换】按钮处于选中状态，再单击【选择并旋转】按钮，在【顶】视图中将选择的门向上旋转90度，如图5-56所示。

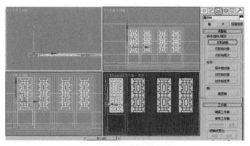

图5-55　调整轴的位置

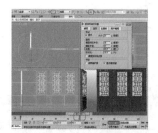

图5-56　将门旋转并打开自动关键点

提示　　　对对象进行旋转或移动时有时需要在特定的一点进行移动，在这里就可以通过设置轴点进行设置。

(5) 使用同样的方法，对其他的三扇门进行设置，如图5-57所示。

(6) 选择【创建】 ※ |【灯光】 ◁ |【标准】工具，在视图中创建一个天光和一个泛光灯，位置如图5-58所示。

(7) 设置完成后，按F10键，在弹出的【渲染设置】面板中将【时间输出】设置为【范围0至100】，将输出大小设置为800×600，单击【渲染输出】后面的【文件】设置动画的保存位置，设置完成后，单击【渲染】按钮，如图5-59所示。

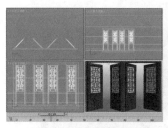

图5-57　设置其他门

图5-58　设置灯光

图5-59　设置渲染

案例精讲 065　自动关键点制作檀木扇动画

案例文件：CDROM | Scenes| Cha05 | 扇子动画 .max

视频文件：视频教学 | Cha05 | 自动关键点檀木扇动画 .avi

制作概述

本例将介绍使用自动关键点制作檀木扇动画。首先打开自动关键点拖动关键帧至第 45 帧处，再使用【阵列】进行复制，即可完成自动关键点檀木扇动画的制作，效果如图 5-60 所示。

图 5-60　檀木扇动画

学习目标

学会使用自动关键点制作檀木扇动画。

操作步骤

(1) 打开随书附带光盘中的 CDROM| Scenes|Cha05| 扇子动画 .max 素材文件，如图 5-61 所示。

(2) 在【顶】视图中选择扇子的单叶，单击【自动关键点】按钮并将关键帧拖曳到第 45 帧处，如图 5-62 所示。

图 5-61　打开的素材文件

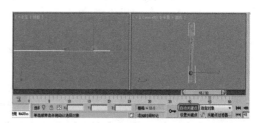

图 5-62　打开【自动关键点】

(3) 在菜单栏中选择【工具】|【阵列】命令，在弹出的【阵列】面板中，将【阵列变换】下增量【移动】中的 Z 设置为 0.8，在总计下将【旋转】中的 Z 设置为 140 度，将【对象类型】设置为【复制】，在【阵列维度】中将 ID 的【数量】设置为 29，完成后单击【确定】按钮，如图 5-63 所示。

(4) 将上一步阵列得到的所有扇叶选中，确认自动关键点处于打开状态，在工具栏中选中【选择并旋转】工具，在【顶】视图中将扇子旋转放正，如图 5-64 所示。

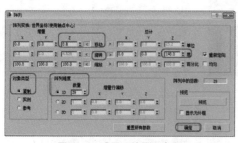

图 5-63　设置【阵列】参数

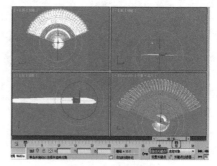

图 5-64　旋转图形

(5) 旋转完成后，关掉自动关键点，单击【播放动画】按钮即可看到扇子会自动打开，如图 5-65 所示。

(6) 选择【创建】|【灯光】工具，在场景创建一个天光和一个泛光灯，按 F10 键进入【渲染设置】

面板中，在【公用】中将【时间输出】设置为范围 0 ~ 50，在渲染输出中设置文件保存地址，设置完成后进行渲染，如图 5-66 所示。

图 5-65　设置完成后的效果

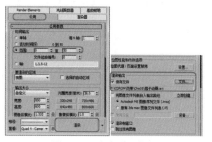

图 5-66　渲染设置参数

案例精讲 066　使用轨迹视图制作秋千动画

 案例文件：CDROM|Scenes| Cha05 | 使用轨迹视图制作秋千动画 .max

视频文件：视频教学 | Cha05 | 使用轨迹视图制作秋千动画 .avi

制作概述

本例将介绍如何使用轨迹视图制作秋千动画。首先将【链】和【座】链接在一起，然后调整轴的位置，打开自动关键点，使用【选择并旋转】工具调整链的旋转角度，最后打开【轨迹视图—曲线编辑器】对话框，为对象添加【往复】参数曲线，完成秋千动画，效果如图 5-67 所示。

图 5-67　秋千动画

学习目标

学会链接约束和【曲线编辑器】的使用。

掌握【曲线编辑器】中【超出范围类型】控制器的使用。

操作步骤

(1) 打开使用轨迹视图制作秋千动画 .max 素材文件，按 H 键在弹出的对话框中选择【座】，单击【确定】按钮，然后在菜单栏中选择【动画】|【约束】|【链接约束】命令，如图 5-68 所示。

(2) 然后将【链】和【座】链接在一起，选择【链】对象，进入【层次】面板，单击【轴】按钮，在【调整轴】卷展栏中单击【仅影响轴】按钮，调整轴的位置，如图 5-69 所示。

图 5-68　选择【链接约束】命令

图 5-69　调整轴的位置

知识链接

链接约束可以使对象继承目标对象的位置、旋转度以及比例。实际上，这允许设置层次关系的动画，这样场景中的不同对象便可以在整个动画中控制应用了链接约束对象的运动了。

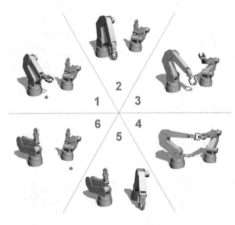

链接约束可以使机器人的手臂传球

例如，可以使用链接约束将球从一只手传递到另一只手。假设在第 0 帧处，球在角色的右手中。设置手的动画使它们在第 50 帧处相遇，在此帧球传递到左手，随后在第 100 帧处分开。完成过程如下：在第 0 帧处以右手作为其目标向球指定链接约束，然后在第 50 帧处更改为以左手为目标。

(3) 再次单击【仅影响轴】按钮，在工具栏中右击【角度捕捉切换】按钮，在弹出的对话框中选择【选项】选项卡，将【角度】设置为 35，如图 5-70 所示。

(4) 打开【角度捕捉切换】，单击【选择并旋转】按钮，在【左】视图中将其向左旋转 35 度，如图 5-71 所示。

图 5-70　设置【角度】参数

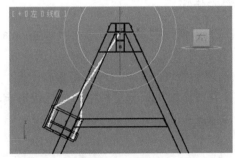

图 5-71　旋转角度

(5) 单击【自动关键点】按钮，将时间滑块拖曳至第 20 帧处，将其向右旋转 35 度，将时间滑块拖曳至第 40 帧处，将其向右旋转 35 度，如图 5-72 所示。

(6) 在工具栏中单击【曲线编辑器】按钮，弹出【轨迹视图—曲线编辑器】对话框，选择【X轴旋转】、【Y轴旋转】、【Z轴旋转】，选择【编辑】|【控制器】|【超出范围类型】命令，弹出【参数曲线超出范围类型】对话框，选择【往复】选项，单击【确定】按钮，如图 5-73 所示。

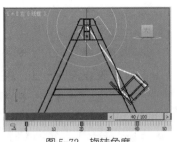

图 5-72 旋转角度

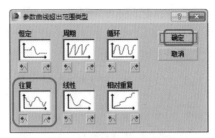

图 5-73 选择【往复】选项

(7) 将对话框关闭，按 N 键关闭自动关键帧，激活【摄影机】视图，对该视图进行渲染即可。

提示　　　使用【往复】曲线类型，用于将动画扩展到现有关键帧范围以外。可以不用设置过多的关键帧。

案例精讲 067　设置关键点制作象棋动画

案例文件：CDROM | Scenes | Cha05 | 设置关键点制作象棋动画 .max

视频文件：视频教学 | Cha05 | 设置关键点制作象棋动画 .avi

制作概述

本例将介绍如何利用设置关键点制作象棋动画。首先打开自动关键点，使用【选择并移动】工具调整对象的位置，设置关键点，最后对【摄影机】视图进行渲染即可。完成后的效果如图 5-74 所示。

图 5-74　象棋动画

学习目标

掌握通过设置关键点来制作象棋动画。

操作步骤

(1) 打开 "设置关键点制作象棋动画 .max" 素材文件，选择一个黑兵，按 N 键打开自动关键点，将时间滑块拖曳至第 20 帧处，在【顶】视图中调整黑兵的位置，如图 5-75 所示。

(2) 选择一个白兵，单击【设置关键点】按钮，将时间滑块拖曳至第 40 帧处，将白兵向前推动一段距离，如图 5-76 所示。

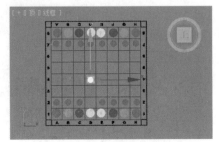

图 5-75　调整黑兵的位置

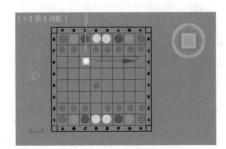

图 5-76　设置白兵的位置

(3) 选择一个黑兵，单击【设置关键点】按钮，将时间滑块拖曳至第 60 帧处，将黑兵向前推进一段距离，如图 5-77 所示。

（4）选择白兵，单击【设置关键点】按钮，将时间滑块拖曳至第 80 帧处，将白兵拖曳至一定距离，如图 5-78 所示。

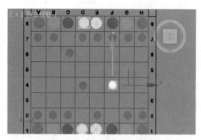

图 5-77　调整黑兵的位置

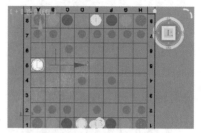

图 5-78　调整白兵的位置

（5）选择一个黑兵，单击【设置关键点】按钮，将时间滑块拖曳至第 100 帧处，调整它的位置，如图 5-79 所示。

（6）选择白兵，单击【设置关键点】按钮，将时间滑块拖曳至第 110 帧处，将其拖曳至黑兵的位置。选择黑兵，将时间滑块拖曳至第 110 帧处，单击【设置关键点】按钮，将时间滑块拖曳至第 120 帧处，调整其位置，如图 5-80 所示。按 N 键关闭自动关键点，对【摄影机】视图进行渲染。

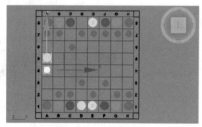

图 5-79　设置黑兵位置

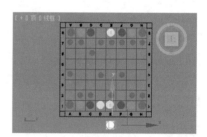

图 5-80　设置白兵及黑兵的位置

案例精讲 068　使用轨迹视图制作风车旋转动画

> 案例文件：CDROM | Scenes | Cha05 | 风车旋转动画 .max
>
> 视频文件：视频教学 | Cha05 | 使用轨迹视图制作风车旋转动画 .avi

制作概述

本案例将介绍如何使用轨迹视图来制作风车旋转动画。该案例主要通过为风车叶片对象添加关键帧来使风车旋转，然后在轨迹视图中调整路径，最后为其添加运动模糊效果，完成后的效果如图 5-81 所示。

学习目标

学会如何利用轨迹视图制作风车旋转动画。

图 5-81　风车旋转动画

操作步骤

(1) 打开"风车旋转动画 .max"素材文件，如图 5-82 所示。

(2) 在场景文件中选择所有的风车叶片对象，然后在菜单栏中选择【组】|【组】命令，在弹出的对话框中设置【组名】为【风车叶片】，单击【确定】按钮，如图 5-83 所示。

 提示　成组以后不会对原对象作任何修改，但对组的编辑会影响组中的每一个对象。成组以后，只要单击组内的任意一个对象，整个组都会被选择，如果想单独对组内对象进行操作，必须先将组暂时打开。

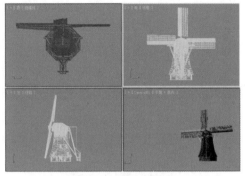

图 5-82　打开的素材文件

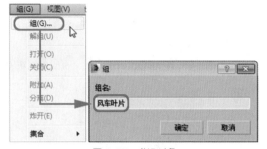

图 5-83　成组对象

(3) 将时间滑块拖曳至第 100 帧处，单击【自动关键点】按钮，然后使用【选择并旋转】工具 在【前】视图中沿 Y 轴旋转【风车叶片】对象，如图 5-84 所示。

(4) 再次单击【自动关键点】按钮，将其关闭。在工具栏中单击【曲线编辑器（打开）】按钮 ，弹出【轨迹视图 - 曲线编辑器】对话框，在左侧的列表中选择【旋转】组下的【Y 轴旋转】选项，如图 5-85 所示。

知识链接

【轨迹视图】：使用【轨迹视图】可以精确地修改动画。轨迹视图有两种不同的模式，包括【曲线编辑器】和【摄影表】。

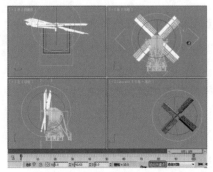

图 5-84　旋转【风车叶片】对象

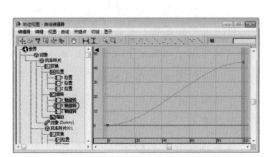

图 5-85　选择【Y 轴旋转】选项

(5) 右击位于第 0 帧的关键帧，在弹出的对话框中设置【输入】和【输出】，如图 5-86 所示。

(6) 使用同样的方法，设置位于第 100 帧的关键帧，并将【值】设置为 360，如图 5-87 所示。

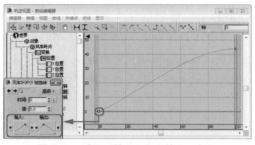
图 5-86　设置【输入】和【输出】参数

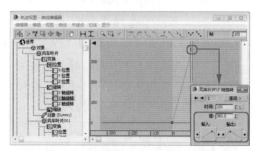
图 5-87　设置位于第 100 帧的关键帧

(7) 设置完成后关闭轨迹视图，然后右击【风车叶片】对象，在弹出的快捷菜单中选择【对象属性】命令，如图 5-88 所示。

(8) 弹出【对象属性】对话框，在【运动模糊】选项组中选中【图像】单选按钮，如图 5-89 所示。

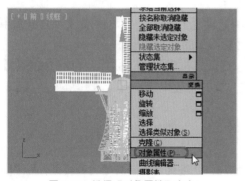
图 5-88　选择【对象属性】命令

图 5-89　设置对象属性

知识链接

　　【污点修复画笔工具】：可以快速去除照片中的污点和其他不理想的部分。

　　使用【对象属性】对话框可以查看和编辑参数以确定选定对象在视口和渲染过程中的行为，该对话框可通过【编辑】菜单或者单击右键来访问。

　　并不是所有属性都可以编辑；应用于可渲染几何体的参数不适用于不可渲染对象。但是，应用于任意对象的参数（例如【隐藏】/【取消隐藏】、【冻结】/【解冻】、【轨迹】等），仍可用于这些不可渲染的对象。

　　通过【对象属性】对话框可以按对象或者按层来指定设置。对象设置仅影响选定的一个或多个对象。如果某个对象被设置为【按层】，它将从层设置（通过【层属性】对话框来设置）继承它的属性。

提示 当勾选【运动模糊】区域下的【启用】选项后则会为此对象启用运动模糊。禁用该选项后，无论其他模糊设置如何，将禁用运动模糊。默认设置为启用。

可以激活【启用】复选框。激活【启用】的主要用途是仅在限定范围的帧上应用运动模糊。当渲染动画时，这能节约大量时间。

可以为灯光和摄影机启用运动模糊。通过 mental ray 渲染器，移动灯光和摄影机可以生成运动模糊。但是，它们无法通过默认的扫描线渲染器生成运动模糊。

其中【无】为关闭对象的运动模糊状态。

【对象】则是为对象运动模糊提供时间片段模糊效果。

而【图像】则是将图像运动模糊根据每个顶点的速率来处理对象图像的模糊效果。

(9) 设置完成后单击【确定】按钮，按 8 键弹出【环境和效果】对话框，选择【效果】选项卡，在【效果】卷展栏中单击【添加】按钮，在弹出的【添加效果】对话框中选择【运动模糊】，单击【确定】按钮，即可添加运动模糊效果，如图 5-90 所示。

(10) 然后选择【环境】选项卡，在【公用参数】卷展栏中单击【无】按钮，在弹出的【材质 / 贴图浏览器】对话框中选择【位图】选项，单击【确定】按钮，如图 5-91 所示。

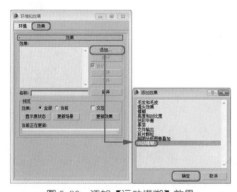

图 5-90　添加【运动模糊】效果

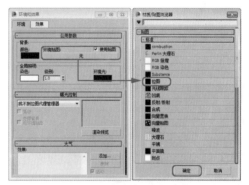

图 5-91　选择【位图】选项

(11) 在弹出的对话框中打开【风车背景 .jpg】贴图文件，然后按 M 键打开【材质编辑器】对话框，将【环境和效果】对话框中的环境贴图按钮拖至【材质编辑器】对话框中的一个新的材质样本球上，在弹出的对话框中选中【实例】单选按钮，并单击【确定】按钮，如图 5-92 所示。

(12) 在【坐标】卷展栏中设置贴图为【屏幕】，如图 5-93 所示。

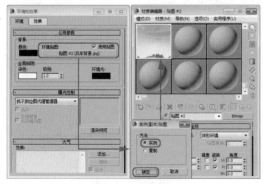

图 5-92　实例贴图

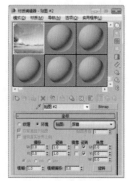

图 5-93　设置贴图

(13) 激活【摄影机】视图，在菜单栏中选择【视图】|【视口背景】|【环境背景】命令，

效果如图 5-94 所示。

(14) 然后设置动画的输出大小、存储位置等，如图 5-95 所示为渲染的静帧效果。

图 5-94　设置视图背景

图 5-95　渲染效果

第6章
常用编辑修改器动画

本章重点

◆ 使用弯曲修改器制作翻书动画
◆ 使用拉伸修改器制作塑料变形球动画
◆ 使用路径变形修改器制作路径约束文字动画
◆ 使用融化修改器制作冰激凌融化动画
◆ 使用噪波修改器制作海面动画
◆ 使用涟漪修改器制作水面涟漪动画
◆ 使用毛发和头发修改器制作小草生长动画
◆ 使用波浪修改器制作波浪文字动画

在制作三维动画时经常应用修改器来控制动画对象。在【修改】命令面板的【修改器列表】中有多种类型的修改器，通过设置不同的修改器参数，能够得到不同形状的对象。通过在变形的过程中添加动画关键帧，可以使模型对象完成多种动作，使其构成一系列动画片段。

案例精讲 069　使用弯曲修改器制作翻书动画

✎ 案例文件：CDROM | Scenes |Cha06| 制作翻书动画 .max

🎞 视频文件：视频教学 | Cha06 | 使用弯曲修改器制作翻书动画 .avi

制作概述

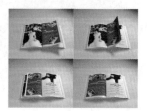

本例将介绍如何制作翻书动画。其中主要应用了【弯曲】和 FFD4×4×4 修改器的应用，通过对控制点的调整添加关键帧的设置，完成后的效果如图 6-1 所示。

图 6-1　翻书动画

学习目标

学会如何制作翻书动画。

操作步骤

(1) 启动软件后打开随书附带光盘中的 CDROM|Scenes|Cha6| 制作翻书动画 .max 素材文件，查看效果，如图 6-2 所示。

(2) 在场景中选择书本左侧的部分，在【修改】命令面板中添加 FFD(长方体) 修改器，如图 6-3 所示。

知识链接

FFD 代表【自由形式变形】，FFD 修改器使用晶格框包围选中几何体，通过调整晶格的控制点，可以改变封闭几何体的形状。使用【自动关键点】按钮可以设置晶格点动画，因此可以使几何体变形。

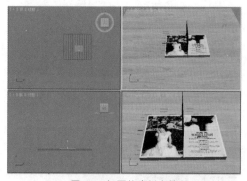

图 6-2　打开的素材文件

图 6-3　添加 FFD 修改器

(3) 将当前选择集定义为【控制点】，使用【选择并移动】工具在【前】视图中对控制点位置进行更改，如图 6-4 所示。

知识链接

　　【控制点】：在该子对象层级，可以选择并操纵晶格的控制点，可以一次处理一个或以组为单位处理 (使用标准方法选择多个对象)。操纵控制点将影响基本对象的形状。可以给控制点使用标准变形方法。当修改控制点时如果启用了【自动关键点】按钮，此点将变为动画。

　　【晶格】：在该子对象层级，可从几何体中单独的摆放、旋转或缩放晶格框。如果启用了【自动关键点】按钮，此晶格将变为动画。默认晶格是一个包围几何体的边界框。

　　【设置体积】：在该子对象层级，变形晶格控制点变为绿色，可以选择并操作控制点而不影响修改对象。这使晶格更精确的符合不规则图形对象，当变形时将提供更好的控制。【设置体积】主要用于设置晶格原始状态。如果控制点已是动画或启用【动画】按钮时，【设置体积】与子对象层级上的【控制点】使用一样，当操作点时改变对象形状。

(4) 关闭当前选择集，选择 FFD(长方体) 修改器并右击，在弹出的快捷菜单中选择【复制】命令，在场景中选择书的右边部分，在【修改器列表】中右击，在弹出的快捷菜单中选择【粘贴】命令，添加 FFD(长方体) 修改器，如图 6-5 所示。

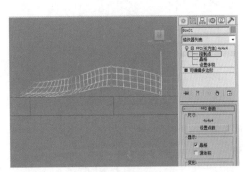

图 6-4　调整控制点位置

图 6-5　复制修改器

 　　　在同一个场景中对象的修改器可以进行复制或粘贴，这样能产生相同的修改效果，这样也能节节省调整的时间，提高工作效率。

(5) 选择书本中间页部分，进入【层次】命令面板，在【调整轴】卷展栏中单击【仅影响轴】按钮，切换到【前】视图中对轴进行适当的调整，如图 6-6 所示。

 　　　可以使用【调整轴】卷展栏中的按钮来调整对象的轴点的位置和方向。调整对象的轴点不会影响链接到该对象的任何子对象。不能对【调整轴】卷展栏下的功能设置动画。调整任意帧上的某个对象的轴，则整个动画都会更改该对象的轴。

(6) 调整完成后，再次单击【仅影响轴】按钮，将其关闭，切换到【修改】命令面板，然后对其添加【弯曲】修改器，如图 6-7 所示。

图 6-6　调整轴的位置

图 6-7　添加【弯曲】修改器

(7) 单击【自动关键点】按钮，开启动画记录模式，将时间滑块拖至第 0 帧位置，单击【关键点过滤器】在弹出对话框中勾选【全部】复选框，在【参数】卷展栏中将【角度】设为162，将【弯曲轴】设为 X，如图 6-8 所示。

(8) 将时间滑块移动到第 120 帧位置，在【参数】卷展栏中将【角度】设为 -110，将【弯曲轴】设为 X，如图 6-9 所示。

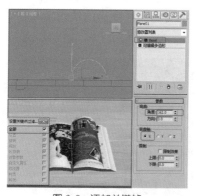

图 6-8　添加关键帧

图 6-9　添加关键帧

(9) 在【修改器列表】中选择 FFD4×4×4 修改器，将当前选择集定义为【控制点】，将时间滑块移动到第 0 帧位置，在【前】视图中对控制点进行调整，如图 6-10 所示。

(10) 将时间滑块移动到第 120 帧位置，继续调整控制点的位置，如图 6-11 所示。

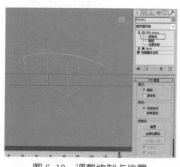

图 6-10　调整控制点位置

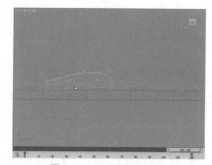

图 6-11　继续调整控制点

(11) 退出动画记录模式，关闭当前选择集，确认当前选择为书中间页部分，单击鼠标右键，在弹出的快捷菜单中选择【对象属性】命令，弹出【对象属性】对话框，切换到【常规】选项卡，在【运动模糊】选项组中将模糊对象设为【图像】，将【倍增】设为0.5，如图6-12所示。

(12) 激活【摄影机】视图并进行渲染，渲染到第50帧后的效果如图6-13所示。

图6-12　设置运动模糊

图6-13　第50帧效果

案例精讲 070　使用拉伸修改器制作塑料变形球动画

> 案例文件：CDROM | Scenes |Cha06| 塑料变形球动画 .max
>
> 视频文件：视频教学 | Cha06 | 使用拉伸修改器制作塑料变形球动画 .avi

制作概述

　　本例将讲解如何制作塑料变形球动画。首先设置塑料球的运动路线，并设置关键帧，然后对其添加【拉伸】修改器，通过设置不同的拉伸值，使小球产生变形，完成后的效果如图6-14所示。

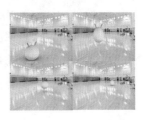

学习目标

　　学会如何制作塑料球变形动画及【拉伸】修改器的应用。

图6-14　变形球动画

操作步骤

(1) 打开随书附带光盘中的 CDROM | Scenes |Cha06| 塑料变形球动画 .max 素材文件，如图 6-15 所示。

(2) 打开动画记录模式，单击【关键点过滤器】按钮，弹出【设置关键点过滤器】对话框，勾选【全部】复选框，将时间滑块移动到第 110 帧位置，使用【选择并移动】工具移动小球的位置，此时会自动添加关键帧，如图 6-16 所示。

> 知识链接
>
> 【设置关键点过滤器】对话框用于启用要设置关键点的轨迹。默认启用轨迹为【位置】、【旋转】、【缩放】和【IK 参数】。
>
> 【全部】：可以在所有轨迹上快速放置关键点。
>
> 【位置】：可以创建位置关键点。
>
> 【旋转】：可以创建旋转关键点。
>
> 【缩放】：可以创建缩放关键点。
>
> 【IK 参数】：可以设置反向运动学参数关键帧。
>
> 【对象参数】：可以设置对象参数关键帧。
>
> 【自定义属性】：可以设置自定义属性关键帧。
>
> 【修改器】：可以设置修改器关键帧。在启用修改器的同时，也启用【对象参数】，那么可以设置 gizmo 关键帧。
>
> 【材质】：可以设置材质属性关键帧。
>
> 【其他】：可以使用【设置关键点】技术设置其他未归入上列类别的参数关键帧。这些设置包括辅助对象属性以及跟踪目标摄影机和灯光的注视控制器等。

图 6-15　打开的素材文件

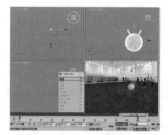

图 6-16　移动添加关键帧

(3) 将时间滑块移动到第 20 帧位置，在工具箱中使用【选择并移动】工具，将 Z 值更改为 42，此时会自动添加关键帧，如图 6-17 所示。

(4) 使用同样的方法分别将第 40、60、80、100、110 帧位置的 Z 值设为 –33、40、–33、13、–17，如图 6-18 所示。

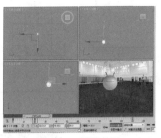

图 6-17　调整位置

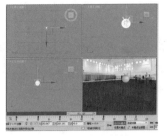

图 6-18　添加关键帧

(5) 关闭动画记录模式，确认塑料球处于选择状态，切换到【修改】命令面板，添加【拉伸】修改器，如图 6-19 所示。

(6) 开启动画记录模式，将时间滑块移动到第 20 帧位置，选择添加【拉伸】修改器，在【参数】卷展栏中将【拉伸】值设为 0.2，将【拉伸轴】设为 Z，此时系统会自动添加【拉伸】关键帧，如图 6-20 所示。

知识链接

【拉伸】修改器：可以模拟【挤压和拉伸】的传统动画效果。【拉伸】沿着特定拉伸轴应用缩放效果，并沿着剩余的两个副轴应用相反的缩放效果。副轴上相反的缩放量会根据距缩放效果中心的距离进行变化。最大的缩放量在中心处，并且会朝着末端衰减。

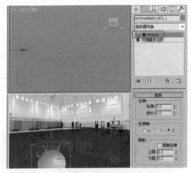

图 6-19　添加【拉伸】修改器

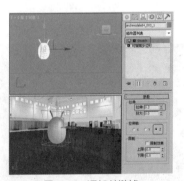

图 6-20　添加关键帧

(7) 使用同样的方法分别在第 40、60、80、100 帧位置将【拉伸】值设为 -0.2、0.2、-0.2、0.2，完成后的效果如图 6-21 所示。

(8) 关闭动画记录模式，渲染第 60 帧的效果如图 6-22 所示。

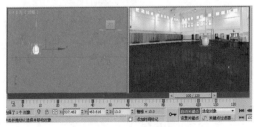

图 6-21　添加关键帧

图 6-22　渲染第 60 帧后效果

案例精讲 071 使用路径变形修改器制作路径约束文字动画

📝 案例文件：CDROM | Scenes |Cha06| 路径约束文字动画 .max

🎬 视频文件：视频教学 | Cha06 | 使用路径变形修改器制作路径约束文字动画 .avi

制作概述

本例将介绍如何制作路径约束文字。首先利用绘制一条路径及螺旋线，然后创建文字，并对文字进行倒角赋予材质，通过对其添加【路径变形 (WSM)】修改器，将其添加到路径中，通过调整其百分比创作出动画，完成后的效果如图 6-23 所示。

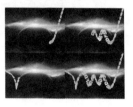

图 6-23 路径约束动画

学习目标

学会如何制作路径约束文字动画。

操作步骤

(1) 启动软件后打开随书附带光盘中的 CDROM| Scenes |Cha06| 路径约束文字动画 .max 素材文件，激活【摄影机】视图进行渲染，如图 6-24 所示。

(2) 选择【创建】|【图形】|【样条线】|【螺旋线】命令，在【前】视图中绘制螺旋线，切换到【修改】命令面板，将【半径 1】和【半径 2】都设为 12，将【高度】和【圈数】分别设为 90 和 3.722，勾选【顺时针】复选框，调整位置，如图 6-25 所示。

图 6-24 渲染【摄影机】视图

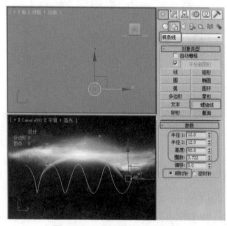

图 6-25 设置螺旋线的参数

(3) 选择【创建】|【图形】|【样条线】|【文本】命令，将【字体】设为 Arial Black，将【大小】设为 15，然后在文本框中输入文字，可以根据自己的需要输入相应的英文，在【前】视图中单击创建文本，如图 6-26 所示。

(4) 选择上一步创建的文本，并对其添加【倒角】修改器，在【倒角值】卷展栏中将【级别 1】下的【高度】设为 2，勾选【级别 2】复选框，分别将【高度】和【轮廓】设为 0.1 和 -0.1，如图 6-27 所示。

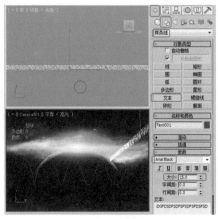

图 6-26　创建文本

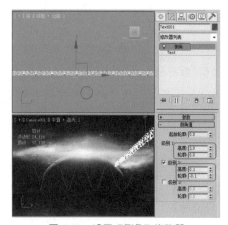

图 6-27　设置【倒角】修改器

(5) 选择创建的文本对其添加【路径变形绑定 (WSM)】修改器，在【参数】卷展栏中单击【拾取路径】按钮，在视图中拾取创建的螺旋线，然后单击【转到路径】按钮，将【路径变形轴】定义为 X，如图 6-28 所示。

知识链接

　　【路径变形绑定 (WSM)】：该修改器是一种用途非常广泛的动画控制器，在需要对象沿线路轨迹运动并且不发生变形时是非常常用的一种修改器。【转到路径】按钮将对象从其初始位置转到路径的起点。

(6) 按 M 键打开材质编辑器，选择【黄金】材质样本球，将其添加到创建的文字上，渲染【摄影机】视图并查看效果，如图 6-29 所示。

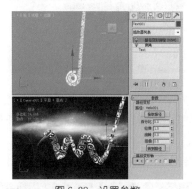

图 6-28　设置参数

图 6-29　渲染效果

(7) 单击【时间配置】按钮，弹出【时间配置】对话框，将【结束时间】设为 300，单击【确定】按钮，如图 6-30 所示。

(8) 选择文字切换到【修改】命令面板，选择【路径变形绑定 (WSM)】修改器，单击【自动关键点】按钮，开启动画记录模式，将时间滑块移动到第 0 帧处，在【参数】卷展栏中将【百分比】设为 –96，如图 6-31 所示。

知识链接

【路径】：显示选定路径对象的名称。

【拾取路径】：单击该按钮，然后选择一条样条线或 NURBS 曲线以作为路径使用。出现的 Gizmo 设置成路径一样的形状并与对象的局部 Z 轴对齐。一旦指定了路径，就可以使用该卷展栏上的剩下的控件调整对象的变形。所拾取的路径应当含有单个的开放曲线或封闭曲线。如果使用含有多条曲线的路径对象，那么只使用第一条曲线。

【百分比】：根据路径长度的百分比，沿着 gizmo 路径移动对象。

【拉伸】：使用对象的轴点作为缩放的中心，沿着 gizmo 路径缩放对象。

【旋转】：关于 gizmo 路径旋转对象。

【扭曲】：关于路径扭曲对象。根据路径总体长度一端的旋转决定扭曲的角度。通常，变形对象只占据路径的一部分，所以产生的效果很微小。

X/Y/Z：选择一条轴以旋转 gizmo 路径，使其与对象的指定局部轴相对齐。

【翻转】：将 gizmo 路径关于指定轴反转 180 度。

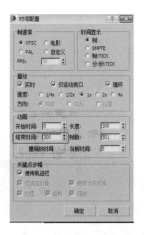

图 6-30   设置【结束时间】参数

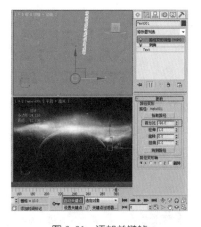

图 6-31   添加关键帧

(9) 将时间滑块移动到第 300 帧位置，将【百分比】设为 186.5，此时系统会自动添加关键帧，取消动画记录模式，如图 6-32 所示。

(10) 动画设置完成后，进行渲染保存动画，渲染到第 100 帧时的效果如图 6-33 所示。

图 6-32   添加关键帧

图 6-33   第 100 帧后效果

案例精讲 072　使用融化修改器制作冰激凌融化动画

✎ 案例文件：CDROM|Scenes| Cha06 | 使用融化修改器制作冰激凌融化动画 .max

🎬 视频文件：视频教学 | Cha06 | 使用融化修改器制作冰激凌融化修改器 .avi

制作概述

本例将介绍如何制作冰激凌融化动画，主要是为对象添加【融化】修改器，更改【融化】修改器的参数配合自动关键点为对象添加关键点，制作冰激凌融化动画，效果如图6-34所示。

图 6-34　冰激凌融化动画

学习目标

学会使用【融化】修改器制作冰激凌融化动画。

操作步骤

(1)打开"使用融化修改器制作冰激凌融化动画 .max"素材文件，选择【冰激凌】对象，在【修改器列表】中选择【融化】修改器，如图6-35所示。

(2)按N键打开【自动关键点】，将时间滑块拖曳至第70帧位置处，在【参数】卷展栏中将【融化】选项组中的【数量】设置为73，在【扩散】选项组中将【融化百分比】设置为57.9，如图6-36所示。

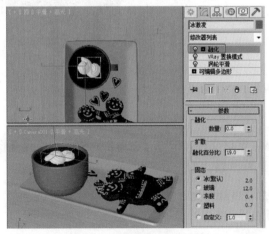

图 6-35　选择【融化】修改器

图 6-36　设置关键帧

知识链接

【数量】：用于指定【衰退】程度，或者应用于Gizmo上的融化效果，从而影响对象。范围为 0.0 ～ 1000.0。

【融化百分比】：指定随着【数量】值增加多少对象和融化会扩展。该值基本上是沿着平面的【凸起】。

【固态】组：决定融化对象中心的相对高度。固态稍低的物质像冻胶在融化时中心会下陷的较多。该组为物质的不同类型提供多个预设值，同时也含有【自定义】文本框用于设置自己的固态。

X/Y/Z：选择会产生融化的轴（对象的局部轴）。请注意这里的轴是【融化】Gizmo 的局部轴，而与选中的实体无关。默认情况下，【融化】Gizmo 轴与对象的局部坐标一起排列，但是可以通过旋转 Gizmo 来更改它们。

【翻转轴】：通常，融化沿着给定的轴从正向朝着负向发生。通过启用【翻转轴】可以反转这一方向。

(3) 按 N 键关闭【自动关键点】，激活【摄影机】视图，对该视图进行渲染输出。

案例精讲 073 使用噪波修改器制作湖面动画

案例文件：CDROM|Scenes| Cha06 | 使用噪波修改器制作湖面动画 .max

视频文件：视频教学 | Cha06 | 使用噪波修改器制作湖面动画 .avi

制作概述

本例将介绍如何使用【噪波】修改器制作湖面动画。为对象添加【噪波】修改器后，通过设置【参数】卷展栏中的参数调整对象的随机变化，效果如图 6-37 所示。

图 6-37　湖面动画

学习目标

学习使用【噪波】修改器制作湖面动画。

操作步骤

(1) 打开"使用噪波修改器制作湖面动画 .max"素材文件，选择【湖面】对象，切换到【修改】命令面板，在【修改器列表】中选择【噪波】修改器，如图 6-38 所示。

　　　　　　【噪波】修改器是一种用于模拟对象形状随机变化的重要动画工具，它主要通过沿着 X、Y、Z 3 个轴的任意组合调整对象顶点的位置。

(2) 单击【自动关键点】按钮，打开动画记录模式，将时间滑块拖曳至第 0 帧处，在【参数】卷展栏中将【噪波】选项组中的【种子】设置为 0，在【强度】选项组中的 X、Y、Z 分别设置为 500、700、300，勾选【动画噪波】复选框，将【频率】设置为 0.2，将【相位】设置为 100，如图 6-39 所示。

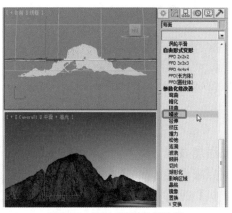
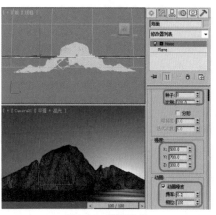

图 6-38 选择【噪波】修改器　　　　　　　　　　　图 6-39 设置参数

(3) 将时间滑块拖曳至第 100 帧处，将【相位】设置为 100，按 N 键关闭【自动关键点】，退出动画记录模式，在【摄影机】视图中拖动时间滑块观看效果，拖曳至第 65 帧时对该视图进行渲染，如图 6-40 所示，将时间滑块拖曳至第 100 帧处，对该帧进行渲染，如图 6-41 所示。

图 6-40 渲染第 65 帧的效果　　　　　　　　　　图 6-41 渲染第 100 帧的效果

提示　　【种子】：从设置的数中生成一个随机起始点。在创建地形时尤其有用，因为每种设置都可以生成不同的配置。

【比例】：设置噪波影响（不是强度）的大小。较大的值产生更为平滑的噪波，较小的值产生锯齿现象更严重的噪波。默认值为 100。

【分形】：根据当前设置产生分形效果。默认设置为禁用状态。如果启用【分形】，那么就可以使用【粗糙度】和【迭代次数】选项。

【粗糙度】：决定分形变化的程度。较低的值比较高的值更精细。范围为 0 ~ 1.0。默认设置为 0。

【迭代次数】：控制分形功能所使用的迭代（或是八度音阶）的数目。较小的迭代次数使用较少的分形能量并生成更平滑的效果。迭代次数为 1.0 与禁用【分形】效果一致。范围为 1.0 ~ 10.0。默认值为 6.0。

X、Y、Z：沿着三条轴的每一个设置噪波效果的强度。至少为这些轴中的一个输入值以产生噪波效果。默认值为 0.0、0.0、0.0。

【动画噪波】：调节【噪波】和【强度】参数的组合效果。

【频率】：设置正弦波的周期。调节噪波效果的速度。较高的频率使得噪波振动得更快。较低的频率产生较为平滑和更温和的噪波。

【相位】：移动基本波形的开始和结束点。默认情况下，动画关键点设置在活动帧范围的任意一端。通过在【轨迹视图】中编辑这些位置，可以更清楚地看到【相位】的效果。

案例精讲 074 使用涟漪修改器制作水面涟漪动画

📝 案例文件：CDROM|Scenes| Cha06 | 使用涟漪修改器制作水面涟漪动画 .max

💿 视频文件：视频教学 | Cha06 | 使用涟漪修改器制作水面涟漪动画 .avi

制作概述

本例将介绍如何制作水面涟漪动画。首先为对象添加【涟漪】修改器，打开动画记录模式，通过在不同的时间点来设置【涟漪】修改器的参数来添加关键帧，然后对【摄影机】视图进行渲染输出，效果如图 6-42 所示。

图 6-42 水面涟漪动画

学习目标

学会使用【涟漪】修改器制作水面涟漪动画。

操作步骤

(1) 打开"使用涟漪修改器制作水面涟漪动画 .max"素材文件，确定【水面】处于选择状态，切换至【修改】命令面板，在【修改器】列表中选择【涟漪】修改器，按 N 键打开动画记录模式，将时间滑块拖曳至第 0 帧位置，在【参数】卷展栏中将【振幅 1】、【振幅 2】、【波长】、【相位】、【衰退】分别设置为 15、10、15、2、0.006，如图 6-43 所示。

(2) 将时间滑块拖曳至第 55 帧处，在【参数】卷展栏中将【振幅 1】、【波长】、【相位】分别设置为 10.7、45、5，将时间滑块拖曳至第 100 帧处，将【振幅 1】、【振幅 2】、【波长】设置为 13.2、8.62、27.5，如图 6-44 所示。

知识链接

【振幅 1 / 振幅 2】：【振幅 1】在一个方向的对象上产生涟漪，而【振幅 2】为第一个右角 (也就是说，围绕垂直轴旋转 90 度) 创建相似的涟漪。

【波长】：指定波峰之间的距离。波长越长，给定振幅的涟漪越平滑越浅。默认设置为 50.0。

【相位】：转移对象上的涟漪图案。正数使图案向内移动，而负数使图案向外移动。当设置动画时，该效果变得特别清晰。

【衰退】：限制从中心生成的波的效果。

---

(3) 激活【摄影机】视图，按 N 键关闭动画记录模式，对【摄影机】视图进行渲染输出即可。

图 6-43 设置参数

图 6-44 设置关键帧

案例精讲 075 使用毛发和头发修改器制作小草生长动画

 案例文件：CDROM | Scenes | Cha06| 小草生长动画 .max

视频文件：视频教学 | Cha06| 小草生长动画 .avi

制作概述

本例将通过使用毛发和头发修改器制作小草生长动画。绘制草地范围轮廓后，为其添加【Hair 和 Fur(WSM)】修改器，然后设置自动关键帧的参数。完成后的效果如图 6-45 所示。

图 6-45 小草生长动画

学习目标

掌握【Hair 和 Fur(WSM)】修改器的使用方法。

操作步骤

(1) 启动软件后打开随书附带光盘中的 CDROM | Scenes | Cha06| 小草生长动画 .max 素材文件，如图 6-46 所示。

(2) 选择【创建】 |【图形】 |【样条线】|【线】工具，取消勾选【开始新图形】复选框，在【顶】视图中绘制草地范围轮廓，如图 6-47 所示。

图 6-46 打开的素材文件

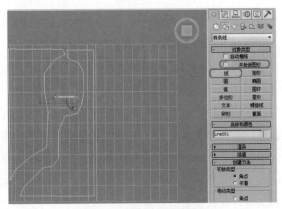

图 6-47 绘制草地范围轮廓

(3) 切换至【修改】命令面板，在【修改器列表】中右击 Line，在弹出的快捷菜单中选择【可编辑多边形】命令，将绘制的线转换为可编辑多边形，如图 6-48 所示。

(4) 然后在【修改器列表】中添加【Hair 和 Fur(WSM)】修改器，在【常规参数】卷展栏中，将【密度】、【比例】和【剪切长度】设置为 50，【根厚度】设置为 5，在【材质参数】卷展栏中，将【梢颜色】设置为 65、212、45，【根颜色】设置为 34、122、34，【值变化】设置为 16，【高光】设置为 96，【光泽度】设置为 100。在【显示】卷展栏中，将【百分比】设置为 2，【最大毛发数】设置为 1000，如图 6-49 所示。

知识链接

【Hair 和 Fur(WSM)】修改器可应用于要生长头发的任意对象，既可为网格对象也可为样条线对象。如果对象是网格对象，则头发将从整个曲面生长出来，除非选择了子对象。如果对象是样条线对象，头发将在样条线之间生长。

【毛发数量】：由 Hair 生成的头发总数。在某些情况下，这是一个近似值，但是实际的数量通常和指定数量非常接近。默认设置为 10000。范围为 0 ~ 10000000(千万)。

【头发段】：每根毛发的段数。默认设置为 5。范围为 1 ~ 150。该值等同于样条线段数，段数越多，卷发看起来就越自然，但是生成的网格对象就越大。对于非常直的直发，可将头发段设置为 1。

【头发过程数】：设置透明度。默认设置为 1。范围为 1 ~ 20。

【密度】：该数值设定整体头发密度，即其充当头发数量值的一个百分比乘数因子。默认设置为 100.0。范围为 0.0 ~ 100.0。

【比例】：设置头发的整体缩放比例。默认设置为 100.0。范围为 0.0 ~ 100.0。采用默认值 100.0 时，毛发为全尺寸。降低此值毛发将会变短。

【剪切长度】：该数值将整体头发长度设置为比例值的百分比乘数因子。默认设置为 100.0。范围为 0.0 ~ 100.0。

【随机比例】：将随机比例引入到渲染的头发中。默认设置为 40.0。范围为 0.0 ~ 100.0。

【根厚度】：控制发根的厚度。对于实例化的毛发，该值将整体厚度控制为原始对象尺寸在对象控件的 X 和 Y 轴的乘数因子。

【梢厚度】：控制发梢的厚度。

【位移】：头发从根到生长对象曲面的位移。默认设置为 0.0。范围为 –999999.0 ~ 999999.0。当渲染具有高的多边形数量的对象时，除了使用低多边形代理对象生长头发外，调整 "位移" 有助于使头发看上去就像从高的多边形对象生长一样，而不是浮在上面。

【插值】：启用之后，头发生长是插入到导向头发之间，且曲面将根据 "常规参数" 设置完全植入头发。禁用之后，Hair 只在生长对象的每个三角面上生成一根头发，受 "头发数量" 设置的限制。默认设置为启用。

图 6-48　选择【可编辑多边形】命令

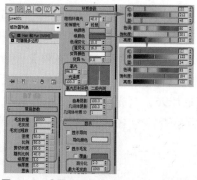

图 6-49　设置【Hair 和 Fur(WSM)】修改器

(5) 单击【自动关键点】按钮，开启动画记录模式，将时间滑块拖动到第 100 帧处，在【常规参数】卷展栏中，将【毛发数量】更改为 15000，【密度】和【比例】更改为 100.0，【剪切长度】更改为 70.0，如图 6-50 所示。

(6) 关闭开启动画记录模式，在【顶】视图中，将 Line 对象进行复制，将复制的对象分别调整到 Line 对象两侧，如图 6-51 所示。最后渲染【摄影机】视图并将场景文件进行保存。

图 6-50　设置第 100 帧参数

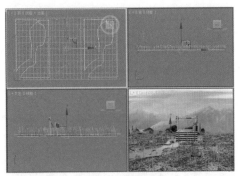

图 6-51　复制对象

案例精讲 076　使用波浪修改器制作波浪文字动画

案例文件：CDROM | Scenes | Cha06| 波浪文字动画 .max

视频文件：视频教学 | Cha6| 波浪文字动画 .avi

制作概述

本例将介绍波浪文字动画的制作方法。首先设置摄影机动画，然后为场景中的文字添加【波浪】修改器并设置相应的动画参数。完成后的效果如图 6-52 所示。

图 6-52　波浪文字动画

学习目标

掌握波浪文字动画的制作方法。

操作步骤

(1) 启动软件后打开随书附带光盘中的 CDROM | Scenes | Cha6| 波浪文字动画 .max 文件，如图 6-53 所示。

(2) 选择【创建】|【摄影机】|【目标】工具，在【顶】视图中创建一个目标摄影机，激活【透视】视图，按 C 键将【透视】视图转换为【摄影机】视图，然后在【前】视图中调整摄影机的位置，如图 6-54 所示。

图 6-53　打开的素材文件

图 6-54　调整摄影机位置

(3) 单击【自动关键点】按钮，开启动画记录模式，将时间滑块拖曳到第 40 帧处，然后在【前】视图中调整摄影机的位置，如图 6-55 所示。

(4) 再次单击【自动关键点】按钮，关闭动画记录模式。选中场景中的文字，切换至【修改】命令面板，为其添加【波浪】修改器，将【振幅 1】和【振幅 2】都设置为 9.0，然后单击【自动关键点】按钮，开启动画记录模式，如图 6-56 所示。

> **知识链接**
>
> 【波浪】修改器可以在对象几何体上产生波浪效果。通过变换【波浪】修改器的 Gizmo 和中心，能够增加不同的波浪效果。

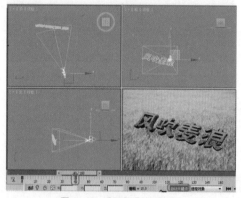
图 6-55　设置摄影机动画

图 6-56　添加【波浪】修改器并设置参数

(5) 将时间滑块拖曳到第 150 帧处，将【振幅 1】和【振幅 2】都设置为 10.0，【相位】设置为 1.5，如图 6-57 所示。

(6) 再次单击【自动关键点】按钮，关闭动画记录模式。选中【摄影机】视图，按 F10 键打开【渲染设置】对话框，对渲染参数进行相应的设置，单击【渲染】按钮进行渲染，如图 6-58 所示。最后将场景文件进行保存。

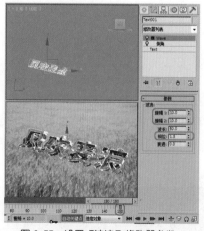
图 6-57　设置【波浪】修改器参数

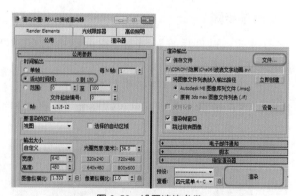
图 6-58　设置渲染参数

第 7 章
摄影机及灯光动画

本章重点

- ◆ 使用摄影机制作仰视旋转动画
- ◆ 使用摄影机制作俯视旋转动画
- ◆ 使用摄影机制作穿梭动画
- ◆ 使用摄影机制作旋转动画
- ◆ 使用摄影机制作平移动画
- ◆ 使用自由聚光灯制作灯光摇曳动画
- ◆ 使用泛光灯制作灯光闪烁动画
- ◆ 使用区域泛光灯制作日落动画
- ◆ 使用泛光灯制作太阳升起动画
- ◆ 使用平行灯光制作阳光移动动画

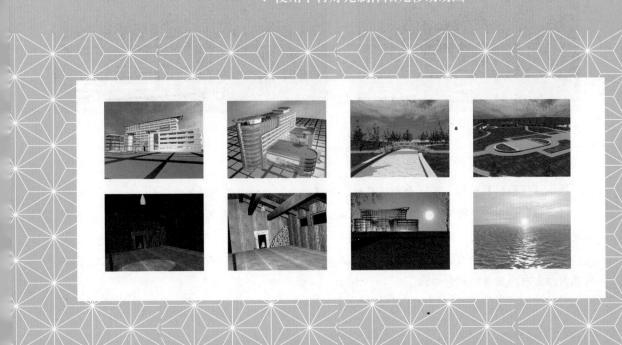

摄影机好比人的眼睛，创建场景对象，布置灯光，调整材质所创作的效果图都要通过这双"眼睛"来观察，而灯光是画面视觉信息与视觉造型的基础，没有光便无法体现物体的形状、质感和颜色。本章将介绍摄影机及灯光动画的制作。

案例精讲 077 使用摄影机制作仰视旋转动画

案例文件：CDROM | Scenes | Cha07 | 使用摄影机制作仰视旋转动画 .max

视频文件：视频教学 | Cha07 | 使用摄影机制作仰视旋转动画 .avi

制作概述

本例将介绍使用摄影机制作仰视旋转动画。在建筑动画中，制作摄影机仰视旋转的镜头是非常常见的，完成后的效果如图 7-1 所示。

学习目标

学会使用摄影机制作仰视旋转动画。

图 7-1 仰视旋转动画

操作步骤

(1) 启动 Max 2014 后，打开"使用摄影机制作仰视旋转动画 .max"素材文件，如图 7-2 所示。

(2) 进入【创建】命令面板，在【摄影机】对象面板中单击【目标】按钮，然后在视图中创建目标摄影机，激活【透视】视图，按 C 键将其转换为【摄影机】视图，在【参数】卷展栏中将【镜头】设置为 24，并在其他视图中调整其位置，如图 7-3 所示。

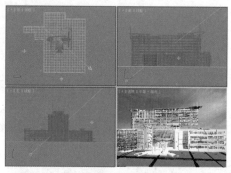

图 7-2 打开的素材文件

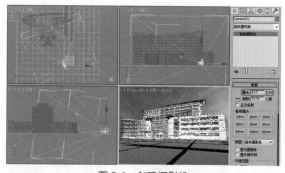

图 7-3 创建摄影机

知识链接

进入【摄影机】面板，可以看到【目标】和【自由】两种类型的摄影机。

【目标】：用于查看目标对象周围的区域。它有摄影机、目标点两部分，可以很容易地单独进行控制调整。

【自由】：用于查看注视摄影机方向的区域。它没有目标点，不能单独进行调整，它可以用来制作室内外装潢的环游动画。

(3)将时间滑块拖曳至第100帧处,单击【自动关键点】按钮,然后在视图中调整摄影机位置,如图7-4所示。

(4)再次单击【自动关键点】按钮,将其关闭。然后设置动画的渲染参数,渲染动画。如图7-5所示为渲染的静帧效果。

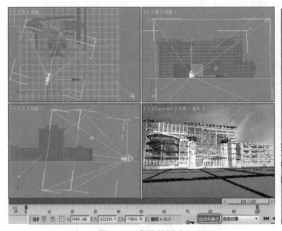

图 7-4　设置关键点

图 7-5　渲染效果

案例精讲 078　使用摄影机制作俯视旋转动画

案例文件：CDROM | Scenes | Cha07 | 使用摄影机制作俯视旋转动画 .max

视频文件：视频教学 | Cha07 | 使用摄影机制作俯视旋转动画 .avi

制作概述

本案例将介绍使用摄影机制作俯视旋转动画。该动画仍然使用设置关键点的制作方法来完成,完成后的效果如图7-6所示。

学习目标

学会使用摄影机制作俯视旋转动画。

图 7-6　俯视旋转动画

操作步骤

(1)按 Ctrl+O 组合键,打开"使用摄影机制作俯视旋转动画 .max"素材文件,如图7-7所示。

(2)进入【创建】命令面板,在【摄影机】对象面板中单击【目标】按钮,然后在视图中创建目标摄影机,激活【透视】视图,按 C 键将其转换为【摄影机】视图,在【参数】卷展栏中将【镜头】设置为38,并在其他视图中调整其位置,如图7-8所示。

知识链接

　　【目标】摄影机：用于查看目标对象周围的区域,它有摄影机、目标点两部分。

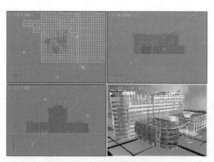

图 7-7　打开的原素材文件

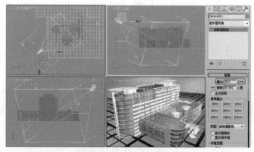

图 7-8　创建摄影机

(3) 将时间滑块拖曳至第 100 帧处，单击【自动关键点】按钮，然后在视图中调整摄影机位置，并在【参数】卷展栏中将【镜头】设置为 33，如图 7-9 所示。

(4) 再次单击【自动关键点】按钮，将其关闭。然后设置动画的渲染参数，渲染动画。如图 7-10 所示为渲染的静帧效果。

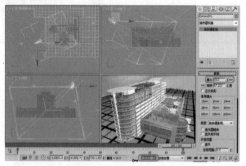

图 7-9　调整摄影机

图 7-10　渲染效果

案例精讲 079　使用摄影机制作穿梭动画

案例文件：CDROM | Scenes | Cha07 | 使用摄影机制作穿梭动画 .max

视频文件：视频教学 | Cha07 | 使用摄影机制作穿梭动画 .avi

制作概述

本案例将介绍使用摄影机制作穿梭动画。该动画通过设置多个关键点，调整摄影机和目标点来完成，完成后的效果如图 7-11 所示。

学习目标

学会使用摄影机制作穿梭动画。

图 7-11　穿梭动画

操作步骤

(1) 按 Ctrl+O 组合键，打开"使用摄影机制作穿梭动画 .max"素材文件，如图 7-12 所示。

(2) 进入【创建】命令面板，在【摄影机】对象面板中单击【目标】按钮，然后在视图中创建目标摄影机，激活【透视】视图，按 C 键将其转换为【摄影机】视图，并在其他视图中调整其位置，如图 7-13 所示。

图 7-12　打开的素材文件

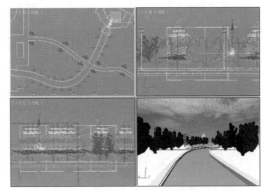

图 7-13　创建摄影机

(3) 将时间滑块拖曳至第 30 帧处，单击【自动关键点】按钮，然后在视图中调整摄影机位置，如图 7-14 所示。

(4) 将时间滑块拖曳至第 40 帧处，在视图中调整摄影机位置，如图 7-15 所示。

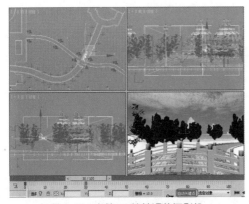

图 7-14　在第 30 帧处调整摄影机

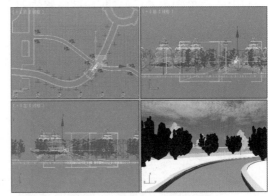

图 7-15　在第 40 帧处调整摄影机

(5) 将时间滑块拖曳至第 50 帧处，在视图中调整摄影机位置，如图 7-16 所示。

(6) 将时间滑块拖曳至第 60 帧处，在视图中调整摄影机位置，如图 7-17 所示。

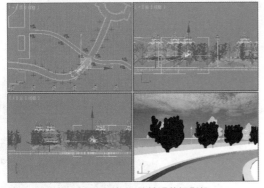

图 7-16　在第 50 帧处调整摄影机

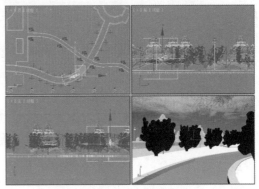

图 7-17　在第 60 帧处调整摄影机

(7) 将时间滑块拖曳至第 70 帧处，在视图中调整摄影机位置，如图 7-18 所示。

(8) 将时间滑块拖曳至第 100 帧处，在视图中调整摄影机位置，如图 7-19 所示。

图 7-18　在第 70 帧处调整摄影机

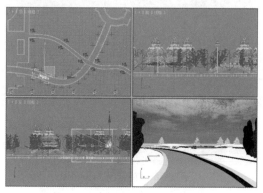

图 7-19　在第 100 帧处调整摄影机

(9) 再次单击【自动关键点】按钮，将其关闭。然后设置动画的渲染参数，渲染动画。当渲染到第 20 帧处时，动画效果如图 7-20 所示。

(10) 当渲染到第 80 帧处时，动画效果如图 7-21 所示。

图 7-20　渲染到第 20 帧处的动画效果

图 7-21　渲染到第 80 帧处的动画效果

案例精讲 080　使用摄影机制作旋转动画

📝 案例文件：CDROM | Scenes | Cha07 | 使用摄影机制作旋转动画 .max

🎬 视频文件：视频教学 | Cha07 | 使用摄影机制作旋转动画 .avi

制作概述

本案例将介绍使用摄影机制作旋转动画。通过制作旋转动画，可以非常方便地浏览场景对象，完成后的效果如图 7-22 所示。

学习目标

学会使用摄影机制作旋转动画。

图 7-22　旋转动画

操作步骤

(1) 按 Ctrl+O 组合键，打开"使用摄影机制作旋转动画 .max"素材文件，如图 7-23 所示。

(2) 进入【创建】命令面板，在【摄影机】对象面板中单击【目标】按钮，然后在视图中创建目标摄影机，激活【透视】视图，按 C 键将其转换为【摄影机】视图，并在其他视图中调整其位置，如图 7-24 所示。

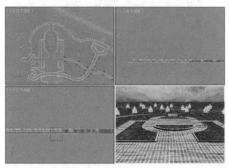

图 7-23　打开的素材文件

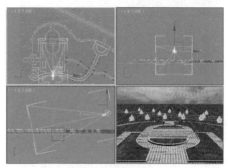

图 7-24　创建摄影机

(3) 将时间滑块拖曳至第 11 帧处，单击【自动关键点】按钮，然后在视图中调整摄影机位置，如图 7-25 所示。

(4) 将时间滑块拖曳至第 22 帧处，在视图中调整摄影机位置，如图 7-26 所示。

图 7-25　在第 11 帧处调整摄影机

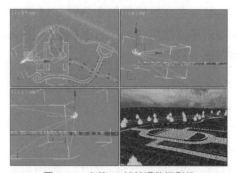

图 7-26　在第 22 帧处调整摄影机

(5) 将时间滑块拖曳至第 35 帧处，在视图中调整摄影机位置，如图 7-27 所示。

(6) 将时间滑块拖曳至第 45 帧处，在视图中调整摄影机位置，如图 7-28 所示。

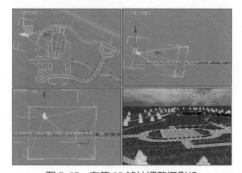

图 7-27　在第 35 帧处调整摄影机

图 7-28　在第 45 帧处调整摄影机

(7) 将时间滑块拖曳至第 60 帧处，在视图中调整摄影机位置，如图 7-29 所示。

(8) 再次单击【自动关键点】按钮，将其关闭。然后设置动画的渲染参数，渲染动画。如图 7-30 所示为渲染的静帧效果。

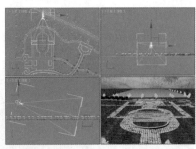

图 7-29　在第 60 帧处调整摄影机

图 7-30　渲染效果

案例精讲 081　使用摄影机制作平移动画

 案例文件：CDROM | Scenes | Cha07 | 使用摄影机制作平移动画 .max

视频文件：视频教学 | Cha07 | 使用摄影机制作平移动画 .avi

制作概述

本案例将介绍使用摄影机制作平移动画。该动画效果的制作主要是通过使用【推拉摄影机】工具 来完成的，完成后的效果如图 7-31 所示。

学习目标

学会使用摄影机制作平移动画。

图 7-31　平移动画

操作步骤

(1) 按 Ctrl+O 组合键，打开"使用摄影机制作平移动画 .max"素材文件，如图 7-32 所示。

(2) 进入【创建】命令面板，在【摄影机】对象面板中单击【目标】按钮，然后在视图中创建目标摄影机，激活【透视】视图，按 C 键将其转换为【摄影机】视图，并在其他视图中调整其位置，如图 7-33 所示。

图 7-32　打开的素材文件

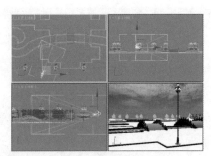

图 7-33　创建摄影机

(3) 将时间滑块拖曳至第 100 帧处，单击【自动关键点】按钮，激活【摄影机】视图，并在摄影机视口控制区域单击【推拉摄影机】按钮，如图 7-34 所示。

(4) 然后在【摄影机】视图中向前推进摄影机，效果如图 7-35 所示。

图 7-34　单击【推拉摄影机】按钮

图 7-35　推进摄影机

(5) 再次单击【自动关键点】按钮，将其关闭。然后设置动画的渲染参数，渲染动画。当渲染到第 20 帧处时，动画效果如图 7-36 所示。

(6) 当渲染到第 100 帧处时，动画效果如图 7-37 所示。

图 7-36　渲染到第 20 帧的动画效果

图 7-37　渲染到第 100 帧的动画效果

案例精讲 082　使用自由聚光灯制作灯光摇曳动画

 案例文件：CDROM | Scenes |Cha07| 灯光摇曳动画 .max

视频文件：视频教学 | Cha07 | 使用自由聚光灯制作灯光摇曳动画 .avi

制作概述

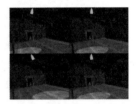

　　本例将介绍如何制作灯光摇曳动画，其中制作重点是将自由聚光灯和吊灯绑定在一起，通过设置吊顶的角度使灯光产生摆动的效果，完成后的效果如图 7-38 所示。

图 7-38　灯光摇曳动画

学习目标

学会如何制作灯光摇曳动画。

操作步骤

　　(1) 启动软件后打开随书附带光盘中的 CDROM|Scenes|Cha07| 灯光摇曳动画 .max 素材文件，如图 7-39 所示。

　　(2) 选择【创建】|【灯光】|【标准】|【自由聚光灯】命令，在【顶】视图中创建一盏自由聚光灯，如图 7-40 所示。

知识链接

　　【自由聚光灯】：产生锥形照射区域，它是一种受限制的目标聚光灯，因为只能控制它的整个图标，而无法在视图中分别对发射点和目标点进行调节。它的优点是不会在视图中改变投射范围，特别适合用作一些动画的灯光，例如摇晃的船桅灯、晃动的手电筒、舞台上的投射灯等。

提示

　　当第一次在场景中添加光源时，3ds Max 关闭默认的光源，这样就可以看到我们所建立的灯光的效果。只要场景中有灯光存在，无论它们是打开的，还是关闭的，默认的光源将一起被关闭。当场景中所有的灯光都被删除时，默认的光源将自动恢复。

图 7-39　打开的素材文件

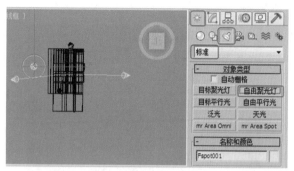
图 7-40　创建自由聚光灯

（3）切换到【修改】命令面板中，在【强度/颜色/衰减】卷展栏中将【倍增】设为0.5，将灯光颜色设为白色，如图7-41所示。

 提示　　　　　【强度/颜色/衰减】卷展栏是标准的附加参数卷展栏，它主要对灯光的颜色、强度以及灯光的衰减进行设置。

（4）调整自由聚光灯的位置，在工具选项栏中选择【选择并链接】工具，将上一步创建的自由聚光灯绑定到【吊灯】对象上，如图7-42所示。

知识链接

　　【选择并链接】：使用【选择并链接】工具可以通过将两个对象链接作为子和父，子级将继承应用于父级的变换（移动、旋转、缩放），但是子级的变换对父级没有影响。

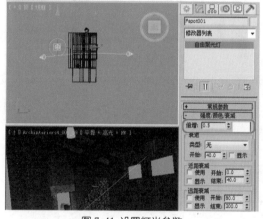
图 7-41　设置灯光参数

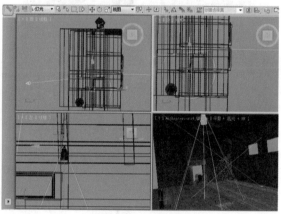
图 7-42　链接对象

（5）选择【吊灯】对象，单击【设置关键点】按钮，打开手动关键帧模式，将时间滑块移动到第0帧位置，单击【设置关键点】按钮，添加关键帧，然后将时间滑块移动到第30帧位置，在【摄影机】视图中，使用【选择并旋转】工具对【吊灯】对象进行旋转，并添加关键帧，如图7-43所示。

（6）将时间滑块移动到第60帧位置，继续对【吊灯】对象进行旋转，添加关键帧，如图7-44

所示。

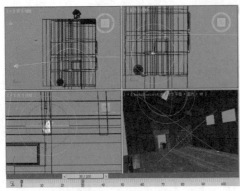

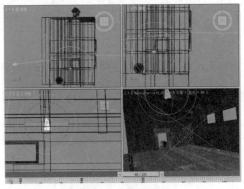

图 7-43　添加关键帧　　　　　　　　　　　　图 7-44　添加关键帧

(7) 将时间滑块移动到第 85 帧处，继续对【吊灯】对象进行旋转，添加关键帧，如图 7-45 所示。

(8) 将时间滑块移动到第 100 帧处，继续对【吊灯】对象进行旋转，添加关键帧，如图 7-46 所示。

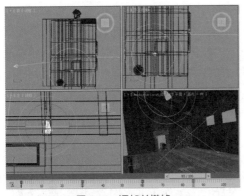

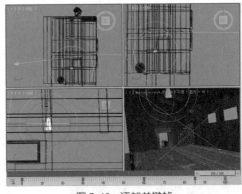

图 7-45　添加关键帧　　　　　　　　　　　　图 7-46　添加关键帧

(9) 关闭动画记录模式，激活【摄影机】视图，对动画进行输出。

案例精讲 083　使用泛光灯制作灯光闪烁动画

案例文件：CDROM | Scenes |Cha07|灯光闪烁动画 .max

视频文件：视频教学 | Cha07 | 使用泛光灯制作灯光闪烁动画 .avi

制作概述

本例将制作灯光闪烁动画。灯光闪烁动画的制作关键在于灯光【倍增】和光晕【倍增】的设置，通过调整其曲线，使其循环，完成后的效果如图 7-47 所示。

图 7-47　灯光闪烁动画

学习目标

学会如何制作灯光闪烁动画。

操作步骤

(1) 启动软件后打开随书附带光盘中的 CDROM | Scenes |Cha07| 灯光闪烁动画 .max 素材文件，如图 7-48 所示。

(2) 选择【创建】|【灯光】|【标准】|【泛光】命令，在【前】视图中创建一盏泛光灯，并将泛光灯的位置调整到灯泡对象内部，如图 7-49 所示。

知识链接

【泛光灯】：向四周发散光线，标准的泛光灯用来照亮场景，它的优点是易于建立和调节，不用考虑是否有对象在范围外而不被照射；缺点就是不能创建太多，否则显得无层次感。泛光灯可以投射阴影和投影，单个投射阴影的泛光灯等同于 6 盏聚光灯的效果，从中心指向外侧。

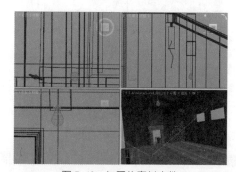

图 7-48　打开的素材文件

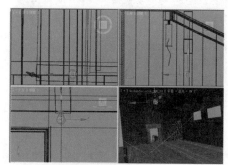

图 7-49　创建泛光灯

(3) 将时间滑块移动到第 0 帧处，按 N 键开启动画记录模式，切换到【修改】命令面板，在【强度 / 颜色 / 衰减】卷展栏中设置【倍增】为 0，如图 7-50 所示。

(4) 将时间滑块移动到第 15 帧处，【强度 / 颜色 / 衰减】卷展栏中设置【倍增】为 1.5，如图 7-51 所示。

图 7-50　添加关键帧

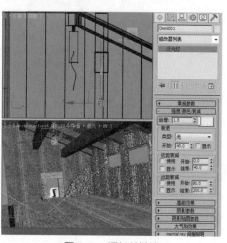

图 7-51　添加关键帧

(5) 在【强度/颜色/衰减】卷展栏中单击灯光【倍增】后面的色块，将其颜色的 RGB 值设置为 255、242、195，激活【摄影机】视图，进行渲染查看效果，如图 7-52 所示。

(6) 将时间滑块移动到第 30 帧处，将【倍增】设为 0，继续添加关键帧，按 N 键退出动画记录模式，如图 7-53 所示。

知识链接

　　【倍增】：指定正数或负数量来增强灯光的能量，例如输入"2"表示灯光亮度增强 2 倍。使用这个参数提高场景亮度时，有可能会引起颜色过亮，还可能产生视频输出中不可用的颜色，所以除非是制作特定案例或特殊效果，否则应保持在 1 状态。

图 7-52　渲染查看效果

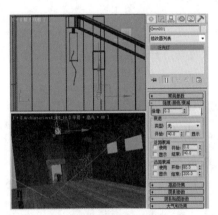
图 7-53　继续添加关键帧

(7) 切换到【大气和效果】卷展栏中单击【添加】按钮，在弹出的对话框中选择【镜头效果】，单击【确定】按钮，添加【镜头效果】，如图 7-54 所示。

(8) 在【大气和效果】卷展栏中选择添加【镜头效果】，单击【设置】按钮，在弹出的【环境和效果】对话框中展开【镜头效果参数】卷展栏，并添加【镜头光晕】效果，如图 7-55 所示。

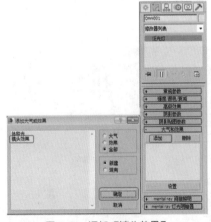
图 7-54　添加【镜头效果】

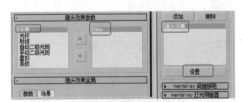
图 7-55　添加【镜头光晕】效果

(9) 将时间滑块移动到第 15 帧处，按 N 键开启动画记录模式，在【光晕元素】卷展栏中将【强度】设为 170，并单击【径向颜色】选项组的第二个色块的 RGB 值设为 255、246、0，如图 7-56 所示。

(10)将时间滑块移动到 0 帧位置，将【光晕元素】卷展栏中的【强度】设为 100，添加关键帧，如图 7-57 所示。

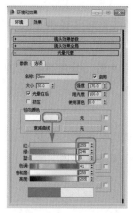

图 7-56　添加关键帧

图 7-57　添加关键帧

知识链接

　　【名称】：显示效果的名称。使用镜头效果，一个镜头效果实例下可以包含许多不同的效果。为了使这些效果组织有序，通常需要为效果命名，确保在更改参数时，可以将参数更改为正确的效果。

　　【启用】：激活时将效果应用于渲染图像。

　　【大小】：确定效果的大小。

　　【强度】：控制单个效果的总体亮度和不透明度。值越大，效果越亮越不透明，值越小，效果越暗越透明。

　　【光晕在后】：提供可以在场景中的对象后面显示的效果。

　　【阻光度】：确定镜头效果场景阻光度参数对特定效果的影响程度。输入的值确定将应用【镜头效果全局】面板中设置的哪个阻光度百分比。

　　【挤压】：确定是否应用挤压效果。激活该选项后，将根据【挤压】微调器中【参数】面板下的【镜头效果全局】挤压效果。

　　【使用源色】：将应用效果的灯光或对象的源色与【径向颜色】或【环绕颜色】参数中设置的颜色或贴图混合。如果值为 0，只使用【径向颜色】或【环绕颜色】参数中设置的值，而如果值为 100，只使用灯光或对象的源色。0 到 100 之间的任意值将渲染源色和效果的颜色参数之间的混合。

　　【径向颜色】选项组中各选项介绍如下。

　　【径向颜色】：设置影响效果的内部颜色和外部颜色。可以通过设置色样，设置镜头效果的内部颜色和外部颜色。也可以使用渐变位图或细胞位图等确定径向颜色。

第 7 章　摄影机及灯光动画

221

【衰减曲线】：显示【径向衰减】对话框，在该对话框中可以设置【径向颜色】中使用的颜色的权重。通过操纵"衰减曲线"，可以使效果更多地使用颜色或贴图。也可以使用贴图确定在使用灯光作为镜头效果光源时的衰减。

【环绕颜色】选项组中各选项介绍如下。

【环绕颜色】通过使用四种与效果的四个四分之一圆匹配的不同色样确定效果的颜色。也可以使用贴图确定环绕颜色。

【混合】：混合在【径向颜色】和【环绕颜色】中设置的颜色。如果将微调器设置为0，将只使用【径向颜色】中设置的值，如果将微调器设置为100，将只使用【环绕颜色】中设置的值。0到100之间的任何值将在两个值之间混合。

【衰减曲线】：显示【环绕衰减】对话框，在该对话框中可以设置"环绕颜色"中使用的颜色的权重。通过操纵"衰减曲线"，可以使效果更多地使用颜色或贴图。也可以使用贴图确定在使用灯光作为镜头效果光源时的衰减。

【径向大小】选项组中各选项介绍如下。

确定围绕特定镜头效果的径向大小。单击【大小曲线】按钮将显示【径向大小】对话框。使用【径向大小】对话框可以在线上创建点，然后将这些点沿着图形移动，确定效果应放在灯光或对象周围的哪个位置。也可以使用贴图确定效果应放在哪个位置。使用复选框激活贴图。

(11) 退出动画记录模式，在工具栏中单击【曲线编辑器】按钮，弹出【轨迹视图-曲线编辑器】对话框，在左侧窗口中选择【倍增】选项，并选择其所有的关键帧，如图 7-58 所示。

(12) 在菜单栏中选择【编辑】|【控制器】|【超出范围类型】命令，在弹出的【参数曲线超出范围类型】对话框中选择【循环】类型，如图 7-59 所示。

(13) 动画设置完成后，激活【摄影机】视图，对动画进行渲染输出。

提示 在【参数曲线超出范围类型】对话框中，可以设置动画在超出用户所定义关键帧范围以外的物体的运动情况，合理地选择参数曲线越界类型可以缩短制作周期。例如，制作物体周期循环运动的动画时，可以只创建若干帧的动画，而其他帧的动画可以根据参数曲线越界类型的设置选择如何继续运动下去。

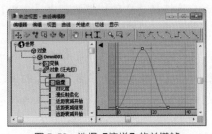

图 7-58　选择【倍增】的关键帧

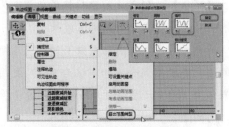

图 7-59　选择【循环】类型

知识链接

【循环】类型：使当前关键帧范围的动画重复播放，此方式会将动画首尾对称连接，不会产生跳跃效果。

案例精讲 084 使用区域泛光灯制作日落动画

制作概述

本例将讲解如何制作日落动画。首先利用区域泛光灯通过设置其倍增和颜色，然后对其添加镜头效果，设置不同参数最终得到日落动画，最终效果如图 7-60 所示。

图 7-60　日落动画

学习目标

学会如何利用区域泛光灯设置日落动画。

操作步骤

(1) 启动软件后打开随书附带光盘中的 CDROM | Scenes |Cha07| 日落动画 .max 素材文件，如图 7-61 所示。

(2) 选择【创建】|【灯光】|【标准】|mr Area omni 选项，在【摄影机】视图创建一盏区域泛光灯，如图 7-62 所示。

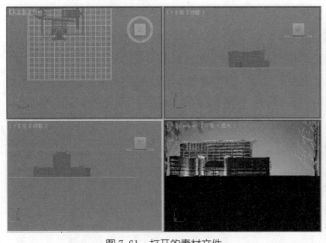

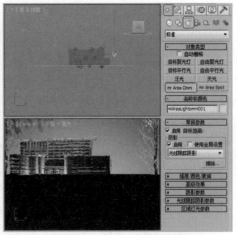

图 7-61　打开的素材文件　　　　　图 7-62　创建区域泛光灯

 当使用 Mental ray 渲染器渲染场景时，区域泛光灯从球体或圆柱体体积发射光线，而不是从点源发射光线。使用默认的扫描线渲染器，区域泛光灯像其他标准的泛光灯一样发射光线。

(3) 切换到【修改】命令面板中，在【常规参数】卷展栏单击【排除】按钮，在弹出的【排除 / 包含】对话框中选中【包含】单选按钮，如图 7-63 所示。

(4) 在【强度 / 颜色 / 衰减】卷展栏中将【倍增】设为 1.5，单击其后面的色块按钮，在弹出的对话框中将 RGB 值设置为 249、166、34，如图 7-64 所示。

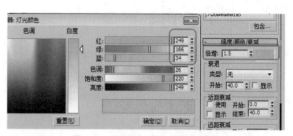

图 7-63　选择包容对象　　　　　　　图 7-64　设置灯光的倍增和颜色

(5) 在【大气和效果】卷展栏中，单击【添加】按钮，在弹出的对话框中选择【镜头效果】选项，单击【确定】按钮，如图 7-65 所示。

(6) 在【大气和效果】卷展栏中选择添加的【镜头效果】，并单击【设置】按钮，在弹出的对话框中展开【镜头效果参数】卷展栏，在左侧列表中选择【光晕】和【星形】特效，并添加该特效，如图 7-66 所示。

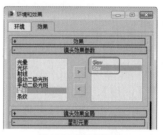

图 7-65　添加【镜头效果】　　　　　　　图 7-66　添加特效

(7) 选择【星形】特效，在【星形元素】卷展栏中将【大小】、【宽度】和【锥化】分别设为 5、1、0.5，将【强度】、【角度】和【锐化】分别设为 2、20、1，如图 7-67 所示。

(8) 在【镜头效果参数】卷展栏中选择【条纹】效果，进行添加，在【条纹元素】卷展栏将【大小】、【宽度】和【锥化】分别设为 20、1、0.6，将【强度】、【角度】和【锐化】分别设为 8、–15 和 7，如图 7-68 所示。

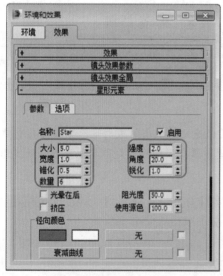
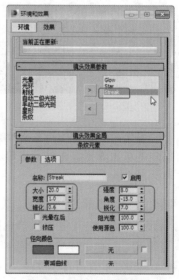

图 7-67　设置【星形元素】　　　　　　　图 7-68　设置【条纹元素】

知识链接

【名称】：显示效果的名称。使用镜头效果，一个镜头效果实例下可以包含许多不同的效果。为了使这些效果组织有序，需要为效果命名，确保在更改参数时，可以将参数更改为正确的效果。

【启用】：激活时将效果应用于渲染图像。

【大小】：确定效果的大小。

【强度】：控制单个效果的总体亮度和不透明度。值越大，效果越亮越不透明，值越小，效果越暗越透明。

【宽度】：指定单个辐射线的宽度，以占整个帧的百分比表示。

【角度】：设置星形辐射线点的开始角度（度）。可以输入正值也可以输入负值，这样在设置动画时，星形辐射线可以绕顺时针或逆时针方向旋转。

【锥化】：控制星形的各辐射线的锥化。锥化使各星形点的末端变宽或变窄。数字较小，末端较尖，而数字较大，则末端较平。

【锐化】：指定星形的总体锐度。数字越大，生成的星形越鲜明、清洁和清晰。数字越小，产生的二级光晕越多。范围从 0 到 10。

【数量】：指定星形效果中的辐射线数。默认值为 6。辐射线围绕光斑中心按照等距离点间隔。

【光晕在后】：提供可以在 3ds Max 场景中的对象后面显示的效果。

【阻光度】：确定镜头效果场景阻光度参数对特定效果的影响程度。输入的值确定将应用【镜头效果全局】面板中设置的哪个阻光度百分比。

【挤压】：确定是否将挤压效果。激活该选项后，将根据【挤压】微调器中【参数】面板下的【镜头效果全局】挤压效果。

【使用源色】：将应用效果的灯光或对象的源色与【径向颜色】或【环绕颜色】参数中设置的颜色或贴图混合。如果值为 0，只使用【径向颜色】或【环绕颜色】参数中设置的值，而如果值为 100，只使用灯光或对象的源色。0 到 100 之间的任意值将渲染源色和效果的颜色参数之间的混合。

(9) 按 N 键开启动画记录模式，将时间滑块移动到 100 帧位置，将调整泛光灯的位置，并在【强度/颜色/衰减】卷展栏中将【倍增】设为 1.2，如图 7-69 所示。

(10) 打开【环境和效果】对话框，选择【星形】元素，在【星形元素】卷展览中将【宽度】、【锥化】、【角度】和【锐化】分别设为 1.5、0.8、15、1.5，如图 7-70 所示。

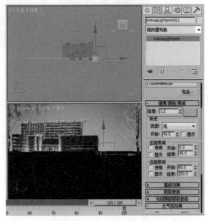

图 7-69 添加关键帧

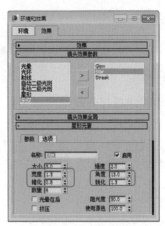

图 7-70 添加关键帧

(11) 选择【条纹】元素，在【条纹元素】卷展栏中将【强度】和【角度】分别设为12、90，如图 7-71 所示。

(12) 关闭动画记录模式，对场景动画进行输出渲染到第 50 帧时的效果如图 7-72 所示。

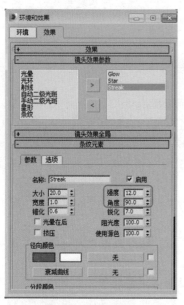

图 7-71　添加关键帧

图 7-72　渲染到第 50 帧时效果

案例精讲 085　使用泛光灯制作太阳升起动画

 案例文件：CDROM | Scenes | Cha07 | 使用泛光灯制作太阳升起动画 .max

 视频文件：视频教学 | Cha07 | 使用泛光灯制作太阳升起动画 .avi

制作概述

本案例将介绍使用泛光灯制作太阳升起动画。该案例首先通过为泛光灯添加镜头效果来模拟太阳，然后通过设置关键帧制作太阳升起动画，完成后的效果如图 7-73 所示。

学习目标

学会使用泛光灯制作太阳升起动画。

操作步骤

(1) 启动软件后打开随书附带光盘中的 CDROM | Scenes | Cha07 | 使用泛光灯制作太阳升起动画 .max 素材文件，如图 7-74 所示。

(2) 进入【创建】命令面板，在【灯光】对象面板中单击【泛光】按钮，然后在视图中创建一盏泛光灯，如图 7-75 所示。

图 7-73　太阳升起动画

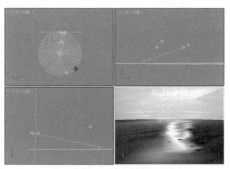

图 7-74 打开的素材文件

图 7-75 创建泛光灯

(3) 确认创建的泛光灯处于选中状态，切换到【修改】命令面板，在【强度 / 颜色 / 衰减】卷展栏中将【倍增】设置为 0.7，将灯光颜色的 RGB 值分别设置为 255、255、228，如图 7-76 所示。

(4) 在【大气和效果】卷展栏中，单击【添加】按钮，在弹出的【添加大气或效果】对话框中选择【镜头效果】选项，单击【确定】按钮，即可添加【镜头效果】，如图 7-77 所示。

图 7-76 设置灯光的倍增和颜色

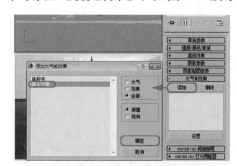

图 7-77 添加镜头效果

(5) 选择添加的【镜头效果】，单击【设置】按钮，弹出【环境和效果】对话框，在【镜头效果参数】卷展栏中为灯光添加【光晕】效果，如图 7-78 所示。

(6) 然后在【光晕元素】卷展栏中，将【大小】设置为 45，将【强度】设置为 160，并取消勾选【光晕在后】复选框，如图 7-79 所示。

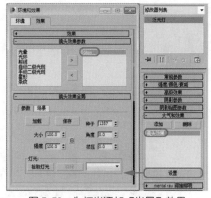

图 7-78 为灯光添加【光晕】效果

图 7-79 设置光晕参数

(7) 将时间滑块拖曳至第 300 帧处，单击【自动关键点】按钮，然后使用【选择并移动】

工具 ✛ 在【前】视图中调整泛光灯的位置，如图 7-80 所示。

(8) 然后在【强度 / 颜色 / 衰减】卷展栏中将【倍增】设置为 1，将灯光颜色的 RGB 值分别设置为 255、255、166，如图 7-81 所示。

图 7-80　调整泛光灯位置

图 7-81　设置泛光灯参数

(9) 再次单击【自动关键点】按钮，将其关闭。然后设置动画的渲染参数，渲染动画。当渲染到第 10 帧处时，动画效果如图 7-82 所示。

(10) 当渲染到第 200 帧处时，动画效果如图 7-83 所示。

图 7-82　渲染到第 10 帧的动画效果

图 7-83　渲染到第 200 帧的动画效果

案例精讲 086　使用平行灯光制作阳光移动动画

📖 案例文件：CDROM | Scenes | Cha07 | 使用平行灯光制作阳光移动动画 .max

🎬 视频文件：视频教学 | Cha07 | 使用平行灯光制作阳光移动动画 .avi

制作概述

本案例将介绍使用平行灯光制作阳光移动动画。该案例主要通过创建泛光灯和目标平行光来模拟太阳和阳光照射效果，如图 7-84 所示。

学习目标

学会使用泛光灯模拟太阳。

学会使用目标平行光模拟阳光照射效果。

图 7-84　阳光移动动画

通过添加关键帧制作阳光移动动画

操作步骤

（1）启动软件后打开随书附带光盘中的 CDROM | Scenes | Cha07 | 使用平行灯光制作阳光移动动画 .max 素材文件，如图 7-85 所示。

（2）进入【创建】命令面板，在【灯光】对象面板中单击【泛光】按钮，然后在视图中创建一盏泛光灯，如图 7-86 所示。

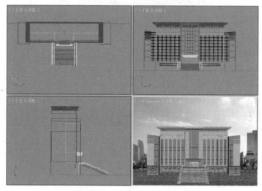

图 7-85　打开的素材文件

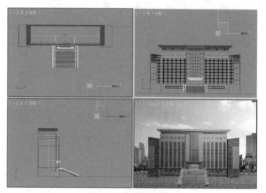

图 7-86　创建泛光灯

（3）确认创建的泛光灯处于选中状态，切换到【修改】命令面板，在【强度 / 颜色 / 衰减】卷展栏中将【倍增】设置为 1.2，将灯光颜色的 RGB 值设置为 245、224、205，如图 7-87 所示。

（4）在【大气和效果】卷展栏中，单击【添加】按钮，在弹出的【添加大气或效果】对话框中选择【镜头效果】选项，单击【确定】按钮，即可添加【镜头效果】，如图 7-88 所示。

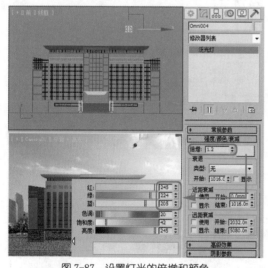

图 7-87　设置灯光的倍增和颜色

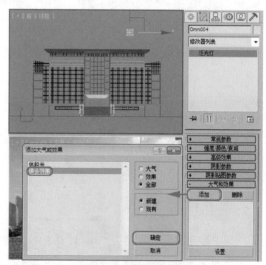

图 7-88　添加【镜头效果】

（5）选择添加的【镜头效果】，单击【设置】按钮，弹出【环境和效果】对话框，在【镜头效果参数】卷展栏中为灯光添加【光晕】效果，如图 7-89 所示。

（6）然后在【光晕元素】卷展栏中，将【大小】设置为 20，将【强度】设置为 160，并取消勾选【光晕在后】复选框，如图 7-90 所示。

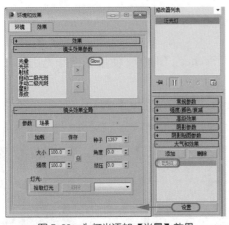

图 7-89　为灯光添加【光晕】效果

图 7-90　设置光晕参数

(7) 在【灯光】对象面板中单击【目标平行光】按钮，然后在场景中创建一盏平行灯光，使它产生沿着太阳向下照射的效果，如图 7-91 所示。

知识链接

　　【目标平行光】：照射区域呈圆柱形或矩形，主要用于模拟阳光的照射，对于户外场景尤为适用。如果作为体积光源，可以产生一个光柱，常用来模拟探照灯、激光光束等特殊效果。

(8) 确认创建的目标平行光处于选中状态，切换到【修改】命令面板中，在【常规参数】卷展栏中勾选【启用】复选框，在【强度／颜色／衰减】卷展栏中将【倍增】设置为 0.8，将灯光颜色的 RGB 值设置为 248、239、213，如图 7-92 所示。

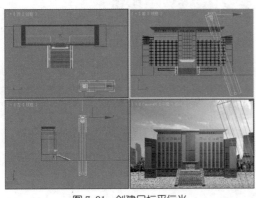

图 7-91　创建目标平行光

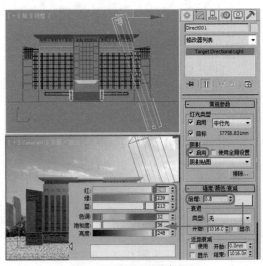

图 7-92　设置【常规参数】

(9) 在【平行光参数】卷展栏中，将【聚光区／光束】和【衰减区／区域】分别设置为 2500mm 和 3500mm，并勾选【矩形】复选框，如图 7-93 所示。

(10) 在【阴影参数】卷展栏中，将【密度】设置为 5，如图 7-94 所示。

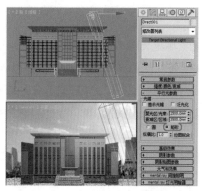

图 7-93 设置【平行光参数】

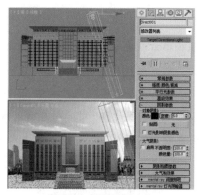

图 7-94 设置阴影密度

(11) 在【阴影贴图参数】卷展栏中，将【偏移】设置为 0.01，将【大小】设置为 1024，将【采样范围】设置为 30，如图 7-95 所示。

(12) 在【大气和效果】卷展栏中单击【添加】按钮，在弹出的【添加大气或效果】对话框中选择【体积光】选项，单击【确定】按钮，即可添加一个【体积光】特效，如图 7-96 所示。

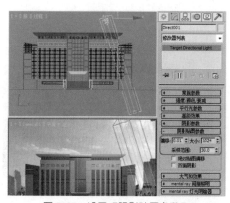

图 7-95 设置【阴影贴图参数】

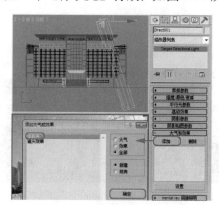

图 7-96 添加【体积光】特效

(13) 在【大气和效果】卷展栏中选择添加的【体积光】特效，单击【设置】按钮，弹出【环境和效果】对话框，在【体积光参数】卷展栏中，将【密度】设置为 1，将【最大亮度%】设置为 50，如图 7-97 所示。

(14) 将时间滑块拖曳至第 100 帧处，单击【自动关键点】按钮，然后使用【选择并移动】工具在视图中调整泛光灯和目标平行光的位置，如图 7-98 所示。

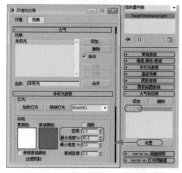

图 7-97 设置【体积光参数】

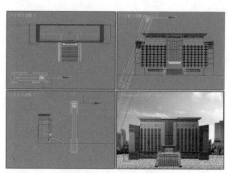

图 7-98 调整灯光位置

知识链接

　　制作带有体积的光线，可以指定给任何类型的灯光（环境光除外），这种体积光可以被物体阻挡，从而形成光芒透过缝隙的效果。带有体积光属性的灯光仍可以进行照明、投影以及投影图像，从而产生真实的光线效果，例如对【泛光灯】加以体积光设定，可以制作出光晕效果，模拟发光的灯泡或太阳；对定向光加以体积光设定，可以制作出光束效果，模拟透过彩色窗玻璃、投影彩色的图像光线，还可以制作激光光束效果。

注意　　体积光渲染时速度会很慢，所以要尽量少地使用它。

　　(15) 再次单击【自动关键点】按钮，将其关闭。然后设置动画的渲染参数，渲染动画。当渲染到第 30 帧处时，动画效果如图 7-99 所示。

　　(16) 当渲染到第 90 帧处时，动画效果如图 7-100 所示。

图 7-99　渲染到第 30 帧的动画效果

图 7-100　渲染到第 90 帧的动画效果

第 8 章
使用约束和控制器制作动画

本章重点

◆ 使用约束路径制作战斗机动画
◆ 使用注视约束制作机器人动画
◆ 使用链接约束制作机械臂捡球动画
◆ 使用路径约束制作坦克动画
◆ 使用噪波控制器制作乒乓球动画
◆ 使用线性浮点控制器制作闹钟动画
◆ 使用浮动限制控制器制作乒乓球动画
◆ 使用位置约束制作毛球滚动动画

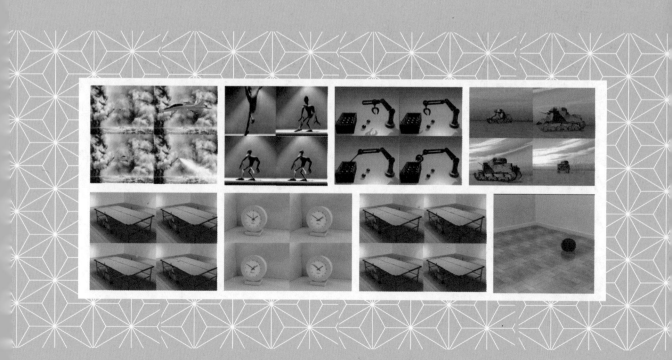

本章主要讲解如何利用约束和控制器制作动画，其中详细讲解了路径约束、注视约束、链接约束等约束路径和噪波控制器、线性浮点控制器等控制器是如何制作动画的。通过本章的学习可以对动画的制作有更深一步的认识。

案例精讲 087　使用约束路径制作战斗机动画

案例文件：CDROM | Scenes |Cha08| 战斗机动画 .max

视频文件：视频教学 | Cha08 | 使用约束路径制作战斗机动画 .avi

制作概述

本例将讲解如何利用约束路径制作战斗机动画。首先对战斗机对象创建一个虚拟对象，然后将虚拟对象绑定到路径上，通过添加摄影机及绑定摄影机，完成动画的制作，完成后的效果如图 8-1 所示。

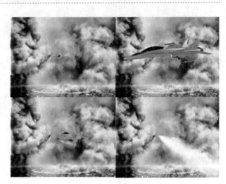

图 8-1　战斗机动画

学习目标

学会如何制作战斗机动画及路径约束的应用。

操作步骤

(1) 启动软件后打开随书附带光盘中的 **CDROM|Scenes|Cha08|** 战斗机动画 **.max** 素材文件，查看效果，如图 8-2 所示。

(2) 选择【创建】|【辅助对象】|【标准】|【虚拟对象】命令，在场景中创建虚拟对象，调整其位置使其在飞机的中心位置，如图 8-3 所示。

知识链接

　　虚拟辅助对象是一个线框立方体，轴点位于其几何体中心。它有名称但没有参数，不可以修改和渲染。它的唯一真实功能是它的轴点，用作变换的中心。线框作为变换效果的参考。

　　虚拟对象主要用于层次链接。例如，通过将其与很多不同的对象链接，可以将虚拟对象用作旋转的中心。当旋转虚拟对象时，其链接的所有子对象与它一起旋转。通常虚拟对象使用这种方式设置链接运动的动画。

　　虚拟对象的另一个常用用法是在目标摄影机的动画中。可以创建一个虚拟对象并且在虚拟对象内定位目标摄影机。然后可以将摄影机和其目标链接到虚拟对象，并且使用路径约束设置虚拟对象的动画。目标摄影机将沿路径在虚拟对象之后。

　　虚拟对象始终创建为立方体。通过使用非均匀缩放，可以更改虚拟对象的比例，但在层次链接内的虚拟对象上要避免这种情况；这样可以产生意外的效果。

图 8-2　打开的素材文件

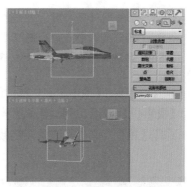

图 8-3　创建虚拟对象

(3)在工具选项栏中单击【选择并链接】按钮，将飞机链接到【虚拟对象】上，如图 8-4 所示。

(4)选择【创建】|【图形】|【样条线】|【线】命令，在【顶】视图中创建一条直线，如图
8-5 所示。

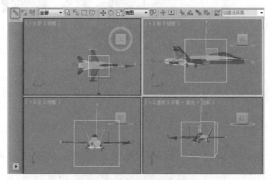

图 8-4　链接虚拟对象

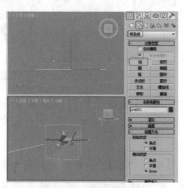

图 8-5　创建直线

(5)在场景中选择虚拟对象，切换到【运动】命令面板，单击【参数】按钮，在【指定控制器】
中选择【位置】，单击【指定控制器】按钮，在弹出的对话框中选择【路径约束】选项，单击
【确定】按钮，如图 8-6 所示。

(6)在【路径参数】卷展栏中单击【添加路径】按钮，在场景中拾取上一步绘制的直线，如图 8-7
所示。

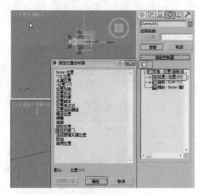

图 8-6　设置【路径约束】参数

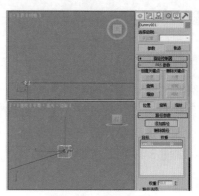

图 8-7　添加路径

提示　在绘制【线】时，在视图中单击确定第一个顶点，然后拖动鼠标确定线的长度，单击确定第二个点的位置，右击鼠标，完成线的绘制，当绘制直线时可以配合使用Shift键进行绘制，将得到一条垂直的直线。

(7) 选择【创建】|【摄影机】|【标准】|【目标】命令，在【顶】视图中创建一盏目标摄影机，激活【摄影机】视图，并适当调整位置，如图8-8所示。

(8) 在工具选项栏中单击【选择并链接】按钮，将摄影机的目标点链接到虚拟对象上，如图8-9所示。

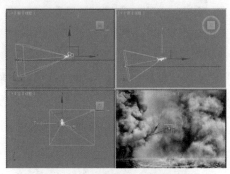

图 8-8　创建摄影机并调整位置

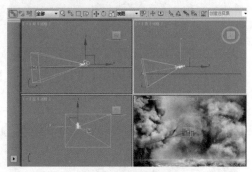

图 8-9　绑定摄影机

(9) 激活【摄影机】视图，对动画进行渲染输出。

知识链接

【路径约束】可以使物体沿一条样条曲线或沿多条样条曲线的平均距离运动。曲线可以是各种类型的样条曲线，可以对其设置任何标准位移、旋转、缩放动画，还可以在约束对象物体的同时，对路径的次物体级别设置动画。

案例精讲 088　使用注视约束制作机器人动画

 案例文件：CDROM | Scenes |Cha08| 机器人动画 .max

 视频文件：视频教学 | Cha08 | 使用注视约束制作机器人动画 .avi

制作概述

本例将讲解如何制作机器人头部的动画，其中主要应用了【注视约束】命令，将机器人的头部绑定到一个物体，通过设置轴方向和节点对象，最终完成机器人头部转动的动画，完成后的效果如图8-10所示。

学习目标

学会如何利用注视约束制作动画。

图 8-10　机器人动画

操作步骤

(1) 启动软件后打开随书附带光盘中的 CDROM| Scenes |Cha08| 机器人动画 .max 素材文件，如图 8-11 所示。

(2) 在场景中选择机器人头部，在菜单栏中执行【动画】|【约束】|【注视约束】命令，如图 8-12 所示。

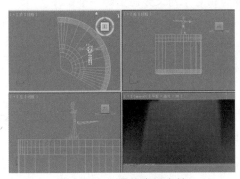

图 8-11　打开的素材文件

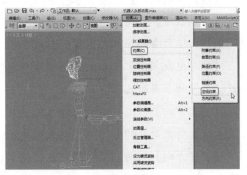

图 8-12　选择【注视约束】命令

(3) 执行【注视约束】命令后，会在机器人的头部出现一条注视线，激活【左】视图，拾取场景中的【转动球】对象，此时系统会自动转到【运动】命令面板，如图 8-13 所示。

(4) 在【PRS 参数】卷展栏中确认【旋转】处于选择状态，在【旋转列表】中可以查看添加的【注视约束】对象，如图 8-14 所示。

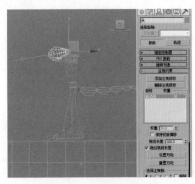

图 8-13　添加注视约束

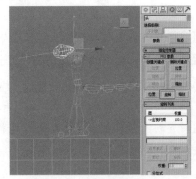

图 8-14　设置旋转注视约束

提示　　当对一个对象添加【注视约束】后，将不能对该对象进行旋转、移动或缩放等操作，只能在单击【设置方向】按钮后，才能对对象进行设置和调整，如果要重新设置对象的默认方向可以单击【重置方向】按钮，可以使对象方向保持默认值。

(5) 切换到【注视约束】卷展栏中，在【选择注视轴】组中选中 Y 单选按钮，并勾选【反转】复选框，在【选择上方向节点】中取消【世界】的选择，单击其后面的【无】按钮，在场景中拾取【转动球】对象，在【源轴】和【对齐到上方向节点轴】组中分别选中 X 单选按钮，如图 8-15 所示。

知识链接

【添加注视目标】：用于添加影响约束对象的新目标。

【删除注视目标】：用于移除影响约束对象的目标对象。

【权重】：用于为每个目标指定权重值并设置动画。仅在使用多个目标时可用。

【保持初始偏移】：将约束对象的原始方向保持为相对于约束方向上的一个偏移。

【视线长度】：定义从约束对象轴到目标对象轴所绘制的视线长度（或者在多个目标时为平均值）。值为负时会从约束对象到目标的反方向绘制视线。

【绝对视线长度】：启用此选项后，该软件仅使用视线长度设置主视线的长度；约束对象和目标之间的距离对此没有影响。

【设置方向】：允许对约束对象的偏移方向进行手动定义。启用此选项后，可以使用旋转工具来设置约束对象的方向。在约束对象注视目标时会保持此方向。

【重置方向】：将约束对象的方向设置回默认值。如果要在手动设置方向后重置约束对象的方向，该选项非常有用。

【选择注视轴】选项组：用于定义注视目标的轴。X、Y、Z 复选框反映约束对象的局部坐标系。翻转复选框会反转局部轴的方向。

【选择上部节点】选项组：默认上部节点是世界。禁用世界来手动选中定义上部节点平面的对象。此平面的绘制是从约束对象到上部节点对象。

【注视】：在选中此项时上部节点与注视目标相匹配。

【轴对齐】：选中此项时上部节点与对象轴对齐。

【源轴】：选择与上部节点轴对齐的约束对象的轴。源轴反映了约束对象的局部轴。源轴和注视轴协同工作，因此用于定义注视轴的轴会变得不可用。

【对齐到上部节点轴】选项组：选择与选中的原轴对齐的上部节点轴。注意所选中的源轴可能会也可能不会与上部节点轴完全对齐。

---

(6) 激活【摄影机】视图，对动画渲染输出，渲染到 120 帧时的效果如图 8-16 所示。

注意　　　　使用注视约束的一个示例是将角色的眼球约束到点辅助对象。然后眼睛会一直指向点辅助对象。对辅助对象设置动画，眼睛会跟随它。即使旋转了角色的头部，眼睛会保持锁定于点辅助对象。

图 8-15 设置【注视约束】参数

图 8-16 渲染到 120 帧时的效果

知识链接

注视约束会控制对象的方向，使它一直注视另外一个或多个对象。它还会锁定对象的旋转，使对象的一个轴指向目标对象或目标位置的加权平均值。注视轴指向目标，而上方向节点轴定义了指向上方的轴。如果这两个轴重合，可能会产生翻转的行为。这与指定一个目标摄影机直接向上相似。

案例精讲 089　使用链接约束制作机械臂捡球动画

案例文件：CDROM | Scenes |Cha08| 制作捡球动画 .max	
视频文件：视频教学 | Cha08 | 使用链接约束制作机械臂捡球动画 .avi	

制作概述

本例将制作机械臂捡球动画。首先利用关键帧，设置出机械臂的运动路径，然后通过链接约束将球体绑定到一个对象上，这样就可以减少关键帧的设置，完成后的效果如图 8-17 所示。

学习目标

学会如何制作机械臂捡球动画及【链接约束】命令的应用。

图 8-17　机械臂捡球动画

操作步骤

(1) 启动软件后打开随书附带光盘中的 CDROM | Scenes |Cha08| 制作捡球动画 .max 素材文件，如图 8-18 所示。

(2) 激活【左】视图，单击【自动关键点】按钮，开启动画记录模式将时间滑块移动到第40帧处，按H键打开【从场景中选择】对话框，选择【机械臂1】，单击【确定】按钮，如图8-19所示。

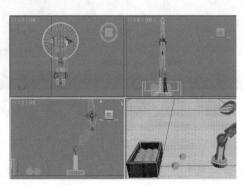

图 8-18　打开的素材文件

图 8-19　选择对象

(3) 激活【左】视图，在工具栏中选择【选择并移动】工具，对【机械臂1】对象进行旋转，此时系统会自动添加关键帧，如图8-20所示。

(4) 选择【链接01】对象，使用【选择并移动】工具和【选择并旋转】工具，调整【链接01】对象的位置和角度，完成后的效果如图8-21所示。

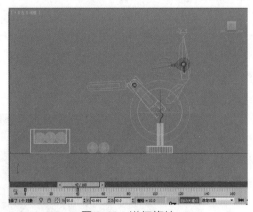

图 8-20　进行旋转

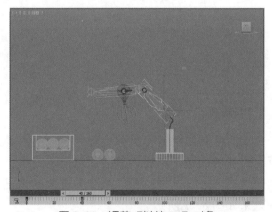

图 8-21　调整【链接 01】对象

(5) 此时【链接01】对象在移动时和【机械臂01】对象不协调，使用【选择并移动】和【选择并旋转】工具分别在第13、20、33帧处对【链接01】对象进行调整，完成后的效果如图8-22所示。

(6) 取消自动关键点的设置，单击【设置关键点】按钮，开启手动设置关键点，将时间滑块移动到第40帧位置，选择【抓手01】对象，单击【设置关键点】按钮，在第40帧处添加关键帧，如图8-23所示。

图 8-22　添加关键帧

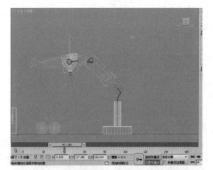
图 8-23　添加【抓手 01】对象的关键帧

(7) 将时间滑块移动到第 60 帧处，使用【选择并移动】工具调整【抓手 01】对象的位置，并单击【设置关键点】按钮，添加关键帧，如图 8-24 所示。

(8) 将时间滑块移动到第 70 帧处，使用【选择并旋转】工具对【抓手 01】对象进行旋转，单击【设置关键点】按钮，添加关键帧，如图 8-25 所示。

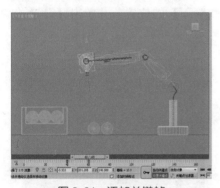
图 8-24　添加关键帧

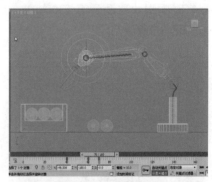
图 8-25　添加关键帧

(9) 在场景中选择【软管】对象，切换到【修改】命令面板，在【软管参数】卷展栏中单击【拾取顶部对象】按钮，在场景中拾取【软管上】对象，单击【拾取底部对象】按钮，在场景中拾取【软管下】对象，如图 8-26 所示。

(10) 将时间滑块移动到第 70 帧处，选择【软管下】对象，单击【设置关键点】按钮，添加关键帧，如图 8-27 所示。

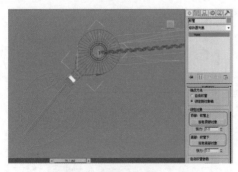
图 8-26　设置【软管】对象

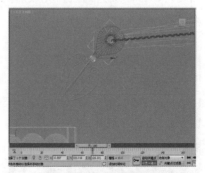
图 8-27　对【软管下】对象添加关键帧

(11) 将时间滑块移动到第 90 帧处，调整【软管下】对象的位置，并单击【设置关键点】按钮，对其添加关键帧，如图 8-28 所示。

(12) 将时间滑块移动到第 100 帧处，继续调整【软管下】的位置，并单击【设置关键点】按钮，添加关键帧如图 8-29 所示。

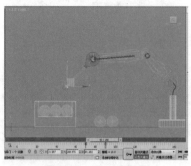

图 8-28　添加关键帧

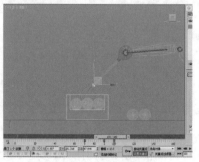

图 8-29　添加关键帧

(13) 将时间滑块移动到第 105 帧处，继续调整【软管下】的位置，并单击【设置关键点】按钮，如图 8-30 所示。

(14) 将时间滑块移动到第 130 帧处，继续调整【软管下】的位置，并单击【设置关键点】按钮，如图 8-31 所示。

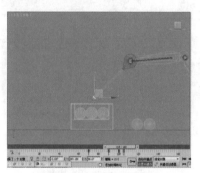

图 8-30　添加关键帧

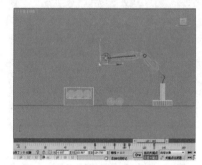

图 8-31　添加关键帧

(15) 将时间滑块移动到第 90 帧处，分别选择 Line001 和 Line004 对象，单击【设置关键点】按钮，分别对两个对象添加关键帧，如图 8-32 所示。

(16) 将时间滑块移动到第 100 帧处，使用【选择并旋转】工具对 Line001 和 Line004 对象进行适当旋转，并添加关键帧，完成后的效果如图 8-33 所示。

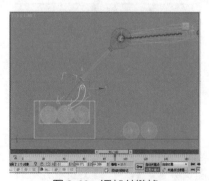

图 8-32　添加关键帧

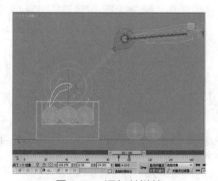

图 8-33　添加关键帧

(17) 在场景中选择 Sphere008 对象，确认当前时间滑块在第 100 帧处，单击【设置关键点】

按钮，对球体创建一个关键帧，如图 8-34 所示。

(18) 将时间滑块移动到第 105 处，分别对 Line001 和 Line004 调整角度并添加关键帧，对 Sphere008 对象调整位置，添加关键帧，如图 8-35 所示。

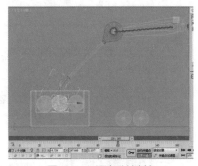

图 8-34　添加关键帧

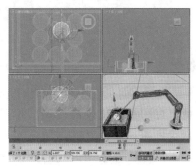

图 8-35　添加关键帧

(19) 选择 Sphere008 球体对象，将时间滑块移动到第 108 帧处，在菜单栏中选择【动画】|【约束】|【链接约束】命令，然后在场景中拾取【软管下】对象，如图 8-36 所示。

(20) 将时间滑块移动到第 107 帧处，在【链接参数】卷展栏中单击【链接到世界】按钮，如图 8-37 所示。

？注意　　在使用【链接约束】时，只有所约束的对象已经成为层次中的一部分，【关键点节点】和【关键点整个层次】才会起作用。如果在应用了链接约束之后要对层次添加对象，则必须使用所需要的关键点选项再次应用链接约束。

图 8-36　添加链接约束对象

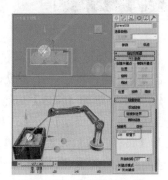

图 8-37　设置链接参数

(21) 关闭动画记录模式，对场景动画进行输出。

CG设计案例课堂

案例精讲 090　使用路径约束制作坦克动画

案例文件：CDROM|Scenes| Cha08 | 使用路径约束制作坦克动画 .max

视频文件：视频教学 | Cha08| 使用路径约束制作坦克动画 .avi

制作概述

　　本例将介绍如何制作坦克动画。首先创建路径和虚拟对象，将坦克和履带路径链接到虚拟对象上，然后将虚拟对象链接到路径上；其次创建两架摄影机，然后创建粒子系统来模拟坦克运动时扬起的尘土，最后通过视频后期处理，将两架摄影机视图进行巧妙的合成影像，效果如图 8-38 所示。

图 8-38　坦克动画

学习目标

　　学会如何使用路径约束制作坦克动画。

操作步骤

　　(1) 打开"使用路径约束制作坦克动画 .max"素材文件，选择【图形】|【样条线】|【线】工具，在【顶】视图中绘制路径，将其命名为【坦克运动路径】，如图 8-39 所示。

　　(2) 选择【创建】|【辅助对象】|【标准】|【虚拟对象】工具，在【顶】视图中创建虚拟对象，然后在其他视图中调整虚拟对象的位置，效果如图 8-40 所示。

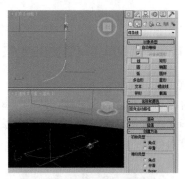

图 8-39　绘制坦克运动路径

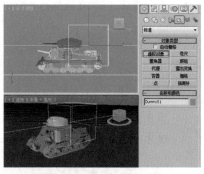

图 8-40　创建虚拟对象

　　(3) 在场景中选择坦克的所有部位，然后在工具栏中单击【选择并链接】按钮，将虚拟对象和坦克链接在一起，然后选择虚拟对象，进入【运动】命令面板，展开【指定控制器】卷展栏，展开【变换】，选择【位置】，然后单击【指定控制器】按钮，在弹出的对话框中选择【路径约束】选项，单击【确定】按钮，如图 8-41 所示。

　　(4) 展开【路径参数】卷展栏，单击【添加路径】按钮，在场景中选择【坦克运动路径】，在【路径选项】组中勾选【跟随】复选框，将【轴】设置为 X，如图 8-42 所示。

图 8-41 选择【路径约束】

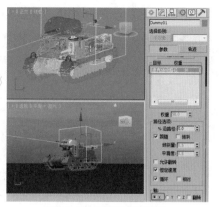

图 8-42 设置路径参数

(5) 指定路径约束后的坦克方向发生了变化，在工具栏中使用【选择并旋转】按钮调整虚拟对象的角度。单击【自动关键点】按钮，打开动画记录模式，将时间滑块拖曳至第 100 帧处，在【路径选项】选型组中将【% 沿路径】设置为 35，如图 8-43 所示。

(6) 将时间滑块拖曳至第 142 帧处，将【% 沿路径】设置为 35，将时间滑块拖曳至第 300 帧处将【% 沿路径】设置为 100，在工具栏中单击【曲线编辑器】按钮，打开【曲线编辑器】对话框，观看坦克的运动效果，如图 8-44 所示。按 N 键关闭动画记录模式。

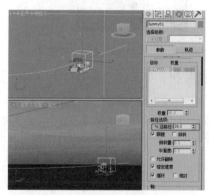

图 8-43 设置【% 沿路径】参数

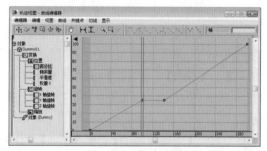

图 8-44 【曲线编辑器】对话框

(7) 选择【创建】|【摄影机】|【标准】|【目标】工具，在场景中创建目标摄影机，激活【透视】视图，按 C 键将其转换为【摄影机】视图，在其他视图中调整摄影机的位置，如图 8-45 所示。

(8) 选择该摄影机的目标点，在工具栏中单击【选择并链接】按钮，将目标点与虚拟对象链接在一起，此时摄影机会随坦克运动而运动，将时间滑块拖曳至第 100 帧处，对【摄影机】视图进行渲染一次，效果如图 8-46 所示。

(9) 使用同样的方法再次创建一架摄影机，将【左】视图转换为 Camera02 视图，并将其目标点链接到虚拟对象上，效果如图 8-47 所示。

(10) 将摄影机、虚拟对象隐藏显示，选择【创建】|【几何体】|【粒子系统】|【超级喷射】按钮，在【顶】视图中创建超级喷射粒子，将粒子放置到履带的位置下方，进入【修改】命令面板，在【基本参数】卷展栏中将【轴偏离】下的【扩散】设置为 85，将【平面偏离】下的【扩散】设置为 180，将【图标大小】设置为 500，在【视口显示】选项组中选中【十字叉】单选按钮，

将【粒子数百分比】设置为 100，如图 8-48 所示。

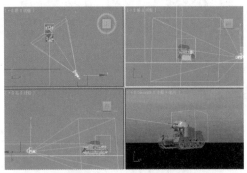

图 8-45　创建摄影机

图 8-46　渲染第 100 帧的效果

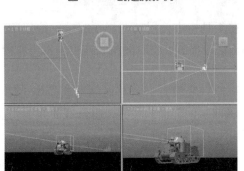

图 8-47　创建另一架摄影机

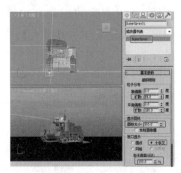

图 8-48　设置【基本参数】

(11) 在【粒子生成】卷展栏中选中【使用速率】单选按钮，将其设置为 20，在【粒子运动】选项组中将【速度】设置为 200，在【粒子计时】选项组中将【发射开始】、【发射停止】、【显示时限】、【寿命】、【变化】分别设置为 0、20、300、25、3，在【粒子大小】选项组中将【大小】设置为 500，将【变化】设置为 80，将【增长耗时】、【衰减耗时】分别设置为 11、10，如图 8-49 所示。

(12) 展开【旋转和碰撞】卷展栏，将【变化】设置为 80，在场景中复制该粒子，设置不同的【开始时间】和【结束时间】，在此不详细介绍了，可以根据光盘提供的场景文件进行参考，设置后的效果如图 8-50 所示。

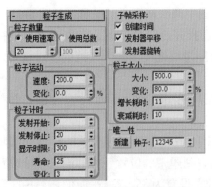

图 8-49　设置【粒子生成】参数

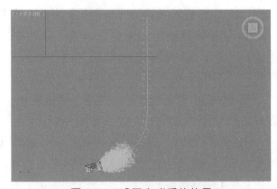

图 8-50　设置完成后的效果

(13) 按 M 键打开【材质编辑器】对话框，选择【灰尘】材质，单击【将材质指定给选定对象】

按钮，将材质指定给场景中的所有粒子系统，如图 8-51 所示。

(14) 在场景中选择泛光灯，展开【常规参数】卷展栏，单击【排除】按钮，在弹出的对话框选中【排除】和【二者兼有】单选按钮，然后将所有的粒子排除，如图 8-52 所示。

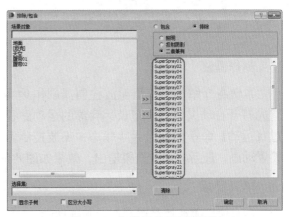

图 8-51　将材质指定给选定对象　　　　图 8-52　为粒子排除灯光照射

(15) 使用同样的方法，使场景中所有的灯光都排除照射粒子系统。在菜单栏中选择【渲染】|【视频后期处理】命令，弹出【视频后期处理】对话框，单击【添加场景事件】按钮，在弹出的对话框中选择 Camera01，在【视频后期处理参数】选项组中将【VP 开始时间】、【VP 结束时间】分别设置为 0、77，如图 8-53 所示。

(16) 单击【确定】按钮，再次单击【添加场景事件】按钮，在弹出的对话框中选择 Camera02，在【视频后期处理参数】选项组中将【VP 开始时间】、【VP 结束时间】分别设置为 77、300，如图 8-54 所示。

(17) 单击【添加图像输出事件】按钮，在弹出的对话框中单击【文件】按钮，在弹出的对话框中选择一个存储路径，将文件命名为"坦克动画"，将文件格式设置为 AVI，单击【保存】按钮，在弹出的对话框中保持默认设置，单击【确定】按钮，再次单击【确定】按钮。单击【执行序列】按钮，在弹出的对话框中设置输出大小为 320×240，将【范围】设置为 0 ~ 300，单击【渲染】按钮，如图 8-55 所示。

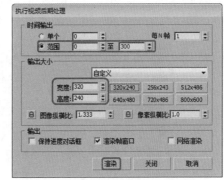

图 8-53　【添加场景事件】对话框　　图 8-54　设置【摄影机】　　图 8-55　【执行视频后期处理】对话框
视图

案例精讲 091　使用噪波控制器制作乒乓球动画

案例文件：CDROM|Scenes| Cha08 | 使用噪波控制器制作乒乓球动画 .max

视频文件：视频教学 | Cha08| 使用噪波控制器制作乒乓球动画 .avi

制作概述

本例将介绍如何使用噪波控制器制作乒乓球动画。首先打开自动关键点，记录乒乓球的运动路径，然后通过【运动】命令面板为乒乓球添加噪波控制器为乒乓球设置动画，最后将场景渲染输出，效果如图 8-56 所示。

学习目标

学会使用噪波控制器制作乒乓球动画。

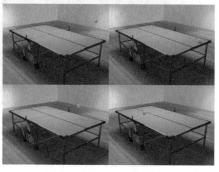

图 8-56　乒乓球动画

操作步骤

(1) 打开"使用噪波控制器制作乒乓球动画 .max"素材文件，在场景中选择乒乓球对象并右击，在弹出的快捷菜单中选择【对象属性】命令，弹出【对象属性】对话框，在弹出的对话框中选择【常规】选项卡，在【显示属性】选项组中勾选【轨迹】复选框，单击【确定】按钮，如图 8-57 所示。

> **知识链接**
>
> 　轨迹是一段时间出现的动画的线性表示。可以将轨迹看作一条又长又直的道轨，动画的开始时间为一端，结束时间为另一端。每次在动画中出现时，每个动画关键点都会显示在轨迹上。【轨迹视图】层次中的每个项目都有一个轨迹，显示了该项目随时间的变化情况。

(2) 按 N 键打开【自动关键点】模式，在第 0 帧位置调整乒乓球的位置，将时间滑块拖曳至第 15 帧处，将乒乓球向前移动并向下移动，如图 8-58 所示。将时间滑块拖曳至第 31 帧处将乒乓球移动至中央分界线的位置上，如图 8-59 所示。

图 8-57　勾选【轨迹】复选框

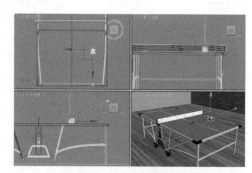

图 8-58　调整乒乓球的位置

(3) 在第46帧处将乒乓球调整至左边的桌面上，模拟乒乓球落到桌面的动作，如图8-60所示。

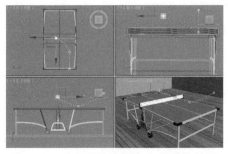
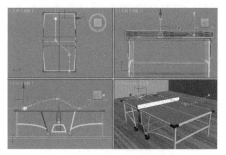

图 8-59　设置乒乓球在第31帧处的位置　　　　图 8-60　设置第46帧处乒乓球的位置

(4) 将时间滑块调整至第 63 帧处，设置乒乓球落到桌面后的弹起动作，如图 8-61 所示。在第 78 帧处对乒乓球进行移动，模拟传球的动作，效果如图 8-62 所示。

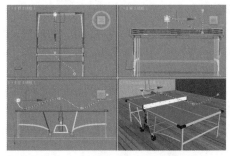
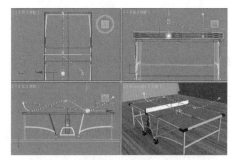

图 8-61　设置第63帧处乒乓球动画　　　　图 8-62　设置第78帧处乒乓球动画

(5) 将时间滑块拖曳至第 85 帧处，将乒乓球向左移动，模拟球弹起的动作，如图 8-63 所示。使用同样的方法设置其他乒乓球动画，效果如图 8-64 所示。

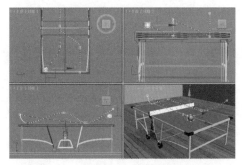
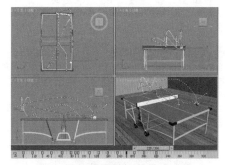

图 8-63　设置第85帧处乒乓球动画　　　　图 8-64　设置其他乒乓球动画

(6) 按 N 键关闭动画记录模式，确定乒乓球动画处于选择状态，进入【运动】命令面板，在【指定控制器】卷展栏中展开【位置】，选择【可用】选项，然后单击【指定控制器】按钮，在弹出的对话框中选择【噪波位置】控制器，如图8-65所示。

知识链接

【噪波控制器】：噪波控制器会在一系列帧上产生随机的、基于分形的动画。

(7) 单击【确定】按钮，此时会弹出【噪波控制器】对话框，在该对话框中将【频率】、【X向强度】、【Y向强度】、【Z向强度】分别设置为0.009、0.127、0.127、0，如图8-66所示。至此，乒乓球动画就制作完成了，激活【摄影机】视图，对该视图进行渲染输出即可。

知识链接

【特征曲线图】：显示一个格式化的图来表示改变噪波属性影响噪波曲线的方法。

【种子】：开始噪波计算。改变种子可以创建一个新的曲线。

【频率】：控制噪波曲线的波峰和波谷。有用的范围是从0.01到1.0。高的值会创建锯齿状的重震荡的噪波曲线。而低的值会创建柔和的噪波曲线。

【强度字段】：为噪波输出设置值的范围。

【>0】：强制噪波值为正。每个强度字段都有其自身的>0约束。启用>0项后，改变强度字段的应用。噪波值的范围从0到强度值；大多数值会围绕1/2强度值波动。

【渐入】：设置噪波逐渐达到最大强度所用的时间量。值为0使噪波从范围的起始处以全强度立即开始。任意其他的值使噪波以0强度开始并通过在渐入字段所设置的已用时间构建为全强度。

【渐出】：设置噪波用于下落至0强度的时间量。值为0使噪波在范围末端立即停止。任意其他值会使噪波在范围末端前下落至0强度。渐出字段中的值设置了噪波在范围末端前开始下降的时间量。

【分形噪波】：使用分形布朗运动生成噪波。分型噪波使用的主值是激活粗糙度字段的值。

【粗糙度】：改变噪波曲线的粗糙度（启用分形噪波后）。在频率设置总体噪波影响的平滑度的位置，粗糙度会改变噪波曲线本身的平滑度。

图 8-65　选择【噪波位置】控制器

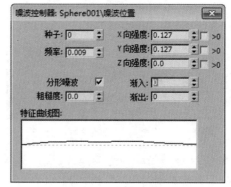

图 8-66　设置参数

案例精讲 092　使用线性浮点控制器制作闹钟动画

案例文件：CDROM|Scenes| Cha08 | 使用线性浮点控制器制作闹钟动画 .max

视频文件：视频教学 | Cha08| 使用线性浮点控制器制作闹钟动画 .avi

制作概述

本例将介绍如何制作闹钟动画。首先通过设置自动关键点来设置秒针、分针的旋转动画，然后为秒针、分针通过【曲线编辑器】对话框添加【线性浮点】控制器，最后对【摄影机】视图进行渲染输出，如图 8-67 所示。

学习目标

学会使用【线性浮点】控制器制作闹钟动画。

操作步骤

(1) 打开"使用线性浮点控制器制作闹钟动画 .max"素材文件，在场景中选择【秒针】对象，切换到【层次】命令面板中，单击【调整轴】卷展栏中的【仅影响轴】按钮，然后在视图中调整轴的位置，如图 8-68 所示。

(2) 激活【前】视图，在工具栏中单击【选择并旋转】按钮，右击【角度捕捉切换】按钮，在弹出的对话框中选择【选项】选项卡，将【角度】设置为 180，如图 8-69 所示。

图 8-67　闹钟动画

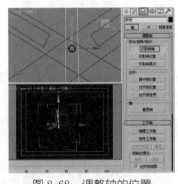

图 8-68　调整轴的位置

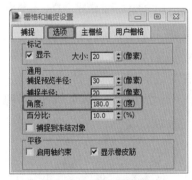

图 8-69　设置【角度】

(3) 按 N 键打开动画记录模式，再次单击【仅影响轴】按钮，将时间滑块拖曳至第 100 帧处，在【前】视图中沿 Z 轴旋转 360 度，效果如图 8-70 所示。

(4) 确定【秒针】处于选择状态，单击鼠标右键，在弹出的快捷菜单中选择【曲线编辑器】命令，打开【轨迹视图 - 曲线编辑器】对话框，选择【秒针】下【旋转】中的【X 轴旋转】、【Y 轴旋转】、【Z 轴旋转】，单击鼠标右键，在弹出的快捷菜单中选择【指定控制器】命令，在弹出的对话框中选择【线性浮点】选项，单击【确定】按钮，如图 8-71 所示。

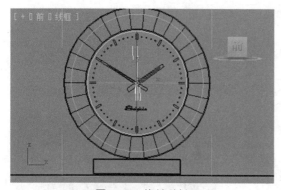

图 8-70 旋转秒针

图 8-71 选择【线性浮点】选项

(5) 按 N 键关闭动画记录模式，此时可以看到【秒针】对象的关键点曲线显示为一条斜线，如图 8-72 所示。在视图中选择【分针】对象，在【层次】面板中单击【仅影响轴】按钮，在【前】视图中调整轴的位置，如图 8-73 所示。

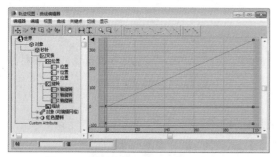

图 8-72 关键点曲线显示为一条斜线

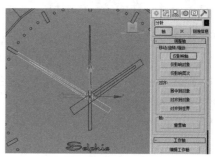

图 8-73 调整【分针】的轴

(6) 选择【选择并旋转】工具，右击【角度捕捉切换】按钮，在弹出的对话框将【角度】设置为 6，如图 8-74 所示。

(7) 将对话框关闭，按 N 键打开动画记录模式，再次单击【仅影响轴】按钮，将时间滑块拖曳至第 100 帧处，在【前】视图中将其沿 Z 轴旋转 6 度，效果如图 8-75 所示。

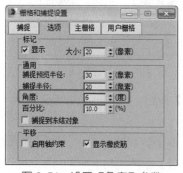

图 8-74 设置【角度】参数

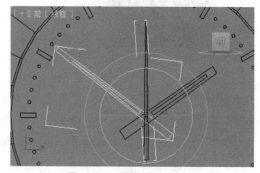

图 8-75 调整分针的位置

(8) 使用同样的方法为分针添加【线性浮点】控制器，按 N 键关闭动画记录模式。至此动画就制作完成了，激活【摄影机】视图，对该视图进行渲染输出即可。

案例精讲 093　使用浮动限制控制器制作乒乓球动画

案例文件：CDROM|Scenes| Cha08 | 使用浮动限制控制器制作乒乓球动画 .max

视频文件：视频教学 | Cha08| 使用浮动限制控制器制作乒乓球动画 .avi

制作概述

本例将介绍如何使用浮动限制控制器制作乒乓球动画。完成后的效果如图 8-76 所示。

学习目标

掌握乒乓球动画的制作流程，重点掌握【浮动限制】控制器的应用。

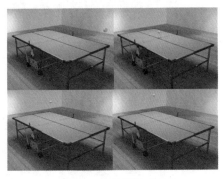

图 8-76　乒乓球动画

操作步骤

（1）启动软件后打开随书附带光盘中的 CDROM | Scenes | Cha08 | 使用浮动限制控制器制作乒乓球动画 .max 素材文件，按 N 键打开动画记录模式，使用【选择并移动】工具，在第 0 帧处调整乒乓球的位置，如图 8-77 所示。

（2）将时间滑块拖曳至第 10 帧处，将球向下移动至球台面的下方，如图 8-78 所示。将时间滑块拖曳至第 20 帧处，将球向上移动，并在【左】视图中将其向左进行移动，如图 8-79 所示。

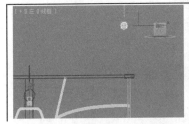
图 8-77　调整乒乓球的位置

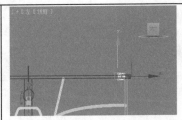
图 8-78　在第 10 帧调整球的位置

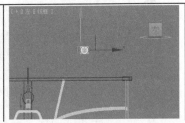
图 8-79　在第 20 帧调整球的位置

（3）将时间滑块拖曳至第 30 帧处，在【顶】视图将球向左移动，在【左】视图中将球向下移动，如图 8-80 所示。将时间滑块拖曳至第 40 帧处，在【左】视图中将球向上移动，在【顶】视图中将球向左移动，如图 8-81 所示。

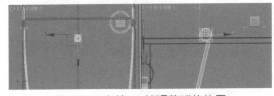
图 8-80　在第 30 帧调整球的位置

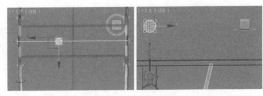
图 8-81　在第 40 帧调整球的位置

（4）将时间滑块拖曳至第 50 帧处，在【左】视图中将球向左、向下进行移动，如图 8-82 所示。按 N 键关闭动画记录模式，确定球处于选择状态，在工具栏中单击【曲线编辑器】按钮，在打开的对话框中选择 Z 位置，单击鼠标右键，在弹出的快捷菜单中选择【指定控制器】命令，在弹出的对话框中选择【浮动限制】选项，单击【确定】按钮，如图 8-83 所示。

知识链接

通过【限制】控制器可以为可用的控制器值指定上限和下限，从而限制被控制的轨迹的可能值范围。例如，在角色装备中可以使用该控制器来限制手指关节处的旋转，这样手指就不会向后弯曲。基本上，一旦轨迹被限定、并且该限定启用之后，则轨迹的值将无法再超出限制。可以为大多数其他控制器类型应用一个【限制】控制器；被限制的控制器（即原始控制器）将在【轨迹视图】层次中以【限制】控制器的子体形式出现。

因为【限制】控制器未改变原始控制器，因此可以轻松地在原始动画和限制动画之间通过切换限制来进行来回切换。但是如果塌陷【限制】控制器，则结果只会得到限制动画，而原始动画将无法再使用。

使用【限制】控制器可以加快设置和创建动画的速度。因为它排除了在制作动画时所需要的表达式或脚本，这样可以改善减缓，以在层次和装备中设置自动化，创建各种效果，如避免冲突、FK 关节限制，等等。

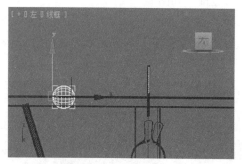

图 8-82　在第 50 帧调整球的位置

图 8-83　选择【浮动限制】选项

(5) 弹出【浮动限制控制器】对话框，在该对话框将【上限】设置为 0.6，将【下限】设置为 0.07，如图 8-84 所示。

知识链接

【启用】：切换由该控制器设置的上限或下限。禁用此选项之后，将不会施加上限或下限限制。默认设置为启用。

【上限值 / 下限值】：指定控制器允许的最高值和最低值。

【平滑缓冲区】：指定平滑值，以便剪切范围开始和结束处的剪切值逐渐增加或减少，而不是突然稳定。

---

(6) 将对话框关闭，然后将【轨迹视图】对话框关闭，拖动时间滑块观察效果，可以看见在第 10、30、50 帧处的球刚好在平面上，如图 8-85 所示。激活【摄影机】视图，对该视图进行渲染输出。

图 8-84 【浮动限制控制器】对话框

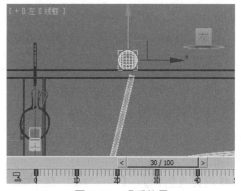

图 8-85 观看效果

案例精讲 094 使用位置约束制作毛球滚动动画

制作概述

本例将使用位置约束制作毛球滚动动画。首先绘制直线作为路径，然后创建【球体】和【VR 毛皮】将其组合成毛球，并指定相应的材质。最后使用【位置约束】和【路径约束】并设置关键帧，制作相应的动画，完成后的效果如图 8-86 所示。

图 8-86 毛球滚动动画

学习目标

学会如何利用位置约束制作毛球滚动动画。

操作步骤

(1) 打开随书附带光盘中的 CDROM | Scenes | Cha08| 毛球滚动动画 .max 素材文件，如图 8-87 所示。

(2) 选择【创建】|【图形】|【样条线】|【线】工具，在【顶】视图中绘制如图 8-88 所示的线段。

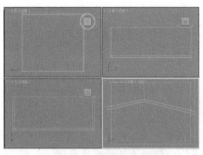

图 8-87　打开的素材文件

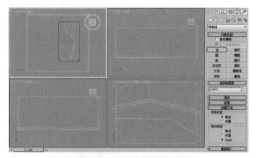

图 8-88　绘制线段

(3) 选中绘制的线段，切换至【修改】命令面板，将当前选择集定义为【顶点】。选中线段中间的顶点并右击，在弹出的快捷菜单中选择【Bezier 角点】命令，然后调整 Bezier 角点的控制手柄，如图 8-89 所示。

(4) 选择【创建】|【几何体】|【标准基本体】|【球体】工具，在【顶】视图中，绘制一个球体，将【半径】设置为 46，【分段】设置为 30，如图 8-90 所示。

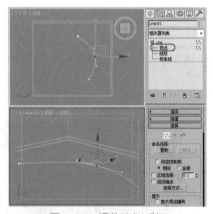

图 8-89　调整控制手柄

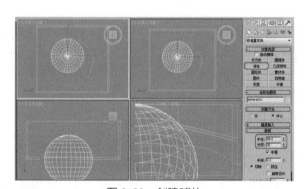

图 8-90　创建球体

(5) 使用【选择并均匀缩放】工具 ⬚，在【摄影机】视图中将球体对象进行适当缩放，如图 8-91 所示。

(6) 选中球体对象，选择【创建】|【几何体】|VRay|【VR 毛皮】工具，如图 8-92 所示。

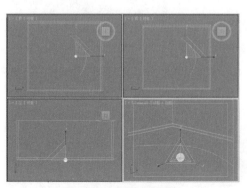

图 8-91　缩放球体对象

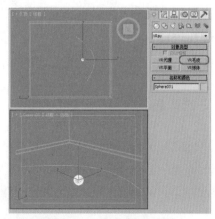

图 8-92　【VR 毛皮】工具

【VR 毛皮】的【参数】卷展栏中各个主要参数如下。

【长度】：设置毛发的长度。

【厚度】：设置毛发的厚薄程度。

【重力】：设置沿 Z 轴向下拖拉毛发的重力大小。

【弯曲】：设置毛发的弯曲程度。

【锥度】：设置毛发的锥化程度。

【方向参量】：使源物体产生的毛发的生长方向增加一些变化。

【长度参量】：为毛发长度增加一些变化，取值范围为 0 ~ 1.0。

【厚度参量】：为毛发厚度增加一些变化，取值范围为 0 ~ 1.0。

【重力参量】：为毛发重力增加一些变化，取值范围为 0 ~ 1.0。

(7) 在【参数】卷展栏中，将【长度】设置为 3.3、【厚度】设置为 0.1、【重力】设置为 -4.0，【方向参量】设置为 0.6、【长度参量】设置为 0.8、【每区域】设置为 0.9，如图 8-93 所示。

(8) 将 VR 毛皮对象与球体对象成组为【毛球】，按 M 键打开材质编辑器，将·【毛发】材质指定给【毛球】对象，如图 8-94 所示。

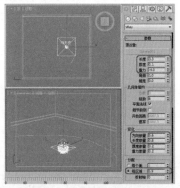

图 8-93 设置【参数】卷展栏

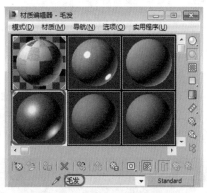

图 8-94 指定【毛发】材质

(9) 关闭材质编辑器，选择【创建】|【辅助对象】|【标准】|【虚拟对象】工具，在【顶】视图中创建一个虚拟对象，如图 8-95 所示。

(10) 选中【毛球】对象，在菜单栏中选择【动画】|【约束】|【位置约束】命令，然后选择虚拟对象，如图 8-96 所示。

位置约束需要一个受约束对象以及一个或多个目标对象。一旦将指定对象约束到目标对象位置，为目标的位置设置动画会引起受约束的对象跟随。

几个目标对象可以影响受约束的对象。在使用多个目标时，每个目标都有一个权重值，用于定义该目标相对于其他目标而言影响受约束对象的程度。

只有在使用多个目标时，权重值才有意义且可用。值为 0 时意味着目标没有影响。任何大于 0 的值都会引起目标设置相对于其他目标的"权重"影响受约束的对象。例如，对于权重值为 80 的目标，其影响是权重值为 40 的目标的两倍。

例如，假定某个球体在两个目标之间进行位置约束，并且每个目标的权重值为 100，则该球体将在这两个目标之间保持相同距离，即使这两个目标处于运动状态也是如此。假如一个权重值为 0，另一个权重值为 50，只有更高值的目标才能影响球体。

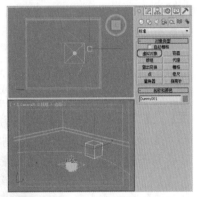

图 8-95　创建虚拟对象

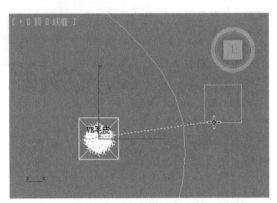

图 8-96　设置【位置约束】

(11) 选中虚拟对象，在菜单栏中选择【动画】|【约束】|【路径约束】命令，然后选择线段路径，如图 8-97 所示。

(12) 虚拟对象和毛球对象将自动移动到路径的开始部位，将时间滑块移动至第 100 帧处，按 N 键开启动画记录模式，在【前】视图中，使用【选择并旋转】工具，对【毛球】对象进行适当旋转，用以模拟毛球滚动，如图 8-98 所示。

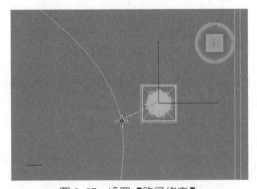

图 8-97　设置【路径约束】

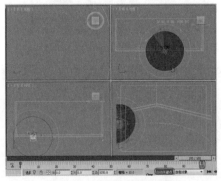

图 8-98　设置关键帧动画

(13) 将动画记录模式关闭，然后将线段路径向上移到适当位置，最后渲染【摄影机】视图并将场景文件进行保存。

第9章
空间扭曲动画

空间扭曲用于创建影响使其他对象变形的力场(如重力、涟漪、波浪和风),其行为方式类似于修改器,只不过空间扭曲影响的是世界空间,而几何体修改器影响的是对象空间。空间扭曲与粒子系统配合使用往往能够创造出流水或烟雾等自然现象。

案例精讲 095　使用马达空间扭曲制作泡泡动画

案例文件：CDROM | Scenes |Cha09| 制作泡泡动画 .max

视频文件：视频教学 | Cha09 | 使用马达空间扭曲制作泡泡动画 .avi

制作概述

本例将介绍如何制作泡泡动画。首先要制作一个泡泡的材质,并赋予球体,然后创建粒子云,并将球体绑定在粒子云上,创建马达对象将粒子云绑定到马达对象上,完成后的效果如图 9-1 所示。

学习目标

学会如何制作泡泡动画。

图 9-1　泡泡动画

操作步骤

(1) 启动软件后打开随书附带光盘中的 CDROM|Scenes|Cha09| 制作泡泡动画 .max 素材文件,激活【摄影机】视图查看,如图 9-2 所示。

(2) 选择【创建】|【几何体】|【标准基本体】|【球体】命令,创建球体,将其【半径】设为 5、【分段】设为 100,如图 9-3 所示。

图 9-2　打开的素材文件

图 9-3　创建球体

(3) 按 M 键快速打开【材质编辑器】窗口,选择一个空白材质球,选择【各向异性】明暗器类型,并在【各向异性基本参数】卷展栏中将【环境光】与【漫反射】的颜色设为白色,勾选【颜色】复选框,将其右侧的色标颜色设为白色,将【不透明度】设为 0。在【高光级别】选项组中将【高光级别】设置为 79,将【光泽度】设置为 40,将【各向异性】设置为 63,将【方向】设置为 0,切换到【贴图】卷展栏中,单击【自发光】后面的【无】按钮,在弹出的对话框中选择【衰减】贴图类型,保持默认值,如图 9-4 所示。

（4）单击【转到父对象】按钮，然后单击【不透明度】后面的【无】按钮，在弹出的对话框中选择【衰减】，单击【确定】按钮，在【衰减参数】卷展栏中将第一个色标颜色的 RGB 值设置为 47、0、0，将第二个色标颜色的 RGB 值设置为 255、178、178，单击【转到父对象】按钮，将【不透明度】后面的值设为 40，如图 9-5 所示。

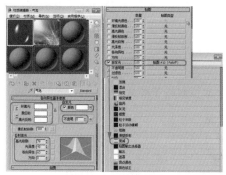

图 9-4　设置材质

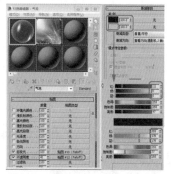

图 9-5　设置【不透明度】参数

（5）单击【反射】后面的【无】按钮，在弹出的对话框中选择【光线跟踪】，单击【确定】按钮，保持默认值，单击【转到父对象】按钮，将【反射】的值设为 10，如图 9-6 所示。

（6）选择创建的气泡材质将其赋予创建的球体，执行【创建】|【几何体】|【粒子系统】|【粒子云】命令，在【前】视图中进行创建，切换到【修改】命令面板中选择【基本参数卷展栏】中将【半径/长度】设为 908，将【宽度】设为 370，将【高度】设为 3，如图 9-7 所示。

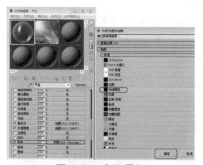

图 9-6　设置反射

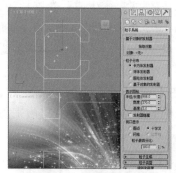

图 9-7　设置基本参数

知识链接

　　【粒子云】粒子云系统是限制一个控件，在空间内部产生粒子效果，通常空间可以是球形、柱体或长方体，也可以是任意指定的分布对象，空间内的粒子可以是标准基本图、变形球体或替身任何几何体，常用来制作堆积的不规则群体。

　　【显示图标】选项组中的选项介绍如下。

　　【半径/长度】：当使用长方体发射器时，它为长度设定；当使用球体发射器和圆柱体发射器时，它为半径设定。

　　【宽度】：设置长方体的底面宽度。

【高度】：设置长方体和柱体的高度。

【发射器隐藏】：是否将发射器标志隐藏起来。

【粒子运动】选项组中的选项介绍如下。

【速度】：设置在生命周期内的粒子每一帧移动的距离。如果想要保持粒子在指定的发射器体积内，此值应设为 0。

【变化】：设置每个粒子发射速度的百分比变化值。

【随机方向】：随机指定每个粒子的方向。

【方向向量】：通过 X、Y、Z 三个值的指定，手动控制粒子的方向。

【X、Y、Z】：显示粒子的方向向量。

【参考对象】：以一个特殊指定对象的 Z 轴作为粒子方向。使用这种方式时，通过单击【拾取对象】按钮，可以在视图中选择作为参考对象的对象。

【变化】：当使用【方向向量】或【参考对象】时，设置粒子方向的变化百分比值。

【粒子大小】选项组中的选项介绍如下。

【大小】：确定粒子的尺寸大小。

【变化】：设置每个可进行尺寸变化的粒子的尺寸变化百分比。

【增长耗时】：设置粒子从尺寸极小变化到尺寸正常所经历的时间。

【衰减耗时】：设置粒子从正常尺寸萎缩到消失的时间。

(7) 切换到【粒子生成】卷展栏中，在【粒子数量】组中选中【使用总数】单选按钮，将数量设为 300，将【速度】设为 1、【变化】设为 100，选中【方向向量】单选按钮，分别将 X、Y、Z 值设为 0、0、10，在【粒子计时】选项组中将【发射停止】设为 100，在【粒子大小】选项组中将【大小】设为 3、【变化】设为 100，如图 9-8 所示。

(8) 在【粒子类型】卷展栏中将【粒子类型】设为【实例几何体】，单击【拾取对象】按钮，拾取场景中的球体，并单击【材质来源】按钮，如图 9-9 所示。

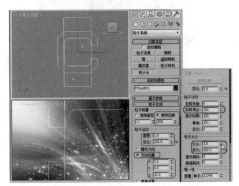

图 9-8 设置【粒子生成】参数

图 9-9 设置【粒子类型】参数

(9) 选择【创建】|【空间扭曲】|【马达】命令，创建马达，单击工具栏中的【绑定到空间扭曲】按钮，将创建的粒子对象绑定到马达对象上，适当调整马达的位置，如图 9-10 所示。

(10) 选择创建的马达对象，切换到【修改】命令面板，在【参数】卷展栏中将【结束时间】设为100，将【基本扭矩】设为100，勾选【启用反馈】复选框，分别将【目标转速】和【增益】设为500、100，在【周期变化】选项组中勾选【启用】复选框，将【图标大小】设为99，如图9-11所示。

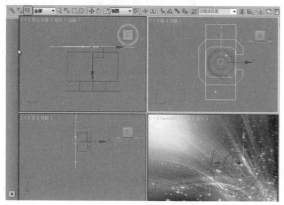

图9-10　创建马达对象

图9-11　设置马达参数

知识链接

【马达】：马达可以产生一种螺旋推力，像发动机旋转一样旋转粒子，将粒子甩向旋转方向。

(11) 将取消摄影机的隐藏，对创建的粒子和马达的位置进行调整，如图9-12所示。

(12) 调整完成后，将摄影机隐藏，对动画进行渲染输出，渲染到第50帧时的效果如图9-13所示。

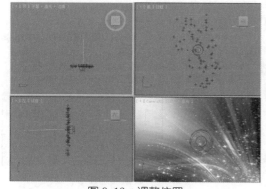

图9-12　调整位置

图9-13　渲染到第50帧时的效果

案例精讲 096　使用重力空间扭曲制作可乐喷射动画

案例文件：CDROM | Scenes |Cha09| 可乐喷射动画 .max

视频文件：视频教学 | Cha09 | 使用重力空间扭曲制作可乐喷射动画 .avi

制作概述

本例将讲解如何利用重力系统制作可乐喷射动画。首先创建一个超级喷射工具,并对其赋予可乐材质,然后添加重力系统,通过调整重力系统的参数,使其呈现弧度下落感,完成后的效果如图9-14所示。

学习目标

学会如何制作可乐喷射动画及重力系统的应用。

操作步骤

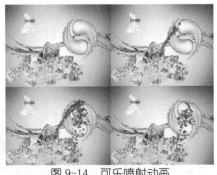

图9-14 可乐喷射动画

(1) 启动软件后打开随书附带光盘中的 CDROM| Scenes |Cha09| 可乐喷射动画 .max 素材文件,如图9-15所示。

(2) 选择【创建】|【几何体】|【粒子系统】|【超级喷射】工具,在【顶】视图中创建一个超级喷射粒子系统,切换到【修改】命令面板,在【基本参数】卷展栏中将【轴偏离】选项组中的【扩散】设为2.5,将【水平偏离】下的扩散设为180,将【图标大小】设为14,在【视口显示】选中【网格】单选按钮,将【粒子数百分比】设为100,在【粒子生成】卷展栏中,选中【粒子数量】选项组中的【使用总数】单选按钮,并在其下面的文本框中输入250;在【粒子运动】选项组中将【速度】和【变化】分别设置为4.0和5.0;在【粒子计时】选项组中将【发射开始】、【发射停止】和【寿命】分别设置为5、60和70;在【粒子大小】选项组中将【大小】、【变化】、【增长耗时】和【衰减耗时】分别设置为4.0、30.0、5和20。在【粒子类型】卷展栏中,选中【粒子类型】选项组中的【变形球粒子】单选按钮,如图9-16所示。

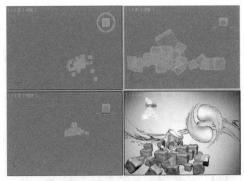

图9-15 打开的素材文件

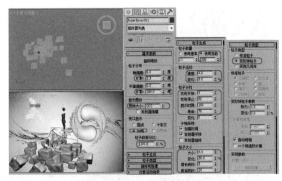

图9-16 设置喷射粒子

(3) 在工具栏中选择【材质编辑器】工具,打开【材质编辑器】,为可乐设置材质。选择一个新的材质样本球,将它命名为【可乐】。在【明暗器基本参数】卷展栏中,将明暗器的类型设为【金属】,并勾选【双面】复选框,在【金属基本参数】卷展栏中,单击 C 按钮,取消【环境光】和【漫反射】的锁定,将【环境光】的 RGB 值设置为78、22、22,将【漫反射】的 RGB 值设置为243、227、43,将【反射高光】选项组中的【高光级别】和【光泽度】分别设置为100和80,如图9-17所示。

(4) 打开【贴图】卷展栏,单击【漫反射颜色】右侧的【无】按钮,在打开的对话框中选择【噪波】贴图，单击【确定】按钮，进入【噪波】贴图层级，在【坐标】卷展栏中将【瓷砖】下的X、Y、Z都设置为2，在【噪波参数】卷展栏中将【噪波类型】定义为【湍流】，将【大小】设置为3，将【颜色#1】的RGB值设置为69、0、5，将【颜色#2】的RGB值设置为235、216、7。单击【转到父对象】按钮，返回到【父级】材质层级，在【贴图】卷展栏中单击【反射】通道后面的【无】按钮，在弹出的对话框中选择【反射/折射】贴图，单击【确定】按钮，使用系统默认设置即可。单击【转到父对象】按钮，返回到【父级】材质层级，在【贴图】卷展栏中单击【折射】通道后面的【无】按钮，在弹出的对话框中选择【光线跟踪】贴图，单击【确定】按钮，使用系统默认设置即可，单击【转到父对象】按钮，将【折射】值设为50，如图9-18所示。设置完成后单击【将材质指定给选定对象】按钮，将该材质指定给场景中的粒子系统。

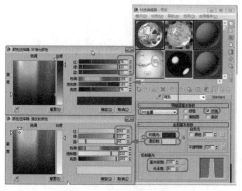

图 9-17 设置基本参数

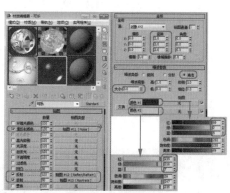

图 9-18 设置贴图

(5) 在场景中选择粒子对象并调整其位置和角度，如图9-19所示。

(6) 选择【创建】|【空间扭曲】|【重力】工具，在【顶】视图中创建一个重力系统，在【参数】卷展栏中将【力】选项组中的【强度】设置为0.1，在【显示】选项组中将【图标大小】设置为10，如图9-20所示。

知识链接

【强度】：增加【强度】会增加重力的效果，即对象的移动与重力图标的方向箭头的相关程度。小于0的强度会创建负向重力，该重力会排斥以相同方向移动的粒子，并吸引以相反方向移动的粒子。设置【强度】为0时，【重力】空间扭曲没有任何效果。

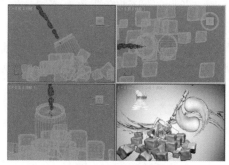

图 9-19 调整位置

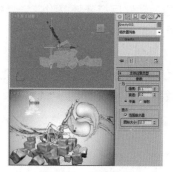

图 9-20 创建重力

(7) 选择创建的粒子对象，在工具选项栏中单击【绑定到空间扭曲】工具，将粒子对象绑定到重力系统上，如图 9-21 所示。

(8) 选择创建的重力系统，调整位置和角度，对动画进行渲染输出，如图 9-22 所示。

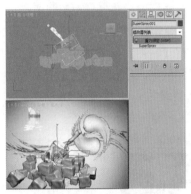

图 9-21　绑定空间扭曲

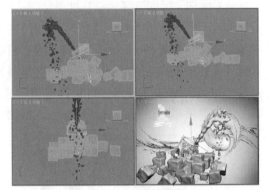

图 9-22　调整重力系统位置

案例精讲 097　使用波浪空间扭曲制作游动的鱼

案例文件：CDROM | Scenes |Cha09| 游动的鱼 .max

视频文件：视频教学 | Cha09 | 使用波浪空间扭曲制作游动的鱼 .avi

制作概述

本例将介绍如何制作游动的鱼动画。首先选择鱼鳍部分，通过对其添加【波浪】修改器，使鱼鳍颤动，最后再通过添加【波浪】空间扭曲制作出最终动画，完成后的效果如图 9-23 所示。

学习目标

学会如何制作游动的鱼动画。

操作步骤

图 9-23　游动的鱼

(1) 启动软件后打开随书附带光盘中的 CDROM | Scenes |Cha09| 游动的鱼 .max 素材文件，如图 9-24 所示。

(2) 选择鱼儿的尾巴，切换到【修改】命令面板，选择【网格选择】修改器并将当前的选择集定义为【顶点】，选择所有的顶点，在【软选择】卷展栏中勾选【使用软选择】复选框，将【衰减】设为 80，如图 9-25 所示。

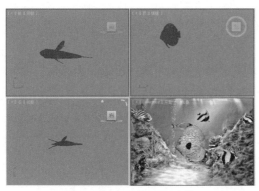

图 9-24　打开的素材文件

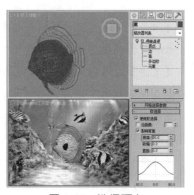

图 9-25　选择顶点

(3) 在【修改器列表】中选择【波浪】修改器，在【参数】卷展栏中分别将【振幅1】和【振幅2】设为5，开启动画记录模式，将时间滑块移动到第100帧处，设置【相位】为10，添加关键帧，关闭动画记录模式，如图9-26所示。

(4) 在【创建】命令面板中选择【空间扭曲】|【几何/可变形】|【波浪】工具，创建【波浪】空间扭曲对象，切换到【修改】命令面板，在【参数】卷展栏中将【振幅1】和【振幅2】分别设为0，将【波长】设为110，如图9-27所示。

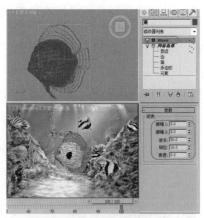

图 9-26　添加关键帧

图 9-27　创建【波浪】空间扭曲

知识链接

【波浪】空间扭曲对几何体的影响要比【波浪】修改器明显，它们最大的区别在于对象与【波浪】空间扭曲间的相对方向和位置会影响最终的扭曲效果。通常用它来影响大面积的对象，产生波浪或蠕动等特殊效果，其【参数】卷展栏主要参数如下。

【波浪】选项组中各选项的说明如下。

【振幅1】：设置沿波浪扭曲对象的局部X轴的波浪振幅。

【振幅2】：设置沿波浪扭曲对象的局部Y轴的波浪振幅。

【波长】：以活动单位数设置每个波浪沿其局部Y轴的长度。

【相位】：在波浪对象中央的原点开始偏移波浪的相位。整数值无效，只有小数值才有效。设置该参数的动画会使波浪看起来像是在空间中传播。

【衰退】：当其设置为 0 时，波浪在整个世界空间中有相同的一个或多个振幅。增加【衰退】值会导致振幅从波浪扭曲对象的所在位置开始随距离的增加而减弱，默认设置为 0。

【显示】选项组中的各选项说明如下。

【边数】：设置波浪自身 X 轴的振动幅度。

【分段】：设置波浪自身 Y 轴上的片段划分数。

【尺寸】：在不改变波浪效果的情况下，调整波浪图标的大小。

(5) 在工具栏中单击【绑定到空间扭曲】按钮，将鱼鳍绑定到【波浪】对象中，选择【波浪】对象，开启动画记录模式。在【参数】卷展栏中将【振幅 1】和【振幅 2】分别设为 5，如图 9-28 所示。

知识链接

　　振幅用单位数表示。该波浪是一个沿其 Y 轴为正弦，沿其 X 轴为抛物线的波浪。认识振幅之间区别的另一种方法是，振幅 1 位于为波浪 Gizmo 的中心，而振幅 2 位于 Gizmo 的边缘。

(6) 将时间滑块移动到第 60 帧处，在【参数】卷展栏中将【振幅 1】和【振幅 2】分别设为 10，如图 9-29 所示。

图 9-28　添加关键帧

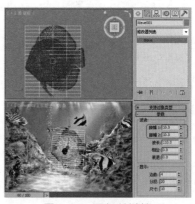
图 9-29　添加关键帧

(7) 将时间滑块移动到第 100 帧处，在【参数】卷展栏中将【振幅 1】和【振幅 2】分别设为 20，如图 9-30 所示。

(8) 选择鱼的所有部分，并将其成组，将时间滑块移动到第 0 帧处，选择【鱼】和【波浪】对象，调整位置，添加位置关键帧，如图 9-31 所示。

图 9-30 添加关键帧

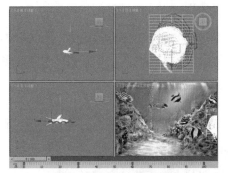

图 9-31 添加位置关键帧

(9) 将时间滑块移动到第 100 帧处,移动【鱼】和【波浪】对象位置,添加关键帧,如图 9-32 所示。

(10) 关闭动画记录模式,对【摄影机】视图进行渲染输入,渲染到第 50 帧时的效果如图 9-33 所示。

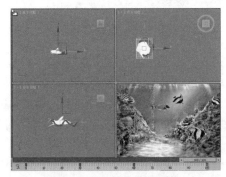

图 9-32 添加位置关键帧

图 9-33 渲染到第 50 帧时的效果

案例精讲 098 使用爆炸空间扭曲制作坦克爆炸

案例文件: CDROM|Scenes| Cha09 | 使用爆炸空间扭曲制作坦克爆炸 .max

视频文件: 视频教学 | Cha09| 使用爆炸空间扭曲制作坦克爆炸 .avi

制作概述

本例将介绍如何制作坦克的爆炸。打开素材文件后创建爆炸空间扭曲,然后将坦克与爆炸空间扭曲绑定到一起,然后在【修改】命令面板中设置爆炸参数,最后将场景进行输出,效果如图 9-34 所示。

学习目标

学会使用爆炸空间扭曲制作坦克爆炸。

图 9-34 坦克爆炸

操作步骤

(1) 打开"使用爆炸空间扭曲制作坦克爆炸.max"素材文件，选择【创建】|【空间扭曲】|【几何/可变形】|【爆炸】，在【顶】视图中创建爆炸，然后使用【选择并移动】工具调整位置，如图9-35所示。

(2) 选择【坦克】对象，在工具栏中单击【绑定到空间扭曲】按钮，然后在场景中选择坦克，将其拖曳至爆炸空间扭曲上，如图9-36所示。

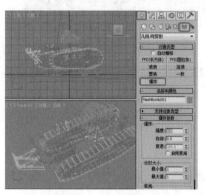

图9-35　创建爆炸

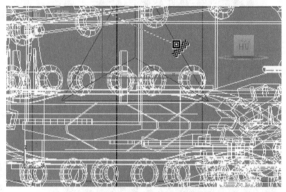

图9-36　将坦克与爆炸空间扭曲绑定

(3) 选择爆炸扭曲空间，进入【修改】命令面板，展开【爆炸参数】卷展栏，将【爆炸】选项组中的【强度】、【自旋】分别设置为0.01、2，将【分形大小】选项组中的【最小值】、【最大值】分别设置为600、1000，在【常规】选项组中将【重力】、【混乱】、【起爆时间】分别设置为0.1、1、120，如图9-37所示。

知识链接

　　【爆炸】空间扭曲能把对象炸成许多单独的面。其主要参数介绍如下。

　　【强度】：设置爆炸力。较大的数值能使粒子飞得更远。对象离爆炸点越近，爆炸的效果越强烈。

　　【自旋】：碎片旋转的速率，以每秒转数表示。这也会受【混乱】度参数（使不同的碎片以不同的速度旋转）和【衰减】参数（使碎片离爆炸点越远时爆炸力越弱）的影响。

　　【衰减】：爆炸效果距爆炸点的距离，以世界单位数表示。超过该距离的碎片不受【强度】和【自旋】设置影响，但会受【重力】设置影响。

　　【最小值】：指定由【爆炸】随机生成的每个碎片的最小面数。

　　【最大值】：指定由【爆炸】随机生成的每个碎片的最大面数。

　　【重力】：指定由重力产生的加速度。注意重力的方向总是世界坐标系 Z 轴方向。重力可以为负。

　　【混乱】：增加爆炸的随机变化，使其不太均匀。设置0.0为完全均匀；1.0的设置具有真实感。大于1.0的数值会使爆炸效果特别混乱。范围为0.0～10.0。

　　【起爆时间】：指定爆炸开始的帧。在该时间之前绑定对象不受影响。

　　【种子】：更改该设置可以改变爆炸中随机生成的数目。在保持其他设置的同时更改【种子】可以实现不同的爆炸效果。

(4) 将时间滑块拖曳至第 140 帧处，激活【摄影机】视图，按 F9 键对该帧进行渲染，效果如图 9-38 所示。

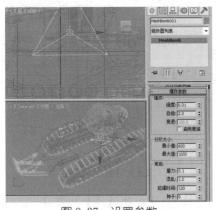

图 9-37　设置参数

图 9-38　渲染第 140 帧时的效果

案例精讲 099　使用泛方向导向板制作水珠动画

 案例文件：CDROM|Scenes| Cha09 | 使用泛方向导向板制作水珠动画 .max

视频文件：视频教学 | Cha09| 使用泛方向导向板制作水珠动画 .avi

制作概述

本例将介绍如何制作水珠动画。首先创建粒子系统并对系统设置参数，然后创建重力系统和泛方向导向板并将其与粒子系统绑定到一起，同时对其进行设置，设置完成后将场景进行渲染输出，效果如图 9-39 所示。

图 9-39　水珠动画

学习目标

学会使用泛方向导向板制作水珠动画。

操作步骤

(1) 重置文件，按 8 键打开【环境和效果】对话框，单击【环境贴图】下的【无】按钮，在弹出的对话框中选择【位图】选项，然后单击【确定】按钮，在弹出的对话框中选择随书附带光盘中的 CDROM|Map|18015254.jpg 素材文件，单击【打开】按钮，如图 9-40 所示。

(2) 按 M 键打开【材质编辑器】对话框，将环境贴图拖曳至空白材质样本球上，然后在【左边】卷展栏中将【贴图】设置为【屏幕】，如图 9-41 所示。

第 9 章　空间扭曲动画

271

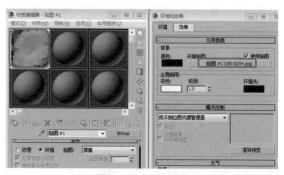

图 9-40　选择位图　　　　　　　　　　　图 9-41　设置材质

（3）激活【透视】视图，选择【视图】|【视口背景】|【环境背景】命令，即可将【透视】视图以环境为背景，如图 9-42 所示。

（4）选择【创建】|【几何体】|【粒子系统】|【粒子云】工具，在【顶】视图中创建粒子云发射器，在【基本参数】卷展栏中将【半径/长度】、【宽度】和【高度】分别设置为 50、35、25，在【视口显示】选项组中选中【圆点】单选按钮，如图 9-43 所示。

（5）在【粒子生成】卷展栏中将【使用速率】设置为 5，将【粒子运动】选项组中的【速度】设置为 1.5，在【粒子计时】选项组中将【发射开始】、【发射停止】、【显示时限】、【寿命】和【变化】分别设置为 -65、100、100、165、0，在【粒子大小】选项组中将【大小】和【变化】分别设置为 7、40，如图 9-44 所示。

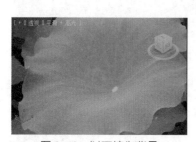
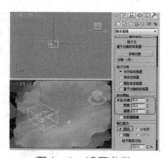
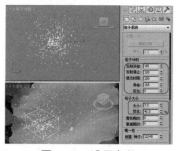

图 9-42　以环境为背景　　　　图 9-43　设置参数　　　　　图 9-44　设置参数

（6）在【粒子类型】卷展栏中，将【粒子类型】设置为【变形球粒子】，选择【创建】|【空间扭曲】|【力】|【重力】工具，在【顶】视图中创建重力，如图 9-45 所示。

（7）在工具栏中单击【绑定到空间扭曲】按钮，在场景中将粒子系统和重力绑定到一起，选择重力对象，在【修改】命令面板中，在【参数】卷展栏中将【强度】设置为 0.3，如图 9-46 所示。

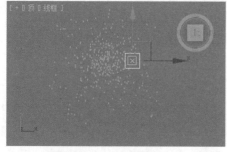
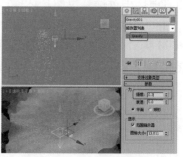

图 9-45　创建重力　　　　　　　　　　图 9-46　调整重力参数

(8) 选择【创建】|【摄影机】|【标准】|【目标】工具，在【顶】视图中创建目标摄影机，选择【透视】视图，按 C 键将其转换为【摄影机】视图，然后在其他视图中调整摄影机的位置，效果如图 9-47 所示。

(9) 选择【创建】|【空间扭曲】|【导向器】|【泛方向导向板】工具，然后在【顶】视图中创建导向板，然后在视图中调整其位置，效果如图 9-48 所示。

> **知识链接**
>
> 　　泛方向导向板是空间扭曲的一种平面泛方向导向器类型。它能提供比原始导向器空间扭曲更强大的功能，包括折射和反射能力。
>
> 　　【反弹】：这是一个倍增器，用来指定粒子的初始速度中有多少会在碰撞泛方向导向板之后得以保持。使用默认设置 1.0 会使粒子在碰撞时以相同的速度反弹。产生真实效果的值通常小于 1.0；对于夸大的效果，则应设置为大于 1.0。
>
> 　　【通过速度】：指定粒子的初始速度中有多少在经过泛方向导向板后得以保持。默认设置 1 会保持初始速度，所以不会发生变化。设置 0.5 会使速度减半。
>
> 　　【摩擦力】：粒子沿导向器表面移动时减慢的量。数值 0 表示粒子根本不会减慢。数值 50% 表示它们会减慢至原速度的一半。数值 100% 表示它们在撞击表面时会停止。默认设置为 0。范围为 0 ～ 100%。
>
> 　　要使粒子沿导向器曲面滑动，需要将【反弹】设置为 0。另外，除非受风或重力等力的影响，用于滑动的粒子应以除 90 度以外的角度撞击该曲面。

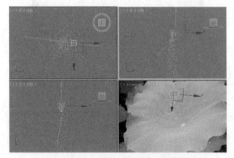

图 9-47　调整摄影机的位置

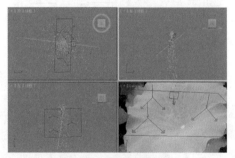

图 9-48　创建并调整导向板

(10) 单击【绑定到空间扭曲】按钮，将粒子系统和导向板绑定到一起，选择导向板，在【参数】卷展栏中将【反射】选项组中的【反弹】设置为 0.3，在【折射】选项组中将【透过速度】设置为 0.5，在【公用】选项组中将【摩擦力】设置为 45，如图 9-49 所示。

(11) 在【显示图标】选项组中将【宽度】、【长度】分别设置为 200、175，确定【粒子系统】处于选择状态，按 M 键打开【材质编辑器】对话框，在该对话框中将明暗器类型设置为【(M) 金属】，将【环境光】RGB 值设置为 150、150、150，将【高光级别】、【光泽度】分别设置为 34、76，展开【贴图】卷展栏，将【反射】、【折射】分别设置为 60、78，单击【反射】右侧的【无】按钮，在弹出的对话框中选择【位图】选项，单击【确定】按钮，再在弹出的对话框中选择随书附带光盘中的 CDROM|Map| 水材质 .jpg 文件，单击【打开】按钮，如图 9-50 所示。

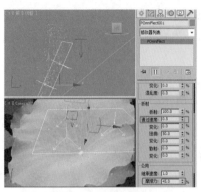

图 9-49　设置参数

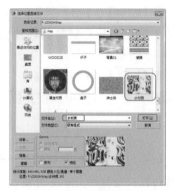

图 9-50　选择位图

(12) 在【位图参数】卷展栏中勾选【应用】复选框，将 U、V、W、H 分别设置为 0.225、0.205、0.427、0.791，如图 9-51 所示。

(13) 单击【转到父对象】按钮，单击【折射】右侧的【无】按钮，在弹出的对话框中选择【光线跟踪】选项，单击【确定】按钮，保持默认设置，单击【转到父对象】按钮，然后单击【将材质指定给选定对象】按钮，激活【摄影机】视图进行渲染一帧观看效果，如图 9-52 所示。最后将场景进行渲染输出即可。

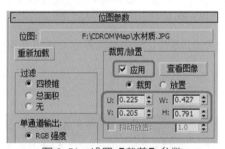

图 9-51　设置【裁剪】参数

图 9-52　渲染一帧效果

案例精讲 100　使用导向板制作消防水管喷出的水与墙的碰撞

 案例文件：CDROM|Scenes| Cha09 | 使用导向板制作消防水管喷出的水与墙的碰撞 .max

 视频文件：视频教学 | Cha09| 使用导向板制作消防水管喷出的水与墙的碰撞 .avi

制作概述

本例将介绍如何制作水与墙碰撞的动画。首先创建超级喷射粒子，对其进行相应的设置，然后创建重力并将其与粒子绑定到一起，使粒子的运动更接近现实，为墙和地面创建导向板，并将导向板与粒子绑定，最后对视图进行渲染输出即可，效果如图 9-53 所示。

学习目标

学会使用导向板制作水与墙的碰撞动画。

图 9-53　水与墙碰撞动画

操作步骤

(1) 启动软件后打开随书附带光盘中的 CDROM | Scenes | Cha09 | 使用导向板制作消防水管喷出的水流与墙的碰撞.max 素材文件，选择【创建】|【几何体】|【粒子系统】|【超级喷射】工具，然后在【左】视图中创建超级喷射系统，然后使用【选择并移动】工具和【选择并旋转】工具调整粒子的位置，效果如图 9-54 所示。

(2) 在工具箱中单击【选择并链接】按钮，然后将超级喷射粒子与喷头链接在一起，此时拖动时间滑块发现超级喷射与消防喷头一起运动，选择粒子系统，进入【修改】命令面板，将【扩散】、【扩散】分别设置为 8、180，将【图标大小】设置为 9，在【视口显示】选项组中选中【网格】单选按钮，将【粒子数百分比】设置为 5，如图 9-55 所示。

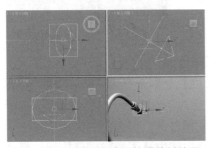

图 9-54　创建超级喷射并调整其位置

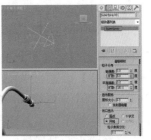

图 9-55　设置参数

(3) 展开【粒子生成】卷展栏，将【使用速率】设置为 20，将【速度】设置为 30，将【发射开始】、【发射停止】、【显示时限】、【寿命】、【变化】分别设置为 24、200、200、100、0，勾选【发射器旋转】复选框，将【大小】、【变化】、【增长耗时】、【衰减耗时】设置为 8、10、0、10，如图 9-56 所示。

(4) 展开【粒子类型】卷展栏，在【标准粒子】选项组中选中【四面体】单选按钮，展开【旋转和碰撞】卷展栏，选中【用户自定义】单选按钮，展开【粒子繁殖】卷展栏，选中【碰撞后繁殖】单选按钮，将【繁殖数目】、【影响】、【倍增】、【变化】分别设置为 2、100、3、0，将【混乱度】设置为 50，在【寿命值队列】选项组中添加寿命分别为 20、10，如图 9-57 所示。

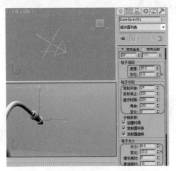

图 9-56　设置【粒子生成】参数

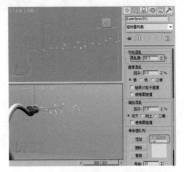

图 9-57　设置【粒子繁殖】参数

(5) 选择【创建】|【空间扭曲】|【力】|【重力】工具，在【顶】视图中创建重力，在【参数】卷展栏中将【强度】设置为 0.6，将【图标大小】设置为 196，如图 9-58 所示。

(6) 在工具栏中单击【绑定到空间扭曲】按钮，将粒子系统绑定到重力上。选择【创建】|【空间扭曲】|【导向器】|【导向板】工具，然后在【左】视图中创建一个与墙同样大小的导向板，

在【参数】卷展栏中将【反弹】设置为0.2，将【宽度】、【长度】分别设置为2012、519，如图9-59所示。

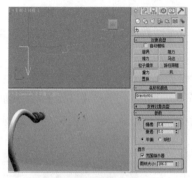

图9-58　创建并设置重力

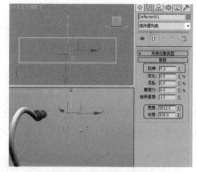

图9-59　创建并设置导向板

（7）再次单击【导向板】按钮，在【顶】视图中创建导向板，调整其位置，在【参数】卷展栏中将【反弹】设置为0.4，将【宽度】、【长度】分别设置为947、2008，如图9-60所示。

（8）然后将两个导向板和超级喷射粒子进行绑定，按M键打开材质编辑器，选择【水】材质，将该材质指定给粒子系统，选择粒子系统，单击鼠标右键，在弹出的快捷菜单中选择【对象属性】命令，在弹出的对话框中【运动模糊】选项组中选中【图像】单选按钮，将【倍增】设置为5，然后拖曳滑块至第196帧处，对该帧进行渲染，效果如图9-61所示。

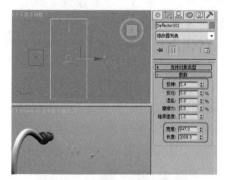

图9-60　创建并设置导向板

图9-61　渲染第196帧时的动画

案例精讲 101　制作旋涡文字

案例文件：CDROM|Scenes| Cha09| 制作旋涡文字 .max

视频文件：视频教学| Cha09| 制作旋涡文字 .avi

制作概述

本例将介绍如何制作旋涡文字。首选创建旋涡并设置旋涡参数，然后打开【粒子视图】对话框，将【力】添加至【事件显示】中，将【旋涡】空间扭曲添加至【力空间扭曲】卷展栏中，最后将场景进行渲染输出即可，效果如图9-62所示。

图 9-62　旋涡文字

学习目标

学会使用旋涡空间扭曲制作旋涡文字。

操作步骤

(1) 打开"制作旋涡文字 .max"素材文件，选择【创建】|【空间扭曲】|【力】|【旋涡】工具，在【前】视图中创建旋涡，如图 9-63 所示。

(2) 确定【旋涡】处于选择状态，进入【修改】命令面板，在【参数】卷展栏中将【显示】选项组中的【图标大小】设置为 95，如图 9-64 所示。

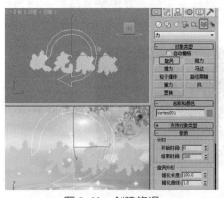

图 9-63　创建旋涡

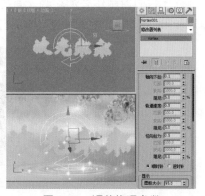

图 9-64　调整旋涡参数

(3) 在场景中选择粒子系统，展开【设置】卷展栏，单击【粒子视图】按钮，弹出【粒子视图】对话框，在该对话框中选择【力】选项，将其拖曳至上方的【事件显示】中，如图 9-65 所示。

(4) 选择【力】选项，在右侧的【力 001】卷展栏中单击【添加】按钮，然后在场景中选择刚刚创建的旋涡空间扭曲，此时该对象即可出现在【力空间扭曲】选项组中，如图 9-66 所示。

提示　　　【旋涡】空间扭曲将力应用于粒子系统，使它们在急转的旋涡中旋转，然后让它们向下移动成一个长而窄的喷流或者旋涡井。旋涡在创建黑洞、涡流、龙卷风和其他漏斗状对象时很有用。

图 9-65　将【力】添加至事件显示中

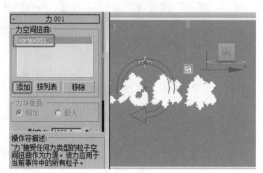

图 9-66　将旋涡与粒子绑定

案例精讲 102　使用阻力空间扭曲制作香烟动画

> 案例文件：CDROM | Scenes|Cha09 | 制作香烟动画 .max
>
> 视频文件：视频教学 | Cha09 | 使用阻力空间扭曲制作香烟动画 .avi

制作概述

本例将介绍如何制作香烟动画。首先在场景中创建超级喷溅，并调整其参数，再为粒子系统创建风和阻力，并调整其参数，添加自由关键点后渲染效果如 9-67 所示。

图 9-67　香烟动画

学习目标

学会如何制作香烟动画。

操作步骤

(1) 打开随书附带光盘中的 CDROM|Scenes|Cha09 | 制作香烟动画 .max 素材文件，如图 9-68 所示。

(2) 选择【创建】|【几何体】|【粒子系统】|【超级喷溅】工具，在【顶】视图中绘制【超级喷溅】粒子对象，创建完成后确认其处于选中状态，在【修改】命令面板中，将【基本参数】卷展栏中的【扩散】分别设置为 1 和 180，将【图标大小】设置为 8，选中【网格】单选按钮，将【粒子百分比】设置为 50，如图 9-69 所示。

图 9-68　打开的素材文件

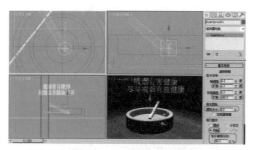

图 9-69　设置粒子参数

(3) 打开【粒子生成】卷展栏，将【粒子运动】下的【速度】设置为1、【变化】设置为10，将【粒子计时】下的【发射开始】、【发射停止】、【显示时限】、【寿命】、【变化】分别设置为 -90、300、301、100、5，将【粒子大小】下的【大小】、【变化】、【增长耗时】、【衰减耗时】分别设置为 4、25、100、10，将【种子】设置为 14218，如图 9-70 所示。

(4) 打开【粒子类型】卷展栏，选中【标准粒子】下的【面】单选按钮，如图 9-71 所示。

图 9-70　设置【粒子生成】参数

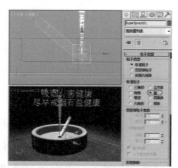

图 9-71　设置【标准粒子】参数

(5) 确认创建的【超级喷射】的粒子系统处于选中状态，在工具栏中单击【材质编辑器】按钮，在弹出的【材质编辑器】面板中将第一个材质球【烟】的材质赋予所选对象，效果如图 9-72 所示。

(6) 选择【创建】|【空间扭曲】|【力】|【风】工具，在前视图中创建风对象，并对其进行调整，在视图中选中粒子对象，在工具栏中单击【绑定到空间扭曲】按钮，将粒子绑定到风对象上，如图 9-73 所示。

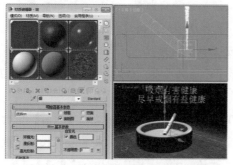

图 9-72　给【超级喷溅】赋予材质

图 9-73　绑定空间扭曲

(7) 选择风对象，在其【参数】卷展栏中将【强度】设置为 0.01，将【湍流】、【频率】、【比例】分别设置为 0.04、0.26、0.03，如图 9-74 所示。

(8) 选择【创建】|【空间扭曲】|【力】|【阻力】工具，在【前】视图创建一个阻力对象，在视图中选择粒子对象，在工具栏中单击【绑定到空间扭曲】按钮，将粒子绑定到阻力对象上，如图 9-75 所示。

图 9-74　设置风对象

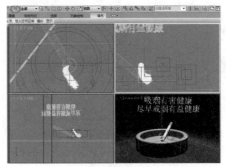

图 9-75　绑定阻力空间扭曲

知识链接

　　【风】空间扭曲可以模拟风吹动粒子系统所产生的粒子的效果。风力具有方向性。顺着风力箭头方向运动的粒子呈加速状。逆着箭头方向运动的粒子呈减速状。在球形风力情况下，运动朝向或背离图标。

　　【阻力】空间扭曲是一种在指定范围内按照指定量来降低粒子速率的粒子运动阻尼器。应用阻尼的方式可以是线性、球形或者柱形。阻力在模拟风阻、致密介质（如水）中的移动、力场的影响以及其他类似的情景时非常有用。针对每种阻尼类型，可以沿若干向量控制阻尼效果。粒子系统设置（如速度）也会对阻尼产生影响。

---

(9) 在视图中选择阻力对象，在【参数】卷展栏中将【开始时间】和【结束时间】分别设置为–100和300，将【线性阻尼】下的【X 轴】、【Y 轴】、【Z 轴】分别设置为1、1 和3，如图 9-76所示。

知识链接

　　应用【线性阻尼】的各个粒子的运动被分离到空间扭曲的局部 X、Y 和 Z 轴向量中。在它上面对各个向量施加阻尼的区域是一个无限的平面，其厚度由相应的【范围】值决定。

　　X 轴 /Y 轴 /Z 轴：指定受阻尼影响粒子沿局部运动的百分比。

　　【范围】：设置垂直于指定轴的范围平面或者无限平面的厚度。仅在取消勾选【无限范围】复选框时生效。

　　【衰减】：指定在 X、Y 或 Z 范围外应用线性阻尼的距离。阻尼在距离为【范围】值时的强度最大，在距离为【衰减】值时线性降至最低，在超出的部分没有任何效果。【衰减】效果仅在超出【范围】值的部分生效，它是从图标的中心处开始测量的，并且其最小值总是和【范围】值相等。仅在取消勾选【无限范围】复选框时生效。

(10) 激活【透视】视图，在工具栏中选择【渲染设置】，将【公用参数】中的【时间输出】设置为【活动时间段：0 到 300】，将【输出大小】设置为 640×480，将【渲染输出】进行设置并保存，如图 9-77 所示。

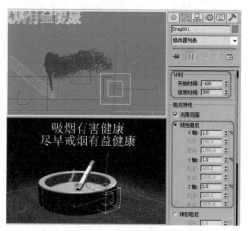

图 9-76　设置阻力参数

图 9-77　设置渲染输出

案例精讲 103　使用涟漪空间扭曲制作动荡的水面动画

案例文件：CDROM | Scenes |Cha09| 制作动荡的水面动画 .max

视频文件：视频教学 | Cha09 | 制作动荡的水面动画 .avi

制作概述

本例将介绍如何制作动荡的水面动画。首先在场景为对象创建一个涟漪，并将涟漪参数进行调整，然后使用自动关键点创建动画，最后渲染效果如图 9-78 所示。

学习目标

学会如何制作动荡的水面动画。

操作步骤

图 9-78　动荡的水面动画

(1) 打开随书附带光盘中的 CDROM|Scenes|Cha09 | 制作动荡的水面动画 .max 素材文件，如图 9-79 所示。

(2) 选择【创建】|【空间扭曲】|【几何 | 可变形】|【涟漪】工具，在【顶】视图中绘制涟漪对象，创建完成后确认其处于选中状态，在【修改】命令面板中，将【参数】卷展栏中将【振幅 1】、【振幅 2】、【波长】、【衰退】分别设为 15、15、125、0.001，在【显示】区域下将【圈数】、【分段】、【尺寸】分别设为 20、20、15，如图 9-80 所示。

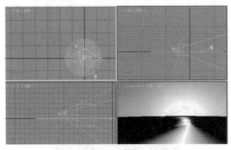
图 9-79 打开的素材文件

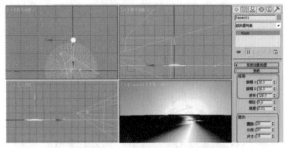
图 9-80 设置【涟漪】参数

(3) 设置完成后，将时间调到第 300 帧处，打开自动关键点，在参数卷展栏中将【相位】设置为 5，然后关闭自动关键点，如图 9-81 所示。

(4) 将圆形平面绑定到涟漪空间扭曲上，如图 9-82 所示。

(5) 激活【透视】视图，在工具栏中选择【渲染设置】，将【公用参数】中的【时间输出】设置为【活动时间段：0 到 300】，将【输出大小】设置为 640×480，将【渲染输出】进行设置并保存，如图 9-83 所示。

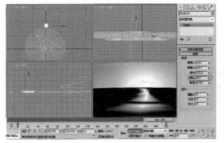
图 9-81 设置关键点

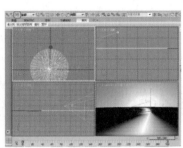
图 9-82 绑定空间扭曲

图 9-83 渲染输出

案例精讲 104 使用导向球制作旗帜飘动动画

 案例文件：CDROM | Scenes | Cha09| 旗帜飘动 .max

 视频文件：视频教学 | Cha09| 使用导向球制作旗帜飘动动画 .avi

制作概述

本例将使用导向球制作旗帜飘动动画。使用【平面】绘制旗帜对象并为其添加材质和【UVW 贴图】修改器，然后添加重力、风和导向球，最后为旗帜添加【网格选择】和【柔体】修改器并设置参数。完成后的效果如图 9-84 所示。

学习目标

学会制作旗帜飘动动画。

图 9-84 旗帜飘动动画

操作步骤

(1) 打开随书附带光盘中的 CDROM | Scenes | Cha09| 旗帜飘动 .max 素材文件，如图 9-85 所示。

(2)选择【创建】※|【几何体】◎|【平面】工具，在【前】视图中绘制一个平面对象，将其【长度】设置为160，【宽度】设置为260，【长度分段】设置为40，【宽度分段】设置为30，并将其命名为【旗帜】，然后将其调整到适当位置，如图9-86所示。

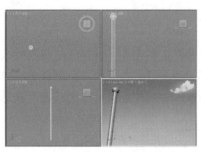

图 9-85   打开的素材文件

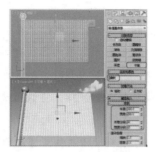

图 9-86   绘制平面

(3)按 M 键打开材质编辑器，将【旗帜】材质指定给【旗帜】对象，如图9-87所示。

(4)切换至【修改】命令面板，为【旗帜】对象添加【UVW 贴图】修改器，在【参数】卷展栏中，将【长度】设置为70，【宽度】设置为210，如图9-88所示。

图 9-87   指定【旗帜】材质

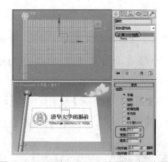

图 9-88   添加【UVW 贴图】修改器

(5)选择【创建】|【空间扭曲】|【力】|【重力】工具，在【顶】视图中创建一个重力对象，将【强度】设置为0.5，如图9-89所示。

(6)选择【创建】|【空间扭曲】|【力】|【风】工具，在【右】视图中创建一个风对象，其参数保持默认，如图9-90所示。

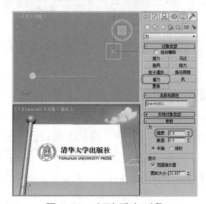

图 9-89   创建重力对象

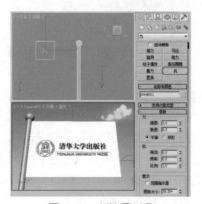

图 9-90   创建风对象

(7)选择【创建】|【空间扭曲】|【导向器】|【导向球】工具，在【顶】视图中创建一个导

向球对象，将【反弹】设置为 0.1，【继承速度】设置为 0.05，将【显示图标】中的【直径】设置为 170，如图 9-91 所示。

知识链接

【导向球】的【参数】卷展栏中各个主要参数介绍如下。

【反弹】：控制粒子从导向器反弹的速度。当设置为 1.0 时，粒子会以和撞击时相同的速度从导向器反弹。当设置为 0 时，粒子根本不反弹。当数值在 0 和 1.0 之间时，粒子会以比初始速度小的速度从导向器反弹。当数值大于 1.0 时，粒子会以比初始速度大的速度从导向器反弹。默认设置为 1.0。

【变化】：每个粒子所能偏离【反弹】设置的量。

【混乱】：偏离完全反射角度（当将【混乱度】设置为 0 时的角度）的变化量。设置为 100% 会导致反射角度的最大变化为 90 度。

【摩擦力】：粒子沿导向器表面移动时减慢的量。数值为 0 表示粒子根本不会减慢。数值为 50% 表示它们会减慢至原速度的一半。数值为 100% 表示它们在撞击表面时会停止。默认值为 0。范围为 0 ~ 100%。

【继承速度】：当该值大于 0 时，导向器的运动会和其他设置一样对粒子产生影响。例如，如果想让一个经过粒子阵列的动画导向球影响这些粒子，则就要加大该值。

---

(8) 单击【自动关键点】按钮，开启动画记录模式，将时间滑块拖动到第 120 帧处，然后在【顶】视图中，将【导向球】对象调整到如图 9-92 所示的位置。

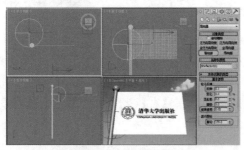
图 9-91 创建导向球

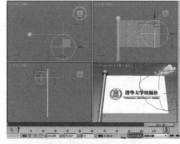
图 9-92 设置【导向球】动画

(9) 关闭动画记录模式。选中【旗帜】对象，切换至【修改】命令面板，为其添加【网格选择】修改器，如图 9-93 所示。

(10) 将当前选择集定义为【顶点】，在【前】视图中，选择除旗杆处以外的所有点，为其添加【柔体】修改器，在【参数】卷展栏中，将【柔软度】设置为 0.2，取消勾选【使用跟随弹力】和【使用权重】复选框，在【简单软体】卷展栏中，将【拉伸】设置为 0，【刚度】设置为 40，然后单击【创建简单柔体】按钮，在【力和导向器】卷展栏中，单击【力】中的【添加】按钮，添加 Wind001 和 Gravity001，在【导向器】中，单击【添加】按钮，添加 SDeflector001，如图 9-94 所示。

(11) 选中【摄影机】视图，最后渲染【摄影机】视图并将场景文件进行保存。

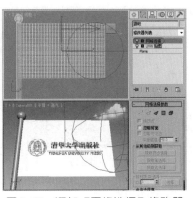

图 9-93　添加【网格选择】修改器

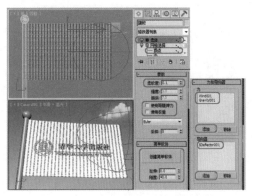

图 9-94　添加【柔体】并设置参数

【柔体】修改器能够使用对象顶点之间的虚拟弹力线模拟软体动力学。可以通过设置弹力线的刚度，控制顶点如何接近，如何拉伸以及它们移动的距离，还可以控制倾斜值以及弹力线角度的大小。

案例精讲 105　使用导向板制作烟雾旋转动画

 案例文件：CDROM | Scenes | Cha09| 烟雾旋转动画 .max

 视频文件：视频教学 | Cha09| 使用导向板制作烟雾旋转动画 .avi

制作概述

本例将介绍烟雾旋转动画的制作方法。首先创建圆环作为发射器，球体作为粒子对象，然后创建粒子阵列对象并设置其参数。创建旋涡和导向板并将其与粒子阵列链接，最后调整圆环位置，并创建摄影机，完成后的效果如图 9-95 所示。

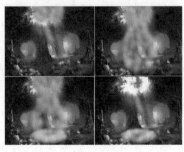

图 9-95　烟雾旋转动画

学习目标

学会烟雾旋转动画的制作方法。

操作步骤

(1) 打开随书附带光盘中的 CDROM | Scenes | Cha09| 烟雾旋转动画 .max 素材文件，如图 9-96 所示。

(2) 选择【创建】|【几何体】|【圆环】工具，在【顶】视图中创建一个圆环，将【半径 1】设置为 150.0，【半径 2】设置为 1.1，如图 9-97 所示。

图9-96　打开的素材文件

图9-97　创建圆环

（3）选择【创建】|【几何体】|【球体】工具，在【顶】视图中创建一个球体，将【半径】设置为6.0，【分段】设置为10，如图9-98所示。

（4）选择【创建】|【几何体】|【粒子系统】|【粒子阵列】工具，在【顶】视图中创建一个粒子阵列对象，在【基本参数】卷展栏的【基于对象的发射器】中，单击【拾取对象】按钮，在场景中拾取圆环对象，如图9-99所示。

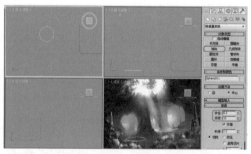

图9-98　创建球体

图9-99　创建粒子阵列并拾取发射器对象

（5）在【粒子生成】卷展栏中，将【粒子运动】选项组中的【速度】设置为0.0。在【粒子计时】选项组中，将【发射停止】设置为150，【显示时限】设置为200，【寿命】设置为55。将【粒子大小】选项组中将【大小】设置为13.0。在【粒子类型】卷展栏中，将【粒子类型】选择为【实例几何体】，单击【实例参数】中的【拾取对象】按钮，拾取场景中的球体对象，如图9-100所示。

（6）选择【创建】|【空间扭曲】|【力】|【旋涡】工具，在【顶】视图中的圆环内部创建一个旋涡对象。在【参数】卷展栏中，将【计时】中的【结束时间】设置为200，在【捕获和运动】选项组中，将【轴向下拉】设置为1.2，【轨道速度】设置为1.0，【径向拉力】设置为5.0，将【阻尼】都设置为1.0，如图9-101所示。

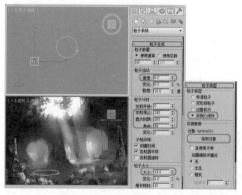

图9-100　设置粒子参数

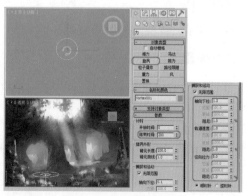

图9-101　创建旋涡对象

(7) 使用【绑定到空间扭曲】按钮 ，将旋涡对象绑定到粒子阵列对象上，如图 9-102 所示。

知识链接

　　【旋涡】空间扭曲将力应用于粒子系统，使它们在急转的旋涡中旋转，然后让它们向下移动成一个长而窄的喷流或者旋涡井。旋涡在创建黑洞、涡流、龙卷风和其他漏斗状对象时很有用。使用空间扭曲设置可以控制旋涡外形、井的特性以及粒子捕获的比率和范围。粒子系统设置（如速度）也会对旋涡的外形产生影响。

　　【导向板】能阻挡并排斥由粒子系统产生的粒子，起着平面防护板的作用。

　　决定旋涡盘旋时围绕的世界坐标轴，然后在适当的视口中拖动创建空间扭曲。例如，如果想让旋涡绕垂直的世界坐标轴自旋，就应在"顶"视口中创建空间扭曲。可以稍后旋转扭曲，更改旋涡方向以及制作扭曲方向的动画。

　　旋涡扭曲在执行拖动操作的平面中显示为一个弯曲箭头图标，其中第二个垂直箭头表示旋转轴和井的方向。这第二个轴叫作下拉轴。

　　注意空间扭曲的位置在最终结果中扮演着重要角色。垂直位置影响旋涡的外形，水平位置决定其方位。如果想让粒子绕粒子发射器盘旋，则应将二者放在相同的位置。

(8) 选择【创建】|【空间扭曲】|【导向器】|【导向板】工具，在【顶】视图中创建一个导向板对象。在【参数】卷展栏中，将【反弹】设置为 0.1，如图 9-103 所示。

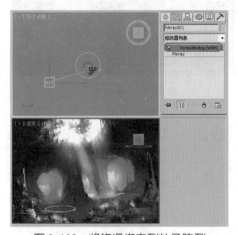
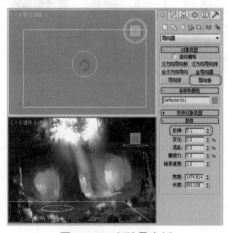

图 9-102　将旋涡绑定到粒子阵列　　　　　　图 9-103　创建导向板

(9) 使用【绑定到空间扭曲】按钮 ，将导向板对象绑定到粒子阵列对象上，如图 9-104 所示。

(10) 选中粒子阵列对象，打开材质编辑器，将【烟雾】材质指定给粒子阵列对象，如图 9-105 所示。

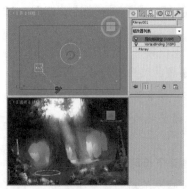

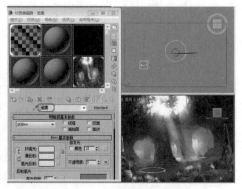

图 9-104　将导向板绑定到粒子阵列　　　　　　图 9-105　指定烟雾材质

　　(11) 使用【选择并移动】工具 ✥，在【前】视图中调整圆环的位置，如图 9-106 所示。

　　(12) 选择【创建】|【摄影机】|【目标】工具，在【顶】视图中创建摄影机，激活【透视】视图，按 C 键将其转换为【摄影机】视图，并在其他视图中调整摄影机的位置，如图 9-107 所示。最后将渲染场景并保存文件。

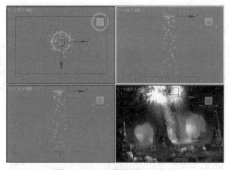

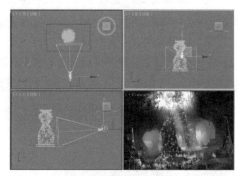

图 9-106　调整圆环位置　　　　　　　　　　　图 9-107　创建摄影机

第 10 章
粒子与特效动画

本章重点

◆ 使用雪粒子制作飘雪效果
◆ 使用喷射粒子制作下雨效果
◆ 使用暴风雪粒子制作花朵飘落效果
◆ 使用暴风雪粒子制作星光闪烁动画
◆ 使用喷射粒子制作喷水动画
◆ 使用粒子云制作气泡动画
◆ 使用超级喷射粒子制作火焰动画
◆ 使用超级喷射制作喷泉动画
◆ 使用超级喷射制作礼花动画
◆ 使用粒子云制作火山喷发动画
◆ 使用粒子流源制作水花动画
◆ 使用粒子云制作心形粒子动画
◆ 使用粒子流源制作飞出的文字

3ds Max 中的粒子系统可以模仿天气、水、气泡、烟花、火等高密度粒子对象。通过对粒子对象进行设置，可以表现一些动态效果。本章将通过 13 个案例来讲解粒子系统的相关内容。

案例精讲 106　使用雪粒子制作飘雪效果

案例文件：CDROM | Scenes | Cha10 | 使用雪粒子制作飘雪效果 .max

视频文件：视频教学 | Cha10 | 使用雪粒子制作飘雪效果 .avi

制作概述

本例将介绍飘雪效果动画的制作方法。首先选择一张复合雪景的图片，通过创建【雪】对象对其进行调整，并赋予材质，完成后的效果如图 10-1 所示。

学习目标

学会如何制作飘雪动画，合理利用【雪】粒子。

图 10-1　飘雪效果

操作步骤

(1) 启动软件后，按 Ctrl+O 组合键，打开随书附带光盘中的 CDROM |Scenes|Cha10| 使用雪粒子制作飘雪效果 .max 素材文件，激活【摄影机】视图查看效果，如图 10-2 所示。

> **知识链接**
>
> 　　【雪】粒子系统可以模拟降雪或投撒的纸屑。雪系统与喷射类似，但是雪系统提供了其他参数来生成翻滚的雪花，渲染选项也有所不同。

(2) 激活【顶】视图，选择【创建】|【几何体】|【粒子系统】|【雪】工具，在顶视图中创建一个雪粒子系统，并将其命名为【雪】，在【参数】选项组中将【视口计数】和【渲染计数】分别设置为 1000 和 800，将【雪花大小】和【速度】分别设置为 1.8 和 8，将【变化】设置为 2，选中【雪花】单选按钮，在【渲染】选项组中选中【面】单选按钮，如图 10-3 所示。

 　　　　　　【面】只能在【透视】视图或【摄影机】视图中正常工作。

图 10-2　打开的素材文件

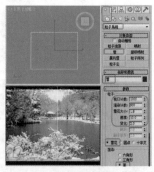

图 10-3　设置【雪】参数

(3) 在【计时】选项组中将【开始】和【寿命】分别设置为 -100 和 100，将【发射器】选项组中的【宽度】和【长度】分别设置为 430 和 488，如图 10-4 所示。

(4) 按 M 键打开材质编辑器，选择一个新的样本球，并将其命名为【雪】，将【明暗器类型】设为 Blinn，在【Blinn 基本参数】卷展栏中勾选【自发光】选项组中的【颜色】复选框，然后将该颜色的 RGB 值设置为 196、196、196，打开【贴图】卷展栏，单击【不透明度】后面的【无】按钮，在打开的【材质/贴图浏览器】对话框中选择【渐变坡度】选项，单击【确定】按钮，进入渐变坡度材质层级。在【渐变坡度参数】卷展栏中将【渐变类型】定义为【径向】，打开【输出】卷展栏，勾选【反转】复选框，如图 10-5 所示。

图 10-4 设置【计时】和【发射器】参数

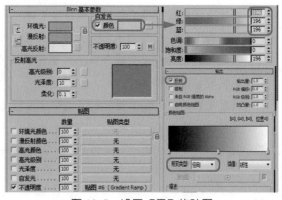
图 10-5 设置【雪】的贴图

(5) 选择制作好的【雪】材质，指定给场景中的【雪对象】，进行渲染并查看效果。

 粒子系统是一个相对独立的造型系统，用来创建雨、雪、灰尘、泡沫、火花等。它还能将任何造型制作为粒子，用来表现群体动画效果。粒子系统主要用于表现动画效果，与时间和速度关系非常紧密，一般用于动画的制作。

案例精讲 107 使用喷射粒子制作下雨效果

 案例文件：CDROM | Scenes | Cha10 | 使用喷射粒子制作下雨效果 .max

 视频文件：视频教学 | Cha10 | 使用喷射粒子制作下雨效果 .avi

制作概述

本例将介绍下雨效果的制作方法。该例子主要使用了喷射粒子系统，并通过对其进行设置材质，制作出雨的效果，完成后的效果如图 10-6 所示。

学习目标

学会如何制作下雨效果动画，掌握【喷射】粒子的操作方法。

图 10-6　下雨效果

操作步骤

(1) 启动软件后打开随书附带光盘中的 CDROM |Scenes|Cha10| 使用喷射粒子制作下雨效果 .max 素材文件，激活【摄影机】视图查看效果，如图 10-7 所示。

(2) 选择【创建】|【几何体】|【粒子系统】|【喷射】工具，并将其命名为"雨"。在【参数】卷展栏中将【粒子】选项组中的【视口计数】和【渲染计数】分别设置为 1000 和 10000，将【水滴大小】、【速度】和【变化】分别设置为 5、20 和 0.6，选中【水滴】单选按钮，在【渲染】组中选中【四面体】单选按钮，如图 10-8 所示。

> 知识链接
>
> 【视口计数】：用于设置在任意一帧处视口中所显示的最大粒子数。
>
> 【渲染计数】：用于设置一帧在渲染时可以显示的最大粒子数。
>
> 【水滴大小】：用于设置粒子的大小（以活动单位数计）。
>
> 【速度】：用于设置每个粒子离开发射器时的初始速度。粒子以此速度运动，除非受到粒子系统空间扭曲的影响。
>
> 【变化】：改变粒子的初始速度和方向。【变化】的值越大，喷射越强范围越广。
>
> 【水滴、圆点 / 十字叉】：用于设置粒子在视口中的显示方式。显示设置不影响粒子的渲染方式。水滴是一些类似雨滴的条纹，圆点是一些点，十字叉是一些小的加号。

 注意　　【渲染计数】选项需要与粒子系统的计时参数配合使用。

图 10-7　打开的素材文件

图 10-8　设置【雨】参数

(3) 在【参数】卷展栏【计时】选项组中将【开始】和【寿命】分别设为 -100 和 400，勾选【恒定】复选框，将【宽度】和【长度】都设为 1500，对【雨】粒子进行适当调整，如图 10-9 所示。

知识链接

【恒定】：启用该选项后，【出生速率】将不可用，所用的出生速率等于最大可持续速率。禁用该选项后，【出生速率】则可用。默认设置为启用。

【发射器】组：用于指定发射器指定场景中出现粒子的区域，其中包括【宽度】、【长度】、【隐藏】三个选项。

禁用【恒定】并不意味着出生速率自动改变。除非为【出生速率】参数设置了动画，否则，出生速率将保持恒定。

(4) 按 M 键打开材质编辑器，选择一个空的样本球，并将其命名为"雨"，确认【明暗器的类型】设为 Blinn，在【Blinn 基本参数】卷展栏中将【环境光】和【漫反射】的 RGB 值设置为 230、230、230；将【反射高光】选项组中的【光泽度】设置为 0；勾选【自发光】选项组中的【颜色】复选框，并将【颜色】的 RGB 值设置为 240、240、240，将【不透明度】设置为 50，如图 10-10 所示。

图 10-9　设置【计时】和【发射器】参数

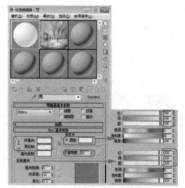

图 10-10　设置 Blinn 基本参数

(5) 打开【扩展参数】卷展栏，选中【高级透明】选项组中【衰减】下的【外】单选按钮，并将【数量】设置为 100，完成设置后将该材质指定给场景中的喷射粒子系统，如图 10-11 所示。

(6) 完成设置后将该材质指定给场景中的喷射粒子系统，适当调整粒子的位置，进行渲染，如图 10-12 所示。

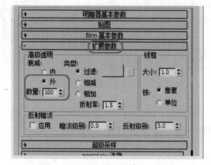

图 10-11　打开的素材文件

图 10-12　渲染某一帧时的效果

案例精讲 108 使用暴风雪粒子制作花朵飘落效果

✏ 案例文件：CDROM |Scenes | Cha10 | 使用暴风雪粒子制作花朵飘落效果 .max

💿 视频文件：视频教学 | Cha10 | 使用暴风雪粒子制作花朵飘落效果 .avi

制作概述

本例将介绍如何利用暴风雪粒子制作花朵飘落效果。其中重点是将花朵绑定到暴风雪粒子，完成后的效果如图 10-13 所示。

学习目标

学会如何利用暴风雪粒子制作花朵飘落效果。

操作步骤

图 10-13　花朵飘落效果

(1) 打开随书附带光盘中的 CDROM|Scenes|Cha10| 使用暴风需粒子制作飘雪效果 .max 素材文件，如图 10-14 所示。

(2) 选择【创建】|【几何体】|【粒子系统】|【暴风雪】工具，在【前】视图中进行创建，如图 10-15 所示。

知识链接

从一个平面向外发射粒子流，与【雪】粒子系统相似，但功能更为复杂。从发射平面上产生的粒子在落下时不断旋转、翻滚，它们可以是标准基本体、变形球粒子或替身几何体，甚至不断发生变形。暴风雪的名称并非强调它的猛烈，而是指它的功能强大，不仅用于普通雪景的制作，还可以表现火花迸射、气泡上升、开水沸腾、满天飞花、烟雾升腾等特殊效果。

图 10-14　打开的素材文件

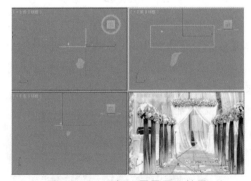

图 10-15　添加【暴风雪】粒子

(3) 选择上一步创建的【暴风雪】粒子，切换到【修改】命令面板，在【基本参数】卷展栏中，将【宽度】设为 45，将【长度】设为 430，选中【视口显示】组中的【网格】单选按钮，将【粒子数的百分比】设为 0.001，如图 10-16 所示。

(4) 切换到【粒子生成】卷展栏中，在【粒子数量】组中选中【使用速率】单选按钮，并将其值设为 5。在【粒子运动】选项组中将【速度】设为 14，将【变化】设为 50，将【翻滚】设为 0.5。在【粒子计时】选项组中将【发射停止】、【显示时限】和【寿命】分别设为 300、250、300，在【粒子大小】选项组中将【大小】设为 2.013，将【变化】设为 0.62，如图 10-17 所示。

图 10-16　设置【基本参数】

图 10-17　设置【粒子生成】

(5) 在【粒子类型】卷展栏中将【粒子类型】设为【实例几何体】，在【实例参数】选项组中单击【拾取对象】按钮，在场景中拾取花朵图形，然后单击【材质来源】按钮，如图 10-18 所示。

(6) 选择【暴风雪】粒子，调整其位置和角度，进行渲染查看效果，第 100 帧的效果如图 10-19 所示。

图 10-18　拾取对象

图 10-19　渲染后的效果

案例精讲 109　使用暴风雪粒子制作星光闪烁动画

案例文件：CDROM |Scenes | Cha10 | 使用暴风雪粒子制作星光闪烁动画 .max

视频文件：视频教学 | Cha10 | 使用暴风雪粒子制作星光闪烁动画 .avi

制作概述

本例将介绍如何制作星光闪烁动画。首先利用暴风雪粒子制作星星，然后通过视频后期处理对星星添加星光特效，完成后的效果如图 10-20 所示。

学习目标

学会如何利用暴风雪粒子和视频后期处理制作星光闪烁动画。

图 10-20　星光闪烁动画

操作步骤

(1) 启动软件后打开随书附带光盘中的 CDROM | Scenes | 使用暴风雪粒子制作星光闪烁动画 .max 素材文件，选择【创建】|【几何体】|【粒子系统】|【暴风雪】工具，在【前】视图中创建一个【暴风雪】粒子系统，如图 10-21 所示。

(2) 切换到【修改】命令面板，在【基本参数】卷展栏中将【显示图标】区域下的【宽度】、【长度】值都设置为 520，在【视口显示】区域下选中【十字叉】单选按钮，将【粒子数百分比】设置为 50，如图 10-22 所示。

图 10-21　创建【暴风雪】粒子

图 10-22　设置【基本参数】

(3) 在【粒子生成】卷展栏中将【粒子数量】区域下的【使用速率】设置为 5，将【粒子运动】区域下的【速度】和【变化】分别设置为 50、25，将【粒子计时】区域下的【发射开始】、【发射停止】、【显示时限】和【寿命】分别设置为 -100、100、100、100；将【粒子大小】区域下的【大小】设置为 1.5，在【粒子类型】卷展栏中选中【标准粒子】区域下的【球体】单选按钮，如图 10-23 所示。

(4) 选择创建的粒子系统并右击，在弹出的快捷菜单中选择【对象属性】命令，弹出【对象属性】对话框，在该对话框中切换到【常规】选项卡，在【G 缓冲区】选项组中将粒子系统的【对象 ID】设置为 1，然后单击【确定】按钮，如图 10-24 所示。

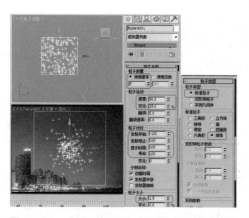

图 10-23　设置【粒子生成】及【粒子类型】　　　　　　图 10-24　设置 ID1

（5）在菜单栏中执行【渲染】|【视频后期处理】命令，打开【视频后期处理】对话框，单击【添加场景事件】按钮 ，弹出【添加场景事件】对话框，使用 Camera001 摄影机视图，单击【确定】按钮，如图 10-25 所示。

（6）返回到【视频后期处理】对话框中，单击【添加图像过滤事件】按钮 ，弹出【添加图像过滤事件】对话框，选择过滤器列表中的【镜头效果光晕】过滤器，其他保持默认值，单击【确定】按钮，如图 10-26 所示。

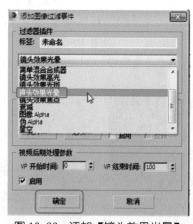

图 10-25　添加摄影机场景事件　　　　　　图 10-26　添加【镜头效果光晕】

（7）返回到【视频后期处理】对话框中，再次单击【添加图像过滤事件】按钮 ，在打开的对话框中选择过滤器列表中的【镜头效果高光】过滤器，其他保持默认值，单击【确定】按钮，如图 10-27 所示。

（8）返回到【视频后期处理】对话框中，在左侧列表中双击【镜头效果光晕】过滤器，在弹出的对话框中单击【设置】按钮，弹出【镜头效果光晕】对话框，单击【VP 队列】和【预览】按钮，在【属性】选项卡中将【对象 ID】设置为 1，并勾选【过滤】区域下的【周界 Alpha】复选框，切换到【首选项】选项卡，将【效果】区域下的【大小】设置为 1.6，在【颜色】区域下选中【像素】单选按钮，并将【强度】设置为 85，切换到【噪波】选项卡中，勾选【红】、【绿】、【蓝】复选框，在【参数】区域下将【大小】和【速度】分别设置为 10、0.2，单击【确定】按钮，返回到【视频后期处理】对话框中，如图 10-28 所示。

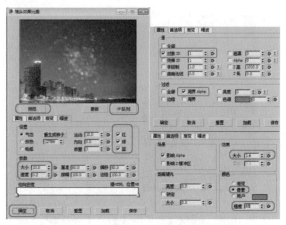

图 10-27　添加【镜头效果高光】　　　　　图 10-28　设置【镜头效果光晕】参数

(9) 返回到【视频后期处理】对话框，在左侧列表中双击【镜头效果高光】过滤器，在弹出的对话框中单击【设置】按钮，弹出【镜头效果高光】对话框，单击【VP 队列】和【预览】按钮，在【属性】选项卡中勾选【过滤】区域下的【边缘】复选框，切换到【几何体】选项卡，将【效果】区域下的【角度】和【钳位】分别设置为100、20，在【变化】区域下单击【大小】按钮取消其选择，在【首选项】选项卡中将【效果】区域下的【大小】和【点数】分别设置为13、4，在【距离褪光】区域下单击【亮度】和【大小】按钮，将它们的值设置为4000，勾选【锁定】复选框，在【颜色】区域下选中【渐变】单选按钮，单击【确定】按钮，返回到【视频后期处理】对话框中，如图 10-29 所示。

(10) 返回到文档中，对暴风雪粒子的位置进行调整，如图 10-30 所示。

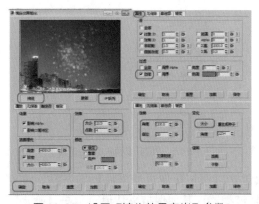

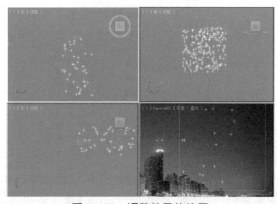

图 10-29　设置【镜头效果高光】参数　　　　图 10-30　调整粒子的位置

(11) 返回到【视频后期处理】对话框，在对话框中单击【添加图像输出事件】按钮🔲，弹出【添加图像输出事件】对话框，单击【文件】按钮，在弹出的【为视频后期处理输出选择图像文件】对话框中设置输出路径及文件名，并将【保存类型】设置为 avi，单击【保存】按钮，如图 10-31 所示。

(12) 弹出【AVI 文件压缩设置】对话框，在该对话框中将【主帧比率】设置为 0，然后单击【确定】按钮，返回到【添加图像输出事件】对话框中，此时会在该对话框中显示出文件的输出路径，然后单击【确定】按钮，如图 10-32 所示。

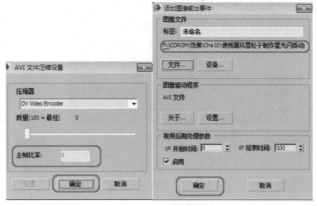

图 10-31 设置保存位置及格式　　　　　　图 10-32 进行保存

(13) 返回到【视频后期处理】对话框中，在该对话框中单击【执行序列】按钮，打开【执行视频后期处理】对话框，在【时间输出】选项组中选中【范围】单选按钮，在【输出大小】选项组中将【宽度】和【高度】分别设置为 800 和 600，单击【渲染】按钮进行渲染。

案例精讲 110　使用喷射粒子制作喷水动画

> 案例文件：CDROM|Scenes| Cha10 | 利用喷射粒子制作喷水动画 .max
>
> 视频文件：视频教学 | Cha10 | 利用喷射粒子制作喷水动画 .avi

制作概述

使用喷射粒子可以用来表示下雨、水管喷水、喷泉等效果，也可以表现彗星拖尾效果，这种粒子参数较少，易于控制，操作简便，所有数值均可制作动画效果。本例将介绍如何制作喷水动画，效果如图 10-33 所示。

学习目标

学会使用喷射粒子制作喷水动画。

图 10-33　喷水动画

操作步骤

(1) 打开"利用喷射粒子制作喷水动画 .max"素材文件，选择【创建】|【几何体】|【粒子系统】|【喷射】工具，在【顶】视图中创建喷射粒子，如图 10-34 所示。

(2) 使用【选择并移动】工具，在视图中调整其位置，然后使用【选择并旋转】工具在【前】视图中旋转，将其沿 Y 轴旋转 80 度，效果如图 10-35 所示。

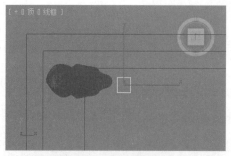

图 10-34　创建喷射粒子

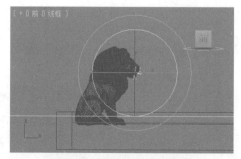

图 10-35　调整粒子的位置

(3) 确定粒子系统处于选择状态,激活【修改】命令面板,在参数卷展栏中将【视口计数】设置为3000,将【渲染计数】设置为3000,将【水滴大小】设置为30,将【速度】设置为45,将【变化】设置为0.2,选中【水滴】单选按钮,如图10-36所示。

(4) 在【计时】选项组中将【开始】设置为–100,将【寿命】设置为300,在【发射器】选项组中将【宽度】、【长度】均设置为80,如图10-37所示。

图 10-36　设置粒子参数

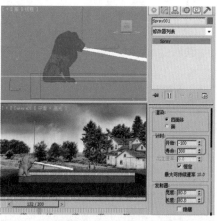

图 10-37　设置【计时】及【发射器】参数

(5) 选择【创建】|【空间扭曲】|【重力】工具,在【顶】视图中创建重力,调整重力的位置,然后在【修改】命令面板中将【强度】设置为0.5,将【图标大小】设置为100,如图10-38所示。

(6) 在工具栏中单击【绑定到空间扭曲】按钮,在场景中选择喷射粒子,拖曳鼠标,将其拖曳至重力上,释放鼠标即可将喷射粒子绑定到重力上,如图10-39所示。

图 10-38　创建重力

图 10-39　将粒子绑定到重力上

(7) 按 M 键打开材质编辑器，选择一个空白的材质样本球，将其命名为"水"，勾选【双面】复选框，将【环境光】RGB 值设置为 150、176、185，勾选【颜色】复选框，将【颜色】设置为黑色，将【不透明度】设置为 90，将【高光级别】、【光泽度】分别设置为 80、40，如图 10-40 所示。

(8) 展开【扩展参数】卷展栏，将【衰减】设置为【外】，单击【过滤】右侧的色块，在弹出的对话框中将 RGB 值设置为 144、158、188，将【数量】设置为 96，如图 10-41 所示。

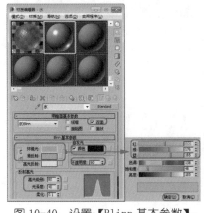

图 10-40　设置【Blinn 基本参数】

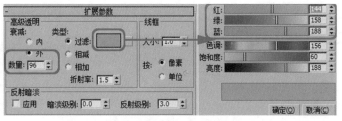

图 10-41　设置【扩展参数】参数

(9) 展开【贴图】卷展栏，将【不透明度】设置为 45，将【凹凸】设置为 36，单击【不透明度】右侧的【无】按钮，在弹出的对话框中选择【噪波】，单击【确定】按钮，在【坐标】卷展栏中将【偏移】下的 Z 设置为 3000，将【瓷砖】下的 X 设置为 6，在【噪波】卷展栏中将【噪波类型】设置为【分形】，将【大小】设置为 300，如图 10-42 所示。

(10) 单击【转到父对象】按钮，单击【凹凸】右侧的【无】按钮，在弹出的对话框中选择【噪波】，单击【确定】按钮，在【坐标】卷展栏中将【偏移】下的 Z 设置为 3000，将【瓷砖】下的 X 设置为 6，在【噪波】卷展栏中将【噪波类型】设置为【分形】，将【大小】设置为 300，如图 10-43 所示。

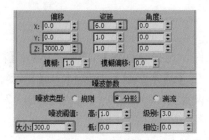

图 10-42　设置【不透明度】通道中的噪波

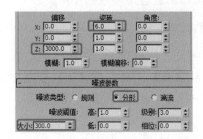

图 10-43　设置【凹凸】通道中的噪波

(11) 单击【转到父对象】按钮，确定粒子系统处于选择状态，单击【将材质指定给选定对象】按钮，将对话框关闭，选择雕塑、粒子系统和重力，在菜单栏中选择【组】|【组】命令，弹出【组】对话框，在该对话框中保持默认设置，单击【确定】按钮，如图 10-44 所示。

(12) 确定组处于选择状态，使用【选择并旋转】工具，激活【顶】视图，将其沿 Z 轴旋转 45 度，然后激活【摄影机】视图对该视图进行渲染输出即可，效果如图 10-45 所示。

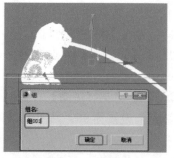

图 10-44　设置组

图 10-45　最终效果

案例精讲 111　使用粒子云制作气泡动画

> 案例文件：CDROM|Scenes| Cha10 | 使用粒子云制作气泡动画 .max
>
> 视频文件：视频教学 | Cha10 | 使用粒子云制作气泡动画 .avi

制作概述

首先制作一个空间，在空间内部产生粒子效果。通常空间可以是球形、柱体或长方体，也可以是任意指定的分布对象，空间内的粒子可以是标准基本体、变形球粒子或实例几何体。本例将通过使用实例几何体的粒子来制作气泡动画，效果如图 10-46 所示。

学习目标

学会粒子云的使用。
掌握粒子云各个参数的作用。

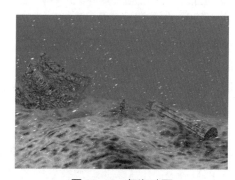

图 10-46　气泡动画

操作步骤

(1) 打开"使用粒子云制作气泡动画 .max"素材文件，选择【创建】|【几何体】|【粒子系统】|【粒子云】工具，在【顶】视图中创建粒子云，在【基本参数】卷展栏中【显示图标】选项组中将【半径 / 长度】、【宽度】、【高度】分别设置为 600、600、10，如图 10-47 所示。

知识链接

如果希望使用粒子"云"填充特定的体积，请使用粒子云粒子系统。粒子云可以创建一群鸟、一个星空或一队在地面行军的士兵。

在 3ds Max 中，可以使用提供的基本体积（长方体、球体或圆柱体）限制粒子，也可以使用场景中任意可渲染对象作为体积，只要该对象具有深度。二维对象不能使用粒子云。

---

(2) 选择【创建】|【几何体】|【标准基本体】|【球体】工具，在场景中绘制一个半径为

16 的球体，单击鼠标右键，在弹出的快捷菜单中选择【对象属性】命令，在弹出的对话框中取消勾选【可渲染】复选框，如图 10-48 所示。

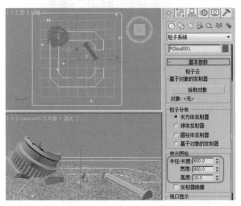

图 10-47　创建粒子云

图 10-48　取消勾选【可渲染】复选框

（3）单击【确定】按钮，选择粒子云对象，打开【修改】命令面板，在【粒子类型】卷展栏中选中【实例几何体】单选按钮，在【实例参数】选项组中单击【拾取对象】按钮，然后在场景中拾取刚刚创建的球体，如图 10-49 所示。

（4）展开【粒子生成】卷展栏，在【粒子数量】卷展栏中选中【使用速率】单选按钮，将其设置为 15，在【粒子运动】选项组中将【速度】设置为 1.2，将【变化】设置为 50，选中【方向向量】单选按钮，将 Z 设置为 100，将【变化】设置为 10，如图 10-50 所示。

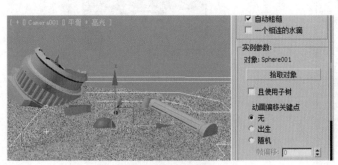

图 10-49　选择实例几何体

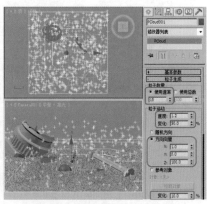

图 10-50　设置【粒子生成】参数

（5）在【粒子计时】选项组中将【发射开始】设置为 -50，将【发射停止】设置为 200，将【显示时限】设置为 200，将【寿命】设置为 100，将【粒子大小】设置为 0.12，将【变化】设置为 10，如图 10-51 所示。

（6）按 M 键打开【材质编辑器】对话框，选择一个空白的材质样本球，将其命名为"气泡"，勾选【双面】复选框，单击【高光反射】左侧的□按钮，在弹出的对话框中单击【确定】按钮，如图 10-52 所示。

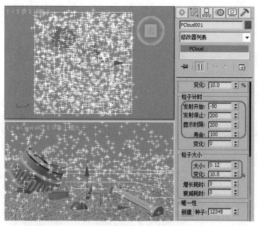

图 10-51　设置参数

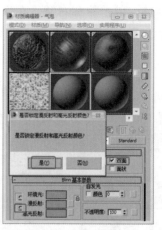

图 10-52　将颜色锁定

(7) 将【环境光】设置为黑色，勾选【自发光】选项组中的【颜色】复选框，将其颜色设置为白色，展开【贴图】卷展栏，单击【漫反射颜色】右侧的【无】按钮，在弹出的对话框中选择【位图】选项，单击【确定】按钮，在弹出的对话框中选择随书附带光盘中的 CDROM|Map|BUBBLE3.TGA，如图 10-53 所示。

(8) 单击【确定】按钮，单击【转到父对象】按钮，将【漫反射颜色】右侧的材质拖曳至【不透明度】右侧的材质按钮上，在弹出的对话框中选中【实例】单选按钮，如图 10-54 所示。

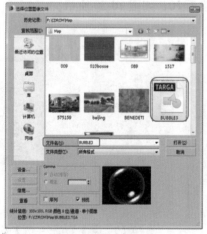

图 10-53　选择位图

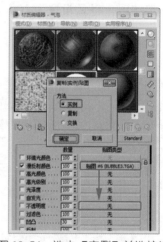

图 10-54　选中【实例】单选按钮

(9) 单击【确定】按钮，确定粒子云处于选择状态，单击【将材质指定给选定对象】按钮，然后对【摄影机】视图进行渲染输出即可。

案例精讲 112　使用超级喷射粒子制作火焰动画

 案例文件：CDROM|Scenes| Cha10| 使用超级喷射粒子制作火焰动画 .max

 视频文件：视频教学 | Cha10 | 使用超级喷射粒子制作火焰动画 .avi

制作概述

本例将介绍如何制作火焰动画。首先是创建超级喷射粒子并对其进行设置，然后将粒子系统和骨骼绑定，使粒子与骨骼一起运动，效果如图10-55所示。

学习目标

学会使用超级喷射粒子制作火焰动画。

操作步骤

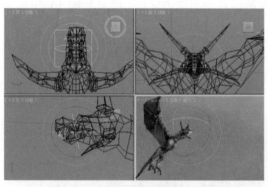

图10-55　火焰动画

(1) 打开"使用超级喷射粒子制作火焰动画.max"素材文件，选择【创建】|【几何体】|【粒子系统】|【超级喷射】工具，在【顶】视图中创建一个【超级喷射粒子】对象，调整其位置和旋转角度，如图10-56所示。

(2) 切换至【显示】面板，取消勾选【骨骼对象】复选框，将骨骼显示，选择超级喷射粒子对象，单击【选择并链接】按钮，将粒子链接到骨骼上，此时粒子将随骨骼一起运动，如图10-57所示。

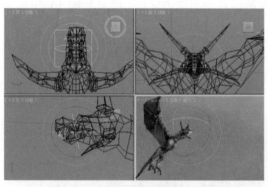

图10-56　创建粒子并调整其位置

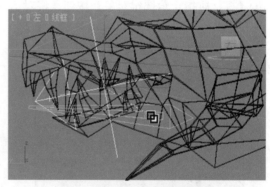

图10-57　将粒子与骨骼链接

在实际操作过程中，有时会有很多不需要编辑的对象，在这里可以对其进行隐藏而不影响其实际效果，方便操作。

(3) 将【骨骼对象】和【摄影机】、【灯光】进行隐藏，选择粒子系统，打开【修改】命令面板，展开【基本参数】卷展栏，将【粒子分布】选项组中的【粒子分布】的【扩散】和【平面偏移】的【扩散】分别设置为8、74，将【图标大小】设置为10，选中【视口显示】选项组中的【网格】单选按钮，将【粒子数百分比】设置为21.4，如图10-58所示。

(4) 展开【粒子生成】卷展栏，选中【使用速率】单选按钮，将数量设置为10，将【粒子运动】下的【速度】、【变化】分别设置为10、1.05，将【粒子计时】选项组中的【发射开始】、【发射停止】、【显示时限】、【寿命】、【变化】分别设置为5、75、70、30、10，如图10-59所示。

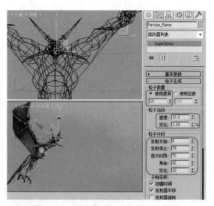

图 10-58　设置【基本参数】　　　　　　　　图 10-59　设置【粒子生成】

(5) 在【粒子大小】选项组中将【大小】、【变化】、【增长耗时】设置为 35、0、9，展开【粒子类型】卷展栏，将【粒子类型】设置为【标准粒子】，在【标准粒子】选项组中选中【面】单选按钮，如图 10-60 所示。

(6) 按 M 键打开【材质编辑器】对话框，选择【火焰】材质，确定粒子系统处于选择状态，单击【将材质指定给选定对象】按钮，将对话框关闭后对动画渲染输出，效果如图 10-61 所示。

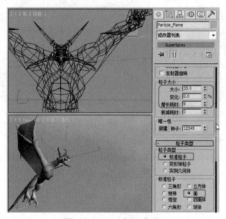

图 10-60　设置参数

图 10-61　输出动画中的其中一帧

案例精讲 113　利用超级喷射制作喷泉动画

案例文件：CDROM|Scenes| Cha10 |利用超级喷射制作喷泉动画 .max

视频文件：视频教学 | Cha10 |利用超级喷射制作喷泉动画 .avi

制作概述

本例将介绍如何制作喷泉动画。首先使用超级喷射制作喷泉并设置其参数，然后利用【材质编辑器】为喷泉添加材质，最后复制多个，效果如图 10-62 所示。

学习目标

学会利用超级喷射制作喷泉动画。

图 10-62 喷泉动画

操作步骤

(1) 打开"利用喷射粒子制作喷水动画 .max"素材文件，选择【喷水台】组，在任意视图中右击，在弹出的快捷菜单中选择【隐藏未选定对象】命令，将除【喷水台】以外的图形隐藏，如图 10-63 所示。

(2) 选择【创建】|【几何体】|【粒子系统】|【超级喷射】工具，在【顶】视图中创建超级喷射粒子，并调整到适当位置，在【左】视图中调整其高度，转到【修改】命令面板中，将【基本参数】卷帘中的【粒子分布】下的【扩散】设置为 15、180，将【图标大小】设置为 4，勾选【发射器隐藏】复选框，将【视口显示】设为【圆点】，【粒子百分比】设为 100%，在【粒子生成】卷帘中将【使用速率】设置为 50，【粒子运动】中的【速度】设置为 3.5，【变化】设置为 10，【粒子计时】中【发射开始】、【发射停止】、【显示时限】、【寿命】分别设置为 0、150、150、100，将【粒子大小】设置为 2，如图 10-64 所示。

(3) 选择【创建】|【空间扭曲】|【力】|【重力】，在【顶】视图中创建一个重力，在【修改】命令面板中将重力【强度】设置为 0.086，【衰退】设置为 2.5，调整重力的位置，在工具栏中选择【绑定到空间扭曲】将绘制的超级喷射绑定到空间扭曲上，如图 10-65 所示。

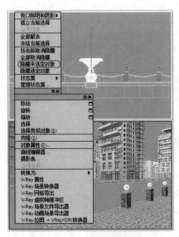

图 10-63 隐藏多余图形

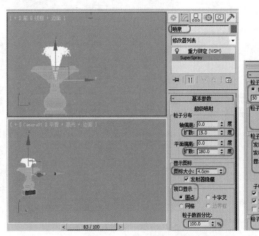

图 10-64 创建【超级喷射】

(4) 打开材质编辑器，选择一个空白材质球，将其【环境光】RGB 值设置为 171、205、236，将【自发光】颜色的 RGB 值设置为 173、200、248，将【不透明度】设置为 40，【高光级别】设置为 54，【光泽度】设置为 47，如图 10-66 所示。

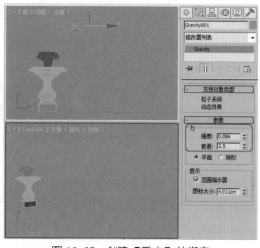

图 10-65　创建【重力】并绑定

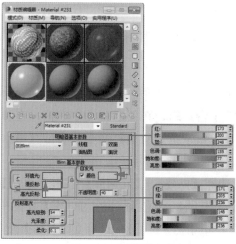

图 10-66　设置材质球参数

（5）在创建的【超级喷射】上右击，在弹出的快捷菜单中选择【对象属性】命令，选中【图像】单选按钮，将【运动模糊】设置为 5，如图 10-67 所示。

（6）在视图中右击，在弹出的快捷菜单中选择【取消全部隐藏】命令，如图 10-68 所示。

（7）在选择绘制的喷泉，按 Shift 键拖动并复制，在弹出的对话框中选中【实例】单选按钮，并调整其位置，如图 10-69 所示。按 F9 键快速渲染，最后将场景文件进行保存。

图 10-67　设置动态模糊

图 10-68　取消隐藏

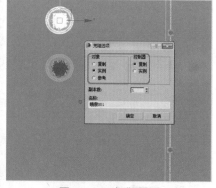

图 10-69　复制图形

案例精讲 114　使用超级喷射制作礼花动画

 案例文件：CDROM|Scenes| Cha10 |制作礼花动画 .max

 视频文件：视频教学 | Cha10 |使用超级喷射制作礼花动画 .avi

制作概述

本例将介绍如何制作礼花动画。首先要创建超级喷射，然后对超级喷射的参数进行设置，再为超级喷射创建【重力】，设置【视频后期处理】，最后渲染输出，效果如图 10-70 所示。

学习目标

学会礼花动画的制作方法。

图 10-70　礼花动画

操作步骤

(1) 按 8 键，在弹出的【环境和效果】面板中，单击【环境贴图】下的【无】按钮，在弹出的【材质/贴图浏览器】面板中选择【位图】材质，在弹出的对话框中选择随书附带光盘中的 CDROM|Map|zhang.jpg 文件，在工具栏中选择【材质编辑器】，将刚刚在【环境和效果】面板中的贴图拖曳到【材质编辑器】中的第一个材质球上，在弹出的对话框中选择实例并确定，并在【坐标】卷展栏中选择【环境】，将【贴图】设置为【屏幕】，如图 10-71 所示。

(2) 选择【创建】|【几何体】|【粒子系统】|【超级喷射】，在【顶】视图中创建【超级喷射】，并命名为【礼花 01】，选择【修改】命令面板，在【基本参数】卷展栏中将【粒子分布】下的【扩展】设置为 30、90，【图标】设置为 28，选择【视口显示】下的【网格】并将【粒子颗粒百分比】设置为 100，在【粒子生成】卷展栏中选择【粒子数量】中的使用总数，并将【数量】设置为 21，【粒子运动】中将【速度】、【变化】分别设置为 2.5、26，在【粒子计时】中将【发射开始】、【发射停止】、【显示时限】、【寿命】分别设置为 −59、60、100、40，将【粒子大小】中的【大小】设置为 0.35，如图 10-72 所示。

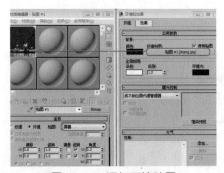

图 10-71　添加环境贴图

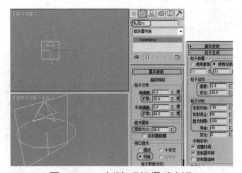

图 10-72　创建【超级喷射】

(3) 在【粒子类型】卷展栏中选择【标准粒子】下的【立方体】，在【粒子繁殖】卷展栏中选择【粒子繁殖效果】下的【消亡后繁殖】，将【倍增】设置为 200，【变化】设置为 100，将【方向混乱】的【混乱度】设置为 100，如图 10-73 所示。

(4) 在工具栏中选择【材质编辑器】按钮，选择第二个材质球，在【Blinn 基本参数】卷展栏中将【自发光】设置为 100，将【反射高光】的【高光级别】、【光泽度】分别设置为 25、6，如图 10-74 所示。

(5) 在【贴图】卷展栏中选择【漫反射颜色】后的【无】按钮，在弹出的面板中选择【粒子年龄】，将【粒子年龄参数】下的【颜色 #1】的 RGB 值设置为 255、100、227，将【颜色

#2】的 RGB 值设置为 255、200、0。将【颜色 #3】的 RGB 值设置为 255、0、0，设置完成后单击【转到父对象】按钮，将材质指定给对象，如图 10-75 所示。

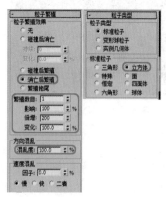
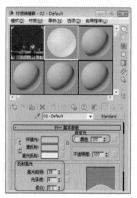
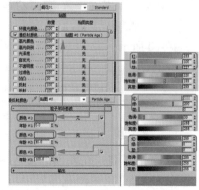

图 10-73　设置【超级喷射】参数　图 10-74　设置【材质编辑器】参数　　图 10-75　设置【贴图】参数

(6) 确认【超级喷射】在选定状态，单击鼠标右键，在弹出的快捷菜单中选择【对象属性】命令，打开【对象属性】面板，将【G 缓冲区】的【对象 ID】设置为 1，选择【运动模糊】下面的【图像】，将【倍增】设置为 0.8，如图 10-76 所示。

(7) 选择【创建】|【空间扭曲】|【力】|【重力】工具，在【顶】视图中添加一个重力，将它的【强度】设置为 0.02，在工具栏中选择【绑定到空间扭曲】，将绘制的超级喷射绑定到空间扭曲上，如图 10-77 所示。

(8) 使用同样的方法绘制其他超级喷射，并命名为【礼花 02】、【礼花 03】和【礼花 04】，如图 10-78 所示。

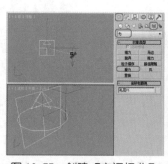

图 10-76　设置【对象属性】参数　图 10-77　创建【空间扭曲】　　图 10-78　创建其他礼花

(9) 选择【创建】|【摄影机】|【目标】工具，将【镜头】设置为 36mm，选择【透视】视图，按 C 键进入到 Camera01 中，如图 10-79 所示。

(10) 在菜单栏中选择【渲染】|【视频后期处理】命令，再单击【添加场景事件】按钮，在弹出的对话框中选择 Camera01，单击【确定】按钮，如图 10-80 所示。

(11) 再单击【添加图像过滤事件】按钮，在弹出的对话框中，将【底片】更改为【镜头效果光晕】，并名为【1】，单击确定，并使用同样的方法再创建 3 个【队列】，如图 10-81 所示。

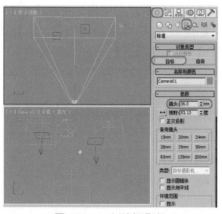

图 10-79　创建摄影机

图 10-80　创建【视频后期处理】

(12) 选择【视屏后期处理】，选择【1】并双击，进入到【编辑过滤事件】对话框，单击【设置】按钮，进入到【镜头效果光晕】对话框，单击【预览】按钮、【VP 队列】按钮，在首选项中将【效果大小】设置为 6，颜色【强度】设置为 30，选择【噪波】，将【运动】设置为 2，【质量】设置为 3，如图 10-82 所示。

图 10-81　创建【镜头效果光晕】

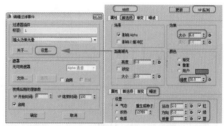

图 10-82　设置【镜头效果光晕】参数

(13) 设置完成后选择【2】并双击，进入到【编辑过滤事件】对话框、单击【设置】对话框，进入到【镜头效果光晕】对话框，单击【预览】、【VP 队列】按钮，在首选项中将效果【大小】设置为 39，颜色【强度】设置为 55，如图 10-83 所示。

(14) 选择【视屏后期处理】，选择【3】并双击，进入到【编辑过滤事件】，单击【设置】按钮，进入到【镜头效果光晕】对话框，单击【预览】按钮、【VP 队列】按钮，在首选项中将效果【大小】设置为 7，颜色【强度】设置为 0，如图 10-84 所示。

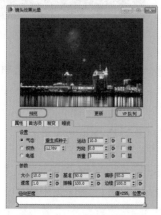

图 10-83　设置【2】号

图 10-84　设置【3】号

（15）选择【视屏后期处理】，选择【4】并双击，进入到【编辑过滤事件】对话框，选择【设置】，进入到【镜头效果光晕】对话框，单击【预览】按钮、【VP队列】按钮，在首选项中将【效果大小】设置为1，【柔化】设置为0，【颜色】选择【渐变】，在渐变组中第一个长条中13位置创建点，其RGB值设置为1、0、3，将最右侧的光标设置为55、0、124，单击【确定】按钮，如图10-85所示。

（16）单击【添加图像输出事件】按钮，在弹出的对话框中设置文件的输出格式和名称，并单击【执行序列】按钮，在弹出的对话框中设置礼花输出的大小尺寸参数，如图10-86所示。

（17）按F9键快速渲染，最后将场景文件进行保存。

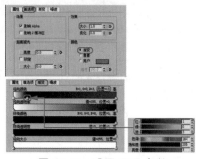

图 10-85　设置【4】参数

图 10-86　设置输出参数

案例精讲 115　使用粒子云制作火山喷发动画

案例文件：CDROM | Scenes | Cha10| 火山喷发动画 .max

视频文件：视频教学 | Cha10 | 使用粒子云制作火山喷发动画 .avi

制作概述

本例将讲解使用粒子云和超级喷射模拟制作火山喷发动画效果的方法，其中详细讲解了粒子云的使用方法。完成后的效果如图10-87所示。

学习目标

学会使用粒子云制作火山喷发动画。

图 10-87　火山喷发动画

操作步骤

（1）打开随书附带光盘中的 CDROM | Scenes | Cha10 | 火山喷发动画 .max 素材文件，如图 10-88 所示。

提示　【孤立当前选择】：可防止在处理单个选定对象时选择其他对象。

（2）选中火山对象，单击【孤立当前选择切换】按钮🔆，将火山对象孤立显示，激活【前】视图，选择【创建】✳ |【几何体】|【粒子系统】|【粒子云】按钮，在视图中创建一个粒子云对象，它的位置关系如图10-89所示。在其【粒子生成】卷展栏中设置粒子参数，将【粒子数量】

的【使用速率】设置为50，【粒子运动】的【速度】设置为0.787，在【粒子计时】和【粒子大小】选项组中设置粒子的时间和大小参数，将【发射开始】设置为–100，【发射停止】和【显示时限】设置为100，【寿命】设置为70；【大小】设置为1，【变化】设置为50。在【粒子类型】卷展栏中设置粒子类型，选择【球体】选项。单击工具栏中的【选择并均匀缩放】按钮，将粒子云对象缩放。

 选择【实例几何体】类型生成粒子，这些粒子可以是对象、对象链接层次或组的实例。对象在【粒子类型】卷展栏的【实例参数】选项组中处于选定状态。

图 10-88　打开的素材文件

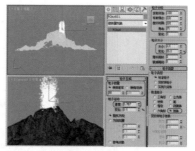

图 10-89　创建粒子云

(3) 在视图中再创建一个粒子云对象，设置【粒子生成】卷展栏中的粒子参数，将【粒子数量】的【使用速率】设置为60，【粒子运动】的【速度】设置为1。在【粒子计时】和【粒子大小】选项组中设置粒子的时间和大小参数，将【发射开始】设置为–100，【发射停止】和【显示时限】设置为100，【寿命】设置为40；【大小】设置为0.6，【变化】设置为50。在【粒子类型】卷展栏中设置粒子类型，选择【球体】选项。单击工具栏中的【选择并均匀缩放】按钮，将粒子云对象缩放，并调整其位置，如图10-90所示。

(4) 选择【创建】 | 【空间扭曲】 | 【重力】按钮，在【顶】视图中创建一个重力对象，切换至【修改】命令面板，将其【强度】设置为0.02，单击【绑定到空间扭曲】按钮，将创建的第二个粒子云对象绑定到重力对象上，如图10-91所示。

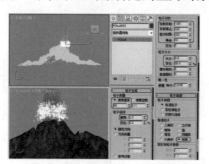

图 10-90　创建第二个粒子云

图 10-91　绑定粒子云对象

知识链接

增加【强度】会增加重力的效果，即对象的移动与重力图标方向箭头的相关程度。小于0的强度会创建负向重力，该重力会排斥以相同方向移动的粒子，并吸引以相反方向移动的粒子。设置【强度】为0时，【重力】空间扭曲没有任何效果。

(5) 选择【创建】 ✦ |【几何体】|【粒子系统】|【超级喷射】按钮，在场景中创建一个超级喷射粒子对象。在【基本参数】卷展栏中设置超级喷射的基本参数，将【扩散】分别设置为 80 和 90，【视口显示】选择为【网格】。在【粒子生成】卷展栏中，将【粒子数量】选择为【使用总数】并设置为 50；在【粒子运动】中，将【速度】设置为 0.787，【变化】设置为 30；在【粒子计时】中，将【发射开始】设置为 –100，【发射停止】和【显示时限】设置为 100，【寿命】设置为 70，【大小】设置为 0.4，【变化】设置为 50；在【粒子类型】卷展栏中，将【标准粒子】选择为【面】，在【粒子繁殖】卷展栏中，选择【繁殖拖尾】，并将【影响】设置为 80，【倍增】设置为 8，将【方向混乱】的【混乱度】设置为 3；选择【继承父粒子速度】选项，如图 10-92 所示。

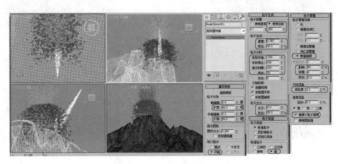

图 10-92　创建超级喷射

(6) 按住 Shift 键将超级喷射粒子复制两个，并在其中两个超级喷射粒子对象的【粒子生成】卷展栏中，将【粒子大小】分别设置为 0.3 和 0.5，然后使用【选择并均匀缩放】工具 ❐ 调整超级喷射粒子对象，最后将超级喷射粒子调整到适当位置，如图 10-93 所示。

(7) 单击【超级喷射】按钮，在场景中再创建一个超级喷射粒子。在【基本参数】卷展栏中设置基本参数，将【扩散】分别设置为 40 和 90，【视口显示】选择为【圆点】。在【粒子生成】卷展栏中，将【使用速率】设置为 50，【速度】设置为 0.2；在【粒子计时】中，将【发射开始】设置为 –100，【发射停止】和【显示时限】设置为 100，【寿命】设置为 500。在【粒子大小】选项组中，将【大小】设置为 1.181，【变化】设置为 15；在【粒子类型】卷展栏中，将【标准粒子】选择为【面】。展开【旋转和碰撞】卷展栏，将【变化】设置为 10，然后使用【选择并均匀缩放】工具 ❐ 调整超级喷射粒子对象，如图 10-94 所示。

图 10-93　复制超级喷射粒子并调整其位置

图 10-94　重新创建一个超级喷射并设置粒子基本参数

(8) 选择【创建】 ✦ |【空间扭曲】 ≋ |【风】按钮，在【前】视图中创建一个风对象，并调整其旋转角度。选择风对象，在其参数卷展栏中设置风参数，将【强度】设置为 -0.01，如

图 10-95 所示。单击【绑定到空间扭曲】按钮 ≋，将最后创建的超级喷射对象绑定到风对象上。

(9) 按 M 键打开材质编辑器，选择【火焰 01】材质，将它应用给第 1 个粒子云对象。选择另一个【火焰 02】材质。将它应用给第 2 个粒子云对象，选择已制作好的【烟雾】材质，将它应用给超级喷射粒子。按 F9 键快速渲染粒子材质，效果如图 10-96 所示。

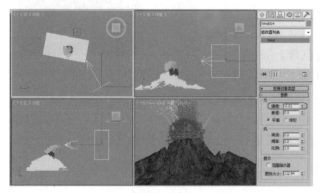
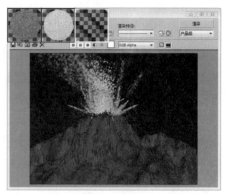

图 10-95　创建风对象并设置风参数　　　　　　图 10-96　添加材质并渲染

(10) 选择场景中的粒子云对象并右击，在弹出的快捷菜单中选择【对象属性】命令，弹出【对象属性】对话框，设置粒子云的【对象 ID】为 1，如图 10-97 所示。

(11) 单击【孤立当前选择切换】按钮 ♀，取消孤立显示模式。选择执行【渲染】|【视频后期处理】命令，打开【视频后期处理】对话框，单击【执行序列】按钮 ✕，在弹出的【执行视频后期处理】对话框，选择动画的渲染帧数和大小，然后单击【渲染】按钮，如图 10-98 所示。

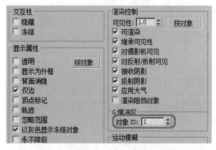
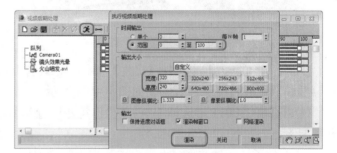

图 10-97　设置粒子云的【对象 ID】　　　　　图 10-98　执行渲染序列

案例精讲 116　使用粒子流源制作水花动画

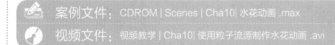

案例文件：CDROM | Scenes | Cha10| 水花动画 .max

视频文件：视频教学 | Cha10| 使用粒子流源制作水花动画 .avi

制作概述

本例介绍使用粒子流源制作水花动画。粒子云使用一种称为【粒子视图】的特殊对话框来使用事件驱动模型。创建粒子流源后，在【粒子视图】中，添加并设置事件参数，完成后的效果如图 10-99 所示。

图 10-99　水花动画

学习目标

学会使用粒子流源制作水花动画。

操作步骤

(1) 打开随书附带光盘中的 CDROM | Scenes | Cha10 | 水花动画 .max 素材文件，选择【创建】❋ |【几何体】◯ |【粒子系统】|【粒子流源】工具，在【顶】视图中创建一个粒子流发射器，如图 10-100 所示。

(2) 按 6 键或在其【修改】命令面板中单击【粒子视图】按钮，打开【粒子视图】窗口，在粒子视图中添加【位置对象】操作符到【事件 001】中，并单击【添加】按钮，拾取 Plane01 平面对象，如图 10-101 所示。

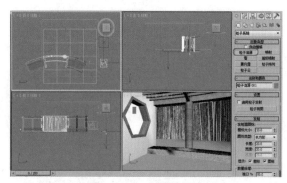

图 10-100　创建粒子流

图 10-101　设置【位置对象】

(3) 在【事件 001】中选择【出生】操作符，设置其参数，将【发射停止】设置为 250，选中【速率】并将其设置为 1200，如图 10-102 所示。

(4) 在【事件 001】中选择【速度】操作符并设置其参数，将【速度】设置为 100，并勾选【反转】复选框，如图 10-103 所示。

(5) 在粒子视图中选择【发送出去】操作符，添加到【事件 001】中，在【事件 001】中，将【位置图标】、【旋转】和【形状】操作符删除，如图 10-104 所示。

图 10-102　设置【出生】

图 10-103　设置速度参数

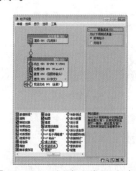

图 10-104　创建【发送出去】

【发射开始】和【发射停止】值与系统帧速率相关。如果更改帧速率，【粒子流源】将自动调整相应的发射值。

(6) 单击【粒子流源】按钮，在【前】视图中创建一个粒子流发射器，如图 10-105 所示。

(7) 按 6 键打开【粒子视图】对话框，选中【事件 002】中的【出生】操作符，设置其参数。将【发射开始】设置为 -43，【发射停止】设置为 250，选中【速率】并将其设置为 1500，如图 10-106 所示。

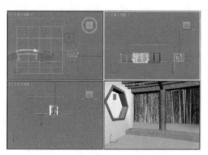 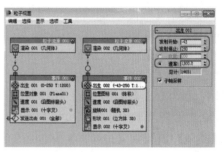

图 10-105　创建粒子流发射器　　　　　　图 10-106　设置【出生】

(8) 在【事件 002】中，添加【位置对象】操作符，然后单击【添加】按钮，拾取 Box001 对象，如图 10-107 所示。

(9) 在【事件 002】中，选择【旋转】操作符，将【方向矩阵】设置为【速度空间】，将 X 设置为 90，如图 10-108 所示。

(10) 选择【力】操作符，将其拖动到【事件 002】中的【旋转】操作符的下面，并在它的参数卷展栏中单击【添加】按钮，添加场景中的重力对象，如图 10-109 所示。

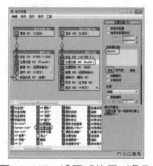  

图 10-107　设置【位置对象】　　　　图 10-108　设置【旋转】　　　　图 10-109　设置【力】

 　　　　【散度】参数用于定义粒子方向的变化范围（以度为单位）。实际偏离是在此范围内随机计算得出的。不能与【随机 3D】或【速度空间跟随】选项共同使用。默认设置是 0。

(11) 选择【事件 002】中的【形状】操作符，将 3D 设置为【四面体】，【大小】设置为 254，如图 10-110 所示。

(12) 在【事件 002】中，添加【缩放】操作符并设置其参数，取消勾选【限定比例】复选框，将 X 设置为 3，Y 设置为 200，Z 设置为 3，如图 10-111 所示。

(13) 在【事件 002】中，添加【删除】选项符并设置其参数。选中【按粒子年龄】单选按钮，将【寿命】设置为 50，【变化】设置为 0，如图 10-112 所示。

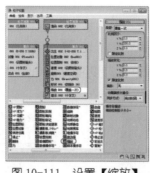

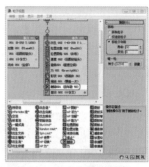

图 10-110　设置【形状】　　　　图 10-111　设置【缩放】　　　　图 10-112　设置【删除】

(14) 继续添加【材质静态】操作符，并将添加 RainDrops 材质，如图 10-113 所示。

(15) 然后将【事件 002】中的【位置图标】和【速度】操作符删除。选中【显示】操作符，将其【类型】设置为【边界框】，如图 10-114 所示。

(16) 在【粒子视图】中，添加【繁殖】操作符并设置其参数，勾选【删除父粒子】复选框，【子孙数】设置为 50，【变化 %】设置为 30；在【速度】属性中，选择【使用单位】并设置为 1004，【散度】设置为 50，如图 10-115 所示。

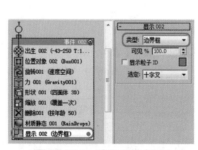

图 10-113　设置【材质静态】　　　图 10-114　设置【显示】　　　　图 10-115　设置【繁殖】

(17) 在【事件 003】中添加【材质静态】操作符，添加 RainSplashes 材质，如图 10-116 所示。

(18) 在【事件 003】中添加【删除】操作符并设置其参数，选中【按粒子年龄】单选按钮，将【寿命】设置为 10，【变化】设置为 3，如图 10-117 所示。

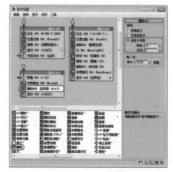

图 10-116　设置【材质静态】　　　　　　图 10-117　设置【删除】

(19) 在【事件 003】中添加【力】操作符，单击【按列表】按钮，添加场景中的重力对象，如图 10-118 所示。

(20) 在【事件 003】中添加【图形朝向】操作符并将【在世界空间中】的【单位】设置为 25，如图 10-119 所示。

(21) 选中【粒子流源 001】，将【粒子数量】中的【上限】设置为 600000，然后将所有事件串联起来，如图 10-120 所示。

(22) 关闭【粒子视图】对话框，返回到视图中预览粒子效果，然后对场景进行渲染，最后将场景文件进行保存。

图 10-118　设置【力】

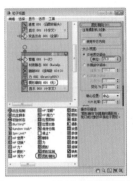
图 10-119　设置【图形朝向】

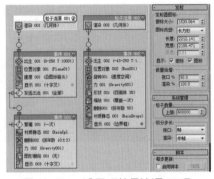
图 10-120　设置【粒子流源 001】

案例精讲 117　使用粒子云制作心形粒子动画

案例文件：CDROM|Scenes| Cha10 | 使用粒子云制作心形粒子动画 .max

视频文件：视频教学 | Cha10 | 使用粒子云制作心形粒子动画 .avi

制作概述

本例将介绍如何制作心形粒子动画。首先使用线工具绘制出心形路径，然后绘制圆柱体，为圆柱体添加【路径变形】修改器，拾取心形为路径；其次创建粒子云系统，拾取圆柱体为发射器，设置粒子参数；最后通过视频后期处理为粒子添加【镜头效果光晕】和【镜头效果高光】过滤器，将视频渲染输出效果，如图 10-121 所示。

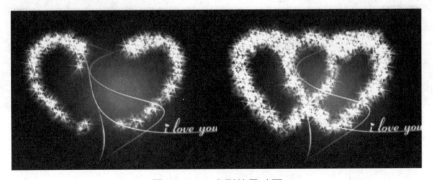
图 10-121　心形粒子动画

学习目标

学会如何使用粒子云制作心形粒子动画。

操作步骤

(1) 启动软件后，选择【创建】|【图形】|【样条线】|【线】工具，激活【前】视图，在该视图中绘制如图 10-122 所示的形状。

(2) 进入【修改】命令面板，将当前选择集定义为【顶点】，选择所有的顶点并右击，在弹出的快捷菜单中选择【Bazier 角点】命令，如图 10-123 所示。

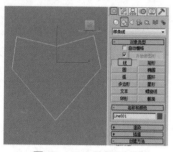

图 10-122　绘制形状

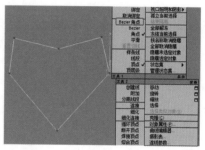

图 10-123　选择【Bazier 角点】命令

提示　　　为了使路径更加圆滑，可以将普通的顶点转换为 Bazier 角点，此时会出现可以调动的手柄，可以使曲线更加平滑。

(3) 然后通过调整手柄和调整顶点的位置来将形状调整为心形。选择【创建】|【几何体】|【标准基本体】|【圆柱体】工具，在【前】视图中绘制圆柱体，在【参数】卷展栏中将【半径】设置为 25，将【高度】设置为 90，将【高度分段】设置为 50，将【端面分段】设置为 5，如图 10-124 所示。

(4) 选择【创建】|【几何体】|【粒子系统】|【粒子云】工具，在【前】视图中创建粒子对象，在【基本参数】卷展栏中单击【拾取对象】按钮，在场景中选择圆柱体，此时，在【粒子分布】选项组中系统将自动选中【基于对象的发射器】单选按钮，如图 10-125 所示。

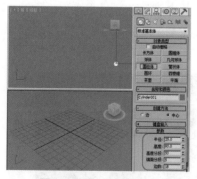

图 10-124　创建圆柱体

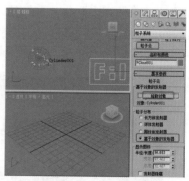

图 10-125　创建粒子系统

(5)在场景中选择圆柱体,进入【修改】命令面板,在【修改器列表】中选择【路径变形(WSM)】修改器,在【参数】卷展栏中单击【拾取路径】按钮,然后再单击【转到路径】按钮,在【路径变形轴】选项组中选中Z单选按钮,如图10-126所示。

(6)按N键打开动画记录模式,将第0帧处的【拉伸】设置为0,将时间滑块拖曳至第40帧处,将【拉伸】设置为24,如图10-127所示。

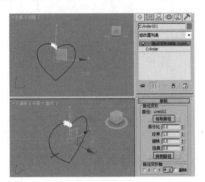
图10-126 添加【路径变形】修改器

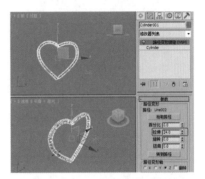
图10-127 设置关键帧动画

(7)按N键关闭自动动画记录模式,选择圆柱体并右击,在弹出的快捷菜单中选择【对象属性】命令,弹出【对象属性】对话框,在该对话框中选择【常规】选项卡,在【渲染控制】选型组中取消勾选【可渲染】复选框,如图10-128所示。

(8)单击【确定】按钮,选择粒子系统,进入【修改】命令面板,在【粒子生成】卷展栏中,将【使用速率】设置为10,在【粒子运动】选项组中将【速度】设置为1,在【粒子计时】选项组中将【发射开始】、【发射停止】、【显示时限】、【寿命】分别设置为0、100、100、100,在【粒子大小】选项组中将【大小】设置为10,如图10-129所示。

图10-128 取消勾选【可渲染】复选框

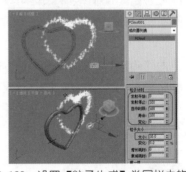
图10-129 设置【粒子生成】卷展栏中的参数

(9)展开【粒子类型】卷展栏,在【粒子类型】选项组中选中【标准粒子】单选按钮,在【标准粒子】选项组中选中【球体】单选按钮,如图10-130所示。

(10)选择粒子系统并右击,在弹出的快捷菜单中选择【对象属性】命令,弹出【对象属性】对话框,在该对话框中选择【常规】选型卡,在【G缓冲区】选项组中将【对象ID】设置为1,如图10-131所示。

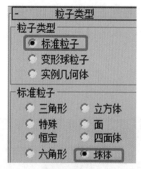

图 10-130　设置【粒子类型】

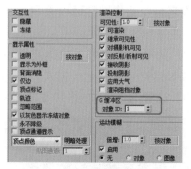

图 10-131　设置【对象 ID】

(11) 单击【确定】按钮，选择【创建】|【摄影机】|【标准】|【目标】工具，在【顶】视图中创建摄影机，将【透视】视图转换为【摄影机】视图，然后在其他视图中调整摄影机的位置，如图 10-132 所示。

(12) 在菜单栏中选择【渲染】|【视频后期处理】命令，弹出【视频后期处理】对话框，在该对话框中单击【添加场景事件】按钮，弹出【添加场景事件】对话框，将【视图】设置为 Camera001，如图 10-133 所示。

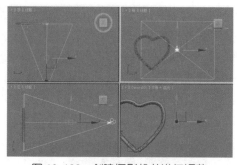

图 10-132　创建摄影机并进行调整

图 10-133　【添加场景事件】对话框

(13) 单击【确定】按钮，然后单击【添加图像过滤事件】按钮，弹出【添加图像过滤事件】对话框，在过滤器列表中选择【镜头效果光晕】过滤器，单击【确定】按钮，如图 10-134 所示。

(14) 再次单击【添加图像过滤事件】按钮，在弹出的对话框中选择【镜头效果高光】过滤器，单击【确定】按钮，效果如图 10-135 所示。

图 10-134　选择【镜头效果光晕】过滤器

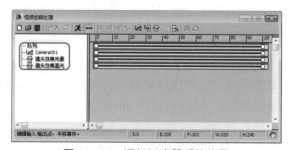

图 10-135　添加过滤器后的效果

(15) 双击【镜头效果光晕】过滤器，在弹出的对话框中单击【设置】按钮，进入【镜头效果光晕】对话框中，在【源】选项组中将【对象 ID】设置为 1，在【过滤】选项组中勾选【全部】复选框，如图 10-136 所示。

(16) 选择【首选项】选项卡，在【效果】选项组中将【大小】设置为3，在【颜色】选项组选中【渐变】单选按钮，选择【噪波】选项卡，将【运动】设置为5，勾选【红】、【绿】、【蓝】复选框，在【参数】选项组中将【大小】、【速度】分别设置为1、0.5，如图10-137所示。

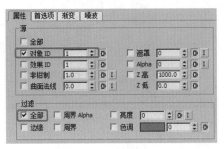

图 10-136 【属性】选项卡

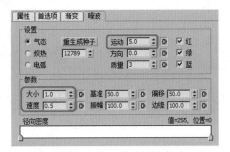

图 10-137 【噪波】选项卡

(17) 单击【确定】按钮，返回到【视频后期处理】对话框，双击【镜头效果高光】，在弹出的对话框中单击【设置】按钮，在【属性】选项组中将【对象 ID】设置为1，在【过滤】选项组中勾选【全部】复选框，在【几何体】选项卡中将【角度】设置为40，将【钳位】设置为10，在【变化】选项组中单击【大小】按钮，如图10-138所示。

(18) 选择【首选项】选项卡，将【大小】设置为7，将【点数】设置为6，在【颜色】选项组中选中【渐变】单选按钮，如图10-139所示。

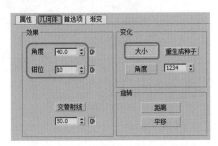

图 10-138 设置【几何体】参数

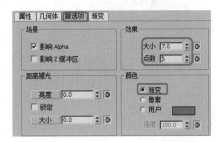

图 10-139 设置【首选项】参数

(19) 单击【确定】按钮，返回到【视频后期处理】对话框中，单击【添加图像输出事件】按钮，在弹出的对话框中单击【文件】按钮，再在弹出的对话框中将【文件名】设置为【心形粒子动画】，将【保存类型】设置为 AVI 格式，单击【保存】按钮，如图10-140所示。

(20) 单击【保存】按钮，在弹出的对话框中单击【确定】按钮，再次单击【确定】按钮，返回到【视频后期处理】对话框中，将该对话框最小化，在场景中选择除摄影机以外所有的对象，按住 Shift 键在前视图中将其向右拖曳，释放鼠标，在弹出的对话框中选中【复制】单选按钮，将【名称】设置为【拷贝】，单击【确定】按钮，如图10-141所示。

(21) 按 8 键打开【环境和效果】对话框，单击【环境贴图】下的【无】按钮，在弹出的对话框中双击【位图】选项，在打开的对话框中选择232323.jpg素材文件，单击【打开】按钮，按 M 键打开【材质编辑器】对话框，将贴图拖曳至一个空白材质样本球上，在弹出的对话框中选中【实例】单选按钮，单击【确定】按钮，然后将【贴图】设置为【屏幕】，如图10-142所示。

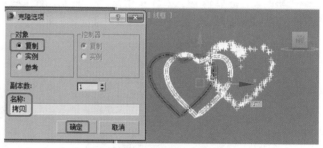

图 10-140　设置输出路径及名称　　　　　　　　图 10-141　对对象进行复制

（22）将对话框关闭，选择复制后的圆柱体，进入【修改】命令面板，在【路径变形】选项组中勾选【翻转】复选框，然后将【视频后期处理】对话框最大化，单击【执行序列】按钮，在弹出的对话框中选中【范围】单选按钮，将【宽度】、【高度】分别设置为 320、240，如图 10-143 所示，单击【渲染】按钮即可将视频渲染输出。

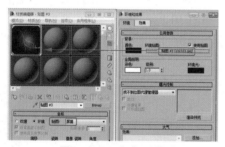

图 10-142　复制对象　　　　　　　　　　图 10-143　【执行视频后期处理】对话框

案例精讲 118　使用粒子流源制作飞出的文字

案例文件：CDROM | Scenes |Cha10| 飞出的文字 .max

视频文件：视频教学 | Cha10 | 使用粒子流源制作飞出的文字 .avi

制作概述

本例将讲解如何使用粒子流源制作飞出的文字动画。首先创建粒子流源对象，通过在【粒子视图】对话框中对其进行设置，在材质编辑器中对设置粒子所需要的材质，完成后的效果如图 10-144 所示。

学习目标

学会如何利用粒子流源制作飞出的文字动画。

操作步骤

（1）启动软件后打开随书附带光盘中的 CDROM| 素材 |Scenes|Cha10| 飞出的文字 .max 素材

图 10-144　飞出的文字动画

文件。选择【创建】|【几何体】|【粒子系统】|【粒子流源】工具，在【前】视图中创建粒子流源对象，如图 10-145 所示。

(2) 打开【修改】命令面板，在【设置】卷展栏中单击【粒子视图】按钮，弹出【粒子视图】对话框，选择【出生 001】选项，在设置栏中将【发射开始】和【发射停止】分别设为 -50、100，将【数量】设为 1000，如图 10-146 所示。

图 10-145 创建粒子流源对象

图 10-146 设置出生

知识链接

　　【粒子流源】是每个流的视口图标，同时也作为默认的发射器。默认情况下，它显示为带有中心徽标的矩形，但是可以使用控件更改其形状和外观。在视口中选择源图标时，粒子流发射器级别卷展栏将出现在【修改】命令面板上。也可以在【粒子视图】中单击全局事件的标题栏以高亮显示粒子流源，并通过【粒子视图】对话框右侧的参数面板访问发射器级别卷展栏。可使用这些控件设置全局属性，例如图标属性和流中粒子的最大数量。

(3) 选择【形状 001】选项，在【形状 001】卷展栏中将选中 3D 单选按钮，单击其后的下拉箭头，在弹出的下拉列表中选择【字母 Arial】，勾选【多图形随机顺序】复选框，如图 10-147 所示。

(4) 选择【显示 002】选项，在右侧【显示 002】卷展栏中将【类型】设为【几何体】，其他保持默认，如图 10-148 所示。

图 10-147 设置形状

图 10-148 设置显示类型

(5) 在列表中选择【材质频率】将其添加到事件中，如图 10-149 所示。

(6) 切换到【修改】命令面板中，在【发射】卷展栏中将【徽标大小】设为 143，将【图标类型】设为【长方形】，将【长度】和【宽度】都设为200，适当调整【粒子流源】的位置，如图10-150所示。

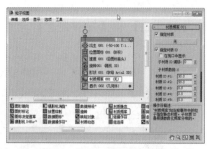

图 10-149　添加【材质频率】选项

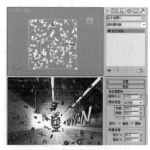

图 10-150　设置出生

（7）按 M 键打开材质编辑器，选择一个样本球，并将其命名为"金属文字"，在【明暗器基本参数】卷展栏中将明暗器的类型设为【金属】，在【金属基本参数】卷展栏中取消【环境光】和【漫反射】的锁定，将【环境光】的 RGB 值设为 234、255、0，将【漫反射】的 RGB 值设为 255、156、0。在【反射高光】组中将【高光级别】和【光泽度】分别设为 138、71，如图10-151 所示。

（8）切换到【贴图】卷展栏中，单击【反射】后面的【无】按钮，在弹出的对话框中选择【位图】选项，单击【确定】按钮，在弹出的对话框中选择随书附带光盘中的 CDROM |
Map|aiti.jpg 文件，单击【打开】按钮，在【位图参数】卷展栏中勾选【应用】复选框，选中
【查看图像】单选按钮，在弹出的对话框中对图像进行裁剪，单击【转到父对象】按钮，如图 10-152 所示。

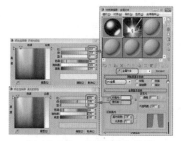

图 10-151　设置基本参数

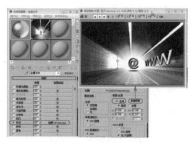

图 10-152　设置贴图

（9）打开【粒子视图】对话框，选择【材质频率】选项，将【金属文字】材质拖曳到【材质频率 001】的【无】按钮上，其他保持默认值，如图 10-153 所示。

（10）激活【摄影机】视图，对动画进行渲染输出，渲染到第 50 帧时的效果，如图 10-154 所示。

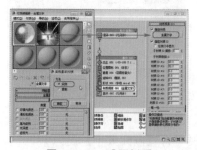

图 10-153　设置材质

图 10-154　渲染到第 50 帧时的效果

第 11 章

大气特效与后期制作

本章重点

◆ 使用镜头效果光斑制作文字过光动画
◆ 使用镜头效果高光制作戒指发光动画
◆ 使用镜头效果光晕制作闪电效果

在 3ds Max 中，可以使用一些特殊的效果对场景进行加工和添色，来模拟现实中的视觉效果。视频后期处理器是 3ds Max 中独立的一大组成部分，相当于一个视频后期处理软件，包括动态影像的非线性编辑功能以及特殊效果处理功能，类似于 After Effects 或者 Combustion 等后期合成软件的性质。本章将介绍如何使用大气特效制作动画，以及动画的后期合成。

案例精讲 119　使用体积光效果制作体积光动画

案例文件：CDROM | Scenes | Cha11 | 使用体积光效果制作体积光动画 .max

视频文件：视频教学 | Cha11 | 使用体积光效果制作体积光动画 .avi

制作概述

本例将介绍如何制作体积光动画。首先创建一盏目标聚光灯，然后添加体积光特效并将其赋予聚光灯上，通过对聚光灯添加关键帧，完成体积光动画的制作，渲染后的效果如图 11-1 所示。

图 11-1　体积光动画

学习目标

学会如何制作体积光动画。

操作步骤

(1) 启动软件后打开随书附带光盘中的 CDROM| Scenes|Cha11| 使用体积光效果制作体积光动画 .max 素材文件，查看效果，如图 11-2 所示。

(2) 执行【创建】|【灯光】|【目标聚光灯】命令，在【顶】视图中创建一盏聚光灯，如图 11-3 所示。

图 11-2　打开的素材文件

图 11-3　创建目标聚光灯

(3) 切换到【修改】命令面板，在【常规参数】卷展栏中勾选【阴影】下的【启用】复选框。在【强度 / 颜色 / 衰减】卷展栏中将【倍增】值设为 2，并单击其右侧的色块将其 RGB 值设为 255、248、230，在【远距衰减】中勾选【使用】复选框，将【开始】和【结束】值设为 18202、29000，如图 11-4 所示。

(4) 在【聚光灯参数】卷展栏中，将【聚光区 / 光束】、【衰减区 / 区域】的值分别设为

17.7、23.5，选中【矩形】单选按钮，将【纵横比】设为6.73，如图11-5所示。

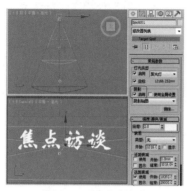

图11-4　设置灯光参数

图11-5　设置【聚光灯参数】

（5）使用【选择并移动】工具，对创建的目标聚光灯调整位置，如图11-6所示。

（6）按8键，打开【环境和效果】对话框，在【大气】卷展栏中单击【添加】按钮，弹出【添加大气效果】对话框，选择【体积光】选项，单击【确定】按钮，如图11-7所示。

知识链接

　　【体积光】：体积光是一种比较特殊的光线，它的作用类似于灯光和雾的结合效果，用它可以制作光束、光斑、光芒等效果，而其他灯光只能起到照亮的作用。

图11-6　调整聚光灯的位置

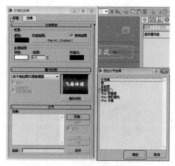

图11-7　添加【体积光】

（7）返回到【环境和效果】对话框中，选择【体积光参数】卷展栏，单击【拾取灯光】按钮，拾取上一步创建的目标聚光灯，在【体积】选项组中将【雾颜色】的RGB值设为255、246、228，将【衰减颜色】的RGB值设为黑色，将【密度】设为0.6，选中【过滤阴影】下的【高】单选按钮，如图11-8所示。

知识链接

　　【雾颜色】：设置组成体积光的雾的颜色。单击色样，然后在颜色选择器中选择所需的颜色。与其他雾效果不同，此雾颜色与灯光的颜色组合使用。最佳的效果是使用白雾，然后使用彩色灯光着色。

【衰减颜色】：体积光随距离而衰减。体积光经过灯光的近距衰减距离和远距衰减距离，从【雾颜色】渐变到【衰减颜色】。单击色样将显示颜色选择器，这样可以更改衰减颜色。【衰减颜色】与【雾颜色】相互作用。例如，如果雾颜色是红色，衰减颜色是绿色，在渲染时，雾将衰减为紫色。通常，衰减颜色应很暗，中黑色是一个比较好的选择。

【密度】：设置雾的密度。雾越密，从体积雾反射的灯光就越多。密度为 2% 到 6% 可以获得最具真实感的雾体积。

【过滤阴影】：用于通过提高采样率（以增加渲染时间为代价）获得更高质量的体积光渲染。其中包括以下选项：

【低】：不过滤图像缓冲区，而是直接采样。此选项适合 8 位图像、AVI 文件等。

【中】：对相邻的像素采样并求均值。对于出现条带类型缺陷的情况，这可以使质量得到非常明显的改进。速度比【低】要慢。

【高】：对相邻的像素和对角像素采样，并为每个像素指定不同的权重。这种方法速度最慢，提供的质量要比【中】好一些。

(8) 打开关键帧记录，确认当前为第 0 帧处，调整目标聚光灯的位置，单击【设置关键点】按钮，添加关键帧，如图 11-9 所示。

图 11-8 设置体积光参数

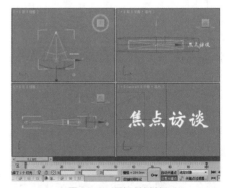

图 11-9 添加关键帧

(9) 将光标移动到第 100 帧处，调整目标聚光灯的位置，单击【设置关键点】按钮，如图 11-10 所示。

(10) 渲染第 50 帧时的效果如图 11-11 所示。

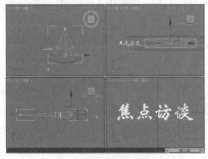

图 11-10 添加关键帧

图 11-11 渲染第 50 帧时的效果

案例精讲 120　使用简单擦除效果制作图片擦除动画

案例文件：CDROM | Scenes | Cha11 | 使用简单擦除效果制作图片擦除动画 .max

视频文件：视频教学 | Cha11 | 使用简单擦除效果制作图片擦除动画 .avi

制作概述

本例将介绍如何制作简单的擦除动画。其中主要
应用了简单擦除效果，使两个图片之间有擦除切换，
其效果如图 11-12 所示。

学习目标

学会如何制作简单擦除动画。

图 11-12　擦除动画

操作步骤

(1) 启动软件后打开随书附带光盘中的 CDROM|Scenes|Cha11| 使用简单擦除效果制作图片
擦除动画 .max 素材文件，切换到【透视】视图渲染查看效果，如图 11-13 所示。

(2) 打开【视频后期处理】对话框，单击【添加场景事件】按钮，弹出【添加场景事件】对话框。
在该对话框中选择【透视】视图，单击【确定】按钮，如图 11-14 所示。

知识链接

　　【添加场景事件】：将选定摄影机视口中的场景添加至队列。场景事件是当前 3ds Max 场
景的视图。可选择显示哪个视图，以及如何同步最终视频与场景。可以使用多个场景事件同时
显示同一场景的两个视图，或者从一个视图切换至另一个视图。

图 11-13　渲染【透视】视图

图 11-14　添加场景事件

> **知识链接**
>
> 【添加图像输入事件】：将静止或移动的图像添加至场景。图像输入事件将图像放置到队列中，但不同于场景事件，该图像是一个事先保存过的文件或设备生成的图像。

(3) 返回到【视频后期处理】对话框，单击【添加图像输入事件】按钮，弹出【添加图像输入事件】对话框，在该对话框中单击【文件】按钮，在弹出的对话框中选择本书光盘中的贴图文件194809.jpg，单击【打开】按钮。返回到【添加图像输入事件】对话框中，单击【确定】按钮，如图 11-15 所示。

(4) 返回到【视频后期处理】对话框，选择上一步添加的图像事件，将输出点调整到第 100 帧，并同时选择添加的两个事件，单击【添加图像层事件】按钮，在弹出的对话框中选择【简单擦除】效果，如图 11-16 所示。

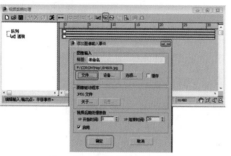

图 11-15　添加图像输入事件

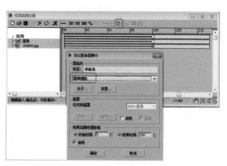

图 11-16　添加图像层事件

> **知识链接**
>
> 【添加图像层事件】：图像层事件始终为带有两个子事件的父事件。子事件自身也可以是带有子事件的父事件。图像层事件可以是场景中的事件、图像输入事件，以及包含场景或图像输入事件的层事件。

(5) 单击【设置】按钮，弹出【简单擦除控制】对话框，进行如图 11-17 所示的设置，设置完成后单击【确定】按钮。

> **知识链接**
>
> 【简单擦除】过滤器使用擦拭变换显示或擦除前景图像。此过滤器从图像到图像进行擦拭（或从图像到黑色）。过滤的图像会保持在原位，但会通过擦拭图像进行显示或擦除。擦拭的速率取决于擦拭过滤器的时间范围长度。除非使用【图像层】事件来合成带有另一图像的【擦拭】过滤器，否则未被图像覆盖的区域会渲染为黑色。

(6) 单击【确定】按钮，返回到【添加图像层事件】对话框，在该对话框中单击【确定】按钮。然后在【视频后期处理】对话框中单击【添加图像输出】按钮，弹出【添加图像输出】对话框，单击【文件】按钮，设置正确的保存路径及名称，返回到【视频后期处理】对话框，单击【执行序列】按钮，输入动画即可，如图 11-18 所示。

图 11-17　设置简单擦除

图 11-18　设置输出

案例精讲 121　使用淡入淡出效果制作图像合成动画

 案例文件：CDROM|Scenes| Cha11 | 使用淡入淡出效果制作图像合成动画 .max

　　视频文件：视频教学 | Cha11 | 使用淡入淡出效果制作图像合成动画 .avi

制作概述

　　本例将介绍如何使用淡入淡出效果制作图像合成动画。首先使用【环境和效果】对话框添加背景贴图，然后使用【视频后期处理】对话框进行调整，效果如图 11-19 所示。

图 11-19　图像合成动画

学习目标

学会使用淡入淡出效果制作图像合成动画。

操作步骤

　　(1) 重置场景后，然后按 8 键，在弹出的【环境和效果】对话框中，单击【环境贴图】下的【无】按钮，在弹出的【材质 / 贴图浏览器】对话框中选择【位图】贴图，再在弹出的对话框中选择随书附带光盘中的 CDROM|Map|Z1.jpg 文件，如图 11-20 所示。

　　(2) 按 M 键打开【材质编辑器】对话框，将【环境和效果】对话框中的贴图按钮拖曳到新的材质球上，在弹出的对话框中选中【实例】单选按钮，并单击【确定】按钮，然后在【坐标】卷展栏中选中【环境】单选按钮，将【贴图】设置为【屏幕】，如图 11-21 所示。

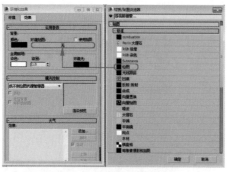

图 11-20　添加环境贴图

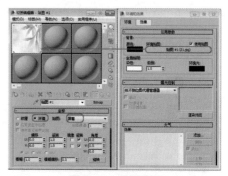

图 11-21　设置贴图

(3) 在菜单栏中选择【渲染】|【视频后期处理】命令，弹出【视频后期处理】对话框，单击【添加场景事件】按钮，在弹出的【添加场景事件】对话框中，选择【透视】并单击【确定】按钮，如图 11-22 所示。

(4) 单击【添加图像输入事件】按钮，在弹出的【添加图像输入事件】对话框中单击【文件…】按钮，在弹出的对话框中选择随书附带光盘中的 CDROM|Map|Z2.jpg 文件，并单击【打开】按钮，返回到【添加图像输入事件】对话框，将【VP 结束时间】设置为 100，并单击【确定】按钮，如图 11-23 所示。

图 11-22　添加场景事件

图 11-23　添加图像输入事件

(5) 在【视频后期处理】对话框中同时选中添加的两个事件，并单击【添加图像层事件】按钮，在弹出的【添加图像层事件】对话框中选择【交叉衰减变换】选项，然后单击【确定】按钮，如图 11-24 所示。

知识链接

　　【交叉衰减变换】选项：随时间将这两个图像合成，从背景图像交叉淡入淡出至前景图像。

(6) 取消选择所有事件，单击【添加图像输出事件】按钮，弹出【添加图像输出事件】对话框，在该对话框中单击【文件】按钮，然后在弹出的对话框中设置文件的输出路径，文件名称及保存格式，设置完成后单击【保存】按钮，再在弹出的对话框中单击【确定】按钮即可，如图 11-25 所示。

图 11-24　添加图像层事件　　　　　　　　　　　图 11-25　添加图像输出事件

(7) 在【视频后期处理】对话框中单击【执行序列】按钮,在弹出的对话框中将输出大小设置为 800×600,并单击【渲染】按钮进行渲染,如图 11-26 所示。

(8) 渲染的静帧效果如图 11-27 所示。

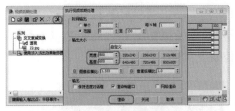

图 11-26　设置输出大小　　　　　　　　　　　图 11-27　渲染效果

案例精讲 122　使用镜头效果光斑和镜头效果制作太阳光特效

　案例文件:CDROM|Scenes| Cha11 | 使用镜头效果光斑和镜头效果制作太阳光特效 .max

　视频文件:视频教学 | Cha11 | 使用镜头效果光斑和镜头效果制作太阳光特效 .avi

制作概述

本例将介绍如何使用镜头效果光斑和镜头效果制作太阳光特效。首先使用【环境和效果】对话框添加背景贴图,然后使用【视频后期处理】对话框进行调整,效果如图 11-28 所示。

学习目标

学会使用镜头效果光斑和镜头效果制作太阳光特效。

操作步骤

(1) 重置场景后按 8 键,在弹出的【环境和效果】对话框中,单击【环境贴图】下的【无】按钮,在弹出的【材质 / 贴图浏览器】对话框中选择【位图】贴图,再在弹出的对话框中选择随书附带光盘中的 CDROM|Map|Z3.jpg 文件,如图 11-29 所示。

(2) 按 M 键打开【材质编辑器】对话框,将【环境和效果】对话框中的贴图按钮拖曳到新的材质球上,在弹出的对话框中选中【实例】单选按钮,并单击【确定】按钮,然后在【坐标】

图 11-28　太阳光特效

卷展栏中选中【环境】单选按钮，将【贴图】设置为【屏幕】，如图 11-30 所示。

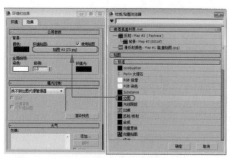

图 11-29　添加环境贴图

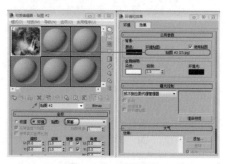

图 11-30　设置贴图

(3) 激活【透视】视图，在菜单栏中选择【视图】|【视口背景】|【环境背景】命令，即可显示环境贴图，如图 11-31 所示。

(4) 进入【创建】命令面板，在【摄影机】对象面板中单击【目标】按钮，然后在视图中创建目标摄影机，激活【透视】视图，按 C 键将其转换为【摄影机】视图，在【参数】卷展栏中将【镜头】设置为 43，并在其他视图中调整其位置，如图 11-32 所示。

图 11-31　设置环境背景

图 11-32　创建并设置摄影机

(5) 选择【创建】|【灯光】|【泛光】工具，在视图中创建一个泛光灯，并调整其位置，确认灯光处于选中状态，切换至【修改】命令面板，在【大气和效果】卷展栏中单击【添加】按钮，在弹出的对话框中选择【镜头效果】，单击【确定】按钮，如图 11-33 所示。

　　　　　　　　　【镜头效果】可创建通常与摄影机相关的真实效果。镜头效果包括光晕、光环、射线、自动从属光、手动从属光、星形和条纹。

(6) 选中【镜头效果】，单击【设置】按钮，在弹出的对话框中打开【镜头效果参数】卷展栏，分别将【光晕】、【自动二级光斑】、【射线】、【手动二级光斑】添加至右侧的列表框中，在右侧的列表框中选择 Ray，在【射线元素】卷展栏中选择【参数】选项卡，将【大小】设置为 10，如图 11-34 所示。

知识链接

　　射线是从源对象中心发出的明亮的直线，为对象提供亮度很高的效果。使用射线可以模拟摄影机镜头元件的划痕。

　　【名称】：显示效果的名称。

　　【启用】：激活时将效果应用于渲染图像。默认设置为启用。

　　【大小】：确定效果的大小。

　　【强度】：控制单个效果的总体亮度和不透明度。值越大，效果越亮越不透明，值越小，效果越暗越透明。

　　【数量】：指定镜头光斑中出现的总射线数。射线在半径附近随机分布。

　　【角度】：指定射线的角度。可以输入正值也可以输入负值，这样在设置动画时，射线可以绕着顺时针或逆时针方向旋转。

　　【锐化】：指定射线的总体锐度。数字越大，生成的射线越鲜明、清洁和清晰。数字越小，产生的二级光晕越多。范围从 0 到 10。

　　【光晕在后】：提供可以在 3ds Max 场景中的对象后面显示的效果。

　　【阻光度】：确定镜头效果场景阻光度参数对特定效果的影响程度。

　　【挤压】：确定是否挤压效果。

　　【使用源色】：将应用效果的灯光或对象的源色与【径向颜色】或【环绕颜色】参数中设置的颜色或贴图混合。如果值为 0，只使用【径向颜色】或【环绕颜色】参数中设置的值，而如果值为 100，只使用灯光或对象的源色。0 到 100 之间的任意值将渲染源色和效果的颜色参数之间的混合。

图 11-33　添加镜头效果

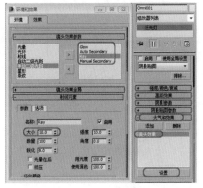

图 11-34　设置参数

　　(7) 在右侧的列表中选择 Manual Secondary，在【手动二级光斑元素】卷展栏中，将【大小】设置为 400，将【平面】设置为 150，将【强度】设置为 60，将【使用源色】设置为 20，将【边数】设置为【三】，如图 11-35 所示。

知识链接

手动二级光斑是单独添加到镜头光斑中的附加二级光斑。这些二级光斑可以附加也可以取代自动二级光斑。如果要添加不希望重复使用的唯一光斑，应使用手动二级光斑。

【名称】：显示效果的名称。

【启用】：激活时将效果应用于渲染图像。默认设置为启用。

【大小】：确定效果的大小。

【强度】：控制单个效果的总体亮度和不透明度。值越大，效果越亮越不透明，值越小，效果越暗越透明。

【平面】：控制光斑源与手动二级光斑之间的距离（度）。默认情况下，光斑平面位于所选节点源的中心。正值将光斑置于光斑源的前面，而负值将光斑置于光斑源的后面。

【使用源色】：将应用效果的灯光或对象的源色与【径向颜色】或【环绕颜色】参数中设置的颜色或贴图混合。如果值为 0，只使用【径向颜色】或【环绕颜色】参数中设置的值，而如果值为 100，只使用灯光或对象的源色。0 到 100 之间的任意值将渲染源色和效果的颜色参数之间的混合。

【边数】：控制当前光斑集中二级光斑的形状。默认设置为圆形，但是可以从 3 面到 8 面二级光斑之间进行选择。

【阻光度】：确定镜头效果场景阻光度参数对特定效果的影响程度。

预设下拉列表：显示可以选择并应用于渲染场景的预设值的列表。

【挤压】：确定是否挤压效果

---

(8) 设置完成后，将该对话框关闭，按 F9 键渲染查看效果，如图 11-36 所示。

图 11-35 设置【手动二级光斑元素】

图 11-36 完成后的效果

(9) 在菜单栏中选择【渲染】|【视频后期处理】命令，在弹出的对话框中单击【添加场景事件】按钮，在弹出的对话框中使用其默认的设置，单击【确定】按钮，如图 11-37 所示。

(10) 使用前面介绍的方法添加一个【镜头效果光斑】过滤器，然后双击该过滤器，在弹出的对话框中单击【设置】按钮，打开【镜头效果光斑】对话框，在队列窗口中单击【VP 队列】和【预览】按钮，显示场景图像效果，将【强度】设置为 10，在【镜头光斑属性】选项组中单击【节点源】按钮，拾取场景中的泛光灯对象，如图 11-38 所示。

【特性】选项组中各选项介绍如下。

【预览】：单击预览按钮时，如果光斑拥有自动或手动二级光斑元素，则在窗口左上角显示光斑。如果光斑不包含这些元素，光斑会在预览窗口的中央显示。如果【VP 队列】按钮未处于启用状态，则预览显示一个可以调整的常规光斑。每次更改设置时，预览都会自动更新。一条白线会出现在预览窗口底部以指示预览正在更新。

【VP 队列】：在主预览窗口中显示队列的内容。预览按钮也必须处于启用状态。【VP 队列】将显示最终的合成结果（其中将您正在编辑的效果与【视频后期处理】对话框中的队列内容结合在一起）。

注意 退出【镜头效果光斑】时，如果【预览】和【VP 队列】按钮保持活动状态，那么下次启动【镜头效果光斑】对话框时，重新渲染主预览窗口中的场景将花费几秒钟时间。

图 11-37　添加场景事件

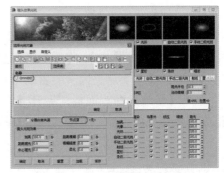

图 11-38　【镜头效果光斑】对话框

(11) 然后对其他参数进行设置，如图 11-39 所示。

(12) 设置完成后单击【确定】按钮，然后使用前面介绍的方法设置文件的渲染输出，如图 11-40 所示为渲染的静帧效果。

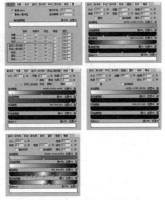

图 11-39　设置参数

图 11-40　渲染的效果

案例精讲 123　使用火效果制作烛火效果

案例文件：CDROM|Scenes| Cha11 | 使用火效果制作烛火 .max

视频文件：视频教学 | Cha11 | 使用火效果制作烛火效果 .avi

制作概述

本例将介绍如何制作烛火效果。主要是利用大气装置中的【球体 Gizmo】，然后打开【环境和效果】对话框，选择【火效果】并将该效果指定给球体 Gizmo，设置火效果，最后对视图进行渲染即可，效果如图 11-41 所示。

学习目标

学会使用火效果制作烛火效果。

图 11-41　烛火效果

操作步骤

(1) 打开"使用火效果制作火焰动画 .max"素材文件，选择【创建】|【辅助对象】|【大气装置】|【球体 Gizmo】工具，在【顶】视图中创建该装置，在【球体 Gizmo 参数】卷展栏中勾选【半球】复选框，将【半径】设置为 3，将背景隐藏显示，然后调整【球体 Gizmo】的位置，以及使用【选择并均匀缩放】工具，调整大气装置的形状，如图 11-42 所示。

(2) 进入【修改】命令面板，展开【大气和效果】卷展栏，单击【添加】按钮，在弹出的对话框中选择【火效果】，单击【确定】按钮，如图 11-43 所示。

 提示　在三维动画中，火焰效果是为了烘托气氛经常要用到的效果之一。可以利用系统提供的功能来设置各种与火焰有关的特效，如火焰、火炬、烟火、火球、星云和爆炸效果等。

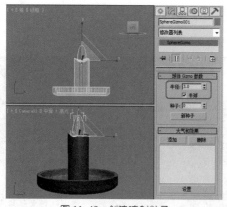

图 11-42　创建喷射粒子

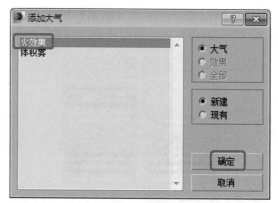

图 11-43　调整粒子的位置

(3) 选择添加的【火效果】，单击【设置】按钮，弹出【环境和效果】对话框，在【火效果参数】卷展栏中，将【火焰类型】设置为【火舌】，将【拉伸】设置为 50，将【规则性】设置为 1，在【特性】选项组中将【火焰大小】设置为 800，将【密度】设置为 1000，将【火焰细节】设置为 10，将【采样】设置为 10。

(4) 按 N 键打开自动关键点，将时间滑块拖曳至第 0 帧处，将【相位】设置为 0，将时间滑块拖曳至第 100 帧处，将【相位】设置为 100，将背景显示，对【摄影机】视图进行渲染即可。

知识链接

【特性】选项组中各选项介绍如下。

设置火焰的大小、密度等，它们与大气装置 Gizmo 物体的尺寸息息相关，对其中一个参数进行调节也会影响其他 3 个参数的效果。

【火焰大小】：设置火苗的大小，装置大小会影响火焰大小。装置越大，需要的火焰也越大。使用 15 ~ 30 范围内的值可以获得最佳效果。较大的值适合火球效果，较小的值适合火舌效果。

【密度】：设置火焰不透明度和光亮度，装置大小会影响密度。值越小，火焰越稀薄、透明，亮度也越低；值越大，火焰越浓密，中央更加不透明，亮度也增加。

【火焰细节】：控制火苗内部颜色和外部颜色之间的过渡程度。取值范围为 0 ~ 10。值越小，火苗越模糊，渲染也越快；值越大，火苗越清晰，渲染也越慢。对大火焰使用较高的细节值。如果细节值大于 4，可能需要增大"采样数"才能捕获细节。

【采样】：设置用于计算的采样速率。值越大，结果越精确，但渲染速度也越慢，当火焰尺寸较小或细节较低时可以适当增大它的值。

案例精讲 124　使用体积雾制作云彩飘动效果

 案例文件：CDROM|Scenes| Cha11 | 使用体积雾制作云彩飘动效果 .max

视频文件：视频教学 | Cha11 | 使用体积雾制作云彩飘动效果 .avi

制作概述

本例将介绍如何制作云彩飘动效果。首先设置环境贴图，然后为场景创建长方体 Gizmo，为环境添加体积雾，拾取创建的 Gizmo，然后对体积雾进行设置参数，最后对视图进行渲染输出即可，效果如图 11-44 所示。

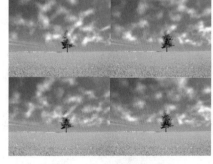

图 11-44　云彩飘动效果

学习目标

学会使用体积雾制作云彩飘动效果。

操作步骤

(1) 重置一个场景文件，按 8 键打开【环境和效果】对话框，在该对话框中单击【环境贴图】下的【无】按钮，在弹出的对话框中选择随书附带光盘中的 CDROM|Map|LPL17129.jpg 文件，单击【打开】按钮，如图 11-45 所示。

(2) 按 M 键打开【材质编辑器】对话框，将环境贴图拖曳至一个空白的材质球上，在弹出的对话框中选中【实例】单选按钮，选中【环境】单选按钮，将【贴图】设置为【屏幕】，如图 11-46 所示。

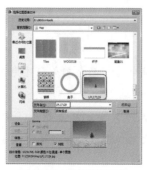

图 11-45　选择素材文件

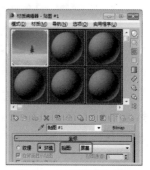

图 11-46　设置环境贴图

(3) 将对话框关闭，激活【透视】视图，在菜单栏中选择【视图】|【视口背景】|【环境背景】命令，此时【透视】视图会显示如图 11-47 所示的背景。

(4) 选择【创建】|【辅助对象】|【大气装置】|【长方体 Gizmo】工具，在【顶】视图中绘制该装置，然后使用【选择并移动】工具和【选择并旋转】工具调整该装置的位置及旋转角度，如图 11-48 所示。

图 11-47　显示环境背景

图 11-48　调整大气装置的位置

(5) 按 8 键打开【环境和效果】对话框，在【大气】卷展栏中单击【添加】按钮，在弹出的对话框中选择【体积雾】对象，单击【确定】按钮，如图 11-49 所示。

图 11-49　选择【体积雾】对象

图 11-50　设置参数

> **知识链接**
>
> 【体积雾】：体积雾有两种使用方法，一种是直接作用于整个场景，但要求场景内必须有物体存在；另一种是作用于大气装置 Gizmo 物体，在 Gizmo 物体限制的区域内产生云团，这是一种更易控制的方法。

(6) 在【体积雾参数】卷展栏中单击【拾取 Gizmo】，在场景中选择刚刚创建的【长方体 Gizmo】对象，将【密度】设置为 35，将【步长大小】设置为 45，在【噪波】选项组中将【类型】设置为【分形】，将【高】设置为 1，【级别】设置为 6，【低】设置为 0.2，【大小】设置为 30，将【均匀性】设置为 0.3，将【相位】设置为 0.6，如图 11-50 所示。

(7) 按 N 键打开【自动关键点】，将时间滑块拖曳至第 100 帧处，将【相位】设置为 0.6，再次按 N 键关闭，将【风力来源】设置为左，然后将对话框关闭，对【摄影机】视图渲染输出即可。

> **知识链接**
>
> 【体积】选项组中各选项介绍如下。
>
> 设置雾的颜色。单击【色样】，然后在颜色选择器中选择所需的颜色。
>
> 【颜色】：设置雾的颜色，可以通过动画设置产生变幻的雾效。
>
> 【指数】：随距离按指数增大密度。取消勾选该复选框时，密度随距离线性增大。只有希望渲染体积雾中的透明对象时，才勾选此复选框。
>
> 【密度】：控制雾的密度。值越大，雾的透明度越低，取值范围为 0 ～ 20（超过该值可能会看不到场景）。
>
> 【步长大小】：确定雾采样的粒度。值越低，颗粒越细，雾效果越优质；值越高，颗粒越粗，雾效果越差。
>
> 【最大步数】：限制采样量，以便雾的计算不会永远执行。如果雾的密度较小，此选项尤其有用。

案例精讲 125　使用镜头效果光斑制作文字过光动画

 案例文件：CDROM|Scenes| Cha11 | 使用镜头效果光斑制作文字过光动画 .max

 视频文件：视频教学 | Cha11 | 使用镜头效果光斑制作文字过光动画 .avi

制作概述

本例将介绍如何制作文字过光动画。首先输入文字并为文在添加【倒角】修改器，为文字指定材质后使用视频后期处理来制作镜头效果光斑，效果如图 11-51 所示。

学习目标

学会使用镜头效果光斑制作文字过光动画。

图 11-51　文字过光动画

操作步骤

(1) 选择【创建】|【图形】|【样条线】|【文本】工具，在【参数】卷展栏中将字体设置为【汉仪综艺体简】，将【字间距】设置为5，在【文本】框中输入【经典之作】，然后在【前】视图中单击，即可创建文字，如图 11-52 所示。

(2) 选择输入的文字，切换到【修改】命令面板，在【修改器列表】中选择【倒角】修改器，将【级别 1】下的【高度】和【轮廓】设置为 15、2，勾选【级别 2】复选框，将【高度】设置为 5，在【参数】卷展栏中勾选【避免线相交】复选框，如图 11-53 所示。

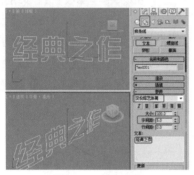
图 11-52 输入文字

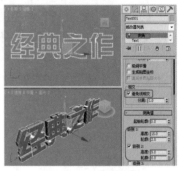
图 11-53 设置倒角

(3) 按 M 键打开【材质编辑器】对话框，选择一个新的材质样本球，将其命名为【文字】，在【Blinn 基本参数】卷展栏中将【环境光】和【漫反射】的 RGB 值设置为 218、174、0，展开【贴图】卷展栏，将【反射】数量设置为 80，并单击其后面的【无】按钮，在弹出的【材质 / 贴图浏览器】中双击【位图】贴图，在弹出的对话框中选择贴图文件 Gold04.jpg，单击【确定】按钮，如图 11-54 所示。

(4) 单击【转到父对象】按钮和【将材质指定给选定对象】按钮，即可将材质指定给文字对象。将对话框关闭，选择【创建】|【几何体】|【标准基本体】|【平面】工具，在【前】视图中创建平面对象，按 M 键打开【材质编辑器】对话框，单击 Standard 按钮，在弹出的对话框中选择【无光 / 投影】材质，单击【确定】按钮，保持默认设置，单击【将材质指定给选定对象】按钮，如图 11-55 所示。

图 11-54 选择位图

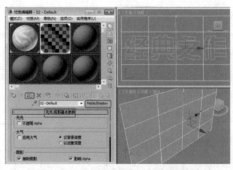
图 11-55 设置【无光 / 投影】材质

(5) 在【灯光】对象面板中，单击【目标聚光灯】按钮，在场景中创建一个目标聚光灯，在【常规参数】卷展栏中的【阴影】选项组中勾选【启用】复选框，调整目标聚光灯的位置，选择【创建】|【摄影机】|【目标】工具，在场景中创建目标摄影机，激活【透视】视图，按 C 键将其转换为【摄影机】视图，并在其他视图中调整其位置，如图 11-56 所示。

(6) 在【灯光】对象面板中，单击【泛光】按钮，在视图中创建一盏泛光灯对象，并在【前】视图中调整平面和泛光灯的位置，将摄影机和目标聚光灯隐藏，如图 11-57 所示。

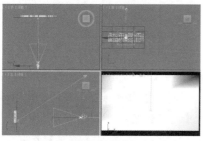
图 11-56　创建目标聚光灯和摄影机

图 11-57　创建泛光灯

(7) 按 N 键开启动画记录模式，将时间滑块移至第 100 帧处，将泛光灯和平面对象同时向右移动一段距离，然后再次单击【自动关键点】按钮，关闭动画记录模式，如图 11-58 所示。

(8) 选择平面对象并右击，在弹出的快捷菜单中选择【对象属性】命令，弹出【对象属性】对话框，取消勾选【接收阴影】和【投射阴影】复选框，单击【确定】按钮，如图 11-59 所示。

图 11-58　设置动画

图 11-59　取消勾选【接收阴影】和【投射阴影】复选框

取消勾选【接收阴影】和【投射阴影】复选框，在场景中的对象将不会产生阴影，也不会投射阴影。

(9) 在菜单栏中选择【渲染】|【视频后期处理】命令，打开【视频后期处理】对话框，单击【添加场景事件】按钮，在弹出的【添加场景事件】对话框中使用默认的【摄影机】视图，单击【确定】按钮，如图 11-60 所示。

(10) 返回到【视频后期处理】对话框，单击【添加图像过滤事件】按钮，在弹出的对话框中选择过滤器列表中的【镜头效果光斑】效果，单击【确定】按钮，如图 11-61 所示。

图 11-60　添加场景事件　　　　　　　图 11-61　添加【镜头效果光斑】

(11) 在【视频后期处理】对话框的左侧列表中双击【镜头效果光斑】，在弹出的对话框中单击【设置】按钮，弹出【镜头效果光斑】对话框，单击【VP 队列】和【预览】按钮，然后单击【节点源】按钮，在弹出的对话框中选择光斑对象，并单击【确定】按钮，如图 11-62 所示。

(12) 切换到【光晕】选项卡，设置光晕的【大小】为 100，切换到【条纹】选项卡，设置条纹的【大小】为 300，设置完成后，单击左下角的【确定】按钮，单击【添加图像输出事件】按钮，在弹出的对话框中单击【文件】按钮，设置存储路径及名称，单击【保存】按钮，然后单击【确定】按钮，单击【执行序列】按钮，在弹出的对话框中选中【范围】单选按钮，将【宽度】、【高度】设置为 320×240，单击【渲染】按钮，如图 11-63 所示。

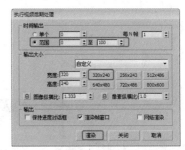

图 11-62　选择光斑对象　　　　　　　图 11-63　【执行视频后期处理】对话框

案例精讲 126　使用镜头效果高光制作戒指发光动画

案例文件：CDROM | Scenes | Cha11| 戒指 .max

视频文件：视频教学 | Cha11| 戒指 .avi

制作概述

本例将使用镜头效果高光来模拟制作戒指上的发光动画。添加一盏泛光灯，然后在【视频后期处理】对话框中，设置【镜头效果高光】效果参数，最后输出文件，效果如图 11-64 所示。

图 11-64　戒指发光动画

学习目标

掌握【镜头效果高光】参数的设置方法。

操作步骤

(1) 打开随书附带光盘中的 CDROM | Scenes | Cha11 | 戒指发光动画 .max 素材文件，选择
【创建】☀ |【灯光】◁ |【标准】|【泛光】工具，在其球体对象的中央创建一个泛光灯，如
图 11-65 所示。

(2) 选择泛光灯对象并右击，在弹出的快捷菜单中选择【对象属性】命令，弹出【对象属性】
对话框，设置【对象 ID】为 1，然后将球体对象的【对象 ID】也设置为 1，如图 11-66 所示。
然后单击【确定】按钮。

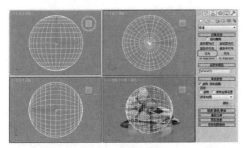

图 11-65 添加泛光灯

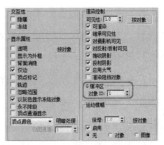

图 11-66 设置【对象 ID】

(3) 在【透视】视图中，使用【缩放】工具 ⬚ 将球体和泛光灯进行缩放，然后调整到如图
11-67 所示位置。

(4) 选择执行【渲染】|【视频后期处理】命令，打开【视频后期处理】对话框，单击【添
加场景事件】按钮 ▨，在弹出的【编辑场景事件】对话框中，将视图设置为【透视】视图，
如图 11-68 所示。单击【确定】按钮。

(5) 然后单击【添加图像过滤事件】按钮 ▧，在弹出的对话框中选择【镜头效果高光】选项，
然后单击【设置】按钮，如图 11-69 所示。

图 11-67 调整对象

图 11-68 添加【透视】

图 11-69 选择【镜头效果高光】

(6) 在弹出的【镜头效果高光】对话框中，设置属性参数，勾选【效果 ID】复选框，然后
切换到【首选项】选项卡中，设置【效果】中的【大小】为 9、【点数】为 4，单击【VP 队列】
按钮和【预览】按钮，预览戒指的发光效果，如图 11-70 所示。

知识链接

　　【首选项】面板定义了高光上的点数及其大小、阻光设置以及其是否影响 Z 缓冲区或 Alpha 通道。

　　【场景】选项组中各选项介绍如下。

　　【影响 Alpha】：确定渲染为 32 位文件格式时，高光设置是否影响图像的 Alpha 通道。

　　【影响 Z 缓冲区】：确定高光是否影响图像的 Z 缓冲区。选中此选项时，会记录高光的线性距离，且能用在使用 Z 缓冲区的特殊效果中。

　　【距离褪光】选项组中各选项介绍如下。

　　【亮度】：可用于根据到摄影机的距离来衰减高光效果的亮度。可以对此参数设置动画。

　　【锁定】：同时锁定【亮度】和【大小】微调器的值。

　　【大小】：根据到摄影机的距离来衰减高光效果的大小。

　　【效果】选项组中各选项介绍如下。

　　【大小】：以像素为单位确定高光效果的总体大小。此参数可设置动画。

　　【点数】：控制要为高光效果生成的点数。此参数可设置动画。

　　【颜色】选项组中各选项介绍如下。

　　【渐变】：根据【渐变】面板中的设置创建高光。

　　【像素】：根据高光对象的像素颜色创建高光颜色。这是镜头效果高光的默认方式，速度特别快。

　　【用户】：用于从标准 3ds Max 颜色选择器中选择高光的特定颜色。色样显示当前选定的颜色。

　　【强度】：控制高光的强度或亮度。值的范围可以从 0 ～ 100。

　　(7) 在第 0 帧处按 N 键开启动画记录模式，将时间滑块移至第 100 帧处，将【大小】更改为 15，然后切换至【几何体】选项卡，将【效果】中的【角度】设置为 100 度，如图 11-71 所示。

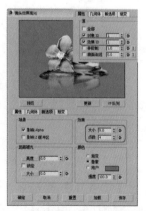

图 11-70　设置【属性】和【首选项】参数

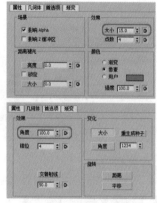

图 11-71　设置动画参数

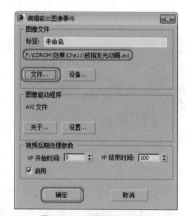

图 11-72　设置输出位置

在【效果】选项组中可以对镜头高光的角度和钳位参数进行设置。【变化】选项组中的选项可用于给高光效果增加随机性。【旋转】选项组中的两个按钮可用于使高光基于场景中它们的相对位置自动旋转。

(8) 单击【确定】按钮，再次按 N 键关闭动画记录模式，单击【添加图像输出事件】按钮 ，在弹出的【编辑场景输出事件】对话框中，单击【文件】按钮，选择文件输出位置，然后单击【确定】按钮，如图 11-72 所示。

(9) 单击【执行序列】按钮 ，在弹出的对话框中设置场景的渲染输出参数，然后单击【渲染】按钮，如图 11-73 所示。最后将场景文件进行保存。

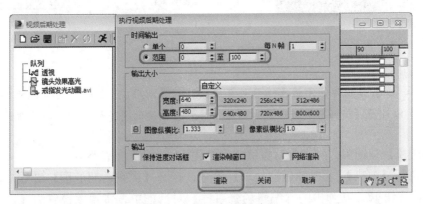

图 11-73　设置渲染输出参数

案例精讲 127　使用镜头效果光晕制作闪电效果

案例文件：CDROM | Scenes | Cha11| 闪电效果 .max

视频文件：视频教学 | Cha11| 闪电效果 .avi

制作概述

本例讲解使用镜头效果光晕来制作闪电效果。首先设置闪电对象的【对象 ID】，然后在【视频后期处理】对话框中设置【镜头效果光晕】参数，最后渲染输出文件。完成后的效果如图 11-74 所示。

学习目标

掌握使用镜头效果光晕制作闪电效果的方法。

图 11-74　闪电效果

操作步骤

(1) 打开随书附带光盘中的 CDROM | Scenes | Cha11 | 闪电效果 .max 素材文件，选择【组

001】对象，如图 11-75 所示。

(2) 鼠标右击，在弹出的快捷菜单中选择【对象属性】命令，弹出【对象属性】对话框，设置【对象 ID】为 1，然后选择【组 002】对象，将其【对象 ID】设置为 2，如图 11-76 所示。

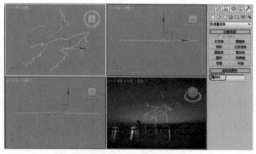

图 11-75　打开的素材文件

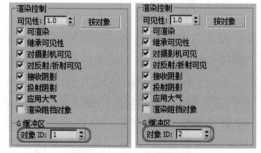

图 11-76　设置【对象 ID】

知识链接

　　将【对象 ID】设置为非零值意味着对象将接收与【渲染效果】中编号为该值的通道相关的渲染效果，以及与【视频后期处理】对话框中编号为该值的通道相关的后期处理效果。

(3) 在【透视】视图中，将闪电对象移动到如图 11-77 所示的位置。

(4) 选择执行【渲染】|【视频后期处理】命令，打开【视频后期处理】对话框，单击【添加场景事件】按钮，在弹出的【编辑场景事件】对话框中，将视图设置为【透视】视图，如图 11-78 所示。单击【确定】按钮。

知识链接

　　对二维样条线图形应用 Video Post 特效必须要使它在视口中渲染可见，Video Post 只能对三维实体产生光效果。

(5) 然后单击【添加图像过滤事件】按钮，在弹出的对话框中选择【镜头效果光晕】选项，然后单击【设置】按钮。在弹出的【镜头效果光晕】对话框中，切换至【首选项】选项卡，设置【效果】中的【大小】为 4.0，【柔化】为 0.0，设置【颜色】为【渐变】，单击【VP 队列】按钮和【预览】按钮，预览效果如图 11-79 所示。单击【确定】按钮。

知识链接

　　在【视频后期处理】中有两种指定效果的类型，分别是使用【对象 ID】和使用【效果 ID】。选择【对象 ID】需要在对象的属性面板中设置相应的 ID 号。如果选择的是【效果 ID】类型，需要在材质编辑器中对该物体的材质指定一个效果 ID 号。

图 11-77　移动对象　　　　图 11-78　添加【透视】　　　图 11-79　设置【镜头效果光晕】参数

(6) 继续添加一个【镜头效果光晕】图像过滤事件。在该事件的【属性】选项卡中设置【对象 ID】为 2，如图 11-80 所示。

(7) 切换至【首选项】选项卡，设置【效果】中的【大小】为 3，【柔化】为 10，设置【颜色】为【渐变】，单击【VP 队列】按钮和【预览】按钮，预览效果如图 11-81 所示。单击【确定】按钮。

(8) 单击【添加图像输出事件】按钮，在弹出的【编辑场景输出事件】对话框中，单击【文件】按钮，选择文件输出位置，然后单击【确定】按钮，如图 11-82 所示。

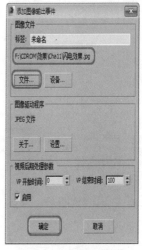

图 11-80　设置【对象 ID】　　　图 11-81　设置【首选项】参数　　　图 11-82　设置输出位置

(9) 单击【执行序列】按钮，在弹出的对话框中设置场景的渲染输出参数，然后单击【渲染】按钮，如图 11-83 所示。最后将场景文件进行保存。

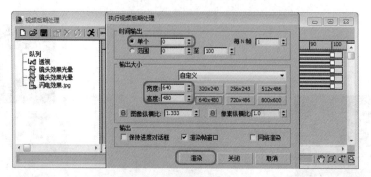

图 11-83　设置渲染输出参数

知识链接

　　在【视频后期处理】对话框中所添加的同一层级的各个事件在渲染时依次由上到下执行。虽然已经添加了多个过滤事件，如果选择最上层的进行设置，那么在预览效果中就只能看到该层事件的效果。

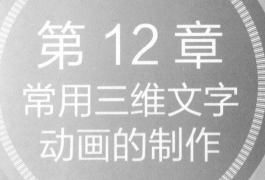

第 12 章
常用三维文字
动画的制作

本章重点

- ◆ 使用镜头光晕制作火焰拖尾文字
- ◆ 使用弯曲修改器制作卷页字动画
- ◆ 使用目标聚光灯制作激光文字动画
- ◆ 利用关键帧制作文字标版动画
- ◆ 使用挤出修改器制作光影文字动画
- ◆ 使用路径变形修改器制作书写文字动画
- ◆ 使用粒子阵列制作火焰崩裂文字动画

三维文字动画经常应用在一些影视片头中。通过对三维文字设置绚丽的动画效果，能够将文字很好的突显出来。在 3ds Max 中制作三维文字动画需要添加【倒角】或【挤出】修改器，使用灯光或粒子系统设置特殊效果，在视频后期处理中进行后期渲染处理，并配合关键帧设置文字动画。

案例精讲 128　使用镜头光晕制作火焰拖尾文字

> 案例文件：CDROM | Scenes | Cha12 | 火焰拖尾文字 .max
>
> 视频文件：视频教学 | Cha12 | 使用镜头光晕制作火焰拖尾文字 .avi

制作概述

本例将介绍如何制作火焰拖尾文字。首先制作出文字对象，并设置其移动关键帧，然后在【视频后期处理】对话框中通过添加【镜头效果光晕】和【镜头效果光斑】制作出火的效果，完成后的效果如图 12-1 所示。

学习目标

学会如何制作火焰拖尾文字动画。

图 12-1　火焰拖尾文字

操作步骤

(1) 启动软件后打开随书附带光盘中的 CDROM|Scenes|Cha12| 火焰拖尾文字 .max 素材文件，选择【创建】|【图形】|【样条线】|【文本】工具，在【参数】卷展栏中将【字体】设为【华文行楷】，将【大小】设为 100，将【字间距】设为 15，文本框中输入【天下足球】，在【前】视图中创建文字，如图 12-2 所示。

> 知识链接
>
> 　　使用【文本】工具可以直接产生文字图形，在中文 Windows 平台下可以直接产生各种字体的中文字形，字形的内容、大小、间距都可以调整，而且用户在完成动画制作后，仍可以修改文字的内容。

(2) 切换到【修改】命令面板，添加【倒角】修改器，在【参数】卷展栏中勾选【避免线相交】复选框，在【倒角值】卷展栏中将【级别 1】的【高度】和【轮廓】都设为 0，将【级别 2】的【高度】和【轮廓】分别设为 9、0，将【级别 3】的【高度】和【轮廓】分别设为 2、-1，如图 12-3 所示。

图 12-2　创建文字

图 12-3　设置倒角

(3) 按 M 键打开材质编辑器，选择 01 - Default 材质球，并将其指定给上一步创建的文字，激活【摄影机】视图进行渲染查看效果，如图 12-4 所示。

(4) 选择【创建】|【图形】|【螺旋线】工具，在【左】视图中绘制螺旋线，在【参数】卷展栏中将【半径 1】和【半径 2】都设为 50，将【高度】设为 274.55，将【圈数】和【偏移】分别设为 1、0，选中【顺时针】单选按钮，如图 12-5 所示。

图 12-4　添加材质后的效果

图 12-5　设置螺旋线

知识链接

　　用来制作平面或空间的螺旋线，常用于完成弹簧、线轴等造型，或用来制作运动路径。

---

(5) 使用【选择并均匀缩放】工具对上一步绘制的螺旋线进行缩放，完成后的效果如图 12-6 所示。

(6) 选择【创建】|【几何体】|【粒子系统】|【超级喷射】工具，在【顶】视图中创建一个超级喷射粒子系统，在【基本参数】卷展栏中将【轴偏离】和【平面偏离】下的【扩散】设为 10 和 180，将【图标大小】设为 50，在【视口显示】选项组中将【粒子数百分比】设为 100，如图 12-7 所示。

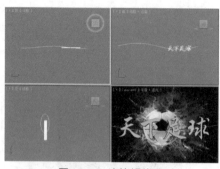

图 12-6　缩放螺旋线

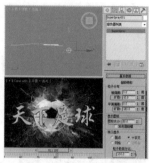

图 12-7　设置超级喷射粒子

（7）切换到【粒子生成】卷展栏中，选中【粒子数量】选项组中的【使用总数】单选按钮，并将其下面的值设为4000。在【粒子计时】选项组中将【发射开始】、【发射停止】、【显示时限】、【寿命】和【变化】分别设为-150、150、100、50、10，在【粒子大小】选项组中将【大小】、【变化】、【增长耗时】和【衰减耗时】分别设置为3、30、5和11，如图12-8所示。

（8）在【粒子类型】卷展栏中选中【标准粒子】选项组中的【六角形】单选按钮。在【旋转和碰撞】卷展栏中将【自旋速度控制】选项组中的【自旋时间】设置为45，在【气泡运动】卷展栏中将【周期】设置为150533，如图12-9所示。

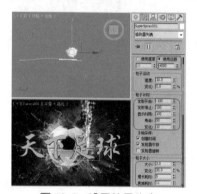

图 12-8　设置粒子生产

图 12-9　设置粒子参数

（9）确认粒子系统处于选择状态，单击【运动】按钮，进入【运动】命令面板，在【指定控制器】卷展栏中选择【变换】下的【位置】选项，然后单击【指定控制器】按钮，在打开的对话框中选择【路径约束】控制器，单击【确定】按钮，添加一个路径约束控制器，如图12-10所示。

（10）在【路径参数】卷展栏中单击【添加路径】按钮，然后在视图中选择螺旋线对象，在【路径选项】选项组中勾选【跟随】复选框，在【轴】选项组中选中Z单选按钮和勾选【翻转】复选框，这样粒子系统便被放置在路径上了，此时系统会自动添加关键帧，选择第100帧位置的关键帧，将其移动到第90帧位置，如图12-11所示。

知识链接

【路径约束】控制器可以使物体沿一条样条曲线或沿多条样条曲线之间的平均距离运动，曲线可以是各种类的样条曲线，可以对其设置任何标准的位移、旋转、缩放动画等。

图 12-10　添加【路径约束】控制器

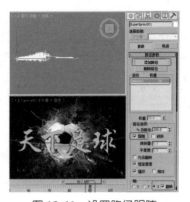

图 12-11　设置路径跟随

(11) 在视图中选择粒子系统并右击，在弹出的快捷菜单中选择【对象属性】命令，在打开的对话框中将粒子系统的【对象 ID】设置为 1，在【运动模糊】选项组中选择【图像】运动模糊方式，然后单击【确定】按钮，如图 12-12 所示。

(12) 使用同样的方法对文字对象设置 ID 为 2，【运动模糊】方式为【图像】，打开【视频后期处理】对话框，单击【添加场景事件】按钮，弹出【添加场景事件】对话框，选择摄影机，单击【确定】按钮，如图 12-13 所示。

图 12-12　设置对象属性

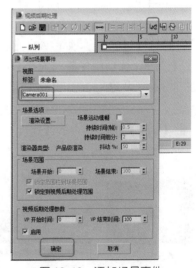

图 12-13　添加场景事件

(13) 单击【添加图像过滤事件】按钮，添加 3 个【镜头效果光晕】和 1 个【镜头效果光斑】，如图 12-14 所示。

(14) 双击新添加的第一个【镜头效果光晕】事件，在打开的对话框中单击【设置】按钮，进入发光过滤器的控制面板，单击【VP 队列】和【预览】按钮，单击【首选项】选项卡，进入【首选项】面板，在【效果】选项组中将【大小】设置为 1.2，在【颜色】选项组中选中【用户】单选按钮，将颜色的 RGB 值设置为 255、79、0，将【强度】设置为 32；在【渐变】选项面板中设置径向渐变颜色，将第一个色标颜色的 RGB 值设为 255、50、34，将第二个色标设为白色，将第三个色标的 RGB 值设为 248、36、0，如图 12-15 所示。

图 12-14　添加图像过滤事件　　　　　　　图 12-15　设置镜头效果光晕

（15）双击第二个【镜头效果光晕】事件，在打开的对话框中单击【设置】按钮，进入发光过滤器的控制面板，单击【VP队列】和【预览】按钮。单击【首选项】选项卡，进入【首选项】面板，在【效果】选项组中将【大小】设置为2，在【颜色】选项组中选中【渐变】单选按钮；在【渐变】选项面板中设置径向渐变颜色，将第一个色标颜色的RGB值设为255、255、0，将第二个色标的RGB值设为255、0、0。在【噪波】选项面板中将【运动】参数设置为0，勾选【红】、【绿】、【蓝】复选框，将【参数】选项组中的【大小】和【偏移】分别设置为17和60，如图12-16所示，设置完成后单击【确定】按钮，返回到视频合成器。

（16）双击第三个【镜头效果光晕】事件，在打开的对话框中单击【设置】按钮，进入发光过滤器的控制面板，单击【VP队列】和【预览】按钮。单击【属性】选项卡，将【对象ID】设置为2，勾选【过滤】选项组中的【边缘】复选框，单击【首选项】选项卡，进入【首选项】面板，在【效果】选项组中将【大小】设置为3，在【颜色】选项组中选中【用户】单选按钮，将颜色的RGB值设置为253、185、0，将【强度】设置为20；在【渐变】选项面板中设置径向渐变颜色，将第一个色标的RGB值设为235、67、0。在【噪波】选项面板中将【运动】设置为8，将【参数】选项组中的【速度】设置为0.1，如图12-17所示。设置完成后单击【确定】按钮，返回到视频合成器。

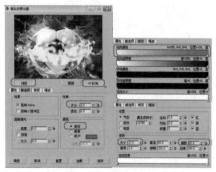
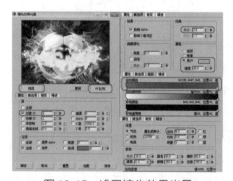

图 12-16　设置镜头效果光晕　　　　　　　图 12-17　设置镜头效果光晕

（17）双击新添加的光斑事件，在弹出的对话框中单击【设置】按钮，进入【镜头效果光斑】对话框，单击【VP队列】和【预览】按钮，在【镜头光斑属性】选项组中将【大小】设置为20，单击【节点源】按钮，在打开的对话框中选择粒子系统，单击【确定】按钮，将粒子系统作为光芯来源，如图12-18所示。

(24) 单击【设置关键点】按钮，开启关键点设置模式，将时间光标移动到 0 帧位置，选择文字调整位置，单击【设置关键点】按钮添加关键帧，如图 12-25 所示。

(25) 将时间滑块移动到第 80 帧位置，在【前】视图中使用【选择并移动】工具对文字沿着 X 轴进行移动，单击【设置关键点】按钮，添加关键帧，如图 12-26 所示。

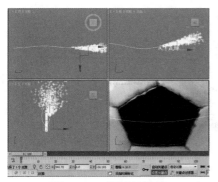

图 12-25　添加关键帧

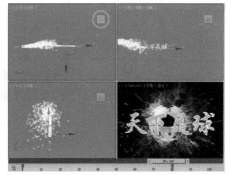

图 12-26　添加关键帧

(26) 取消关键帧记录，打开【视频后期处理】对话框，单击【添加图像输出事件】按钮，在弹出的对话框中单击【文件】按钮，再在弹出的对话框中选择相应的路径，并为文件命名，将【文件类型】定义为 avi，单击【保存】按钮，在弹出的对话框中选择相应的压缩设置，如图 12-27 所示。

(27) 单击【执行序列】按钮，在弹出的对话框中设置输出大小，设置完成后单击【渲染】按钮，如图 12-28 所示。

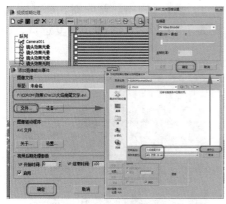

图 12-27　保存文件

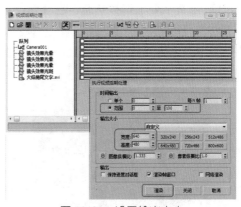

图 12-28　设置输出大小

案例精讲 129　使用弯曲修改器制作卷页字动画

案例文件：CDROM|Scenes| Cha12 | 使用弯曲修改器制作卷页字动画 .max

视频文件：视频教学 | Cha12 | 使用弯曲修改器制作卷页字动画 .avi

制作概述

本例将介绍如何使用【弯曲】修改器制作卷页字动画。首选使用【文本】工具在场景中输入文字，其次为文字添加【倒角】和【弯曲】修改器，通过打开【自动关键点】和调整弯曲轴的位置来制作动画，最后将效果渲染输出，效果如图 12-29 所示。

图 12-29　卷页字动画

学习目标

学会使用【弯曲】修改器制作卷页字动画。

操作步骤

(1) 重置文件，选择【创建】|【图形】|【文本】工具，在【参数】卷展栏中将【字体】设置为【汉仪综艺体简】，将【大小】设置为 100，将【字间距】设置为 10，在文本框中输入文本【法律在线】，在【前】视图中单击鼠标创建文字，如图 12-30 所示。

(2) 确定文字处于选择状态，在【修改】命令面板中，选择【倒角】修改器，在【倒角值】卷展栏中将【级别 1】下的【高度】、【轮廓】分别设置为 7、0，勾选【级别 2】复选框，将【高度】设置为 3，将【轮廓】设置为 -1，如图 12-31 所示。

图 12-30　输入文字

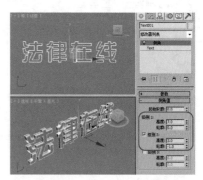

图 12-31　为文字设置倒角

(3) 按 M 键打开【材质编辑器】对话框，选择一个空白的材质样本球，将【环境光】设置为白色，在【自发光】选项组中输入 45，将【高光级别】设置为 69，将【光泽度】设置为 33，如图 12-32 所示。

(4) 单击【将材质指定给选定对象】按钮，将材质指定给文字对象，然后激活【透视】视图，对该视图进行渲染一次，效果如图 12-33 所示。

图 12-32　设置材质

图 12-33　指定材质后的文字效果

(5) 按 8 键打开【环境和效果】对话框，在该对话框中单击【环境贴图】下的【无】按钮，在弹出的对话框中选择【位图】选项，单击【确定】按钮，如图 12-34 所示。

(6) 弹出【选择位图图像文件】对话框，在该对话框中选择 LPL14.jpg 素材文件，单击【打开】按钮，将该贴图拖曳至【材质编辑器】对话框中的一个空白材质样本球上，在弹出的对话框中选中【实例】单选按钮，如图 12-35 所示。

图 12-34　选择【位图】选项

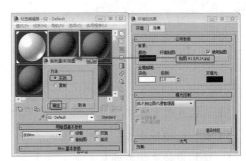
图 12-35　选中【实例】单选按钮

(7) 在【坐标】卷展栏中将【贴图】设置为【屏幕】，在【位图参数】卷展栏中勾选【应用】复选框，按 N 键打开自动关键点，确定时间滑块处于 0 帧位置处，将 U、V、W、H 分别设置为 0.313、0.451、0.344、0.259，将时间滑块拖曳至第 100 帧位置处，将 U、V、W、H 分别设置为 0、0、1、1，如图 12-36 所示。

(8) 按 N 键关闭自动关键点，将对话框关闭。激活【透视】视图，选择【视图】|【视口背景】|【环境背景】命令。选择【创建】|【摄影机】|【标准】|【目标】工具，在【顶】视图中创建目标摄影机，然后将【透视】视图转换为【摄影机】视图，在其他视图调整摄影机的位置，效果如图 12-37 所示。

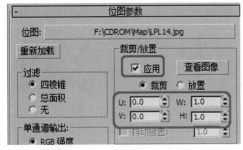
图 12-36　设置参数

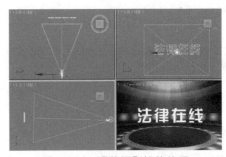
图 12-37　调整摄影机的位置

（9）选择文字，切换至【修改】命令面板，在【修改器列表】中选择【弯曲】修改器，在【参数】卷展栏中将【角度】设置为-360，将【弯曲轴】设置为X，勾选【限制效果】复选框，将【上限】设置为360，如图12-38所示。

（10）展开Bend选择Gizmo，打开自动关键点，将时间滑块拖曳至第80帧处，使用【选择并移动】工具调整弯曲轴的位置，效果如图12-39所示。

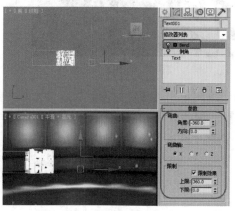

图12-38　设置【弯曲】参数

图12-39　设置关键帧

（11）关闭【自动关键点】，对【摄影机】视图渲染输出即可。

知识链接

　　【弯曲修改器】参数介绍如下。

　　【弯曲】选项组中各选项介绍如下。

　　【角度】：设置弯曲的角度大小。

　　【方向】：用来调整弯曲方向的变化。

　　【弯曲轴】选项组中各选项介绍如下。

　　X、Y、Z：指定要弯曲的轴。

　　【限制】选项组中各选项介绍如下。

　　【限制效果】：对物体指定限制效果，影响区域将由下面的上限和下限值来确定。

　　【上限】：设置弯曲的上限，在此限度以上的区域将不会受到弯曲影响。

　　【下限】：设置弯曲的下限，在此限度与上限之间的区域将都受到弯曲影响。

案例精讲 130　使用目标聚光灯制作激光文字动画

> 案例文件：CDROM|Scenes| Cha12 | 制作激光文字动画 .max
>
> 视频文件：视频教学 | Cha12| 制作激光文字动画 .avi

制作概述

本例将介绍如何制作激光文字动画。首先将创建的文字和矩形附加在一起，然后为其添加

【挤出】修改器，然后为场景添加目标聚光灯，设置目标聚光灯的参数并设置聚光灯动画，最后将效果渲染输出，效果如图 12-40 所示。

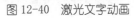

学习目标

学会通过设置目标聚光灯参数来制作激光文字动画。

操作步骤

（1）重置场景文件，选择【创建】|【图形】|【样条线】|【文本】工具，在【参数】卷展栏中将【字体】设置为【华文新魏】，将【字间距】设置为10，在【文本框】中输入文字【黄金拍档】，在【前】视图中单击鼠标创建文字，效果如图 12-41 所示。

（2）选择【矩形】工具，在【前】视图中创建矩形，在【参数】卷展栏中将【长度】、【高度】分别设置为300、675，如图 12-42 所示。

图 12-41　输入文字

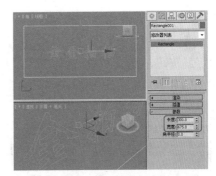

图 12-42　创建矩形

（3）选择绘制的矩形并右击，在弹出的快捷菜单中选择【转换为】|【转换为可编辑样条线】命令。将当前选择集定义为【线段】，在【几何体】卷展栏中单击【附加】按钮，在场景中选择文字对象，将矩形和文字附加在一起，如图 12-43 所示。

（4）再次单击【附加】按钮，在【修改器列表】中选择【挤出】修改器，在【参数】卷展栏中将【数量】设置为11，如图 12-44 所示。

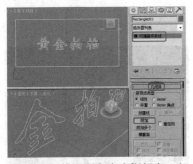

图 12-43　将矩形和文字附加在一起

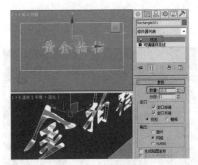

图 12-44　设置挤出

（5）选择【创建】|【灯光】|【标准】|【目标聚光灯】工具，在【前】视图中创建目标聚光灯，选择【创建】|【摄影机】|【标准】|【目标】工具，在【顶】视图中创建目标摄影机。激活【透视】视图，按 C 键转换为【摄影机】视图，在其他视图中调整摄影机的位置，效果如图 12-45 所示。

（6）选择目标聚光灯，切换至【修改】命令面板，展开【强度/颜色/衰减】卷展栏，单击【倍增】右侧的颜色块，在弹出的对话框中将 RGB 值设置为 234、221、0，单击【确定】按钮，在【远距衰减】选项组中勾选【使用】复选框，将【开始】、【结束】设置为 400、650，如图 12-46 所示。

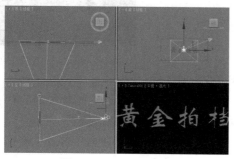

图 12-45　创建摄影机

图 12-46　设置参数

（7）展开【聚光灯参数】卷展栏，将【聚光区/光束】、【衰减区/区域】设置为 21、35，展开【大气和效果】卷展栏，单击【添加】按钮，在弹出的对话框中选择【体积光】，单击【确定】按钮，如图 12-47 所示。

（8）在【常规参数】卷展栏中的【阴影】选项组中勾选【启用】复选框，调整灯光的位置，并打开自动关键点，如图 12-48 所示。

图 12-47　选择【体积光】

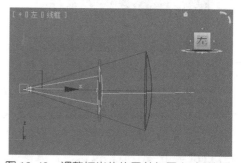

图 12-48　调整灯光的位置并打开自动关键点

（9）将时间滑块拖曳至第 100 帧处，调整灯光的位置，关闭自动关键点，对【摄影机】视图进行渲染。渲染第 35 帧位置的效果如图 12-49 所示，渲染第 70 帧位置的效果如图 12-50 所示。

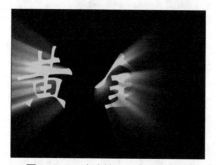

图 12-49　渲染第 35 帧时的效果

图 12-50　渲染第 70 帧时的效果

案例精讲 131 利用关键帧制作文字标版动画

案例文件：CDROM|Scenes| Cha12 |利用关键帧制作文字标版动画 .max

视频文件：视频教学 | Cha12| 利用关键帧制作文字标版动画 .avi

制作概述

本例将介绍如何制作文字标版动画。为创建并指定材质的文字创建两架摄影机，然后通过视频后期处理制作两架摄影机的视频动画的交互，效果如图 12-51 所示。

图 12-51　文字标版动画

学习目标

学会如何制作文字标版动画。

操作步骤

(1) 重置场景文件，选择【创建】|【图形】|【文本】工具，在【参数】卷展栏中将【字体】设置为【方正综艺体简】，在文本框中输入【巅峰对决】，然后在【顶】视图中单击创建文本，如图 12-52 所示。

(2) 切换到【修改】命令面板，在【修改器列表】中选择【倒角】修改器，在【倒角值】卷展栏中将【级别 1】下的【高度】设置为 8，勾选【级别 2】复选框，将【高度】和【轮廓】分别设置为 2、-1，如图 12-53 所示。

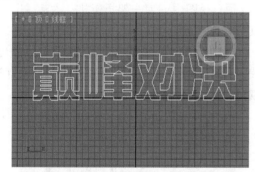

图 12-52　输入文字

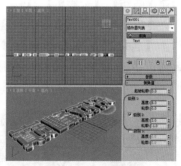

图 12-53　设置倒角

(3) 按 M 键打开【材质编辑器】对话框，选择一个新的材质样本球，在【明暗器基本参数】卷展栏中将明暗器类型定义为【金属】；在【金属基本参数】卷展栏中将【环境光】的 RGB 值设置为 0、0、0，将【漫反射】的 RGB 值设置为 255、182、55，将【反射高光】区域下的【高光级别】和【光泽度】分别设置为 120、75，如图 12-54 所示。

(4) 在【贴图】卷展栏中单击【反射】通道后的【无】按钮，在打开的对话框中双击【位图】贴图，在打开的对话框中选择 Gold04.jpg 文件，单击【打开】按钮，在【输出】卷展栏中将【输出量】设置为 1.3，如图 12-55 所示。

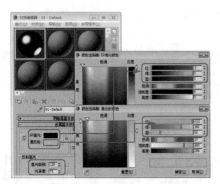

图 12-54　设置金属材质

图 12-55　设置【输出量】参数

(5) 单击【转到父对象】按钮 和【将材质指定给选定对象】按钮 ，将材质指定给文本对象，单击【时间配置】按钮，在弹出的对话框中将【结束时间】设置为 250，如图 12-56 所示。

(6) 将时间滑块拖曳至第 250 帧处，单击【自动关键点】按钮，将【高光级别】和【光泽度】分别设置为 75、100，按 N 键关闭自动关键点，如图 12-57 所示。

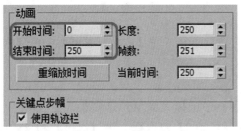

图 12-56　设置【结束时间】参数

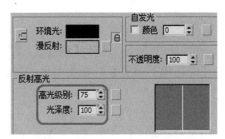

图 12-57　设置关键帧

(7) 选择【创建】|【摄影机】|【目标】工具，在【顶】视图中创建一架摄影机，激活【透视】视图，按 C 键将其转换为【摄影机】视图，并在其他视图中调整其位置，如图 12-58 所示。

(8) 单击【自动关键点】按钮，按 H 键打开【从场景选择】对话框，选择 Camera001、Camera.target，单击【确定】按钮，将时间滑块拖曳至第 125 帧处，然后在【顶】视图使用【选择并移动】工具调整摄影机的位置，将其调整至【对】与【决】之间，效果如图 12-59 所示。

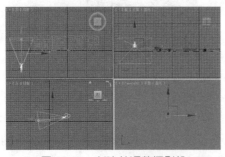

图 12-58　创建并调整摄影机

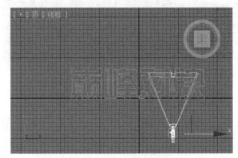

图 12-59　设置关键帧

(9) 将 Camera001 隐藏显示，再次创建一架摄影机，激活【前】视图，按 C 键将其转换为【摄影机】视图，在其他视图中调整摄影机的位置，如图 12-60 所示。

(10) 单击【自动关键点】按钮，将时间滑块拖曳至第 250 帧处，调整摄影机的位置，将第 0 帧处的关键帧拖曳至第 125 帧处，如图 12-61 所示。

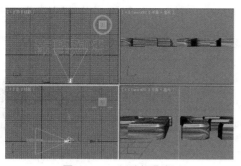

图 12-60　创建摄影机

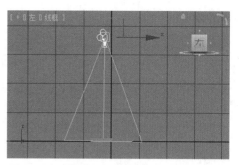

图 12-61　调整摄影机的位置并设置关键帧

(11) 按 N 键关闭自动关键点，激活 Camera001 视图，按 8 键，将【环境】设置为白色。选择【渲染】|【视频后期处理】命令，弹出【视频后期处理】对话框，在该对话框中单击【添加场景事件】按钮，在弹出的对话框中选择 Camera001，单击【确定】按钮，再次单击【添加场景事件】按钮，在弹出的对话框中选择 Camera002，单击【确定】按钮。

(12) 选择 Camera001 摄影机第 250 帧处的关键点，并将其拖曳至第 125 帧处，选择 Camera002 摄影机第 0 帧处的关键点，将其拖曳至第 125 帧处，如图 12-62 所示。

(13) 单击【添加图像输出事件】按钮，在弹出的对话框中单击【文件】按钮，在弹出的对话框中单击【文件】按钮，在弹出的对话框中设置存储路径，将【文件名】设为【文字标版动画】，将【格式】设置为 AVI，单击【确定】按钮，如图 12-63 所示。

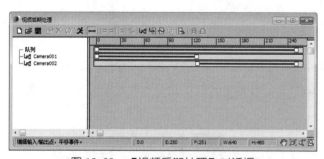

图 12-62　【视频后期处理】对话框

图 12-63　设置存储路径及文件名

(14) 单击【保存】按钮，在弹出的对话框中单击【确定】按钮，再次单击【确定】按钮，单击【执行序列】按钮，在弹出的对话框中单击【渲染】按钮将文件渲染输出。

案例精讲 132　使用挤出修改器制作光影文字动画

案例文件：CDROM | Scenes | Cha12 | 光影文字动画 .max

视频文件：视频教学 | Cha12 | 光影文字动画 .avi

制作概述

本例将介绍如何制作光影文字动画。首先在场景中绘制文本文字，然后使用【倒角】修改器将文字制作出立体感，将制作完成的文字复制并使用【锥化】修改器将复制后的文字修改，再使用自动关键点记录动画，使用曲线编辑器修改位置，最后渲染效果如图12-64所示。

图 12-64　光影文字动画

学习目标

学会如何制作光影文字动画。

操作步骤

(1) 在菜单栏中选择【自定义】|【单位设置】命令，在弹出的对话框中选择【公制】，然后选择【厘米】，设置完成后单击【确定】按钮，然后选择【创建】|【图形】|【样条线】选项，在【对象类型】卷展览中选择【文本】工具，在文本下面的输入框中输入【每日快讯】，然后激活【前】视图，在【前】视图中单击创建【每日快讯】文字标题，并将其命名为【每日快讯】，选择【修改】，在【参数】卷展栏中的字体列表中选择【汉仪综艺体简】，将【大小】设置为200，如图12-65所示。

(2) 确定文本处于选择的状态下，进入【修改】命令面板，在【修改器列表】中选择【倒角】修改器，在【倒角值】卷展栏中将【起始轮廓】设置为1.5，将【级别1】下的【高度】设置为13，勾选【级别2】复选框，将它下面的【高度】和【轮廓】分别设置为1和-1.4，如图12-66所示。

> **知识链接**
>
> 　　在捕捉类型浮动框中，可以选择所要捕捉的类型，还可以控制捕捉的灵敏度，这一点是比较重要的。如果捕捉到了对象，会以浅蓝色显示（可以修改）一个15个像素的方格以及相应的线。

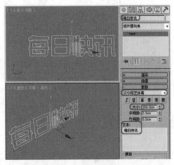

图 12-65　输入文本文字

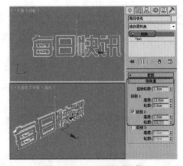

图 12-66　添加倒角

(3) 选择【创建】|【摄影机】|【标准】选项，在【对象类型】卷展栏中选择【目标】工具，在【顶】视图中创建一个摄影机，切换至【修改】命令面板，在【参数】卷展栏中将【镜头】参数设置为35，并在除【透视】视图外的其他视图中调整摄影机的位置，激活【透视】视图，按C键将当前视图转换成为【摄影机】视图，如图12-67所示。

(4) 确定【每日快讯】对象处于选择状态。在工具栏中单击【材质编辑器】按钮，打开【材质编辑器】对话框。将第 1 个材质样本球命名为【每日快讯】。在【明暗器基本参数】卷展栏中，将明暗器类型定义为【金属】。在【金属基本参数】卷展栏中，单击【c按钮，解除【环境光】与【漫反射】的颜色锁定，将【环境光】的 RGB 值设置为 0、0、0，单击【确定】按钮；将【漫反射】的 RGB 值设置为 255、255、255，单击【确定】按钮；将【反射高光】选项组中的【高光级别】、【光泽度】都设置为 100，如图 12-68 所示。

图 12-67　添加摄影机　　　　　　图 12-68　设置材质球参数

知识链接

要显示安全框，另一种方法就是在激活视图中的视图名称下右击，在弹出的快捷菜单中选择【显示安全框】命令，这时在视图的周围出现一个杏黄色的边框，这个边框就是安全框。

(5) 打开【贴图】卷展栏，单击【反射】通道右侧的【无】按钮，在打开的【材质|贴图浏览器】对话框中选择【位图】贴图，单击【确定】按钮，然后在打开的对话框中选择随书附带光盘中的 |Map|Gold04.jpg 文件，打开位图文件，在【输出】卷展栏中，将【输出量】设置为 1.2，按 Enter 键确认，然后在场景中选择【每日快讯】对象，单击【将材质指定给选定对象】按钮，将材质指定给【每日快讯】对象，如图 12-69 所示。

(6) 将时间滑块拖动至第 100 帧处，然后单击【自动关键点】按钮，开始记录动画。在【坐标】卷展栏中将【偏移】下的 U、V 值分别设置为 0.2、0.1，按 Enter 键确认，如图 12-70 所示，

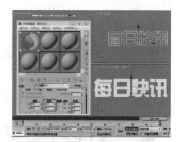

图 12-69　设置贴图　　　　　　图 12-70　设置自动关键点

(7) 勾选【位图参数】卷展栏中的【应用】复选框，并单击【查看图像】按钮，在打开的对话框中将当前贴图的有效区域进行设置，在设置完成后将其对话框关闭即可，并将【裁剪|放置】选项组中的 W、H 分别设置为 0.474、0.474，如图 12-71 所示。设置完成后，关闭【自动关键点】按钮。

(8) 在场景中选择【每日快讯】对象，按 Ctrl+V 组合键对它进行复制，在打开的【克隆选项】

对话框中，选中【对象】选项组下的【复制】单选按钮，将新复制的对象重新命名为【每日快讯光影】，单击【确定】按钮，如图 12-72 所示。

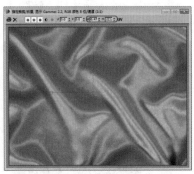

图 12-71　设置图像

图 12-72　复制图形

（9）单击【修改】按钮 ，进入【修改】命令面板，在堆栈中选择【倒角】修改器，然后单击堆栈下的【从堆栈中移除修改器】按钮 ，将【倒角】删除。然后在【修改器列表】中选择【挤出】修改器，在【参数】卷展栏中将【数量】设置为 500，按 Enter 键确认，将【封口】选项组中的【封口始端】与【封口末端】复选框取消勾选，如图 12-73 所示。

知识链接

　　大量的片头文字使用光芒四射的效果来表现，这种效果在 3ds Max 中可以通过多种方法实现，在这个实例中，将为大家介绍通过一种特殊的材质与模型结合完成的光影效果。这种方法制作出的光影效果的优点是渲染速度快，制作简便。

（10）确定【每日快讯光影】对象处于选择状态下。激活第二个材质样本球，将当前材质名称重新命名为【光影材质】。在【明暗器基本参数】卷展栏中勾选【双面】复选框。在【Blinn 基本参数】卷展栏中，将【环境光】和【漫反射】的 RGB 值分别设置为 255、255、255，单击【确定】按钮；将【自发光】值设置为 100，按 Enter 键确认；将【反射高光】选项组中的【光泽度】设置为 0，如图 12-74 所示。

图 12-73　设置挤出

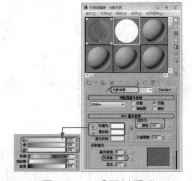

图 12-74　设置材质球

（11）打开【贴图】卷展栏，单击【不透明度】通道右侧的【无】按钮，打开【材质/贴图浏览器】

对话框,在该对话框中选择【遮罩】贴图,单击【确定】按钮。进入到【遮罩】二级材质设置面板中,首先单击【贴图】右侧的【无】按钮,在打开的【材质/贴图浏览器】对话框中选择【棋盘格】选项,单击【确定】按钮,在打开的【棋盘格】层级材质面板中,在【坐标】卷展栏中将【瓷砖】下的 U 和 V 分别设置为 250 和 –0.001,打开【噪波】参数卷展栏,勾选【启用】复选框,将【数量】设置为 5,如图 12-75 所示。

(12) 打开【棋盘格参数】卷展栏,将【柔化】设置为 0.01,按 Enter 键确认,将【颜色 #2】的 RGB 值设置为 156、156、156,如图 12-76 所示。

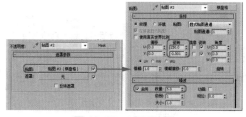

图 12-75 设置贴图

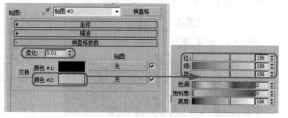

图 12-76 设置颜色

> **知识链接**
>
> 【遮罩】:使用一张贴图作为罩框,透过它来观看上面的材质效果,罩框图本身的明暗强度将决定透明的程度。
>
> 【双面】:将物体法线相反的一面也进行渲染,通常计算机为了简化计算,只渲染物体法线为正方向的表面(即可视的外表面),这对大多数物体都适用,但有些敞开面的物体,其内壁会看不到任何材质效果,这时就必须打开双面设置。

(13) 设置完毕后,选择【转到父对象】按钮 ,返回到遮罩层级。单击【遮罩】右侧的【无】按钮,在打开的【材质/贴图浏览器】对话框中选择【渐变】贴图,如图 12-77 所示。单击【确定】按钮。

(14) 在打开的【渐变】层级材质面板中,打开【渐变参数】卷展栏,将【颜色 #2】的 RGB 值设置为 0、0、0。将【噪波】选项组中的【数量】设置为 0.1,选中【分形】单选按钮,最后将【大小】设置为 5,如图 12-78 所示。单击两次【转到父对象】按钮 返回父级材质面板。在材质编辑器中单击【将材质指定给选定对象】按钮 ,将当前材质赋予视图中【每日快讯光影】对象。

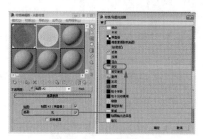

图 12-77 设置遮罩

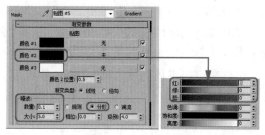

图 12-78 设置颜色

(15) 设置完材质后，将时间滑块拖曳至第60帧位置处，渲染该帧图像，效果如图12-79所示。

(16) 继续在【贴图】卷展栏中将【反射】的【数量】设置为5，并单击其后面的【无】按钮，在打开的【材质/贴图浏览器】对话框中选择【位图】贴图。在打开的对话框中选择随书附带光盘中的 |Map|Gold04.jpg 文件，单击【确定】按钮，进入【位图】层级面板，在【输出】卷展栏中将【输出量】设置为1.35，如图12-80所示。

图 12-79　第 60 帧处渲染效果

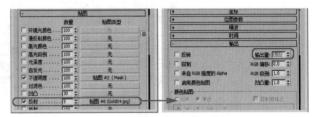

图 12-80　设置【反射】参数

(17) 在场景中选择【每日快讯光影】对象，单击【修改】按钮，切换到【修改】命令面板，在【修改器列表】中选择【锥化】修改器，打开【参数】卷展栏，将【数量】设置为1.0，按Enter键确认，如图12-81所示。

(18) 在场景中选择【每日快讯】和【每日快讯光影】对象，在工具栏中选择【选择并移动】工具，然后在【顶】视图中沿Y轴将选择的对象移动至摄影机下方，如图12-82所示。

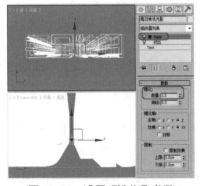

图 12-81　设置【锥化】参数

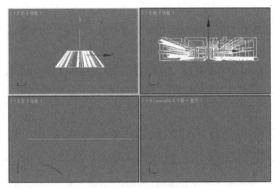

图 12-82　移动文本

(19) 将视口底端的时间滑块拖曳至第60帧处，单击【自动关键点】按钮，然后将选择的对象重新移动至移动前的位置处，如图12-83所示。

(20) 将时间滑块拖曳至第80帧处，选择【每日快讯光影】对象，在【修改】命令面板中将【锥化】修改器的【数量】设置为0，如图12-84所示。

(21) 确定当前帧仍然为第80帧。激活【顶】视图，在工具栏中选择【选择并非均匀缩放】工具并单击鼠标右键，在弹出的【缩放变换输入】对话框中设置【偏移：屏幕】选项组中的Y值为1，如图12-85所示。

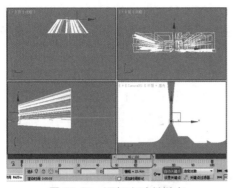

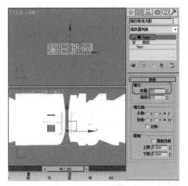

图 12-83 添加自动关键点 　　　　　　图 12-84 【自动关键点】状态下的【锥化】参数

(22) 关闭【自动关键点】按钮。确定【每日快讯光影】对象仍然处于选择状态，在工具栏中单击【曲线编辑器】按钮，打开【轨迹视图】对话框，选择【编辑器】|【摄影表】菜单命令，如图 12-86 所示。

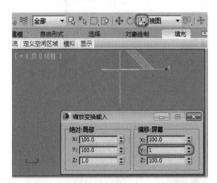

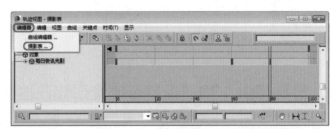

图 12-85 设置【选择并非均匀缩放】 　　　　　图 12-86 选择【摄影表】命令

(23) 在打开的【每日快讯光影】序列下选择【变换】选项，在【变换】选项下选择【缩放】，将第 0 帧处的关键点移动至第 60 帧处，如图 12-87 所示。

(24) 按 8 键，在打开的【环境和效果】面板中，单击【环境贴图】下的【无】按钮，在弹出的【材质/贴图浏览器】中双击【位图】，在打开的对话框中选择随书附带光盘中的CDROM|Map|Z4.jpg 文件，如图 12-88 所示。

图 12-87 调整位置 　　　　　　　　　图 12-88 添加贴图

(25) 打开材质编辑器，在【环境和效果】对话框中拖动环境贴图按钮到材质编辑器中的一个新的材质样本球窗口中，如图 12-89 所示。在弹出的对话框中选中【实例】单选按钮，单击【确定】按钮。

(26) 激活【摄影机】视图，在工具栏中单击【渲染设置】按钮，打开【渲染设置】对话框，在【公用参数】卷展栏中选中【范围 0 至 100】选项，在【输出】大小选项组中将【宽度】和【高度】分别设置为 640 和 480，对渲染输出进行设置，如图 12-90 所示。

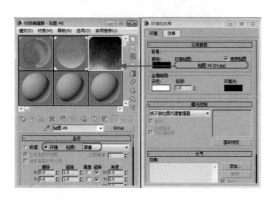

图 12-89　设置贴图

图 12-90　渲染设置

案例精讲 133　使用路径变形修改器制作书写文字动画

案例文件：CDROM | Scenes | Cha12| 书写文字动画 .max

视频文件：视频教学 | Cha12| 书写文字动画 .avi

制作概述

本例将通过字母 V 作为变形路径，使用【路径变形】修改器将一个对象链接到路径上，然后使圆柱体沿该字母进行运动，最后在【视频后期处理】对话框中添加特效过滤器。完成后的效果如图 12-91 所示。

学习目标

学会使用【路径变形】修改器制作书写文字动画。

操作步骤

(1) 打开随书附带光盘中的 CDROM | Scenes | Cha12| 书写文字动画 .max 素材文件，如图 12-92 所示。

(2) 选择【创建】 |【几何体】 |【扩展基本体】|【胶囊】工具，在【前】视图中创建一个胶囊，在【参数】卷展栏中将【半径】、【高度】分别设为 1.0、2.4，将【边数】设置为

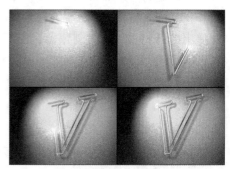

图 12-91　书写文字动画

30，【高度分段】设置为200，如图12-93所示。

图12-92　打开的素材文件

图12-93　创建胶囊

（3）切换至【修改】命令面板，在【修改器列表】中选择【路径变形 (WSM)】修改器，在【参数】卷展栏中单击【拾取路径】按钮，然后在【前】视图中选择V文字图形作为路径，单击【转到路径】按钮将胶囊移动至路径，如图12-94所示。

（4）选择【创建】 | 【几何体】 | 【粒子系统】|【超级喷射】工具，在【前】视图中创建一个超级喷射，设置其参数。在【基本参数】卷展栏中，将【扩散】分别设置为180和90，【图标大小】设置为3.0，【视口显示】选择为【网格】，【粒子数百分比】设置为100.0。在【粒子生成】卷展栏中，将【粒子数量】选择为【使用速率】并设置为10；在【粒子运动】中，将【速度】设置为2.0，【变化】设置为50.0；在【粒子计时】选项组中，将【发射开始】设置为0，【发射停止】设置为200，【显示时限】设置为100，【寿命】设置为5，【大小】设置为2.0，【变化】设置为20.0%，【增长耗时】设置为2，【衰减耗时】设置为2；在【粒子类型】卷展栏中，将【标准粒子】选择为【四面体】；在【旋转和碰撞】卷展栏中，将【自旋转控制】选择为【运动方向|运动模糊】，【拉伸】设置为12，如图12-95所示。

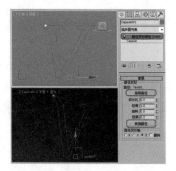
图12-94　添加【路径变形 (WSM)】修改器

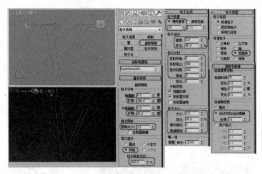
图12-95　创建超级喷射并设置其参数

（5）确认该对象处于选中状态，切换至【运动】命令面板，在【指定控制器】卷展栏中选择【位置】，单击【指定控制器】按钮 ，在弹出的对话框中选择【路径约束】，如图12-96所示。单击【确定】按钮。

（6）在【路径参数】卷展栏中单击【添加路径】按钮，然后在视图中选择V文字图形作为路径，在【路径选项】区域下将【沿路径】设置为0，并选择【跟随】复选框，然后在【轴】区域下选择Z轴选项，将第130帧移动到第100帧处，效果如图12-97所示。

（7）选中超级喷射对象并右击，在弹出的快捷菜单中选择【对象属性】命令，在弹出的【对象属性】对话框中，将【对象ID】设置为1，如图12-98所示。

377

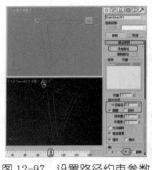

图 12-96　选择【路径约束】　　　　图 12-97　设置路径约束参数　　　　图 12-98　设置【对象 ID】

(8) 将时间滑块拖曳至第 0 帧处，按 N 键打开自动关键点记录模式，在视图中选择胶囊对象，在【修改】命令面板中选择 Capsule，将时间滑块拖曳至第 5 帧处，将【参数】卷展栏中的【高度】设置为 16，如图 12-99 所示。

(9) 使用同样的方法，每隔 5 帧调整胶囊对象的高度，直到第 100 帧，使其与超级喷射对象同步运动，然后再次按 N 键关闭自动关键点记录模式，效果如图 12-100 所示。

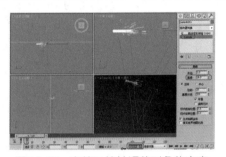
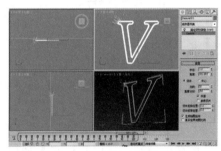

图 12-99　在第 5 帧处调整对象的高度　　　　　　图 12-100　添加其他关键帧

(10) 按 M 键打开【材质编辑器】对话框，单击【将材质指定给选定对象】按钮，将【路径】材质指定给胶囊和超级喷射，如图 12-101 所示。

(11) 选择【渲染】|【视频后期处理】命令，在弹出的对话框中添加一个 Camera01 场景事件、一个【镜头效果光晕】过滤事件和一个【镜头效果光斑】过滤事件，将【镜头效果光晕】过滤事件和【镜头效果光斑】过滤事件的【VP 结束时间】设置为 100，如图 12-102 所示。

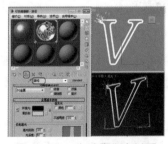

图 12-101　为胶囊指定材质　　　　　　　图 12-102　添加事件

(12) 双击【镜头效果光晕】过滤事件，在打开的对话框中单击【设置】按钮进入它的设置面板，打开【VP 序列】和【预览】按钮，在【属性】选项卡中，使用默认的【对象 ID】为 1；

选择【首选项】选项卡，选中【颜色】选项组中的【渐变】单选按钮，在【效果】选项组中将【大小】设为 0.3；在【颜色】选项组中选中【像素】单选按钮，并将【强度】设置为 20，如图 12-103 所示，完成设置后单击【确定】按钮，返回【视频后期处理】对话框。

(13) 双击【镜头效果光斑】过滤事件，在打开的对话框中单击【设置】按钮进入它的设置面板，打开【VP 序列】和【预览】按钮，单击【节光源】按钮，在打开的对话框中选择 SuperSpray01，如图 12-104 所示。

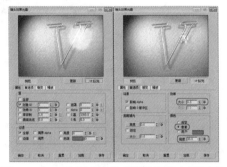

图 12-103　设置【镜头效果光晕】过滤事件

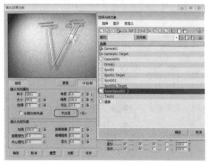

图 12-104　设置【节光源】参数

(14) 单击【确定】按钮将超级喷射粒子系统作为发光源，在【首选项】选项卡中只保留【光晕】后面两个复选框的勾选和【射线】后面两个复选框的勾选，将其他选项取消勾选，如图 12-105 所示。

(15) 选择【光晕】选项卡，将【大小】设置为 40，如图 12-106 所示。

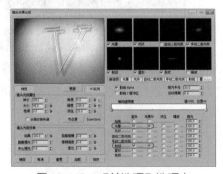

图 12-105　【首选项】选项卡

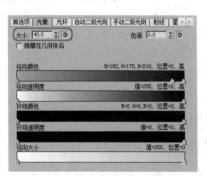

图 12-106　【光晕】选项卡

(16) 选择【射线】选项卡，将【大小】、【数量】和【锐化】分别设置为 100、136 和 10.0，然后将【径向透明度】根据图 12-107 所示设置它的颜色。

(17) 单击【添加图像输出事件】按钮，在弹出的【编辑场景输出事件】对话框中，单击【文件】按钮，选择文件输出位置，然后单击【确定】按钮。单击【执行序列】按钮，在弹出的对话框中设置场景的渲染输出参数，然后单击【渲染】按钮，如图 12-108 所示。最后将场景文件进行保存。

图 12-107 【射线】选项卡   图 12-108 设置输出

案例精讲 134 使用粒子阵列制作火焰崩裂文字动画

> 案例文件：CDROM | Scenes | Cha12| 火焰崩裂文字动画 .max
>
> 视频文件：视频教学 | Cha12| 火焰崩裂文字动画 .avi

制作概述

本例将介绍火焰崩裂文字的制作方法。在本例的制作中，镂空的文字是将文字图形与矩形附加在一起，再由【倒角】修改器生成三维镂空模型，文字爆炸的碎片由【粒子阵列】产生，对一个文字替身进行了爆炸，炸裂的碎块使用【镜头效果光晕】特效过滤器进行了处理，以产生燃烧效果。在场景中还创建了一盏目标聚光灯并为它设置了【体积光】效果，以表现在文字被炸裂的过

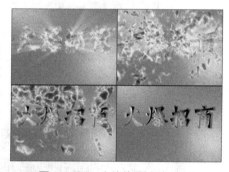

图 12-109 火焰崩裂文字动画

程中所呈现的光芒。除此之外，还在场景中为镂空文字制作了燃烧的火焰背景，并且使用了 4 个变形的【球体 Gizmo】物体来限制火焰的范围。完成后的效果如图 12-109 所示。

学习目标

学会火焰崩裂文字动画的制作方法。

操作步骤

(1) 打开随书附带光盘中的 CDROM | Scenes | Cha12| 火焰崩裂文字动画 .max 素材文件，如图 12-110 所示。

(2) 选中【镂空文字】对象。在【修改器列表】中选择【倒角】修改器，制作镂空的文字效果。在【倒角值】卷展栏中，将【级别 1】下的【高度】和【轮廓】分别设置为 15.0、-1.0；勾选【级别 2】复选框，将【高度】和【轮廓】分别设置为 2.0 和 -1.0，勾选【相交】选项组中的【避免线相交】复选框，如图 12-111 所示。

(3) 确定【镂空文字】处于选择状态，按 Ctrl+V 组合键，在打开的【克隆选项】对话框中选中【复制】单选按钮，并将当前复制的新对象重新命名为【遮挡文字】，最后单击【确定】按钮，如图 12-112 所示。

图 12-110　打开的素材文件

图 12-111　设置倒角效果

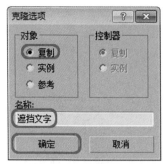
图 12-112　复制【镂空文字】

提示　在设置倒角时，勾选【避免线相交】复选框可以防止尖锐折角产生的突出变形。

技巧　为了方便观察，可以将【镂空文字】对象暂时隐藏起来。

(4) 确定新复制的对象处于选择状态，返回到【编辑样条线】堆栈层，将当前选择集定义为【样条线】，在视图中选择【遮挡文字】对象外侧的矩形样条曲线，按 Delete 键，将其删除，如图 12-113 所示。然后关闭当前选择集，返回到【倒角】堆栈层，这样就可得到实体文字。

(5) 确定【遮挡文字】对象处于选择状态，将【倒角值】卷展栏中的【级别 1】下的【高度】和【轮廓】都设置为 0，并取消【级别 2】复选框的勾选，如图 12-114 所示。

(6) 确定【遮挡文字】对象处于选择状态，按 Ctrl+V 组合键，在打开的【克隆选项】对话框中将【对象】定义为【复制】，将新对象重新命名为【粒子文字】，最后单击【确定】按钮，如图 12-115 所示。

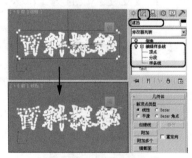
图 12-113　删除轮廓线

图 12-114　设置倒角参数

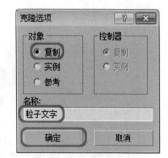
图 12-115　复制粒子对象

(7) 选择【遮挡文字】对象，在工具栏中选择【曲线编辑器】工具，打开【轨迹视图 - 曲线编辑器】对话框，在左侧的列表中选择【遮挡文字】，然后在菜单中选择【编辑】|【可见性轨迹】|【添加】命令，为【遮挡文字】添加一个可见性轨迹，如图 12-116 所示。

(8) 在左侧的列表中选择新添加的【可见性】，选择工具栏中的【添加关键点】工具，在第 0 帧、第 10 帧和第 11 帧处各添加一个关键点，其中前两个关键点的值都是 1。添加完第 11 帧处的关键帧后，在轨迹视图底部的文本框中输入 0，如图 12-117 所示。然后关闭【轨迹视图 - 曲线编辑器】对话框。

知识链接

在【可见性轨迹】中，1 表示物体对象可见，0 表示物体对象不可见。

图 12-116　添加可见性轨迹

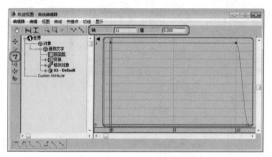

图 12-117　添加关键点

(9) 取消隐藏的对象，选择【创建】　|【几何体】　|【粒子系统】|【粒子阵列】工具，在【顶】视图中创建一个粒子阵列系统。切换到【修改】命令面板，在【基本参数】卷展栏中单击【基于对象的发射器】选项组中的【拾取对象】按钮。按 H 键，在打开的【拾取对象】对话框中选择【粒子文字】对象，单击【拾取】按钮，如图 12-118 所示。

(10) 在【基本参数】卷展栏中，在【视口显示】选项组中选中【网格】单选按钮，这样在视图中会看到以网格物体显示的粒子碎块。在【粒子生成】卷展栏中，将【粒子运动】选项组中的【速度】、【变化】和【散度】分别设置为5.0、45.0 和 32.0。将【粒子计时】选项组中的【发射开始】、【显示时限】和【寿命】分别设置为 10、125 和 125。将【唯一性】选项组中的【种子】设置为 24567。在【粒子类型】卷展栏中，选中【对象碎片】单选按钮。将【对象碎片控制】选项组中的【厚度】设置为 5.0，选中【碎片数目】单选按钮。在【旋转和碰撞】卷展栏中，将【自旋速度控制】选项组中的【自旋时间】设置为 40，将【变化】设置为 15.0%，如图 12-119 所示。

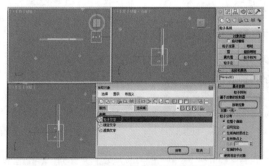

图 12-118　创建粒子阵列并拾取发射器对象

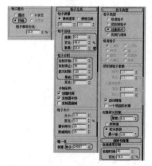

图 12-119　设置粒子系统

(11) 粒子系统设置完成后，再选择【粒子文字】对象，将【倒角】修改器删除，如图 12-120 所示。

(12) 选择粒子系统，单击鼠标右键，在弹出的快捷菜单中选择【对象属性】命令，在打开的对话框中将【对象 ID】设置为 1，在【运动模糊】选项组中选中【图像】单选按钮，单击【确定】按钮，如图 12-121 所示。

(13) 打开材质编辑器，选择【文本】样本球，按 H 键，在打开的对话框中选择 PArray001、【粒子文字】、【镂空文字】和【遮挡文字】对象，单击【将材质指定给选定对象】按钮 🔲，为选择的对象指定文字材质，如图 12-122 所示。

图 12-120　删除【倒角】修改器

图 12-121　设置对象属性

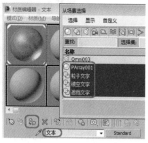

图 12-122　指定材质

(14) 关闭材质编辑器，选择【创建】 ✳ |【灯光】 ◁ |【标准】|【目标聚光灯】工具，在【顶】视图中从上往下拖动鼠标创建一盏目标聚光灯。在【常规参数】卷展栏中，勾选【阴影】选项组中的【启用】复选框。在【强度/颜色/衰减】卷展栏中，将【倍增】设置为 2，将灯光颜色的 RGB 值设置为 255、240、69；勾选【远距衰减】选项组中的【使用】和【显示】复选框，将【开始】和【结束】分别设置为 394 和 729。在【聚光灯参数】卷展栏中，将【光锥】选项组中的【聚光区/光束】和【衰减区/区域】分别设置为 15.6 和 22.1，选中【矩形】单选按钮，将【纵横比】设置为 3.5，如图 12-123 所示。

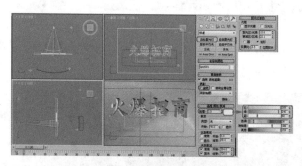

图 12-123　创建并设置目标聚光灯

(15) 打开【高级效果】卷展栏，在【投影贴图】选项组中勾选【贴图】复选框，并单击【无】按钮，在打开的【材质/贴图浏览器】对话框中选择【噪波】贴图，并单击【确定】按钮。打开材质编辑器，并激活第二个样本球，将【噪波】贴图拖曳至材质编辑器中第二个材质样本球上，然后在打开的【实例(副本)贴图】对话框中选中【实例】单选按钮，最后单击【确定】按钮。在【坐标】卷展栏中，将【模糊】设置为 2.5，将【模糊偏移】设置为 5.4，在【噪波参数】卷展栏中，将【大小】设置为 32，将【颜色 #1】的 RGB 值设置为 255、48、0，将【颜色 #2】的 RGB 值设置为 255、255、90，效果如图 12-124 所示。

(16) 关闭材质编辑器。在菜单栏中选择【渲染】|【环境】命令，打开【环境和效果】对话框，在【大气】卷展栏中单击【添加】按钮，在打开的对话框中选择【体积光】，单击【确定】按钮，添加一个体积光。在【体积光参数】卷展栏中，单击【拾取灯光】按钮，然后在场景中选择 Spot001。将【雾颜色】的 RGB 值设置为 255、242、135，将【衰减倍增】设置为 0.0，如图 12-125 所示。然后关闭【环境和效果】对话框。

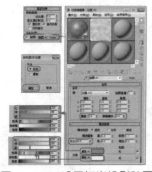 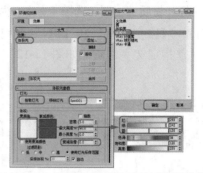

图 12-124　设置灯光投影贴图　　　　图 12-125　添加体积光效果并设置其参数

(17) 调整目光聚光灯的位置，在场景中选择 Spot001 对象，单击【自动关键点】按钮，将时间滑块移动到第 40 帧处。在【强度／颜色／衰减】卷展栏中，将【远距衰减】选项组中的【开始】和【结束】分别设置为 500 和 800，如图 12-126 所示。

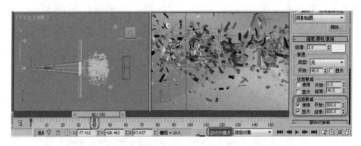

图 12-126　设置目标聚光灯的关键点

(18) 将时间滑块移动至第 65 帧处，将【开始】和【结束】分别设置为 320 和 560，如图 12-127 所示。

图 12-127　在第 65 帧处设置关键帧

(19) 将时间滑块移动至第 85 帧处，将【开始】和【结束】都设置为 0，如图 12-128 所示，然后关闭【自动关键点】按钮。

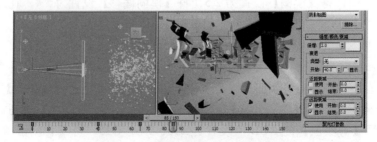

图 12-128　设置第 85 帧处的关键帧

(20) 选择【创建】 |【辅助对象】 ⚪ |【大气装置】|【球体 Gizmo】工具，在【顶】视图中创建一个球体 Gizmo，并将【半径】设置为 50.0，勾选【半球】复选框，使当前所创建的圆球线框形成一个半球，如图 12-129 所示。

(21) 选择【选择并移动】工具 ✛ ，调整球体 Gizmo 的位置，右击【选择并非均匀缩放】工具 🔲 ，在弹出的对话框中将【偏移：屏幕】选项组中的 Y 设置为 240，如图 12-130 所示。

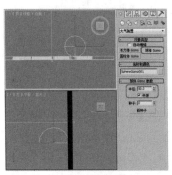

图 12-129 创建球体 Gizmo

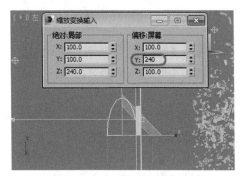

图 12-130 缩放球体 Gizmo

(22) 选择【选择并移动】工具 ✛ ，并按 Shift 键，选择球体 Gizmo，在【前】视图中沿 X 轴并将其向左方移动，然后释放鼠标，在打开的【克隆选项】对话框中，选中【对象】选项组中【实例】单选按钮，将【副本数】设置为 3，最后单击【确定】按钮，如图 12-131 所示。

(23) 打开【环境和效果】对话框，在【大气】卷展栏中单击【添加】按钮，在打开的对话框中选择【火效果】，单击【确定】按钮，添加一个火效果，在【火效果参数】展栏中，单击【拾取 Gizmo】按钮，然后在场景中选择 4 个半球线框。在【颜色】选项组中，将【内部颜色】的 RGB 值设置为 242、233、0，将【外部颜色】的 RGB 值设置为 216、16、0。在【图形】选项组中，将【火焰类型】定义为【火舌】，将【规则性】设置为 0.3。在【特性】选项组中，将【火焰大小】设置为 20.0，将【火焰细节】设置为 10.0，将【采样数】设置为 20，如图 12-132 所示。

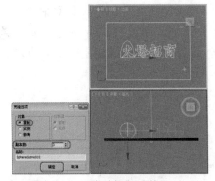

图 12-131 移动复制球体 Gizmo

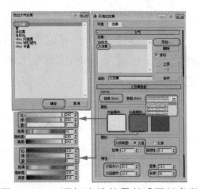

图 12-132 添加火焰效果并设置其参数

(24) 单击【自动关键点】按钮，将时间滑块移动至第 150 帧处，将【动态】选项组中的【相位】设置为 180.0，如图 12-133 所示。然后关闭【自动关键点】按钮。

图 12-133　设置【相位】关键点

(25) 选择【渲染】|【视频后期处理】命令，在弹出的对话框中添加一个 Camera01 场景事件和一个【镜头效果光晕】过滤事件，如图 12-134 所示。

(26) 双击添加的【镜头效果光晕】过滤事件，在弹出的对话框中单击【设置】按钮，进入【镜头效果光晕】对话框，单击【VP 队列】和【预览】按钮，在【属性】选项卡中使用默认设置。进入【首选项】选项卡，将【效果】选项组中的【大小】设置为 2.0。在【颜色】选项组中选中【用户】单选按钮，将【颜色】的 RGB 值设置为 255、85、0，将【强度】设置为 40.0。进入【噪波】选项卡，选择【电弧】噪波方式。将【运动】和【质量】分别设置为 0.0 和 10.0。勾选【红】、【绿】和【蓝】3 个复选框，将【大小】和【速度】分别设置为 20.0 和 0.2，将【基准】设置为 60.0，如图 12-135 所示。

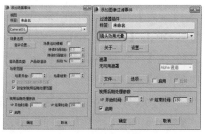

图 12-134　添加场景事件和过滤事件

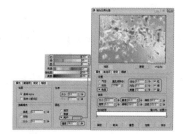

图 12-135　设置【镜头效果光晕】过滤事件

(27) 单击【添加图像输出事件】按钮，在弹出的【添加图像输出事件】对话框中，单击【文件】按钮，选择文件输出位置，然后单击【确定】按钮。单击【执行序列】按钮，在弹出的对话框中设置场景的渲染输出参数，然后单击【渲染】按钮，如图 12-136 所示。最后将场景文件进行保存。

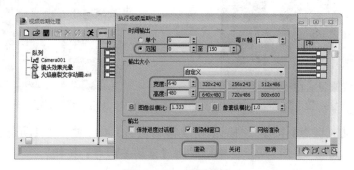

图 12-136　设置输出

第13章
制作节目片头

本章重点

- ◆ 制作文本标题
- ◆ 创建摄影机和灯光
- ◆ 设置背景
- ◆ 为标题添加动画效果
- ◆ 为文本添加电光效果
- ◆ 创建粒子系统
- ◆ 创建点
- ◆ 设置特效

本例将介绍一个片头动画的制作。该例的制作比较复杂，主要通过为实体文字添加动画，并创建粒子系统和光斑作为发光物体，并为它们设置特效，完成后的效果如图 13-1 所示。

图 13-1　电视台片头动画效果

案例精讲 135　制作文本标题

制作概述

文本标题的制作在片头动画中最为常见，在制作上也非常便于实现。本节将介绍如何创建文本并为创建的文本添加材质等。

学习目标

学会制作文本标题。

操作步骤

(1) 启动 3ds Max 2014，在动画控制区域中单击【时间配置】按钮，在打开的对话框中将【动画】选项组中的【长度】设置为 330，如图 13-2 所示。

(2) 设置完成后，单击【确定】按钮，选择【创建】 ☀ |【图形】 ⊙ |【文本】工具，在【参数】卷展栏中将【字体】设置为【汉仪书魂体简】，在【文本】文本框中输入【聚焦财经】，在【前】视图中单击鼠标创建文本，并将其命名为【聚焦财经】，如图 13-3 所示。

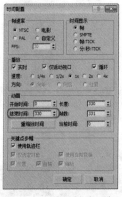

图 13-2　设置结束时间

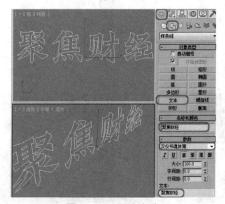

图 13-3　创建文本

(3) 选择【修改】命令面板，在【修改器列表】中选择【倒角】修改器，在【参数】卷展栏中取消勾选【生成贴图坐标】复选框，在【相交】选项组中勾选【避免线相交】复选框，在【倒角值】卷展栏中将【级别 1】下的【高度】设置为 4，勾选【级别 2】复选框，将【高度】和【轮廓】分别设置为 1 和 -1，如图 13-4 所示。

知识链接

选中【避免线相交】复选框会增加系统的运算时间，可能会等待很久，而且将来在改动其他倒角参数时也会变得迟钝，所以尽量避免使用这个功能。如果遇到线相交的情况，最好返回到曲线图形中手动进行修改，将转折过于尖锐的地方调节圆滑。

(4) 设置完成后，再在【修改器列表】中选择【UVW 贴图】修改器，并使用其默认参数，效果如图 13-5 所示。

知识链接

【生成贴图坐标】：勾选该复选框，将贴图坐标应用于倒角对象。

【真实世界贴图大小】：控制应用于该对象的纹理贴图材质所使用的缩放方法。

【避免线相交】：勾选该复选框，可以防止尖锐折角产生的突出变形。

【分离】：设置两个边界线之间保持的距离间隔，以防止越界交叉。

【倒角值】卷展栏：在【起始轮廓】选项组中包括【级别 1】、【级别 2】和【级别 3】，它们分别设置 3 个级别的【高度】和【轮廓】。

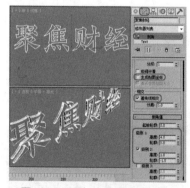

图 13-4　添加【倒角】修改器

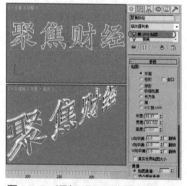

图 13-5　添加【UVW 贴图】修改器

(5) 确认该对象处于选中状态，按 Ctrl+V 组合键，在弹出的对话框中选中【复制】单选按钮，如图 13-6 所示。

(6) 单击【确定】按钮，确认复制后的对象处于选中状态，在【修改】命令面板中按住 Ctrl 键选择【UVW 贴图】和【倒角】修改器，右击鼠标，在弹出的快捷菜单中选择【删除】命令，如图 13-7 所示。

图 13-6　选中【复制】单选按钮

图 13-7　选择【删除】命令

(7) 选中复制的对象并右击，在弹出的快捷菜单中选择【转换为】|【转换为可编辑样条线】命令，如图 13-8 所示。

(8) 转换完成后，在【渲染】卷展栏中勾选【在渲染中启用】和【在视口中启用】复选框，将【厚度】设置为 2，如图 13-9 所示。

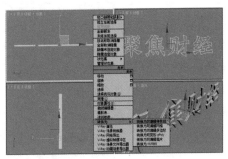
图 13-8　选择【转换为可编辑样条线】命令

图 13-9　设置样条线的厚度

(9) 选择【创建】 　|【图形】 　|【文本】工具，在【参数】卷展栏中将【字体】设置为 TW Cen MT Bold Italic，将【大小】和【字间距】分别设置为 55、7，在【文本】文本框中输入 Focus Financial，然后在【前】视图中单击鼠标左键创建文本，并调整文本的位置，将其命名为【字母】，如图 13-10 所示。

(10) 切换至【修改】命令面板中，在【渲染】卷展栏中取消勾选【在渲染中启用】和【在视口中启用】复选框，效果如图 13-11 所示。

图 13-10　输入文字

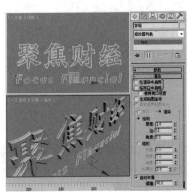
图 13-11　取消勾选复选框

知识链接

【在渲染中启用】：选中此复选框，可以在视图中显示渲染网格的厚度。

【在视口中启用】：选中该复选框，可以使设置的图形作为 3D 网格显示在视口中（该选项对渲染不产生影响）。

(11) 在【修改器列表】中选择【挤出】修改器，在【参数】卷展栏中将【数量】设置为 5，勾选【生成贴图坐标】复选框，如图 13-12 所示。

(12) 确认该对象处于选中状态，按 Ctrl+V 组合键，在弹出的对话框中选中【复制】单选按钮，如图 13-13 所示。

图 13-12　添加【挤出】修改器

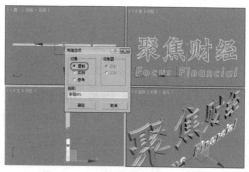

图 13-13　选中【复制】单选按钮

(13) 单击【确定】按钮，确认复制后的对象处于选中状态，将【挤出】修改器删除，在【修改】命令面板中选择 Text，在【修改器列表】中选择【编辑样条线】修改器，将当前选择集定义为【样条线】，在视图中框选选中样条线，在【几何体】卷展栏中将【轮廓】设置为 -0.8，如图 13-14 所示。

(14) 将当前选择集定义为【顶点】，在场景中对 C 字的顶点进行调整，如图 13-15 所示。调整完成后，将当前选择集关闭，在【修改】命令面板中选择【挤出】修改器，使用其默认参数即可。

 技巧

由于对样条线添加轮廓时，C 字的样条线发生了错误，所以需要将其调整一下。在对顶点进行调整时，可以选择 C 字右下角内侧的两个顶点，然后单击【焊接】按钮将两个顶点进行焊接即可。

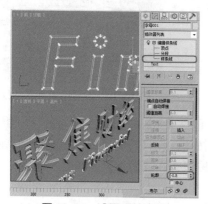

图 13-14　设置【轮廓】

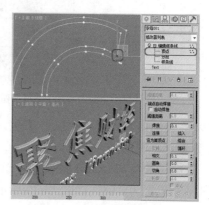

图 13-15　调整顶点的位置

(15) 按 H 键，在弹出的对话框中选择【聚焦财经】和【字母】对象，如图 13-16 所示。

(16) 单击【确定】按钮，按 M 键，打开【材质编辑器】对话框，选择一个新的材质样本球，将其命名为【标题】，然后单击右侧的 Standard 按钮，在弹出的对话框中选择【混合】贴图，如图 13-17 所示。

图 13-16 选择对象

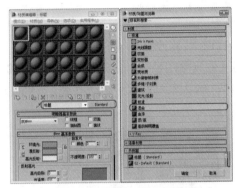

图 13-17 选择【混合】选项

(17) 单击【确定】按钮，在弹出的【替换材质】对话框中选中【将旧材质保存为子材质?】单选按钮，单击【确定】按钮，在【混合基本参数】卷展栏中，单击【材质1】通道后面材质按钮，进入材质 1 的通道。在【Blinn 基本参数】卷展栏中单击【环境光】左侧的 C 按钮，取消颜色的锁定，将【环境光】的 RGB 值设置为 0、0、0，将【漫反射】的 RGB 值设置为 128、128、128，将【不透明度】设置为 0；在【反射高光】选项组中将【光泽度】设置为 0，如图 13-18 所示。

(18) 设置完成后，单击【转到父对象】按钮 🔧，在【混合基本参数】卷展栏中单击【材质2】右侧的材质通道按钮，在【明暗器基本参数】卷展栏中将明暗器类型设置为【金属】，在【金属基本参数】卷展栏中单击【环境光】左侧的 C 按钮，取消颜色的锁定，将【环境光】的 RGB 值设置为 118、118、118，将【漫反射】的 RGB 值设置为 255、255、255，将【不透明度】设置为 0；在【反射高光】选项组中将【高光级别】和【光泽度】分别设置为 120 和 65，如图 13-19 所示。

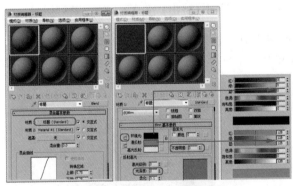

图 13-18 设置 Blinn 基本参数

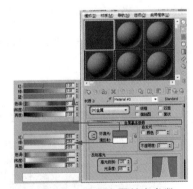

图 13-19 设置金属基本参数

(19) 在【贴图】卷展栏中单击【漫反射颜色】后面的【无】按钮，在打开的【材质/贴图浏览器】对话框中选择【位图】贴图，单击【确定】按钮。在打开的对话框中选择随书附带光盘中的 CDROM|Map|Metal01.tif 文件，单击【打开】按钮，在【坐标】卷展栏中将【瓷砖】下的 U 和 V 都设置为 0.08，如图 13-20 所示。

(20) 单击【转到父对象】按钮 🔧，将【凹凸】右侧的【数量】设置为 15，如图 13-21 所示。

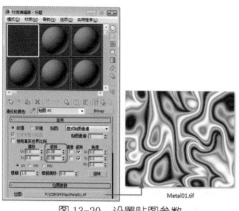

图 13-20　设置贴图参数　　　　　　　　　　图 13-21　设置凹凸数量

(21) 单击其后面的【无】按钮，在打开的【材质／贴图浏览器】对话框中选择【噪波】贴图，进入【噪波】贴图层级。在【噪波参数】卷展栏中选中【分形】单选按钮，将【大小】设置为0.5，将【颜色 #1】的 RGB 值设置为 134、134、134，如图 13-22 所示。

(22) 单击两次【转到父对象】按钮　，单击【遮罩】通道右侧的【无】按钮，在弹出的【材质／贴图浏览器】对话框中选择【渐变坡度】选项，如图 13-23 所示。

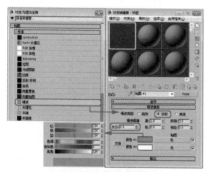

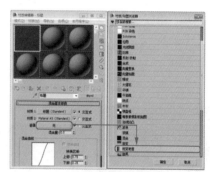

图 13-22　设置噪波参数　　　　　　　　　　图 13-23　选择【渐变坡度】选项

(23) 单击【确定】按钮，在【渐变坡度参数】卷展栏中将【位置】为第 50 帧的色标滑动到第 95 帧处，并将其 RGB 值设置为 0、0、0，在【位置】为第 97 帧处添加一个色标，并将其 RGB 值设置为 255、255、255；在【噪波】选项组中将【数量】设置为 0.01，选中【分形】单选按钮，如图 13-24 所示。

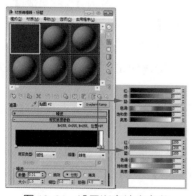

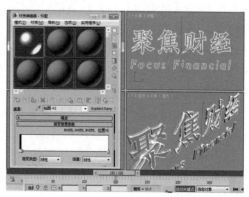

图 13-24　设置渐变坡度参数　　　　　　　　图 13-25　添加关键点

(24) 设置完毕后，将时间滑块移动到第 150 帧处，单击【自动关键点】按钮，将【位置】为第 95 帧处的色标移动至第 1 帧处，将第 97 帧处的色标移动至第 2 帧处，如图 13-25 所示。

(25) 关闭自动关键点记录模式，选择【图形编辑器】|【轨迹视图 - 摄影表】命令，即可打开【轨迹视图 - 摄影表】对话框，如图 13-26 所示。

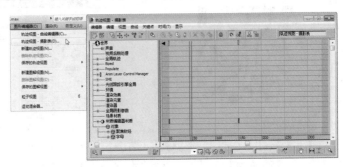

图 13-26　选择【轨迹视图 - 摄影表】命令

(26) 在面板左侧的序列中选择【材质编辑器材质】|【标题】|【遮罩】|Gradient Ramp，将第 0 帧处的关键帧移动至第 95 帧处，如图 13-27 所示。

(27) 调整完成后，将该对话框关闭，在【材质编辑器】对话框中将设置完成后的材质指定给选定对象，指定完成后，在菜单栏中选择【编辑】|【反选】命令，如图 13-28 所示。

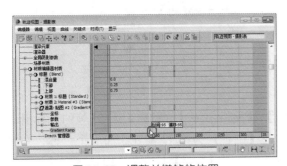

图 13-27　调整关键帧的位置

图 13-28　选择【反选】命令

(28) 再在【材质编辑器】对话框中选择一个材质样本球，将其命名为【文字轮廓】，在【明暗器基本参数】卷展栏中将明暗器类型设置为【金属】，在【金属基本参数】卷展栏中单击【环境光】右侧的 C 按钮，取消颜色的锁定，将【环境光】的 RGB 值设置为 77、77、77，将【漫反射】的 RGB 值设置为 178、178、178；将【反射高光】选项组中的【高光级别】和【光泽度】分别设置为 75 和 51，如图 13-29 所示。

(29) 在【贴图】卷展栏中将【反射】后面的【数量】设置为 80，单击其右侧的【无】按钮，在打开的【材质 / 贴图浏览器】对话框中选择【位图】贴图，如图 13-30 所示。

(30) 单击【确定】按钮。在打开的对话框中选择随书附带光盘中的 CDROM|Map|Metals.jpg 文件，单击【打开】按钮，在【坐标】卷展栏中将【瓷砖】下的 U、V 分别设置为 0.5、0.2，如图 13-31 所示。

(31) 单击【转到父对象】按钮 ，返回到上一层级，将设置完成后的材质指定给选定对象，将【材质编辑器】对话框关闭，指定材质后的效果如图 13-32 所示。

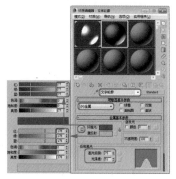

图 13-29　设置金属参数

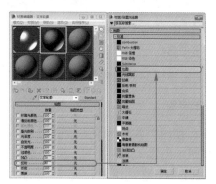

图 13-30　设置反射参数并选择【位图】选项

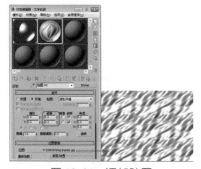

图 13-31　添加贴图

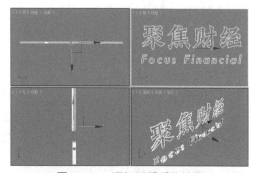

图 13-32　添加材质后的效果

(32) 在视图中选择所有的【聚焦财经】对象，选择【组】|【组】命令，在弹出的对话框中将【组名】命名为【文字标题】，如图 13-33 所示，然后单击【确定】按钮。

(33) 按 Ctrl+I 组合键进行反选，选择【组】|【组】命令，在弹出的对话框中将【组名】命名为【字母标题】，如图 13-34 所示，单击【确定】按钮。

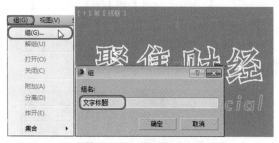

图 13-33　将对象成组

图 13-34　设置组名称

案例精讲 136　创建摄影机和灯光

 案例文件：CDROM | Scenes | Cha13| 节目片头 .max

视频文件：视频教学 | Cha13 | 创建摄影机和灯光 .avi

制作概述

文本标题制作完成后，接下来就要介绍如何在场景中创建摄影机与灯光，并通过调整其参数达到所需的效果。

学习目标

掌握摄影机的创建和灯光的创建方法。

操作步骤

(1) 在视图中调整两个对象的位置，选择【创建】 ▦ |【摄影机】 ▦ |【目标】摄影机，在【顶】视图中创建一架摄影机，激活【透视】视图，按 C 键，将当前视图转换为【摄影机】视图，在【环境范围】选项组中勾选【显示】复选框，将【近距范围】和【远距范围】分别设置为 8 和 811，将【目标距离】设置为 533，然后在场景中调整摄影机的位置，如图 13-35 所示。

(2) 激活【摄影机】视图，在菜单栏中选择【视图】|【视口配置】命令，如图 13-36 所示。

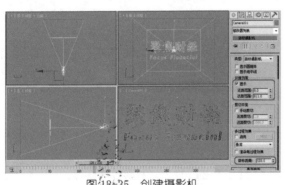

图 13-35　创建摄影机　　　　　　　　　　图 13-36　选择【视口配置】命令

(3) 在弹出的对话框中选择【安全框】选项卡，勾选【动作安全区】和【标题安全区】复选框，在【应用】选项组中勾选【在活动视图中显示安全框】复选框，如图 13-37 所示。

(4) 设置完成后，单击【确定】按钮，选择【创建】|【灯光】|【标准】|【泛光】工具，在【顶】视图中创建一盏泛光灯，在视图中调整灯光的位置，如图 13-38 所示。

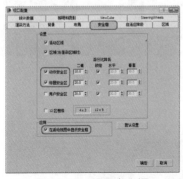

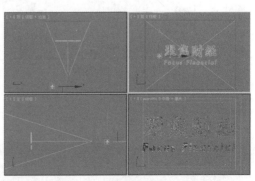

图 13-37　设置安全框　　　　　　　　　　图 13-38　创建并调整泛光灯

(5) 确认该灯光处于选中状态，切换至【修改】命令面板中，在【常规参数】卷展栏中取消勾选【阴影】选项组中的【启用】和【使用全局设置】复选框，将【阴影类型】设置为【阴影贴图】，如图 13-39 所示。

(6) 使用同样的方法继续创建一盏泛光灯，在【常规参数】卷展栏中取消勾选【阴影】选项组中的【启用】和【使用全局设置】复选框，将【阴影类型】设置为【阴影贴图】，在【强度 / 颜色 / 衰减】卷展栏中将【倍增】设置为 0.6，并在视图中调整其位置，如图 13-40 所示。

图 13-39　设置泛光灯的阴影选项

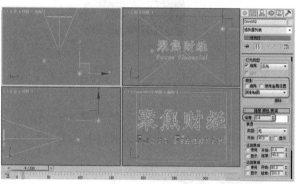
图 13-40　创建灯光并进行设置

案例精讲 137　设置背景

案例文件：CDROM | Scenes | Cha13| 节目片头 .max

视频文件：视频教学 | Cha13 | 设置背景 .avi

制作概述

本案例将主要介绍如何为节目片头设置背景。该案例主要通过在【环境和效果】对话框中添加环境贴图，然后在【材质编辑器】对话框中通过设置其参数达到动画效果。

学习目标

学会通过环境贴图添加背景。
学会在材质编辑器中设置背景动画效果。

操作步骤

(1) 按 8 键，弹出【环境和效果】对话框，在【背景】选项组中单击【环境贴图】下面的【无】按钮，在打开的【材质 / 贴图浏览器】对话框中选择【位图】贴图，单击【确定】按钮。再在打开的对话框中选择随书附带光盘中的 CDROM|Map| 背景 025.jpg 文件，如图 13-41 所示，单击【打开】按钮。

(2) 按 M 键打开【材质编辑器】对话框，将环境贴图拖曳到新的样本球上，在弹出的对话框中选中【实例】单选按钮，如图 13-42 所示，单击【确定】按钮。

图 13-41　添加环境贴图

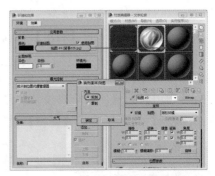

图 13-42　选中【实例】单选按钮

(3) 在【材质编辑器】对话框中的【坐标】卷展栏中将【贴图】设置为【屏幕】，如图 13-43 所示。

(4) 将时间滑块拖到第 0 帧处，按 N 键打开动画记录模式，勾选【裁剪/放置】选项组中的【启用】复选框，将 U、V、W、H 分别设置为 0.271、0.266、0.314、0.274，如图 13-44 所示。

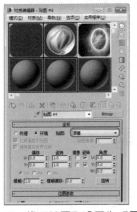

图 13-43　将【贴图】设置为【屏幕】

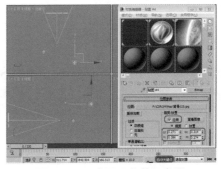

图 13-44　设置【裁剪】参数

(5) 将时间滑块拖曳到第 250 帧处，在【裁剪/放置】选项组中将 U、V、W、H 分别设置为 0、0、1、1，如图 13-45 所示。

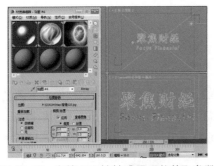

图 13-45　在第 250 帧处设置【裁剪】参数

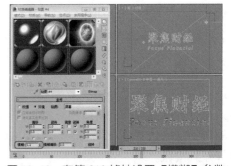

图 13-46　在第 210 帧处设置【模糊】参数

(6) 将时间滑块拖曳到第 210 帧处，在【坐标】卷展栏中将【模糊】设置为 1.2，如图 13-46 所示。

(7) 将时间滑块拖曳到 250 帧处，在【坐标】卷展栏中将【模糊】参数设置为 50，如图 13-47 所示。

(8) 设置完成后关闭【自动关键点】按钮和【材质编辑器】对话框，激活【摄影机】视图，按 Alt+B 组合键，在弹出的对话框中选中【使用环境背景】单选按钮，设置完成后单击【确定】按钮，效果如图 13-48 所示。

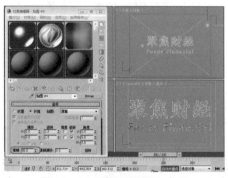

图 13-47　设置【模糊】参数

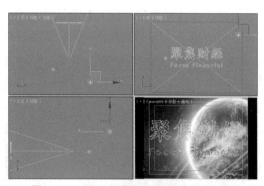

图 13-48　在【摄影机】视图中显示背景

案例精讲 138　为标题添加动画效果

案例文件：CDROM | Scenes | Cha13| 节目片头 .max

视频文件：视频教学 | Cha13 | 为标题添加动画效果 .avi

制作概述

本案例主要介绍如何通过自动关键点为标题添加动画效果。

学习目标

学会通过自动关键点为标题添加动画。

学会在【轨迹视图 - 摄影表】对话框中调整关键帧的位置。

操作步骤

(1) 按 Shift+L 组合键，将场景中的灯光隐藏，再按 Shift+C 组合键将场景中的摄影机进行隐藏，在场景中选择【文字标题】对象，激活【顶】视图，在工具栏中右击【选择并旋转】工具，在弹出的对话框中将【偏移：屏幕】选项组中的 Z 设置为 90，如图 13-49 所示。

(2) 在工具栏中单击【选择并移动】工具，在【移动变换输入】对话框中将【绝对：世界】选项组中的 X、Y、Z 分别设置为 2.43、2813.511、29.299，如图 13-50 所示。

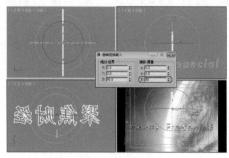

图 13-49　设置旋转参数

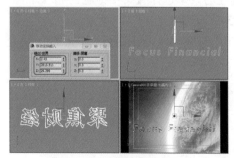

图 13-50　设置位置参数

（3）再在视图中选中【字母标题】对象，在【移动变换输入】对话框中将【绝对：世界】选项组中的 X、Y、Z 分别设置为 –760.99、–584.03、–55.368，如图 13-51 所示。

（4）将时间滑块拖曳到第 90 帧处，单击【自动关键点】按钮，确认【字母标题】对象处于选中状态，在【移动变换输入】对话框中将【绝对：世界】选项组中的 X、Y、Z 分别设置为1.689、–0.678、–51.445，如图 13-52 所示。

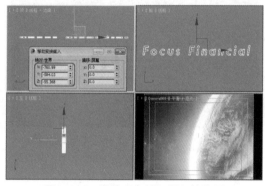
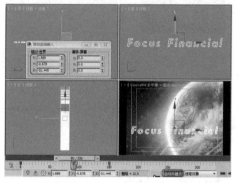

图 13-51　调整【字母标题】的位置　　　　图 13-52　在第 90 帧处添加关键帧

（5）再在视图中选择【文字标题】对象，在【移动变换输入】对话框中将【绝对：世界】选项组中的 X、Y、Z 分别设置为 2.43、–0.678、29.299，如图 13-53 所示。

（6）在工具栏中右击【选择并旋转】工具，激活【顶】视图，在【旋转变换输入】对话框中的【偏移：屏幕】选项组中将 Z 设置为 -90，如图 13-54 所示。

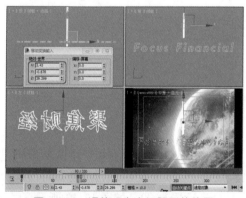
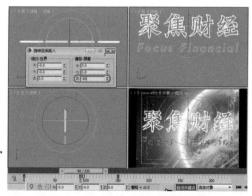

图 13-53　调整【文字标题】的位置　　　　图 13-54　旋转文字标题的角度

（7）设置完成后，将该对话框关闭，按 N 键关闭自动关键点记录模式，使用【选择并移动】工具在场景中选择【文字标题】和【字母标题】对象，打开【轨迹视图 - 摄影表】对话框，如图 13-55 所示。

（8）选择【文字标题】右侧第 0 帧处的关键帧，按住鼠标将其拖曳至第 10 帧处，如图 13-56 所示。

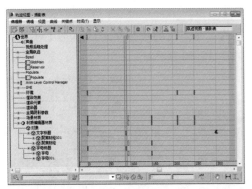

图 13-55　【轨迹视图-摄影表】对话框

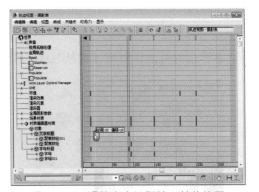

图 13-56　调整文字标题第 0 帧的位置

(9) 选择【字母标题】右侧第 0 帧处的关键帧，按住鼠标将其拖曳至第 30 帧处，如图 13-57 所示。

(10) 调整完成后，将该对话框关闭，用户可以拖动时间滑块查看效果，效果如图 13-58 所示。

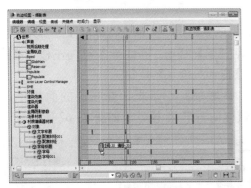

图 13-57　调整字母标题关键帧的位置

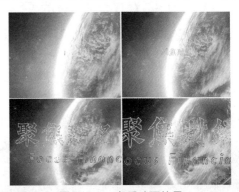

图 13-58　查看动画效果

案例精讲 139　为文本添加电光效果

 案例文件：CDROM | Scenes | Cha13| 节目片头 .max

 视频文件：视频教学 | Cha13 | 为文本添加电光效果 .avi

制作概述

下面将介绍如何为文本添加电光效果，该案例主要通过利用【线】工具绘制一条直线，然后，再为其添加关键帧及材质即可。

学习目标

学会如何为文本添加电光效果。

操作步骤

(1) 激活【前】视图，选择【创建】 ※ |【图形】 ◎ |【线】工具，创建一个与【聚焦财经】高度相等的线段，在【渲染】卷展栏中勾选【在渲染中启用】和【在视口中启用】复选框，如

图 13-59 所示。

（2）确定新创建的线段处于选择状态，单击鼠标右键，在弹出的快捷菜单中选择【对象属性】命令，在弹出的对话框中将【对象 ID】设置为 1，如图 13-60 所示。

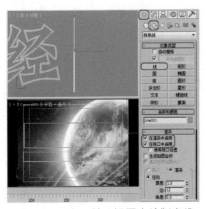

图 13-59 在【前】视图中绘制直线

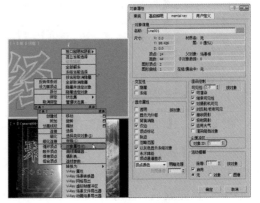

图 13-60 设置对象属性

（3）设置完成后，单击【确定】按钮，将时间滑块拖曳到第 150 帧处，单击【自动关键帧】按钮，选择工具栏中的【选择并移动】工具 ✛，激活【前】视图，将线沿 X 轴向左移至【聚】字的左侧边缘，如图 13-61 所示。设置完成后关闭【自动关键点】按钮。

（4）确定线处于选择状态，打开【轨迹视图 - 摄影表】对话框，在左侧的面板中选择 Line001 下的【变换】，将其右侧第 0 帧处的关键帧移动至第 95 帧处，如图 13-62 所示。

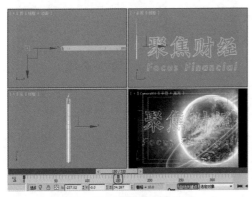

图 13-61 调整直线的位置

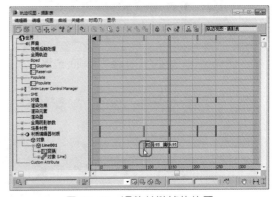

图 13-62 调整关键帧的位置

（5）在【轨迹视图 - 摄影表】对话框左侧的选项栏中选择 Line001，在菜单栏中选择【编辑】|【可见性轨迹】|【添加】命令，为 Line001 添加一个可见性轨迹，如图 13-63 所示。

（6）选择【可见性】选项，在工具栏中选择【添加关键点】工具 ⯎，在第 94 帧处添加一个关键帧，并将值设置为 0.000，表示在该帧时不可见，如图 13-64 所示。

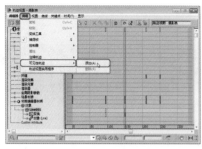

图 13-63 选择【添加】命令

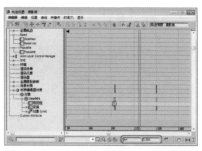

图 13-64 添加关键帧并设置其参数

(7) 继续在第 95 帧处添加关键帧，并将其值设置为 1.000，表示在该帧时可见，如图 13-65 所示。

(8) 使用同样的方法，在第 150 帧处添加关键帧，并将值设置为 1.000，在第 150 帧处添加一个可见关键帧，如图 13-66 所示。

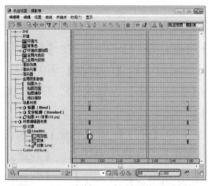

图 13-65 在第 95 帧处添加关键帧

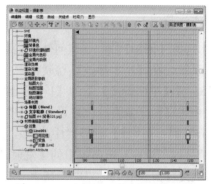

图 13-66 在第 150 帧处添加关键帧

(9) 继续在第 151 帧处添加关键帧，并将值设置为 0.000，在第 151 帧处添加一个不可见关键帧，如图 13-67 所示。

(10) 添加完成后，将该对话框关闭，按 M 键，在弹出的【材质编辑器】对话框中选择一个新样本球，将其命名为【线】，在【Blinn 基本参数】卷展栏中将【不透明度】设置为 0；在【反射高光】选项组中将【光泽度】设置为 0，如图 13-68 所示。设置完成后，将该材质指定给选定对象，并将该对话框关闭。

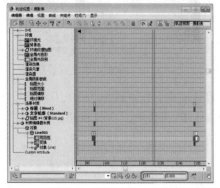

图 13-67 在第 151 帧处添加一个不可见关键帧

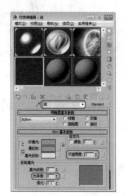

图 13-68 设置 Blinn 基本参数

案例精讲 140　创建粒子系统

案例文件：CDROM | Scenes | Cha13| 节目片头 .max

视频文件：视频教学 | Cha13 | 创建粒子系统 .avi

制作概述

本案例将介绍如何为节目片头创建粒子系统。在该案例中主要通过为【超级喷射】工具创建粒子，并使用【螺旋线】工具绘制路径，然后为创建的粒子添加路径约束，使其沿路径进行运动。

学习目标

学会如何为节目片头创建粒子系统。

操作步骤

(1) 选择【创建】❋|【几何体】◎|【粒子系统】|【超级喷射】工具，在【左】视图中创建粒子系统，在【基本参数】卷展栏中将【粒子分布】选项组中的【轴偏离】下的【扩散】设置为 15，将【平面偏离】下的【扩散】设置为 180；将【图标大小】设置为 45，在【视口显示】选项组中将【粒子数百分比】设置为 50%，如图 13-69 所示。

(2) 在【粒子生成】卷展栏中将【粒子运动】选项组中的【速度】和【变化】分别设置为 8 和 5，将【粒子计时】选项组中的【发射开始】、【发射停止】、【显示时限】、【寿命】和【变化】分别设置为 30、150、180、25 和 5；将【粒子大小】选项组中的【大小】、【变化】、【增长耗时】和【衰减耗时】分别设置为 8、18、5 和 8，如图 13-70 所示。

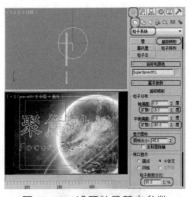

图 13-69　设置粒子基本参数

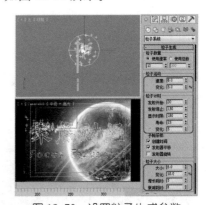

图 13-70　设置粒子生成参数

(3) 在【气泡运动】卷展栏中将【幅度】、【变化】和【周期】分别设置为 10、0 和 45。在【粒子类型】卷展栏中选中【标准粒子】选项组中的【球体】单选按钮，在【材质贴图和来源】选项组中将【时间】下的参数设置为 60，如图 13-71 所示。

(4) 在【旋转和碰撞】卷展栏中将【自旋速度控制】选项组中的【自旋时间】设置为 60，如图 13-72 所示。

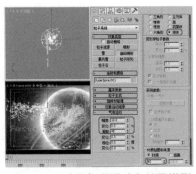

图 13-71 设置气泡运动和粒子类型

图 13-72 设置【自旋时间】

　　(5) 按 M 键，打开【材质编辑器】对话框，选择一个新的样本球，将其命名为【粒子】，在【贴图】卷展栏中单击【漫反射颜色】后面的【无】按钮，选择【粒子年龄】贴图，如图 13-73 所示。

　　(6) 单击【确定】按钮，进入【漫反射】贴图通道，在【粒子年龄参数】卷展栏中将【颜色 #1】的 RGB 值设置为 255、255、255；将【颜色 #2】的 RGB 值设置为 245、148、25；将【颜色 #3】的 RGB 值设置为 255、0、0，如图 13-74 所示。

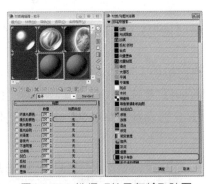

图 13-73 选择【粒子年龄】贴图

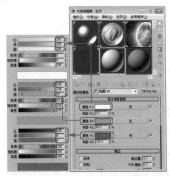

图 13-74 设置粒子年龄参数

　　(7) 单击【转到父对象】按钮，在【贴图】卷展栏中单击【不透明度】通道右侧的【无】按钮，在弹出的对话框中选择【渐变】贴图，如图 13-75 所示。

　　(8) 单击【确定】按钮，使用其默认参数，设置完成后，将材质指定给选定对象，并将该对话框关闭，在视图中调整其位置，如图 13-76 所示。

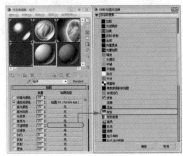

图 13-75 选择【渐变】贴图

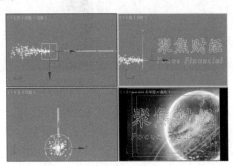

图 13-76 调整粒子对象的位置

(9) 将时间滑块拖曳到第 170 帧处，单击【自动关键点】按钮，激活【前】视图，选择工具栏中的【选择并移动】工具，确定当前作用轴为 X 轴，将粒子对象移动至【字母标题】对象的右侧，如图 13-77 所示，设置完成后关闭【自动关键点】按钮。

(10) 打开【轨道视图 - 摄影表】对话框，在对话框左侧选择 SuperSpray001 下的【变换】，将其右侧第 0 帧处的关键帧拖曳至第 80 帧处，如图 13-78 所示。

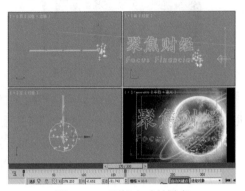

图 13-77　添加自动关键点

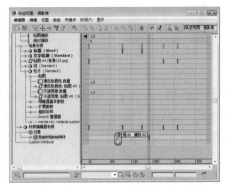

图 13-78　移动关键帧的位置

(11) 调整完成后，将该对话框关闭，选择【创建】｜【图形】｜【螺旋线】工具，在【左】视图中创建一条螺旋线，如图 13-79 所示。

(12) 确认该对象处于选中状态，切换至【修改】命令面板中，将其命名为【路径】，在【渲染】卷展栏中取消勾选【在渲染中启用】和【在视口中启用】复选框，在【参数】卷展栏中将【半径 1】、【半径 2】、【高度】、【圈数】、【偏移】分别设置为 60、50、492、5、-0.04，并在视图中调整其位置，如图 13-80 所示。

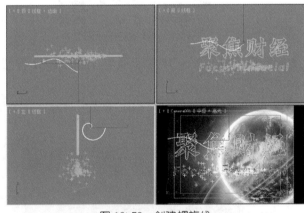

图 13-79　创建螺旋线

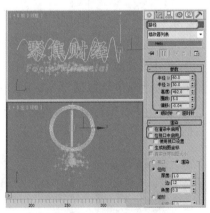

图 13-80　设置螺旋线参数

(13) 选择【创建】｜【几何体】｜【粒子系统】｜【超级喷射】工具，在【顶】视图中创建粒子系统，在【基本参数】卷展栏中将【粒子分布】选项组中的【轴偏离】和【扩散】都设置为 180，将【平面偏离】下的【扩散】设置为 180；将【图标大小】设置为 3.9，在【视口显示】选项组中选中【网格】单选按钮，如图 13-81 所示。

(14) 在【粒子生成】卷展栏中选中【使用速率】单选按钮，并将其参数设置为 20，将【粒子运动】选项组中的【速度】和【变化】分别设置为 0.46 和 30,将【粒子计时】选项组中的【发射开始】、【发射停止】、【显示时限】、【寿命】和【变化】分别设置为 150、250、260、54 和 50;将【粒子大小】选项组中的【大小】、【变化】、【增长耗时】和【衰减耗时】分别设置为 6.976、26.58、8 和 50,如图 13-82 所示。

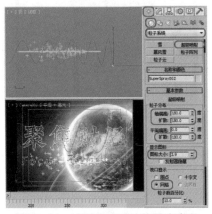

图 13-81 设置粒子系统的基本参数

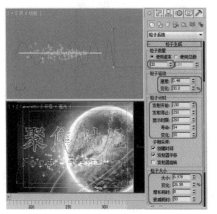

图 13-82 设置粒子生成参数

(15) 在【粒子类型】卷展栏中选中【标准粒子】选项组中的【面】单选按钮,在【材质贴图和来源】选项组中将【时间】下的参数设置为 45,如图 13-83 所示。

(16) 在【对象运动继承】卷展栏中将【倍增】设置为 0,在【旋转和碰撞】卷展栏中将【自旋速度控制】选项组中的【自旋时间】、【变化】、【相位】分别设置为 0、0、180,如图 13-84 所示。

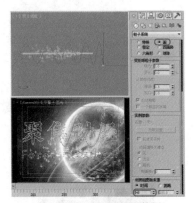

图 13-83 设置粒子类型

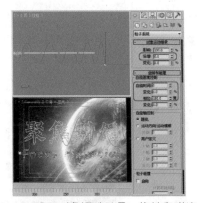

图 13-84 设置对象运动继承、旋转和碰撞参数

(17) 设置完成后,切换到【运动】命令面板,在【指定控制器】卷展栏中选择【变换】下的【位置:位置 XYZ】选项,然后单击【指定控制器】按钮,在打开的【指定位置控制器】对话框中选择【路径约束】选项,如图 13-85 所示,单击【确定】按钮。

(18) 在【路径参数】卷展栏中单击【添加路径】按钮,在视图中选择【路径】对象,在【路径选项】选项组中勾选【跟随】复选框,在【轴】选项组中选择 Z 并勾选【翻转】复选框,如图 13-86 所示。

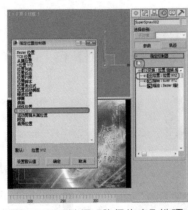

图 13-85　选择【路径约束】选项

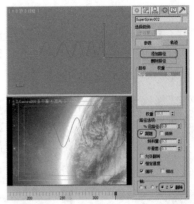

图 13-86　添加路径并设置其参数

（19）确认该对象处于选中状态，打开【轨迹视图 - 摄影表】对话框，在该对话框中选择左侧列表框中的 SuperSpray002，将其左侧第 0 帧处的关键帧拖曳至第 150 帧处，如图 13-87 所示。

（20）再将 SuperSpray002 右侧第 330 帧处的关键帧拖曳至第 239 帧处，如图 13-88 所示。

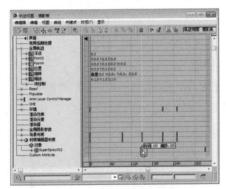

图 13-87　将第 0 帧处的关键帧拖曳至第 150 帧处

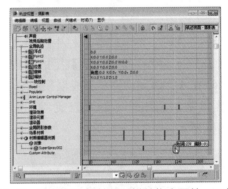

图 13-88　将第 330 帧处的关键帧拖曳至第 239 帧处

（21）调整完成后，将该对话框关闭，按 M 键打开【材质编辑器】对话框，将其命名为【粒子 02】，在【明暗器基本参数】卷展栏中勾选【面贴图】复选框，将【Blinn 基本参数】卷展栏中的【环境光】的 RGB 值设置为 189、138、2，如图 13-89 所示。

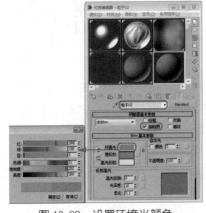

图 13-89　设置环境光颜色

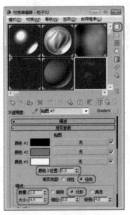

图 13-90　设置渐变参数

(22) 在【贴图】卷展栏中单击【不透明度】通道后面的【无】按钮，在打开的【材质 / 贴图浏览器】对话框中双击【渐变】贴图。在【渐变参数】卷展栏中将【颜色 2 位置】设置为 0.3，将【渐变】类型定义为【径向】，将【噪波】选项组中的【数量】设置为 1，将【大小】设置为 4.4，选中【分形】单选按钮，在工具列表中将【采样类型】定义为 ▢，如图 13-90 所示，设置完成后，将该材质指定给选定对象即可。

案例精讲 141　创建点

案例文件：CDROM | Scenes | Cha13| 节目片头 .max

视频文件：视频教学 | Cha13| 创建点 .avi

制作概述

在本案例中将主要介绍如何使用【点】工具创建点，并为其添加动画效果。

学习目标

学会创建点并为其添加动画效果。

操作步骤

(1) 选择【创建】 ☀ |【辅助对象】 ◎ |【点】工具，在【前】视图中单击，创建点对象，如图 13-91 所示。

(2) 确定点对象处于选择状态，选择工具栏中的【选择并链接】工具 ⛓，然后在点对象上按下鼠标左键，移动鼠标至粒子对象上，当光标顶部变色为白色时按下鼠标左键确定，如图 13-92 所示。

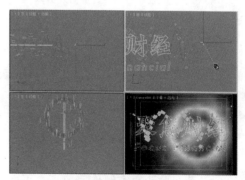

图 13-91　创建点对象　　　　　　　　　　　图 13-92　链接对象

(3) 选择工具栏中的【对齐】工具 ⛃，在场景中选择粒子对象，在弹出的对话框中勾选【X 位置】、【Y 位置】和【Z 位置】复选框，然后选中【当前对象】和【目标对象】选项组中的【中心】单选按钮，如图 13-93 所示，设置完成后单击【确定】按钮，将视图中的点对象与粒子对象对齐。

(4) 选择【创建】 ☀ |【辅助对象】 ◎ |【点】工具，在【前】视图中【聚焦财经】的右上角单击鼠标，创建点对象，如图 13-94 所示。

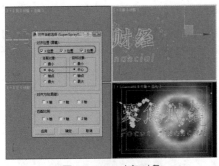

图 13-93　对齐对象

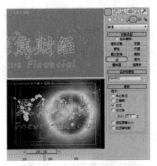

图 13-94　创建点对象

(5) 确定新创建的点对象处于选择状态，将时间滑块拖曳至第 310 帧处，单击【自动关键点】按钮，选择工具栏中的【选择并移动】工具，在视图中对其进行调整，如图 13-95 所示。设置完成后关闭【自动关键点】按钮。

(6) 打开【轨迹视图 - 摄影表】对话框，在对话框左侧选择 Point002 下的【变换】，将第 0 帧处的关键帧拖曳至第 261 帧处，如图 13-96 所示，调整完成后，将该对话框关闭即可。

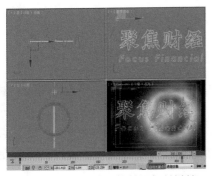

图 13-95　在第 310 帧处添加关键帧

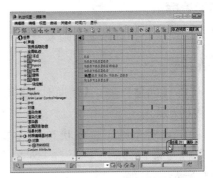

图 13-96　移动关键帧的位置

案例精讲 142　设置特效

✍ 案例文件：CDROM | Scenes | Cha13| 节目片头 .max

🎬 视频文件：视频教学 | Cha13 | 设置特效 .avi

制作概述

至此，节目片头基本制作完成了。下面将介绍如何为前面所创建的对象添加特效，其中主要包括添加【镜头效果光晕】、【镜头效果光斑】等。

学习目标

学会如何为对象添加特效。

操作步骤

(1) 在菜单栏中选择【渲染】|【视频后期处理】命令，打开【视频后期处理】对话框，如

图 13-97 所示。

(2) 在该对话框中单击【添加场景事件】按钮 ，在弹出的【添加场景事件】对话框中使用默认参数，如图 13-98 所示，单击【确定】按钮，添加场景事件。

图 13-97　选择【视频后期处理】命令

图 13-98　添加场景事件

(3) 单击工具栏中的【添加图像过滤事件】按钮，在弹出的对话框中选择【镜头效果光晕】选项，将【标签】命名为【线】，如图 13-99 所示，设置完成后单击【确定】按钮，添加光晕特效滤镜。

(4) 双击【线】选项，在弹出的对话框中单击【设置】按钮，打开【镜头效果光晕】对话框，单击【VP 队列】和【预览】按钮，选择【首选项】选项卡，在【效果】选项组中将【大小】设置为 6，在【颜色】选项组中选中【渐变】单选按钮，如图 13-100 所示。

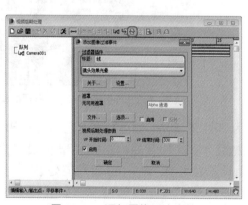

图 13-99　添加图像过滤事件

图 13-100　设置镜头效果光晕参数

(5) 选择【噪波】选项卡，将【设置】选项组中的【运动】设置为 1，然后勾选【红】、【绿】和【蓝】3 个复选框；在【参数】选项组中将【大小】设置为 6，如图 13-101 所示。

(6) 设置完成后，单击【确定】按钮，单击工具栏中的【添加图像过滤事件】按钮，在弹出的对话框中将【标签】命名为【点 01】，选择【镜头效果光斑】选项，如图 13-102 所示，设置完成后单击【确定】按钮，添加光斑特效滤镜。

图 13-101 设置噪波参数

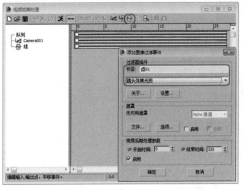

图 13-102 添加【镜头效果光斑】过滤事件

(7) 在序列区域中双击【点 01】，在打开的【编辑过滤事件】对话框中单击【设置】按钮，打开【镜头效果光斑】面板，单击【VP 队列】和【预览】按钮，在【镜头光斑属性】选项组中将【大小】设置为 100，然后单击【节点源】按钮，在打开的对话框中选择 Point001，如图 13-103 所示，单击【确定】按钮。

(8) 再在【首选项】选项卡中取消勾选不需要的效果，勾选要应用的效果，如图 13-104 所示。

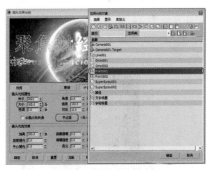

图 13-103 选择节点源

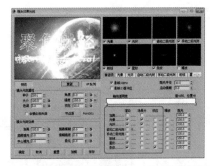

图 13-104 在【首选项】选项卡中选择要应用的效果

(9) 在【光晕】选项卡中将【大小】设置为 20，将【径向颜色】左侧色标的 RGB 值设置为 225、255、162；将第 2 个色标调整至【位置】为 19 位置处，并将 RGB 值设置为 174、172、155；在 36 位置处添加色标，并将 RGB 值设置为 5、3、155；在 55 位置处添加一个色标，并将 RGB 值设置为 132、1、68；将色标最右侧的 RGB 值设置为 0、0、0，如图 13-105 所示。

(10) 选择【光环】选项卡，将【大小】设置为5，将【径向颜色】左侧色标的 RGB 值设置为218、179、12，将右侧的色标 RGB 值设置为255、244、18，将【径向透明度】的第 2 个色标调整至 45 位置处，将第 3 个色标调整至 55 的位置处，然后在位置为 50 处添加色标，并将其 RGB 值设置为255、255、255，如图 13-106 所示。

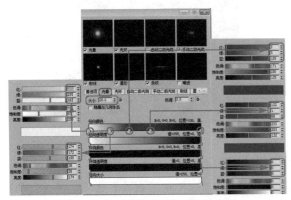

图 13-105　设置【径向颜色】参数

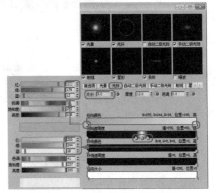

图 13-106　【光环】选项卡

(11) 选择【射线】选项卡，将【大小】设置为 250，如图 13-107 所示。

(12) 选择【星形】选项卡，将【大小】、【角度】、【数量】、【色调】、【锐化】和【锥化】分别设置为 50、0、4、100、8 和 0，在【径向颜色】区域中位置为 30 的位置处添加一个色标，并将其 RGB 值设置为 235、230、245；将最右侧色标的 RGB 值设置为 180、0、160，如图 13-108 所示。

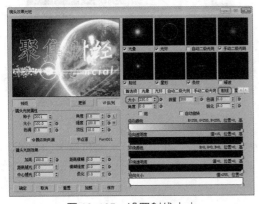

图 13-107　设置射线大小

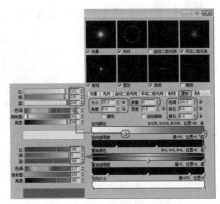

图 13-108　设置星形参数

(13) 选择【条纹】选项卡，将【大小】设置为 25，如图 13-109 所示，设置完成后单击【确定】按钮，返回到【视频后期处理】对话框。

(14) 单击工具栏中的【添加图像过滤事件】按钮，在弹出的对话框中将【标签】命名为【点 02】，选择【镜头效果光斑】选项，将【VP 开始时间】设置为 261，如图 13-110 所示，设置完成后单击【确定】按钮，添加光斑特效滤镜。

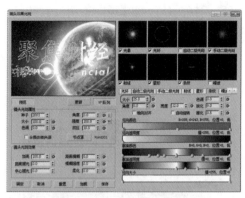

图 13-109　设置条纹大小

图 13-110　添加图像过滤事件

（15）双击【点 02】，在打开的【编辑过滤器事件】对话框中单击【设置】按钮，在打开的【镜头效果光斑】对话框中单击【VP 队列】和【预览】按钮，在【镜头光斑属性】选项组将【大小】设置为 50，单击【节点源】按钮，在打开的对话框中选择 Point002，如图 13-111 所示，单击【确定】按钮。

（16）选择【首选项】选项卡，在该选项卡中勾选要应用的效果选项，如图 13-112 所示。

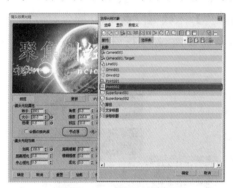

图 13-111　选择节点源

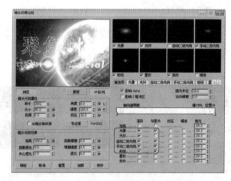

图 13-112　选择要应用的效果

（17）选择【光晕】选项卡，将【大小】设置为 95，将【径向颜色】左侧色标 RGB 值设置为 149、154、255；将第 2 个色标调整至 30 的位置处，将 RGB 值设置为 202、142、102；在 54 位置处添加一个色标，并将其 RGB 值设置为 192、120、72；在 73 位置处添加一个色标，并将其 RGB 值设置为 180、98、32；将最右侧色标的 RGB 值设置为 174、15、15，将【径向透明度】左侧色标的 RGB 值设置为 215、215、215；在 7 位置处添加一个色标，并将其 RGB 值设置为 145、145、145，如图 13-113 所示。

（18）选择【光环】选项卡，将【大小】设置为 20，在【径向颜色】区域中 50 位置处添加一个色标，并将 RGB 值设置为 255、124、18，将【径向透明度】区域中 50 位置处添加一个色标，并将 RGB 值设置为 168、168、168，将左侧的第二个色标调整至 35 位置处，将右侧的倒数第二个色标调整至第 65 帧处，如图 13-114 所示。

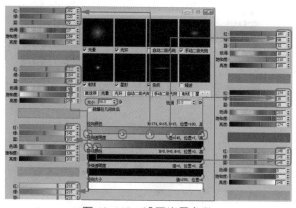

图 13-113　设置光晕参数

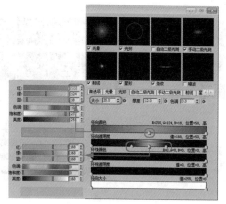

图 13-114　设置光环参数

(19) 选择【自动二级光斑】选项卡，将【最小】、【最大】和【数量】分别设置为 2、5 和 50，将【轴】设置为 0，并勾选【启用】复选框，然后将时间滑块拖曳至第 310 帧处，单击 【自动关键点】按钮，并将【轴】设置为 5，如图 13-115 所示。

(20) 打开【轨迹视图 - 摄影表】对话框，选择【视频后期处理】下的【点 02】，将其右侧 第 0 帧处的关键帧拖曳至第 261 帧处，如图 13-116 所示，调整完成后，关闭该对话框。

(21) 关闭自动关键帧记录模式，选择【手动二级光斑】选项卡，将【大小】和【平面】分 别设置为 95 和 430，取消【启用】复选框的勾选，在【径向颜色】区域中将左侧色标的 RGB 值设置为 9、0、191；在第 89 帧处添加色标，并将其 RGB 值设置为 11、2、190；在第 92 帧 处添加色标，并将其 RGB 参数设置为 0、162、54；在第 95 帧处添加色标，并将其 RGB 值设 置为 14、138、48；在第 96 帧处添加色标，并将其 RGB 值设置为 126、0、0，将位置为 3、 50 处的色标删除，如图 13-117 所示。

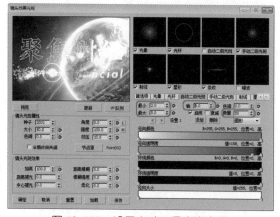

图 13-115　设置自动二级光斑参数

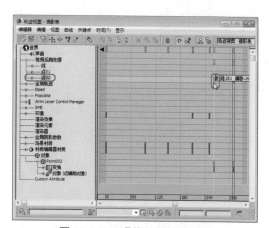

图 13-116　调整关键帧的位置

(22) 选择【射线】选项卡，将【大小】、【数量】和【锐化】分别设置为 125、175 和 10，在【径 向颜色】区域中将最右侧色标的 RGB 值设置为 95、80、10，如图 13-118 所示。

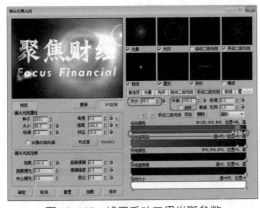

图 13-117 设置手动二级光斑参数

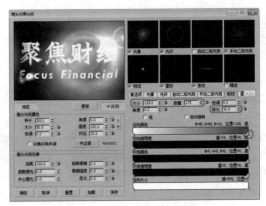

图 13-118 设置射线参数

 技巧　　二级光斑可以成组设计，即面板中的参数只独立作用于一组二级光斑，这样我们可以设计几组形态、大小、颜色不同的二级光斑，将它们组合成更真实的光斑效果。

(23) 设置完成后单击【确定】按钮，返回到【视频后期处理】对话框中，添加一个输出事件，在【视频后期处理】对话框中单击【执行序列】按钮，在弹出的【执行视频后期处理】对话框中将【范围】定义为 0 ～ 330，将【宽度】和【高度】分别定义为 640 和 480，单击【渲染】按钮，即可对动画进行渲染。

第 14 章
海底美人鱼动画

关于人鱼的传说很多，有的神秘，有的浪漫。按传统说法，美人鱼以腰部为界，上半身是女人，下半身是披着鳞片的漂亮的鱼尾，整个躯体，既富有诱惑力，又便于迅速逃遁。本例的构思是在一片有阳光照射的海底，美人鱼在海水中畅游的场景。

案例精讲 143 修改人物模型为人鱼模型

案例文件：CDROM|Scenes|Cha14| 人物模型 .max

视频文件：视频教学 | Cha14| 修改人物模型为人鱼模型 .avi

制作概述

本例将介绍如何将人物模型修改为人鱼模型。首先将人物模型的左半部和下身删除，然后通过使用【选择并移动】、【选择并均匀缩放】、【选择并旋转】工具对边和顶点的调整，调整出人鱼的下半身，最后为模型添加【对称】修改器，完成人鱼模型。

学习目标

学会将人物模型修改为人鱼模型。

操作步骤

(1) 运行软件后打开随书附带光盘中的 CDROM | Scenes| Cha14 | 人物模型 .max 素材文件，在场景中选择【人体】对象，然后单击鼠标右键，在弹出的快捷菜单中选择【隐藏未选定对象】命令，完成后的效果如图 14-1 所示。

(2) 进入【修改】命令面板，在该面板中选择【网格平滑】修改器，然后单击【从堆栈中移除修改器】按钮，将【网格平滑】修改器删除，如图 14-2 所示。

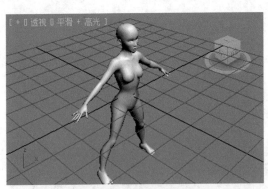

图 14-1 隐藏对象

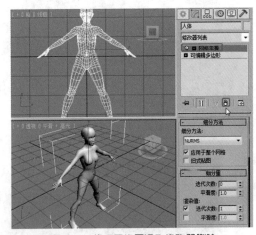

图 14-2 将【网格平滑】修改器删除

(3)将当前选择集定义为【多边形】，在【前】视图中选择人物模型的左半部分，如图 14-3 所示，按 Delete 键将其删除。

(4) 然后将右半部分下体部分删除，将当前选择集定义为【边】，选择如图 14-4 所示的边。

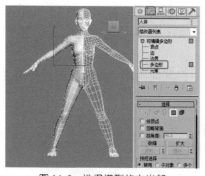

图 14-3 选择模型的左半部

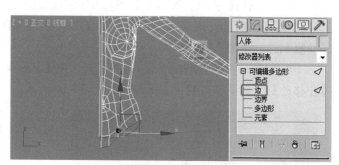

图 14-4 选择边

(5) 使用【选择并移动】工具，按住 Shift 键在【前】视图中向下拖曳，对边进行复制，如图 14-5 所示。

(6) 激活【透视】视图，在工具栏中右击【选择并均匀缩放】按钮，弹出【缩放变换输入】对话框，在该对话框中将【偏移：世界】设置为 117.2，如图 14-6 所示。

> 知识链接
>
> 如果激活的是【顶】、【前】、【左】视图中的任意视图，右击【选择并均匀缩放】工具，弹出【缩放变换输入】对话框，对话框中的【偏移：世界】选项组则会变成【偏移：屏幕】选项组。

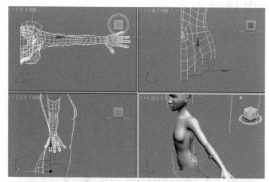

图 14-5 复制边

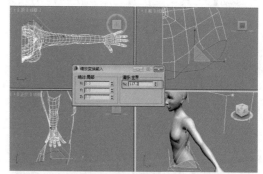

图 14-6 【缩放变换输入】对话框

(7) 设置完成后，将该对话框关闭，将当前选择集定义为【顶点】，在【前】视图中调整顶点的位置，调整后的效果如图 14-7 所示。

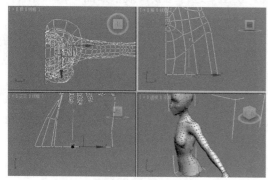

图 14-7 调整顶点

图 14-8 在【顶】视图中调整顶点前后对比

(8) 激活【顶】视图，在【顶】视图中调整顶点的位置，调整前后的对比如图 14-8 所示。

(9) 再将当前选择集定义为【边】，在场景中选择最下方的边，在场景中按住 Shift 键向下移动复制边，如图 14-9 所示。

(10) 然后使用【选择并均匀缩放】工具，在【前】视图中将其向内均匀缩放，然后使用【选择并移动】工具调整边的位置，效果如图 14-10 所示。

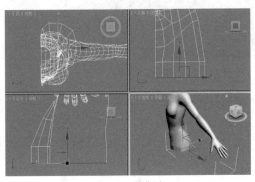

图 14-9 复制边

图 14-10 调整边

(11) 使用同样的方法复制边并进行调整，调整完成后的效果如图 14-11 所示。

(12) 再选择最下方的边，按住 Shift 键，将其向下移动复制，然后使用【选择并缩放】工具将最下方的边进行放大，再使用【选择并旋转】工具在【前】视图中进行旋转，最后使用【选择并移动】工具调整位置，制作出鱼尾的效果，如图 14-12 所示。

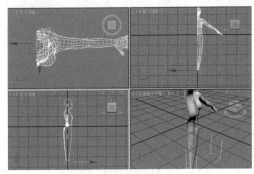

图 14-11 调整完成后的效果

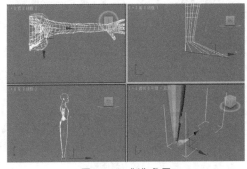

图 14-12 制作鱼尾

(13) 选择最下方的边，按住 Shift 键在【前】视图中向下移动小段距离，如图 14-13 所示。

(14) 使用【选择并均匀缩放】工具，在【透视】视图中进行缩放，效果如图 14-14 所示。

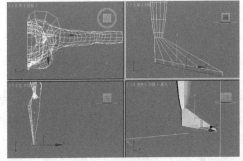

图 14-13 复制最下方的边

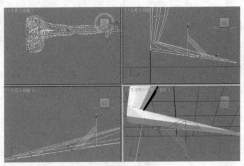

图 14-14 缩放对象

（15）将当前选择集定义为【顶点】，在【编辑顶点】卷展栏中单击【目标焊接】按钮，将最底端的顶点焊接，效果如图 14-15 所示。

（16）将当前选择集关闭，在【修改器列表】中选择【对称】修改器，在【参数】卷展栏中将【镜像轴】设置为 X，将【阈值】设置为 0.1，如图 14-16 所示。

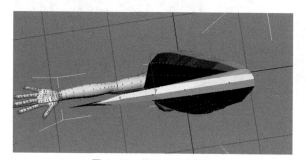

图 14-15　将顶点进行焊接

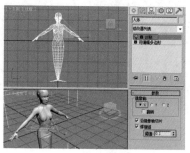

图 14-16　添加【对称】修改器

（17）选择【对称】修改器，单击鼠标右键，在弹出的快捷菜单中选择【塌陷到】命令，如图 14-17 所示。

（18）此时会弹出【警告：塌陷到】对话框，在该对话框中单击【是】按钮，如图 14-18 所示。

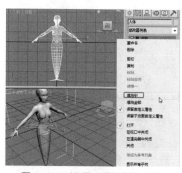

图 14-17　选择【塌陷到】命令

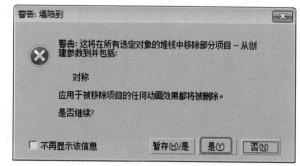

图 14-18　【警告：塌陷到】对话框

（19）塌陷后的修改器为【可编辑多边形】，将【当前选择集】定义为【边】，将【前】视图更改为【后】视图，然后选择人鱼下身中间部分的边，如图 14-19 所示。

（20）在【编辑边】卷展栏中，单击【移除】按钮，将选择的边移除，如图 14-20 所示。

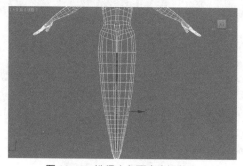

图 14-19　选择人鱼下身中间的边

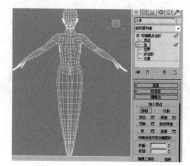

图 14-20　单击【移除】按钮

（21）移除边后，将当前选择集定义为【多边形】，在场景中选择如图 14-21 所示的多边形。

（22）展开【编辑多边形】卷展栏，选择【倒角】右侧的【设置】按钮，在弹出的小盒控件中将【高度】设置为 3.2，将【轮廓】设置为 -0.48，如图 14-22 所示，然后单击【确定】按钮。

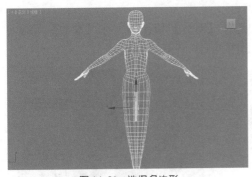

图 14-21　选择多边形

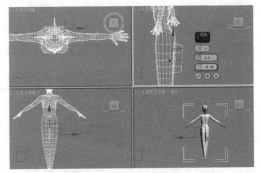

图 14-22　设置参数

(23) 将当前选择集定义为【顶点】，在场景中调整【顶点】的位置，完成后的效果如图 14-23 所示。

(24) 在场景中选择倒角处鱼鳍尖处的顶点，在【编辑顶点】卷展栏中单击【焊接】右侧的【设置】按钮，在弹出的小盒控件中将【焊接阈值】设置为 0.56，焊接效果如图 14-24 所示。

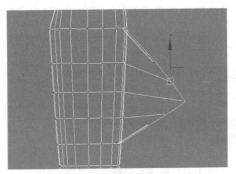

图 14-23　调整顶点的位置

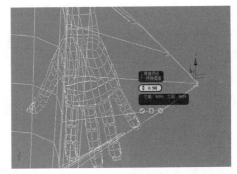

图 14-24　焊接顶点

(25) 使用同样的方法分别为其他鱼鳍的顶点进行焊接，效果如图 14-25 所示。

(26) 将当前选择集定义为【多边形】，在场景中选择多边形，在【多边形：材质 ID】设置对象的 ID，如图 14-26 所示。

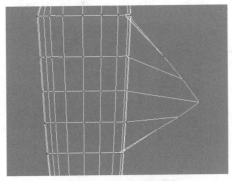

图 14-25　将顶点进行焊接

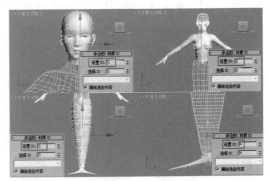

图 14-26　设置对象 ID

(27) 在【修改器列表】中选择【网格平滑】修改器，然后在该修改器上右击，在弹出的快捷菜单中选择【塌陷到】命令，如图 14-27 所示。

(28) 弹出【警告：塌陷到】对话框，在该对话框中单击【是】按钮，如图 14-28 所示。

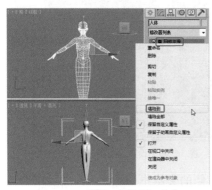

图 14-27 选择【塌陷到】命令

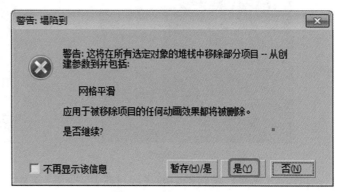

图 14-28 单击【是】按钮

案例精讲 144 设置人鱼材质

案例文件：CDROM|Scenes|Cha14| 设置人鱼模型 OK.max

视频文件：视频教学 | Cha14| 修改人物模型为人鱼模型 .avi

制作概述

下面介绍人鱼材质的制作，通过上一实例为对象添加的 ID 将材质设置为【多维 / 子材质】，然后分别对各个 ID 材质进行设置，设置完成后将材质指定给人鱼对象。

学习目标

学会如何设置人鱼材质。

操作步骤

(1) 在【修改器】列表中选择【UVW 展开】修改器，将当前选择集定义为【多边形】，在【选择】卷展栏中【选择】选项组中的【按材质 ID 选择：XY】右侧的文本框中输入文字 3，将会选择如图 14-29 所示的多边形。

(2) 在【投影】卷展栏中单击【柱形贴图】卷展栏，在【对齐选项】选项组中单击【对齐到 Z】，按钮，如图 14-30 所示。

知识链接

　　【UVW 展开】修改器用于将贴图（纹理）坐标指定给对象和子对象选择，并手动或通过各种工具来编辑这些坐标，还可以使用它来展开和编辑对象上已有的 UVW 坐标。可以使用手动方法和多种程序方法的任意组合来调整贴图，使其适合网格、面片、多边形、HSDS 和NURBS 模型。

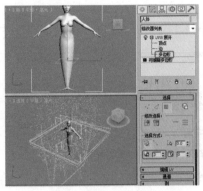
图 14-29　选择多边形

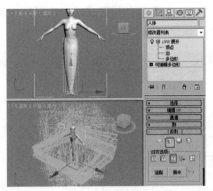
图 14-30　设置【投影】参数

(3) 在【选择】卷展栏中的【按材质 ID 选择：XY】右侧的文本框中输入 4，然后单击【按材质 ID 选择：XY】按钮 🔘，将选择如图 14-31 所示的多边形。

(4) 在【投影】卷展栏中单击【平面贴图】卷展栏，在【对齐选项】选项组中单击【对齐到 Y】按钮，如图 14-32 所示。

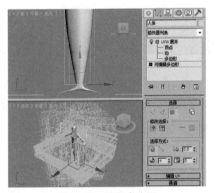
图 14-31　选择多边形

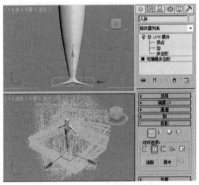
图 14-32　设置【投影】参数

(5) 关闭当前选择集，按 M 键打开【材质编辑器】对话框，在该对话框选择一个空白的材质样本球，单击 Standard 按钮，在弹出的对话框中选择【多维 / 子对象】选项，单击【确定】按钮，如图 14-33 所示。

(6) 弹出【替换材质】对话框，在该对话框中选中【将旧材质保存为子材质？】单选按钮，单击【确定】按钮，如图 14-34 所示。

图 14-33　选择【多维 / 子对象】选项

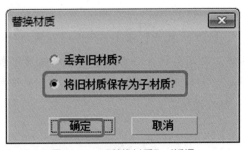
图 14-34　【替换材质】对话框

(7) 在【多维／子对象基本参数】卷展栏中选中【设置数量】单选按钮，弹出【设置材质数量】对话框，将【材质数量】设置为 4，如图 14-35 所示。

(8) 单击【确定】按钮，单击 ID1 右侧材质按钮，在【Blinn 基本参数】卷展栏中勾选【双面】复选框，在【Blinn 基本参数】卷展栏中单击【环境光】左侧的按钮，将【环境光】的 RGB 值设置为 0、0、0，将【自发光】设置为 30，将【高光级别】、【光泽度】、【柔化】分别设置为 16、30、0.5，如图 14-36 所示。

(9) 在【贴图】卷展栏单击【漫反射颜色】右侧的【无】按钮，在弹出的对话框中双击【位图】，再在弹出的对话框中选择随书附带光盘中的 CDROM|Map| 人鱼面部 .tif 文件，如图 14-37 所示。

图 14-35 设置【材质数量】参数

图 14-36 设置材质

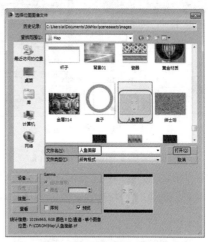
图 14-37 【选择位图图像文件】对话框

(10) 单击【打开】按钮，在【坐标】卷展栏中将【偏移】下的 U、V 分别设置为 0.02、0.004，将【瓷砖】下的 U、V 分别设置为 0.9、1，设置完成后，单击两次【转到父对象】按钮，在【多维／子对象参数】卷展栏中选择 ID1 右侧的材质，按住鼠标将其拖曳至 ID2 右侧的材质按钮上，在弹出的对话框中选中【复制】单选按钮，如图 14-38 所示。

(11) 单击【确定】按钮，然后再单击 ID2 右侧的材质按钮，在【贴图】卷展栏中单击【漫反射颜色】右侧的材质按钮，在【位图参数】卷展栏中勾选【应用】复选框，将 U、V、W、H 分别设置为 0.7、0.6、0.28、0.4，如图 14-39 所示。

图 14-38 选中【复制】单选按钮

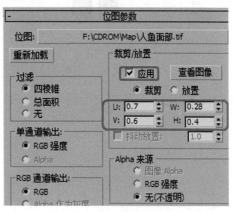
图 14-39 裁剪位图

（12）单击两次【转到父对象】按钮，在【多维/子对象参数】卷展栏中单击 ID3 右侧的材质按钮，在弹出的对话框中选择【标准】选项，如图 14-40 所示。

（13）单击【确定】按钮，在【Blinn 基本参数】卷展栏中将【自发光】设置为 30，将【高光级别】、【光泽度】分别设置为 32、43，如图 14-41 所示。

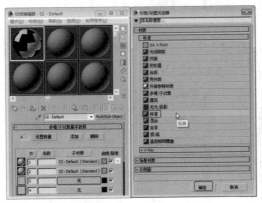
图 14-40　选择【标准】选项

图 14-41　设置材质

（14）在【贴图】卷展栏中单击【漫反射颜色】右侧的材质按钮，在弹出的对话框中双击【位图】，再在弹出的对话框中选择随书附带光盘中的 CDROM|Map| 鱼鳞 001.tif 文件，如图 14-42 所示。

（15）单击【打开】按钮，在【坐标】卷展栏中将【瓷砖】下的 U、V 分别设置为 10、1，如图 14-43 所示。

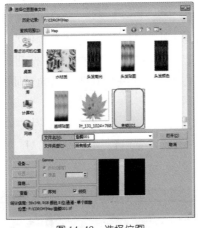
图 14-42　选择位图

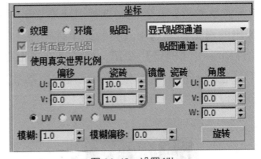
图 14-43　设置 UV

（16）单击【转到父对象】按钮，在【贴图】卷展栏中将【漫反射颜色】右侧的材质按住鼠标拖曳至【凹凸】右侧的材质按钮上，在弹出的对话框中选中【实例】单选按钮，如图 14-44 所示。

> **知识链接**
>
> 凹凸贴图使用贴图图像的强度来影响材质的曲面。在此情况下，强度影响曲面的外观凹凸度：白色区域凸出，黑色区域凹进。使用凹凸贴图去除曲面的平滑度或创建浮雕效果。

(17) 单击【确定】按钮，在【贴图】卷展栏中将【凹凸】右侧的【数量】设置为200，如图14-45所示。

图 14-44　选中【实例】单选按钮

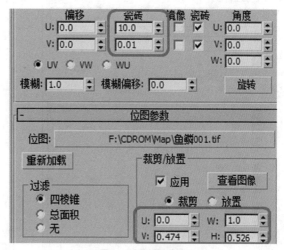

图 14-45　设置【凹凸】数量

(18) 单击【转到父对象】按钮，在【多维/子对象参数】卷展栏中将 ID3 右侧的材质按住鼠标拖曳至 ID4 右侧的材质按钮上，在弹出的对话框中选中【复制】单选按钮，如图 14-46 所示。

(19) 单击【确定】按钮，然后再单击 ID4 右侧的材质按钮，在【贴图】卷展栏中单击【漫反射颜色】右侧的材质按钮，在【坐标】卷展栏中将【瓷砖】下的 U、V 分别设置为 10、0.01，在【位图参数】卷展栏中勾选【应用】复选框，将 U、V、W、H 分别设置为 0、0.474、1、0.526，如图 14-47 所示。

图 14-46　选中【复制】单选按钮

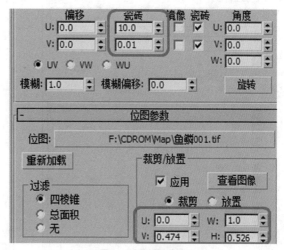

图 14-47　设置参数

(20) 单击两次【转到父对象】按钮，确定【人体】对象处于选择状态，单击【将材质指定给选定对象】按钮，将设置好的材质指定给【人体】对象。将场景中对象全部取消隐藏，在视图中调整模型的位置，最后将场景另存为即可。

案例精讲 145 合并人鱼

> 案例文件：CDROM|Scenes|Cha14| 海底美人鱼 .max
>
> 视频文件：视频教学 | Cha14| 合并人鱼 .avi

制作概述

下面将介绍如何通过【合并】命令将制作好的人鱼模型导入到新的场景中。

学习目标

学会将制作好的人鱼模型合并到新的场景中。

操作步骤

(1) 重置一个场景文件，按 8 键打开【环境和效果】对话框，在该对话框中单击【环境贴图】下的【无】按钮，在弹出的对话框选择【位图】选项，如图 14-48 所示。

(2) 单击【确定】按钮，弹出【选择位图图像文件】对话框，在该对话框中选择随书附带光盘中的 CDROM|Map|hdygzs.jpg 素材文件，单击【打开】按钮，如图 14-49 所示。

(3) 按 M 键打开【材质编辑器】对话框，将【环境贴图】下的贴图拖曳至一个空白的材质样本球上，在弹出的对话框中选中【实例】单选按钮，如图 14-50 所示。

(4) 将【坐标】卷展栏下的【贴图】设置为【屏幕】，将对话框关闭，激活【透视】视图，在菜单栏中选择【视图】|【视口背景】|【环境背景】命令，此时，【透视】视图的背景将显示环境背景，效果如图 14-51 所示。

图 14-48 选择【位图】选项

图 14-49 选择素材文件

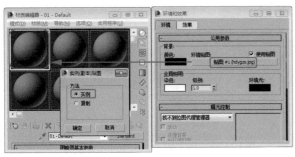

图 14-50 选中【实例】单选按钮

图 14-51 设置环境背景后的效果

(5) 单击【应用程序】按钮，在弹出的下拉菜单中选择【导入】|【合并】命令，弹出【合并文件】对话框，在该对话框中选择随书附带光盘中的 CDROM|Scenes|Cha14| 设置人鱼材质 .max 素材文件，单击【打开】按钮，如图 14-52 所示。

(6) 在弹出的对话框中选择所有对象，单击【确定】按钮，这样即可将人鱼导入，如图 14-53 所示。

图 14-52 【合并文件】对话框

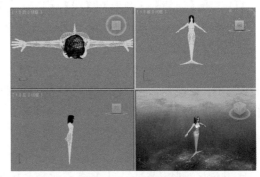

图 14-53 合并后的效果

(7) 在视图中选择【人体】对象，在【修改】命令面板中选择【UVW 展开】修改器，单击鼠标右键，在弹出的快捷菜单中选择【塌陷到】命令，在弹出的对话框中单击【是】按钮，选择【可编辑多边形】修改器，在【编辑几何体】卷展栏中单击【附加】右侧的按钮，在弹出的对话框中选择如图 14-54 所示的对象。

(8) 单击【附加】按钮，弹出【附加选项】对话框，在该对话框中选中【匹配材质 ID 到材质】单选按钮，单击【确定】按钮，如图 14-55 所示。

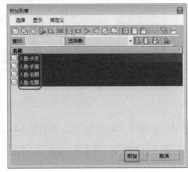

图 14-54 选择附加对象

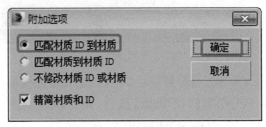

图 14-55 【附加选项】对话框

案例精讲 146　将人鱼绑定到运动路径

📝 **案例文件**：CDROM|Scenes|Cha14| 海底美人鱼 .max

💿 **视频文件**：视频教学 | Cha14| 将人鱼绑定到运动路径 .avi

制作概述

将对象绑定到路径上，然后通过为对象添加关键帧，使对象沿着一定路径运动，这样可以提高工作效率。本例将介绍如何将人鱼绑定到运动路径。

学习目标

学会将人鱼绑定到运动路径上。

操作步骤

(1) 选择【创建】|【图形】|【线】工具，在【顶】视图中绘制一条线段，将其命名为"路径"，选择【修改】命令面板，将当前选择集定义为【顶点】，然后在视图中调整顶点的位置，调整完成后的效果如图 14-56 所示。

(2) 将当前选择集关闭，在视图中选择【人体】对象，在【修改器列表】中选择【路径变形 (WSM)】修改器，在【参数】卷展栏中单击【拾取路径】按钮，在视图中拾取对象【路径】，如图 14-57 所示。

> **知识链接**
>
> 　　【路径变形（WSM）】修改器将样条线或 NURBS 曲线作为路径使用来变形对象。可以沿着该路径移动和拉伸对象，也可以关于该路径旋转和扭曲对象。

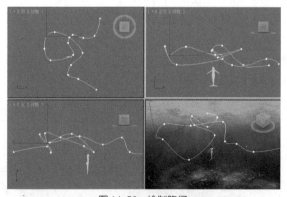

图 14-56　绘制路径

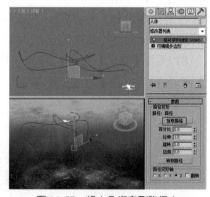

图 14-57　将人鱼绑定到路径上

(3) 单击【转到路径】按钮，在【路径变形轴】选项组中选中 Y 单选按钮，如图 14-58 所示。

(4) 单击【时间配置】按钮，弹出【时间配置】对话框，在该对话框中将【动画】选项组中的【结束时间】设置为 500，如图 14-59 所示。

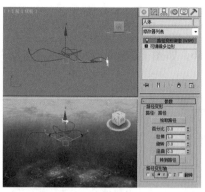

图 14-58　将人鱼转到路径

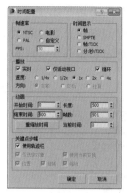

图 14-59　【时间配置】对话框

知识链接

【路径变形（WSM）】修改器【参数】卷展栏中各项参数功能介绍如下。

【路径】：显示选定路径对象的名称。

【拾取路径】：单击该按钮，然后选择一条样条线或 NURBS 曲线以作为路径使用。出现的 Gizmo 设置成路径一样的形状并与对象的局部 Z 轴对齐。一旦指定了路径，就可以使用该卷展栏上的剩下的控件调整对象的变形。所拾取的路径应当含有单个的开放曲线或封闭曲线。如果使用含有多条曲线的路径对象，那么只使用第一条曲线。

【百分比】：根据路径长度的百分比，沿着 Gizmo 路径移动对象。

【拉伸】：使用对象的轴点作为缩放的中心，沿着 Gizmo 路径缩放对象。

【旋转】：关于 Gizmo 路径旋转对象。

【扭曲】：关于路径扭曲对象。根据路径总体长度一端的旋转决定扭曲的角度。通常，变形对象只占据路径的一部分，所以产生的效果很微小。

（5）单击【自动关键点】按钮，打开动画记录模式，将时间滑块拖曳至第 500 帧处，在【参数】卷展栏中将【百分比】设置为 100，如图 14-60 所示。

（6）将时间滑块拖曳至第 173 帧处，在【参数】卷展栏中将【旋转】设置为 –184，如图 14-61 所示。

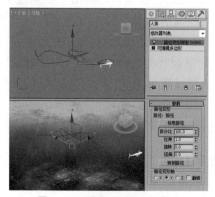

图 14-60　设置【百分比】参数

图 14-61　设置【旋转】关键帧参数

(7) 拖动时间滑块至第 196 帧，设置【旋转】为 −138.5，如图 14-62 所示。

(8) 拖动时间滑块至第 359 帧，设置【旋转】为 −262，如图 14-63 所示。

(9) 拖动时间滑块至第 398 帧，设置【旋转】为 −116，如图 14-64 所示，关闭【自动关键点】按钮。

图 14-62　在第 196 帧设置旋转参数　　图 14-63　在第 359 帧设置旋转参数　　图 14-64　在第 398 帧设置旋转参数

(10) 再次单击【自动关键点】按钮，关闭动画记录模式。

案例精讲 147　创建气泡

案例文件：CDROM|Scenes|Cha14| 海底美人鱼 .max

视频文件：视频教学 | Cha14| 创建气泡 .avi

制作概述

本例将介绍如何制作出海底气泡。首先创建喷射粒子，然后设置粒子系统参数，最后为粒子系统指定材质。

学习目标

学会如何创建海底气泡。

操作步骤

(1) 选择【创建】|【几何体】|【粒子系统】|【喷射】工具，在【顶】视图中创建粒子系统，在【参数】卷展栏中，将【视口计数】、【渲染计数】、【水滴大小】、【速度】、【变化】设置为 650、650、1、0.5、0.5，选中【圆点】单选按钮，在【渲染】选项组中选中【面】单选按钮，在【计时】选项组中将【开始】、【寿命】分别设置为 −400、500，勾选【恒定】复选框，将【发射器】选项组中的【宽度】、【长度】分别设置为 300、300，如图 14-65 所示。

 如果将视口显示数量设置为少于渲染计数，可以提高视口的性能。

(2) 设置完成后，确定粒子系统处于选择状态，激活【前】视图，在【工具栏】中单击【镜像】按钮，在弹出的对话框中选中 Y 单选按钮，如图 14-66 所示。

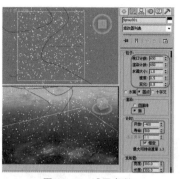

图 14-65　设置参数

图 14-66　设置镜像轴

（3）单击【确定】按钮，然后在其他视图中调整粒子系统的位置，完成后的效果如图 14-67 所示。

（4）按 M 键打开【材质编辑器】对话框，选择一个空白的材质样本球，在【Blinn 基本参数】卷展栏中单击【高光反射】左侧的按钮，在弹出的对话框中单击【是】按钮，将【环境光】颜色 RGB 值设置为 0、0、0，在【自发光】选项组中勾选【颜色】复选框，将【颜色】RGB 值设置为 255、255、255，如图 14-68 所示。

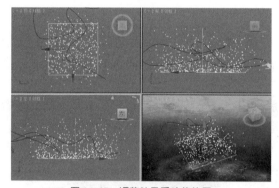

图 14-67　调整粒子系统的位置

图 14-68　设置参数

（5）在【贴图】卷展栏中单击【漫反射颜色】右侧的【无】按钮，在弹出的对话框中双击【位图】，在弹出的对话框中选择随书附带光盘中的 CDROM|Map|BUBBLE3.TGA 文件，如图 14-69 所示。

图 14-69　选择位图

图 14-70　选中【实例】单选按钮

（6）单击【打开】按钮，单击【转到父对象】按钮，在【贴图】卷展栏中将【漫反射颜色】

右侧的材质按住鼠标拖曳至【不透明度】右侧的材质按钮上，在弹出的对话框中选中【实例】单选按钮，如图 14-70 所示。

(7) 单击【确定】按钮，确定粒子系统处于选择状态，单击【将材质指定给选定对象】按钮，然后将对话框关闭。

案例精讲 148　创建摄影机和灯光

> 📄 案例文件：CDROM|Scenes|Cha14|海底美人鱼 .max
>
> 🎬 视频文件：视频教学 | Cha14| 创建摄影机及灯光 .avi

制作概述

本例将介绍如何创建摄影机和灯光。摄影机好比眼睛，通过摄影机的调整可以看清楚海底美人鱼的运动及气泡。

学习目标

学会如何创建摄影机和灯光。

操作步骤

(1) 选择【创建】|【摄影机】|【目标】工具，在【顶】视图中创建目标摄影机，激活【透视】视图，按 C 键将其转换为【摄影机】视图，然后在其他视图中调整摄影机的位置，效果如图 14-71 所示。

(2) 进入【修改】命令面板，在【参数】卷展栏中将【镜头】设置为 50，将【视野】设置为 39.598，在【环境范围】选项组中将【近距范围】、【远距范围】分别设置为 400、600，如图 14-72 所示。

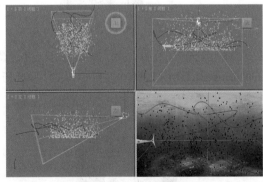
图 14-71　创建摄影机

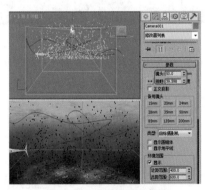
图 14-72　设置摄影机参数

(3) 选择【创建】|【灯光】|【标准】|【目标聚光灯】工具，在【顶】视图中创建目标聚光灯，在【强度 / 颜色 / 衰减】卷展栏中将【倍增】设置为 1.5，然后在其他视图中调整灯光的位置，如图 14-73 所示。

(4) 选择【泛光灯】工具，在【顶】视图中创建两盏泛光灯，将其在【强度 / 颜色 / 衰减】卷展栏中的【倍增】分别设置为 0.3、0.6，然后在其他视图中调整灯光的位置，如图 14-74 所示。

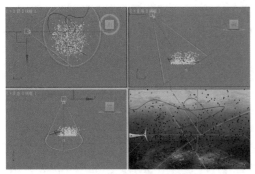
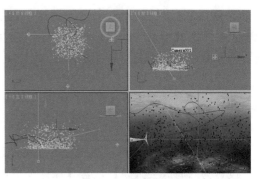

图 14-73 创建并调整目标聚光灯　　　　　　　图 14-74 创建泛光灯

案例精讲 149　渲染输出场景

案例文件：CDROM|Scenes|Cha14| 海底美人鱼 .max

视频文件：视频教学 | Cha14| 渲染输出场景 .avi

制作概述

渲染是基于模型的材质和灯光位置，以摄影机的角度利用计算机计算每一个像素着色位置的全过程。在前面所制作的模型及材质、灯光的作用等效果，都是在经过渲染之后才能更好地表达出来。

学习目标

学会如何输出场景动画。

操作步骤

(1) 按 8 键打开【环境和效果】对话框，选择【效果】选项卡，单击【添加】按钮，在弹出的对话框中选择【亮度和对比度】选项，单击【确定】按钮，如图 14-75 所示。

(2) 展开【亮度和对比度参数】卷展栏，将【亮度】设置为 0.6，将【对比度】设置为 0.7，如图 14-76 所示。

图 14-75　选择【亮度和对比度】选项

图 14-76　设置【亮度】、【对比度】参数

(3)激活【摄影机】视图,按F10键打开【渲染设置】对话框,在【公用参数】卷展栏中选中【时间输出】下的【活动时间段】单选按钮,在【输出大小】选项组中的【宽度】、【高度】分别设置为640、480,如图14-77所示。

> 提示　通常选择【透视】视图或 Camera 视图来进行渲染。可先选择视图再渲染,也可以在【渲染设置】对话框中设置视图。

(4)在【渲染输出】选项组中单击【文件】按钮,在弹出的对话框中指定保存路径,将【名称】设置为【海底美人鱼】,将【保存类型】设置为【AVI 文件 (*.avi)】,如图14-78所示。

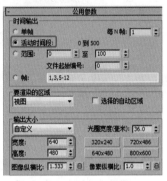

图 14-77　设置【公用参数】

图 14-78　【渲染输出文件】对话框

(5)单击【保存】按钮,在弹出的对话框中单击【确定】按钮,返回到【渲染设置】对话框中,单击【渲染】按钮即可将场景渲染输出,输出完成后将场景进行保存。

第 15 章
动画片段制作
技巧小桥流水

本章重点

◆ 创建模型场景
◆ 设置材质
◆ 设置动画
◆ 创建灯光
◆ 创建摄影机
◆ 渲染动画

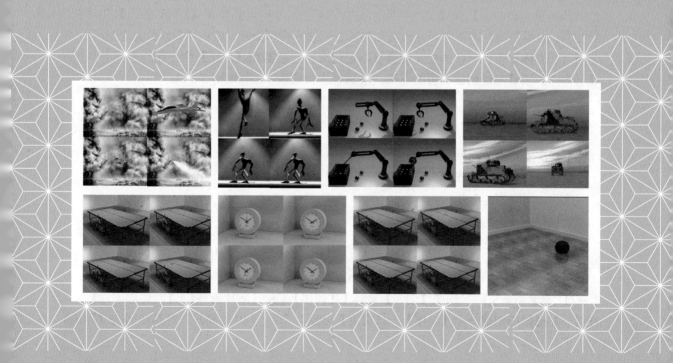

在 3ds Max 中不仅能够创建模型对象，还可以设置模型动画，使场景变得更加生动。3ds Max 中强大的动画特效功能对动画爱好者来说是最引人注目的地方。本章将以一个小桥流水动画片段为例，介绍动画制作方面的技巧，完成后的动画效果如图 15-1 所示。

图 15-1　小桥流水动画

案例精讲 150　创建模型场景

案例文件：CDROM | Scenes | Cha15| 小桥流水 .max

视频文件：视频教学 | Cha15| 创建模型场景 .avi

制作概述

本例将通过使用【四边形面片】工具并配合【编辑面片】制作陆地模型，然后添加【置换】修改器，为其添加位图贴图。创建河流时，首先使用【四边形面片】工具制作河流面片，为其添加【置换】修改器，然后在材质编辑器中设置其【噪波】贴图。最后使用【线】工具绘制河流路径并使用【路径变形 (WSM)】修改器将河流面片添加到路径上。创建石头模型时，使用【球体】工具并添加 FFD 3×3×3 和【噪波】修改器创建石头模型。 使用【球体】工具并进行适当缩放，然后添加【法线】修改器完成天空模型的创建。创建花瓣模型时，使用【长方体】工具并添加【编辑网格】修改器，调整花瓣模型顶点，然后为其添加【UVW 贴图】和【弯曲】修改器，最后复制花瓣并绘制花瓣流动路径。创建木桥模型时，使用【弧】工具绘制桥面路径，使用【长方体】工具制作木板并配合【路径约束】控制器和【快照】命令制作桥面，然后使用【长方体】工具继续创建木桥的支架，最后将木桥成组。

学习目标

掌握陆地模型的制作。

掌握河流模型的制作。

掌握石头模型的制作。

掌握天空模型的制作。

掌握花瓣模型的制作。

掌握木桥模型的制作。

操作步骤

(1) 新建场景文件。选择【创建】|【几何体】|【面片栅格】|【四边形面片】工具，在【顶】视图中创建一个【长度】、【宽度】分别为 200、210 的面片，将其命名为【陆地】，

如图 15-2 所示。

(2) 切换至【修改】命令面板，在【修改器列表】中选择【编辑面片】修改器，在【几何体】卷展栏中，将【曲面】区域中的【视图步数】和【渲染步数】分别设置为 80、10，并勾选【显示内部边】复选框，如图 15-3 所示。

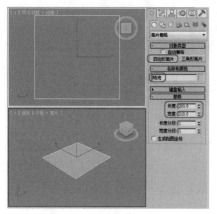

图 15-2　创建面片作为陆地

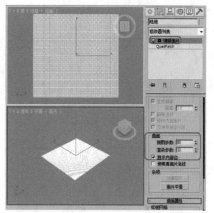

图 15-3　添加【编辑面片】修改器

(3) 在【修改器列表】中添加【编辑网格】修改器，将面片转换为网格物体。然后继续选择【置换】修改器，在【参数】卷展栏中将【强度】设置为 12，单击【图像】选项下的【位图】按钮，在弹出的【选择置换图像】对话框中选择随书附带光盘中的 CODROM | Map | MASK02.jpg 文件，然后单击【打开】按钮，效果如图 15-4 所示。

(4) 选择【创建】 ⚹ |【几何体】 ◯ |【面片栅格】|【四边形面片】工具，在【顶】视图中创建一个面片，在【参数】卷展栏中将【长度】、【宽度】、【长度分段】、【宽度分段】分别设为 350、25、6、1，并将其命名为【河流】，如图 15-5 所示。

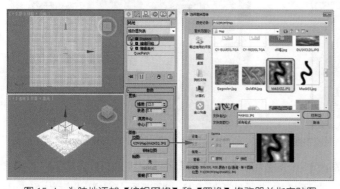

图 15-4　为陆地添加【编辑网格】和【置换】修改器并指定贴图

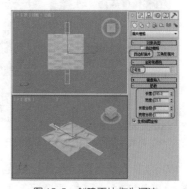

图 15-5　创建面片作为河流

(5) 切换至【修改】命令面板，选择【编辑面片】修改器，在【几何体】卷展栏中将【曲面】区域下的【视图步数】和【渲染步数】分别设置为 45、5，并勾选【显示内部边】复选框，如图 15-6 所示。

(6) 然后继续添加【编辑网格】修改器，将面片转换为网格物体。然后添加【置换】修改器，在【参数】卷展栏中将【强度】设置为 1，然后单击【图像】选项下【贴图】下面的【无】按钮，在弹出的【材质 / 贴图浏览器】对话框中选择【噪波】贴图，然后单击【确定】按钮，如图 15-7 所示。

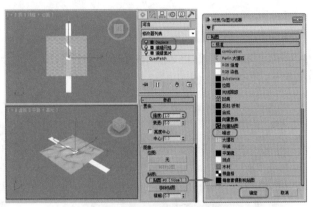

图 15-6　设置【编辑面片】修改器　　　　图 15-7　添加【编辑网格】和【置换】修改器

(7) 按 M 键打开材质编辑器，在【参数】卷展栏中，将【图像】区域下的【贴图】下面的贴图按钮，拖曳至材质编辑器中的一个样本球上，在弹出的对话框中选中【实例】单选按钮，然后单击【确定】按钮。在材质编辑器中，将【噪波参数】卷展栏下的【噪波类型】设置为【分形】，将【大小】设为1，如图 15-8 所示。

(8) 选择【创建】 |【图形】 |【线】工具，激活【顶】视图，并将视图转换为【平滑＋高光】显示，按 Alt+W 组合键最大化显示【顶】视图，在视图中沿着小河的走向创建一条曲线，如图 15-9 所示。

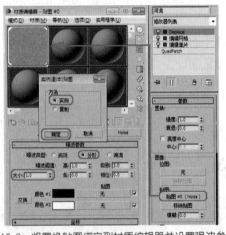

图 15-8　将置换贴图绑定到材质编辑器并设置噪波参数

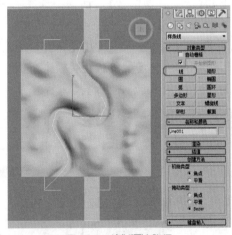

图 15-9　绘制河流路径

(9) 选中【河流】对象并切换至【修改】命令面板，选择【路径变形(WSM)】修改器。在【参数】卷展栏下单击【拾取路径】按钮，在场景中选择线 Line001，将【百分比】设置为50，将【旋转】设置为90，然后单击【转到路径】按钮，并将【路径变形轴】设置为 Y 轴。如果【河流】没有在河床上，可以使用【选择并移动】工具 沿 X 轴方向移动河流使其正好在河床上，如图 15-10 所示。

(10) 将场景中的所有物体隐藏。选择【创建】 |【几何体】 |【标准基本体】|【球体】工具，在【顶】视图中创建一个【半径】为3的球体，并将其命名为"石头001"，如图 15-11 所示。

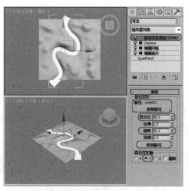
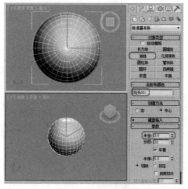

图 15-10　将河流绑定到路径上并设置路径参数　　　　　　　　图 15-11　创建球体

(11) 切换至【修改】命令面板，选择 FFD 3×3×3 修改器，并将当前选择集定义为【控制点】，然后在视图中使用【选择并移动】工具✛移动控制点，效果如图 15-12 所示。

(12) 退出当前选择集，然后添加【噪波】修改器，在【参数】卷展栏中将【噪波】区域的【种子】和【比例】分别设置为 2、23；勾选【分形】复选框，将【粗糙度】和【迭代次数】分别设置为 0.2、6。将【强度】区域的 X、Y、Z 分别设置为 5、2、5，效果如图 15-13 所示。

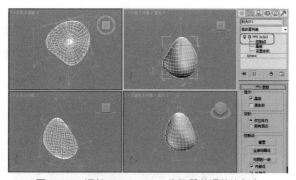
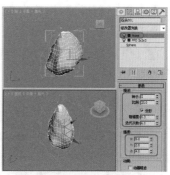

图 15-12　添加 FFD 3×3×3 修改器并调整控制点　　　　　图 15-13　为球体添加【噪波】修改器

(13) 参照前面的操作步骤，再创建几块石头，然后将做好的石头随意的排布在河岸上，如图 15-14 所示。

(14) 选择【创建】✳|【几何体】◯|【标准基本体】|【球体】工具，在【顶】视图中创建一个【半径】为 500.0 的球体，并将其命名为【天空】，然后将【半球】设为 0.5，如图 15-15 所示。

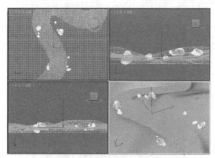
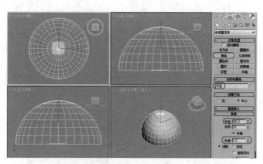

图 15-14　向场景中添加石头　　　　　　　　　图 15-15　创建半球体

(15) 右击【选择并均匀缩放】工具 🔧，在弹出的【缩放变换输入】对话框中将 Z 轴的缩放设为 15.0，如图 15-16 所示。

(16) 切换至【修改】命令面板，为【天空】对象添加【法线】修改器，在【参数】卷展栏下选择【翻转法线】选项，如图 15-17 所示。

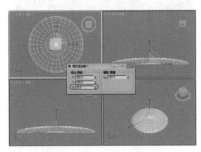

图 15-16 沿 Z 轴进行缩放

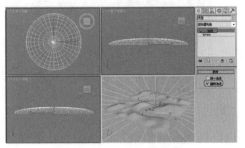

图 15-17 添加【法线】修改器

(17) 将场景中的所有对象隐藏，选择【创建】 ✳ |【几何体】 ◎ |【标准基本体】|【长方体】工具，在【顶】视图中创建一个长方体，将其命名为【花瓣01】，在【参数】卷展栏中，将【长度】设置为 25.0，【宽度】设置为 10.0，【高度】设置为 0.0，【长度分段】设置为 8，【宽度分段】设置为 4，【高度分段】设置为 1，如图 15-18 所示。

(18) 切换至【修改】命令面板，为其添加【编辑网格】修改器，将当前选择集定义为【顶点】，在【顶】视图中，使用【选择并均匀缩放】工具 🔧 和【选择并移动】工具 ✛，将顶点调整至如图 15-19 所示的位置。

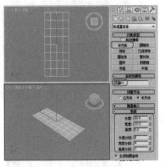

图 15-18 创建长方体

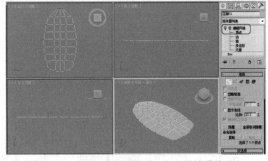

图 15-19 添加【编辑网格】修改器并调整顶点

(19) 使用【选择并移动】工具 ✛ 选择如图 15-20 所示的顶点，在【前】视图中，向下移动顶点。

(20) 退出当前选择集，为其添加【UVW 贴图】修改器，如图 15-21 所示。

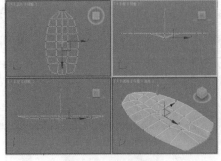

图 15-20 移动顶点

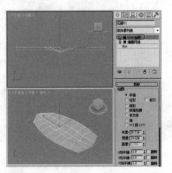

图 15-21 添加【UVW 贴图】修改器

(21) 然后为其添加【弯曲】修改器，将【弯曲】中的【角度】设置为–50.0，【方向】设置为 180.0，将【弯曲轴】选择为 X，如图 15-22 所示。

(22) 然后为其继续添加【弯曲】修改器，将【弯曲】中的【角度】设置为 110.0，【方向】设置为 90.0，将【弯曲轴】选择为 Y，如图 15-23 所示。

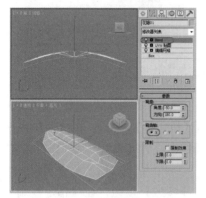
图 15-22 添加【弯曲】修改器

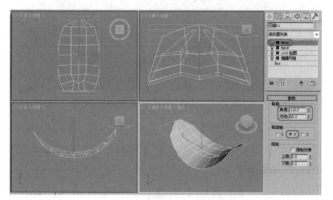
图 15-23 添加【弯曲】修改器

(23) 在场景视图中右击，在弹出的快捷菜单中选择【全部取消隐藏】命令，将隐藏的对象全部显示，然后使用【选择并均匀缩放】工具，将花瓣对象进行适当缩放，如图 15-24 所示。

(24) 按住 Shift 键使用【选择并移动】工具拖动花瓣对象，在弹出的【克隆选项】对话框中，选中【复制】单选按钮，并将【副本数】设置为 2，然后单击【确定】按钮，如图 15-25 所示。

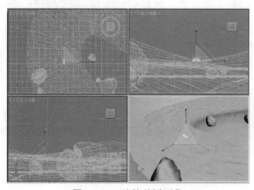
图 15-24 缩放花瓣对象

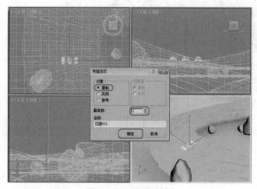
图 15-25 复制花瓣

(25) 将天空和河流对象隐藏，选择【创建】｜【图形】｜【线】工具，激活【顶】视图，并将视图转换为【平滑＋高光】显示，按 Alt+W 组合键最大化显示【顶】视图，在【顶】视图中创建三条曲线作为花瓣流动的路线，如图 15-26 所示。

(26) 将场景中的所有对象隐藏，选择【创建】｜【图形】｜【弧】工具，在【前】视图中创建弧，在【参数】卷展栏中将【半径】设置为 272.0、【从】设置为 58.0、【到】设置为 122.2，如图 15-27 所示。

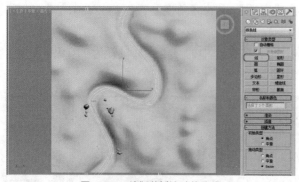

图 15-26　绘制花瓣流动的路线

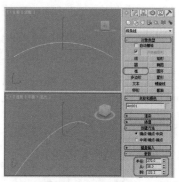

图 15-27　绘制弧

(27) 选择【创建】　|【几何体】　|【标准基本体】|【长方体】工具，在【顶】视图中创建一个长方体，将其命名为【木板 01】，在【参数】卷展栏中设置【长度】为 125、【宽度】为 15、【高度】为 6，如图 15-28 所示。

(28) 选中【木板 01】对象，切换至【运动】面板，单击【参数】按钮，在【指定控制器】卷展栏中，选择列表中的【位置：位置 XYZ】并单击【指定控制器】按钮　，在弹出的对话框中选择【路径约束】选项，然后单击【确定】按钮，如图 15-29 所示。

(29) 在【路径参数】卷展栏中，单击【添加路径】按钮，在场景中拾取 Arc001，然后勾选【路径选项】选项组中的【跟随】复选框，如图 15-30 所示。

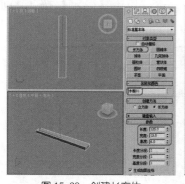

图 15-28　创建长方体

图 15-29　选择【路径约束】选项

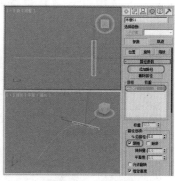

图 15-30　拾取路径

(30) 关闭【添加路径】按钮，选中【木板 01】对象，在菜单栏中选择【工具】|【快照】命令，在弹出的【快照】对话框中选中【范围】单选按钮，将【副本】设置为 19，选中【克隆方法】选项组中的【实例】单选按钮，然后单击【确定】按钮，如图 15-31 所示。

(31) 选中【木板 01】对象，切换至【修改】命令面板中，为其添加【UVW 贴图】修改器，在【参数】卷展栏中，选中【长方体】单选按钮，在【对齐】中选择 Z 单选按钮，然后单击【适配】按钮，如图 15-32 所示。

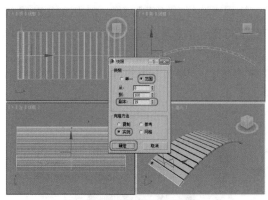
图 15-31 设置【快照】参数

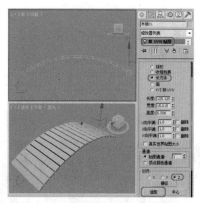
图 15-32 添加【UVW 贴图】修改器

(32) 选中 Arc001 弧对象，按 Ctrl+V 组合键，在弹出的对话框中选中【复制】单选按钮，在【名称】文本框中输入【下木板 01】，然后单击【确定】按钮，如图 15-33 所示。

(33) 选中【下木板 01】对象，切换至【修改】命令面板，为其添加【编辑样条线】修改器，将当前选择集定义为【样条线】，在【几何体】卷展栏中，将【轮廓】设置为 12，按 Enter 键确认，如图 15-34 所示。

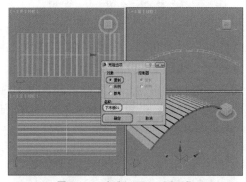
图 15-33 复制 Arc001 弧对象

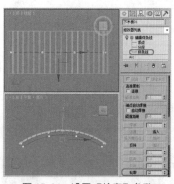
图 15-34 设置【轮廓】参数

(34) 退出当前选择集，继续添加【挤出】修改器，在【参数】卷展栏中将【数量】设置为 10.0，如图 15-35 所示。

(35) 在【顶】视图中，使用【选择并移动】工具 ✥ 调整【下木板 01】对象的位置，将其移动到木板的一端，如图 15-36 所示。

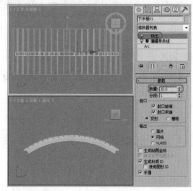
图 15-35 添加【挤出】修改器

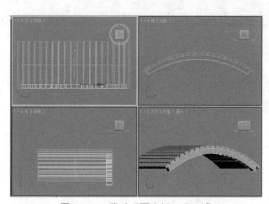
图 15-36 移动【下木板 01】对象

(36) 在【顶】视图中，选中【下木板 01】对象，使用【选择并移动】工具 ✥ 并按住 Shift 键，沿着 Y 轴拖动对象，在弹出的【克隆选项】对话框中，将【对象】设置为【实例】，然后单击【确定】按钮，如图 15-37 所示。

(37) 选择【创建】 ❋ |【几何体】 ◯ |【标准基本体】|【长方体】工具，在【顶】视图中创建一个长方体，将其命名为【支架 01】，在【参数】卷展栏中设置【长度】为 100.0、【宽度】为 12.0、【高度】为 8.0，如图 15-38 所示。

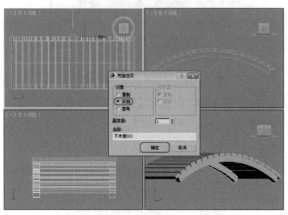

图 15-37　复制【下木板 01】对象

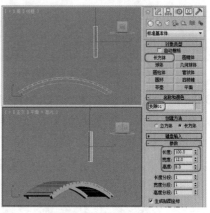

图 15-38　创建长方体

(38) 调整【支架 01】对象的位置，然后切换至【修改】命令面板，为其添加【UVW 贴图】修改器，在【参数】卷展栏中，选中【长方体】单选按钮，如图 15-39 所示。

(39) 在【前】视图中，选中【支架 01】对象，使用【选择并移动】工具 ✥ 并按住 Shift 键，沿着 X 轴拖动对象，在弹出的【克隆选项】对话框中，将【对象】设置为【实例】，将【名称】设置为【支架 02】，然后单击【确定】按钮，如图 15-40 所示。

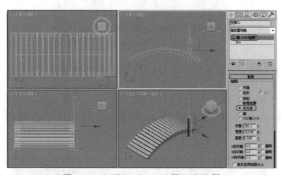

图 15-39　添加【UVW 贴图】修改器

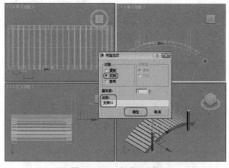

图 15-40　复制对象

(40) 在【前】视图中，继续选中【支架 01】对象，使用【选择并移动】工具 ✥ 并按住 Shift 键，沿着 X 轴拖动对象，在弹出的【克隆选项】对话框中，将【对象】设置为【复制】，然后单击【确定】按钮，如图 15-41 所示。

(41) 选择新复制的长方体对象，切换至【修改】命令面板，在【修改器列表】中选择 Box，在【参数】卷展栏中，将【长度】更改为 10.0，【宽度】更改为 270.0，【高度】更改为 10.0，然后在【前】视图中，向上调整其位置，如图 15-42 所示。

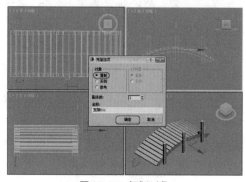
图 15-41　复制对象

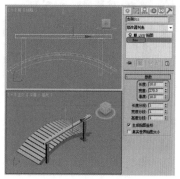
图 15-42　更改长方体参数

(42) 在【修改器列表】中选中【UVW 贴图】，单击【适配】按钮，对贴图进行调整，如图 15-43 所示。

(43) 使用【选择并旋转】工具 ，按住 Shift 键拖动对象，在弹出的对话框中选中【复制】单选按钮，然后单击【确定】按钮，如图 15-44 所示。

> 提示　　　在使用【选择并旋转】工具旋转模型对象时，可以将【角度捕捉切换】按钮打开，以一个固定的角度旋转模型对象。

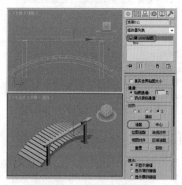
图 15-43　单击【适配】按钮

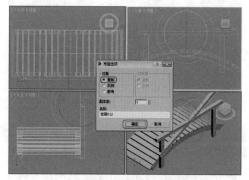
图 15-44　复制对象

(44) 选中旋转复制的对象，切换至【修改】命令面板，在【修改器列表】中选择 Box，在【参数】卷展栏中，将【长度】更改为 10.0，【宽度】更改为 230.0，【高度】更改为 6.0，然后在各个视图中，调整其位置，如图 15-45 所示。然后在【修改器列表】中选择【UVW 贴图】，单击【适配】按钮，对贴图进行调整。

(45) 激活【前】视图，单击【镜像】工具 ，在弹出的对话框中，将【镜像轴】设置为 X，将【克隆当前选择】设置为【实例】，然后单击【确定】按钮，如图 15-46 所示。然后适当调整对象的位置。

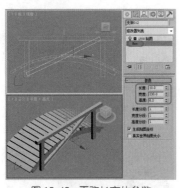
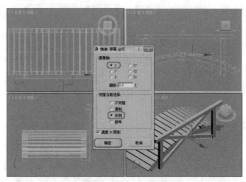

图 15-45　更改长方体参数　　　　　　　　图 15-46　设置【镜像】参数

（46）选择一侧的支架，激活【顶】视图，单击【镜像】工具 ，在弹出的对话框中，将【镜像轴】设置为 X，将【克隆当前选择】设置为【实例】，然后将【偏移】设置为适当参数，然后单击【确定】按钮，如图 15-47 所示。

（47）按 H 键打开【从场景选择】对话框，选择【木板 01】对象，单击【确定】按钮，如图 15-48 所示。然后按 Delete 键将其删除。

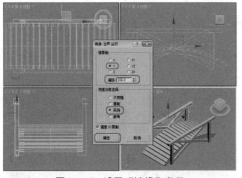

图 15-47　设置【镜像】参数　　　　　　　　图 15-48　选择【木板 01】对象

（48）选择所有木板对象，在菜单栏中选择【组】|【组】命令，在弹出的对话框中将其【组名】命名为"木桥"，然后单击【确定】按钮，如图 15-49 所示。

（49）将隐藏的对象显示，然后使用【选择并均匀缩放】工具 、【选择并旋转】工具 和【选择并移动】工具 ，将【木桥】调整至如图 15-50 所示状态。

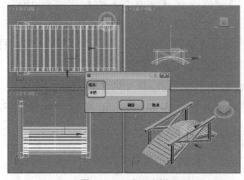
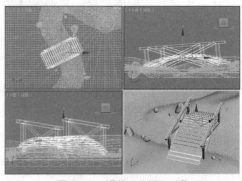

图 15-49　成组木桥　　　　　　　　　　　图 15-50　调整【木桥】对象

案例精讲 151 设置材质

 案例文件：CDROM | Scenes | Cha15| 小桥流水 .max

 视频文件：视频教学 | Cha15| 设置材质 .avi

制作概述

本例将为场景中的模型设置材质，在材质编辑器中，主要使用了【合成】贴图、【遮罩】贴图、【噪波】贴图、【薄壁折射】贴图和【位图】贴图。

学习目标

学会【合成】贴图的设置方法。

掌握【薄壁折射】贴图的设置方法。

操作步骤

(1) 在场景中选择【陆地】对象。按 M 键打开材质编辑器，选择第二个材质样本球，将它命名为"陆地"。在【Blinn 基本参数】卷展栏中，解除【环境光】和【漫反射】之间的锁定，将【环境光】的 RGB 值设置为 72、60、45；将【漫反射】的 RGB 值设置为 130、116、99。将【反射高光】区域的【高光级别】和【光泽度】分别设置为 8、18，如图 15-51 所示。

(2) 打开【贴图】卷展栏，单击【漫反射颜色】右侧的【无】按钮，在打开的【材质 / 贴图浏览器】对话框中选择【合成】贴图，单击【确定】按钮。单击【层 1】卷展栏中左侧的【无】按钮，在打开的【材质 / 贴图浏览器】对话框中双击【混合】贴图，在【混合参数】卷展栏中，将【颜色 #1】的 RGB 值设置为 255、255、255，然后单击其右侧的【无】按钮，在打开的【材质 / 贴图浏览器】对话框中双击【位图】贴图，选择随书附带光盘中的 CDROM | Map | STONES.jpg 文件，在【坐标】卷展栏中将【瓷砖】下的 U、V 均设置为 6，单击【转到父对象】按钮 返回上一级。将【颜色 #2】的 RGB 值设置为 0、47、5；将【混合量】设置为 40，如图 15-52 所示。

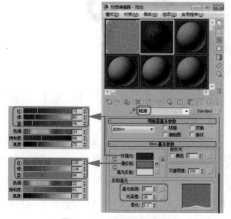

图 15-51 设置陆地材质

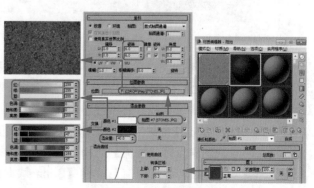

图 15-52 设置合成层 1

知识链接

　　合成贴图类型由其他贴图组成，并且可使用 Alpha 通道和其他方法将某层置于其他层之上。对于此类贴图，可使用已含 Alpha 通道的叠加图像，或使用内置遮罩工具仅叠加贴图中的某些部分。

　　(3) 单击【转到父对象】按钮⚙返回上一级。单击【添加图层】按钮🖐，单击【层 2】卷展栏中左侧的【无】按钮，在打开的【材质 / 贴图浏览器】对话框中双击【遮罩】贴图，在【遮罩参数】卷展栏中，单击【贴图】右侧的【无】按钮，在打开的【材质 / 贴图浏览器】对话框中双击【位图】贴图，选择随书附带光盘中的 CDROM | Map | Grass.jpg 文件，在【坐标】卷展栏中将【瓷砖】下的 U、V 均设置为 8。单击【转到父对象】按钮⚙返回上一级。在【遮罩参数】卷展栏中，单击【贴图】右侧的【无】按钮，在打开的【材质 / 贴图浏览器】对话框中双击【位图】贴图，选择随书附带光盘中的 CDROM | Map | Mask03.jpg 文件，如图 15-53 所示。

知识链接

　　在【遮罩】贴图的默认情况下，浅色（白色）的遮罩区域显示已应用的贴图，而较深（较黑）的遮罩区域显示基本材质颜色。可以使用"反转遮罩"来反转遮罩的效果。

　　若要更好地控制合成和遮罩纹理，以及使用多个层，并以不同的方式对层进行组合，最好使用【合成】贴图。

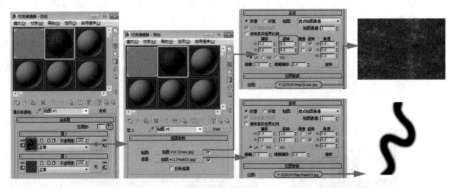

图 15-53　设置合成层 2

　　(4) 单击 3 次【转到父对象】按钮⚙。在【贴图】卷展栏中将【凹凸】的【数量】设置为 50，单击右侧的【无】按钮在打开的【材质 / 贴图浏览器】对话框中选择【噪波】贴图，单击【确定】按钮，在【噪波参数】卷展栏中将【噪波类型】设置为【规则】，将【大小】设置为 2，如图 15-54 所示。单击【将材质指定给选定对象】按钮🔳，将【陆地】材质指定给【陆地】对象。

　　(5) 在场景视图中选择【河流】对象，在材质编辑器中，选中第三个材质样本球并单击【背景】按钮🔳。将其命名为【河流】，在【Blinn 基本参数】卷展栏中，解除【环境光】和【漫反射】之间的锁定，将【环境光】的 RGB 值设置为 44、55、68；将【漫反射】的 RGB 值设置为 194、207、235；将【高光反射】的 RGB 值设置为 255、255、255，将【不透明度】设置为 30，将【反射高光】区域的【高光级别】和【光泽度】分别设置为 100、60，如图 15-55 所示。

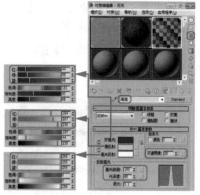

图 15-54 设置【凹凸】贴图　　　　　　　　　图 15-55 设置河流材质

（6）打开【贴图】卷展栏，单击【凹凸】右侧的【无】按钮，在打开的【材质／贴图浏览器】对话框中选择【噪波】贴图，单击【确定】按钮。在【噪波参数】卷展栏中将【噪波类型】设置为【分形】，将【大小】设置为 0.03，在【坐标】卷展栏中，选择【坐标】区域下【源】右侧下拉列表中的【显式贴图通道】选项。单击【转到父对象】按钮 返回父级面板，在【贴图】卷展栏中将【反射】的【数量】设置为 30，单击右侧的【无】按钮，在【材质／贴图浏览器】对话框中选择【光线跟踪】贴图，单击【确定】按钮，使用系统默认设置即可。单击【转到父对象】按钮返回父级面板，在【贴图】卷展栏中将【折射】的【数量】设置为 40，单击右侧的【无】按钮，在【材质／贴图浏览器】对话框中，选择【薄壁折射】贴图，单击【确定】按钮，在【薄壁折射参数】卷展栏中将【模糊】区域的【模糊】设置为 0.5，选择【渲染】区域的【每 N 帧】选项，将【折射】区域下的【厚度偏移】设置为 0.2，将【凹凸贴图效果】设置为 1.5，如图 15-56 所示。然后单击【将材质指定给选定对象】按钮 ，将该材质指定给场景中的选择对象。

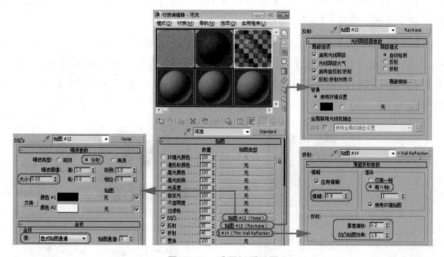

图 15-56 设置材质贴图

（7）在场景中选择所有石头对象。在材质编辑器中选择第四个样本球，并将它命名为【石头】，然后单击右侧的 Standard 按钮。在弹出的【材质／贴图浏览器】对话框中选择【顶／底】材质，然后单击【确定】按钮。在【顶／底基本参数】卷展栏中，选中【坐标】区域下的【局部】单选按钮。将【混合】、【位置】分别设置为25、85，然后单击【顶材质】右侧的材质按钮进入【顶】材质命令面板，在【Blinn 基本参数】卷展栏中，将【环境光】的 RGB 值设置为26、26、26，将【漫反射】的 RGB 值分别设置为137、128、255，将【反射高光】区域的【高光级别】、【光泽度】分别设置为5、25，如图 15-57 所示。

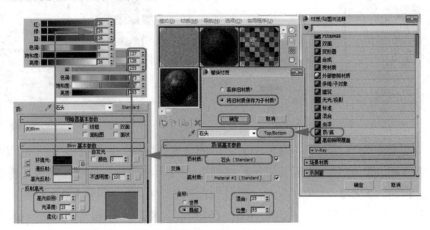

图 15-57　设置石头材质

(8) 打开【贴图】卷展栏，单击【漫反射颜色】右侧的【无】按钮，在打开的【材质／贴图浏览器】对话框中选择【位图】贴图，单击【确定】按钮，打开随书附带光盘中的 CDROM | Map |Benedeti.jpg 文件，添加【位图】贴图。再在【贴图】卷展栏中，将【凹凸】的【数量】设置为100，然后单击右侧的【无】按钮，在打开的【材质／贴图浏览器】对话框中选择【位图】贴图，单击【确定】按钮，打开随书附带光盘中的 CDROM | Map | Benedeti.jpg 文件，添加【位图】贴图，单击【转到父对象】按钮 返回父级面板，将【漫反射颜色】右侧的贴图拖曳至【凹凸】贴图上，在弹出的对话框中选中【复制】单选按钮，然后单击【确定】按钮，将【凹凸】的【数量】设置为100，如图 15-58 所示。

(9) 单击【转到父对象】按钮 ，返回【顶／底基本参数】卷展栏，单击【底材质】右侧的材质按钮。在【Blinn 基本参数】卷展栏中，将【环境光】的 RGB 值设置为26、26、26，将【漫反射】的 RGB 值设置为173、255、128，将【反射高光】区域的【高光级别】、【光泽度】分别设置为45、40，如图 15-59 所示。

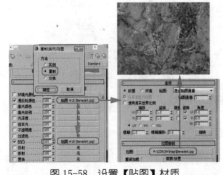

图 15-58　设置【贴图】材质

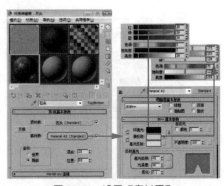

图 15-59　设置【底材质】

(10) 打开【贴图】卷展栏，单击【漫反射颜色】右侧【无】按钮，在打开的【材质／贴图浏览器】

对话框中选择【混合】贴图，单击【确定】按钮。进入漫反射颜色命令面板，在【混合参数】卷展栏中，将【颜色1】的 RGB 值设置为 0、0、0，将【颜色2】的 RGB 值设置为 35、33、32，将【混合量】设置为 45，然后单击【颜色1】右侧的贴图按钮，如图 15-60 所示。

(11) 在打开的【材质 / 贴图浏览器】对话框中选择【位图】贴图，单击【确定】按钮，选择随书附带光盘中的 CDROM | Map | Benedeti.jpg 文件，添加【位图】贴图，如图 15-61 所示。

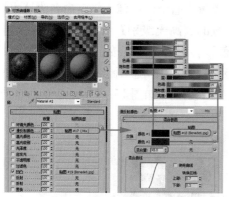

图 15-60 设置【漫反射颜色】贴图

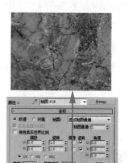

图 15-61 选择【位图】贴图

(12) 单击两次【转到父对象】按钮 ，返回到底材质命令面板，在【贴图】卷展栏中将【凹凸】的【数量】设置为 100，然后单击右侧的【无】按钮，在【材质 / 贴图浏览器】对话框中，选择【位图】贴图，单击【确定】按钮，选择随书附带光盘中的 CDROM | Map | Benedeti.jpg 文件，单击【打开】按钮，添加【位图】贴图，如图 15-62 所示。然后单击【将材质指定给选定对象】按钮 ，将该材质指定给场景中选择的【石头】对象。

(13) 在场景选择所有的【花瓣】对象。在材质编辑器中选择第五个样本球，将其命名为【花瓣】。在【Blinn 基本参数】卷展栏中，将【反射高光】区域的【高光级别】和【光泽度】分别设置为 5、0。打开【贴图】卷展栏，单击【漫反射颜色】右侧的【无】按钮，在【材质 / 贴图浏览器】对话框中，选择【位图】贴图，单击【确定】按钮，选择随书附带光盘中的 CDROM | Map | TH2.jpg 文件，单击【打开】按钮，添加【位图】贴图，如图 15-63 所示。然后单击【将材质指定给选定对象】按钮 ，将该材质指定给场景中选择的【花瓣】对象。

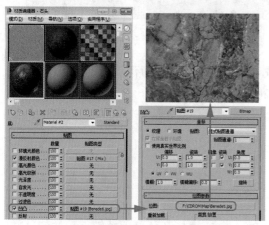

图 15-62 设置【凹凸】贴图

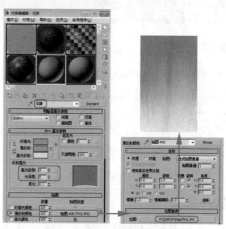

图 15-63 设置花瓣材质

(14) 在场景中选择【天空】对象。在材质编辑器中选择第六个材质样本球，将其命名为【天空】，打开【贴图】卷展栏，单击【漫反射颜色】右侧的【无】按钮，在打开的【材质/贴图浏览器】对话框中选择【位图】贴图，单击【确定】按钮，选择随书附带光盘中的 CDROM | Map | DUSKCLD1.jpg 文件，单击【打开】按钮，添加【位图】贴图，如图 15-64 所示。然后单击【将材质指定给选定对象】按钮，将该材质指定给场景中选择的【天空】对象。

(15) 在场景选择【木桥】对象。在材质编辑器中选择第七个样本球，将其命名为【木桥】。在【Blinn 基本参数】卷展栏中，将【反射高光】区域的【高光级别】和【光泽度】分别设置为 22、38。打开【贴图】卷展栏，单击【漫反射颜色】右侧的【无】按钮，在【材质/贴图浏览器】对话框中，选择【位图】贴图，单击【确定】按钮，选择随书附带光盘中的 CDROM | Map | 榉木 -26.jpg 文件，单击【打开】按钮，添加【位图】贴图，如图 15-65 所示。然后单击【将材质指定给选定对象】按钮，将该材质指定给场景中选择的【木桥】对象。

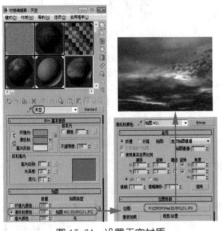
图 15-64　设置天空材质

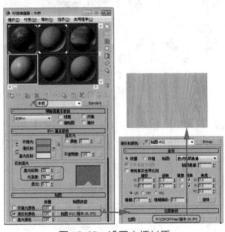
图 15-65　设置木桥材质

案例精讲 152　设置动画

案例文件：CDROM | Scenes | Cha15| 小桥流水 .max

视频文件：视频教学 | Cha15| 设置动画 .avi

制作概述

本例将为场景中的模型设置动画关键帧。首先在材质编辑器中设置河流流动的关键帧动画，然后设置花瓣流动动画，并在曲线编辑器中设置花瓣旋转动画。

学习目标

掌握关键帧动画的设置。

学会在曲线编辑器中设置旋转动画。

操作步骤

(1) 在打开的材质编辑器中，选择第一个样本球。按 N 键打开【自动关键点】按钮，并将时间帧滑块调整到第 100 帧处，在【坐标】卷展栏中将 Y 轴的【偏移】设为 -20.0，在【噪波参数】卷展栏下将【相位】设为 2.0，如图 15-66 所示。

(2) 在第 100 帧处，在材质编辑器中选择第三个【河流】样本球，单击【贴图】卷展栏中【凹凸】右侧的【无】按钮，进入【噪波】贴图面板。在【坐标】卷展栏中，将 V 方向的【偏移】设为 –20.0，在【噪波参数】卷展栏中将【相位】设为 5.0，如图 15-67 所示。关闭材质编辑器和【自动关键点】按钮。

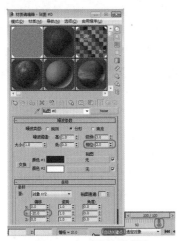
图 15-66　设置材质动画

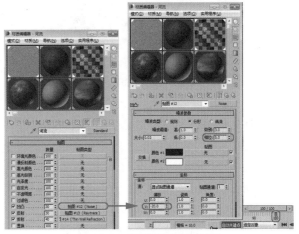
图 15-67　设置河流的材质动画

(3) 按 H 键打开【从场景选择】对话框，选择 Line002、Line003、Line004、【花瓣 01】、【花瓣 002】、【花瓣 003】，单击【确定】按钮，如图 15-68 所示。然后右击，在弹出的快捷菜单中选择【隐藏未选定对象】命令。

(4) 在场景中选择【花瓣 01】对象，切换至【运动】命令面板，单击【参数】按钮，在【指定控制器】卷展栏中，选择列表中的【位置：位置 XYZ】并单击【指定控制器】按钮，在弹出的对话框中选择【路径约束】，然后单击【确定】按钮，如图 15-69 所示。

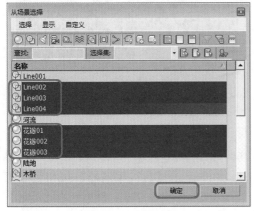
图 15-68　选择对象

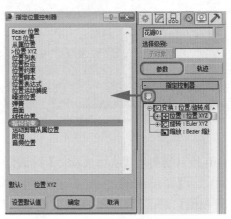
图 15-69　选择【路径约束】控制器

(5) 在【路径参数】卷展栏中单击【添加路径】按钮，然后在场景中选取 Line002，将【花瓣 01】的路径设为 Line002，如图 15-70 所示。

(6) 关闭【添加路径】按钮，将时间滑块调至第 0 帧处，将【路径参数】卷展栏中的【% 沿路径】设置为 65，如图 15-71 所示。

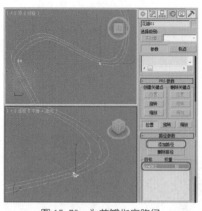

图 15-70　为花瓣指定路径

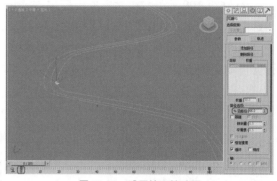

图 15-71　设置第 0 帧动画

（7）然后将时间帧滑块调至第 100 帧处，按 N 键打开【自动关键点】按钮，并将【% 沿路径】设为 85，如图 15-72 所示。然后关闭【自动关键点】按钮。

（8）用同样的方法将【花瓣 002】的路径设为 Line003，将【花瓣 003】的路径设为 Line004。选择【花瓣 002】，将时间帧滑块调至第 0 帧处，将【路径参数】卷展栏中的【% 沿路径】设置为 68。然后将时间帧滑块调至第 100 帧处，打开【自动关键点】按钮，并将【% 沿路径】设为 84。选择【花瓣 003】，将时间帧滑块调至第 0 帧处，将【路径参数】卷展栏中的【% 沿路径】设置为 68。然后将时间帧滑块调至第 100 帧处，打开【自动关键点】按钮，并将【% 沿路径】设为 85。

（9）将隐藏的对象显示，然后调整路径直线的位置，将其向上移动，使花瓣飘在水面之上，选中【透视】视图，渲染其中一帧的效果如图 15-73 所示。

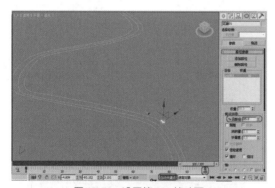

图 15-72　设置第 100 帧动画

图 15-73　渲染的效果

（10）按 H 键打开【从场景选择】对话框，选择 Line002、Line003、Line004、【花瓣 01】、【花瓣 002】、【花瓣 003】，单击【确定】按钮。在工具栏中单击【曲线编辑器】按钮，打开【轨迹视图】对话框，在轨迹视图左侧的项目窗口下，右击【花瓣 01】|【变换】|【旋转】选项，在弹出的快捷菜单中选择【指定控制器】命令，在弹出的【指定变换控制器】对话框中选择 Euler XYZ 控制器，然后单击【确定】按钮，如图 15-74 所示。

（11）在轨迹视图下的项目窗口中单击【旋转】下的【Z 轴旋转】，然后在工具栏中单击【添加关键点】按钮，在【Z 轴旋转】项目行的右侧的编辑窗口中的第 0、20、40、67、100 帧添加关键帧，将第 0 帧的值设置为 0，第 20 帧的值设置为 127，第 40 帧的值设置为 253，第 67 帧的值设置为 136，第 100 帧的值设置为 338，如图 15-75 所示。

图 15-74　为对象添加旋转控制器

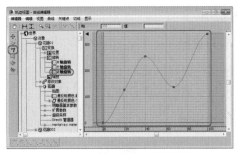

图 15-75　设置旋转关键帧的值

(12) 在轨迹视图左侧的项目窗口下，右击【花瓣 002】|【变换】|【旋转】选项，在弹出的快捷菜单中选择【指定控制器】命令，在弹出的【指定变换控制器】对话框中选择 Euler XYZ 控制器，然后单击【确定】按钮。单击【旋转】下的【Z 轴旋转】，然后在工具栏中单击【添加关键点】按钮，在【Z 轴旋转】项目行的右侧的编辑窗口中的第 0、32、100 帧处添加关键帧，将第 0 帧的值设置为 –150，第 32 帧的值设置为 –240，第 100 帧的值设置为 –420，如图 15-76 所示。

(13) 在轨迹视图左侧的项目窗口下，右击【花瓣 002】|【变换】|【旋转】选项，在弹出的快捷菜单中选择【指定控制器】命令，在弹出的【指定变换控制器】对话框中选择 Euler XYZ 控制器，然后单击【确定】按钮。单击【旋转】下的【Z 轴旋转】，然后在工具栏中单击【添加关键点】按钮，在【Z 轴旋转】项目行的右侧的编辑窗口中的第 0、20、63、100 帧处添加关键帧，将第 0 帧的值设置为 0，第 20 帧的值设置为 30，第 63 帧的值设置为 123，第 100 帧的值设置为 –108，如图 15-77 所示。最后将轨迹视图关闭。

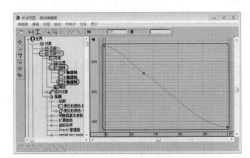

图 15-76　设置【花瓣 002】的旋转关键点

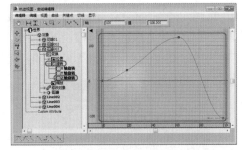

图 15-77　设置【花瓣 003】的旋转关键点

案例精讲 153　创建灯光

案例文件：CDROM | Scenes | Cha15| 小桥流水 .max

视频文件：视频教学 | Cha15| 创建灯光 .avi

制作概述

本例将在场景中创建四盏泛光灯。灯光创建完成后设置其【倍增】参数，然后设置其中一盏灯光的排除对象。

学习目标

掌握泛光灯的使用方法。

了解灯光的排除设置。

操作步骤

(1) 选择【创建】 ❋ |【灯光】 ❀ |【标准】|【泛光】工具，在【顶】视图中创建四盏泛光灯，在其他视图中调整灯的位置，如图 15-78 所示。

(2) 然后选择陆地下面的泛光灯，切换至【修改】命令面板，将【强度/颜色/衰减】卷展栏下的【倍增】值设为 0.3，如图 15-79 所示。

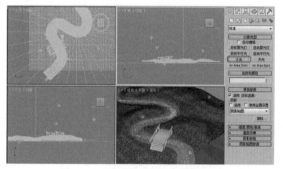
图 15-78　在场景中创建四盏泛光灯

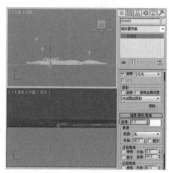
图 15-79　设置【倍增】

(3) 选择如图 15-80 所示的泛光灯，在【常规参数】卷展栏中勾选【阴影】区域的【启用】复选框，在【强度/颜色/衰减】卷展栏中将【倍增】值设置为 0.8。

(4) 选择如图 15-81 所示的泛光灯，在【强度/颜色/衰减】卷展栏中将【倍增】值设置为 0.5。

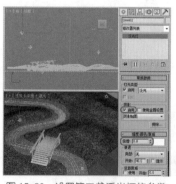
图 15-80　设置第二盏泛光灯的参数

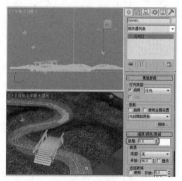
图 15-81　设置第三盏泛光灯的参数

(5) 选择如图 15-82 所示的泛光灯，在【常规参数】卷展栏中单击【排除】按钮，在打开的【排除/包含】对话框中将【陆地】对象排除使其不受该灯光的照射，单击【确定】按钮。然后在【强度/颜色/衰减】卷展栏中将【倍增】值设置为 0.8。

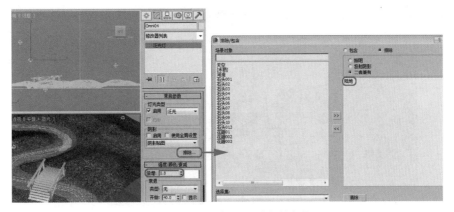

图 15-82　设置第四盏泛光灯的参数

案例精讲 154　创建摄影机

案例文件：CDROM | Scenes | Cha15| 小桥流水 .max

视频文件：视频教学 | Cha15| 创建摄影机 .avi

制作概述

本例将创建目标摄影机，并设置摄影机移动的动画关键帧。

学习目标

掌握摄影机动画的设置技巧。

操作步骤

(1) 选择【创建】 　|【摄影机】 　|【目标】工具，在【顶】视图中创建一架目标摄像机，将【镜头】设置为 50，激活【透视】视图，按 C 键将其转换为【摄影机】视图，将时间滑块拖曳至第 100 帧处，然后将此摄影机调整到如图 15-83 左图所示的角度，激活【摄影机】视图，然后按 F9 键进行渲染，效果如图 15-83 右图所示。

图 15-83　创建摄影机

(2) 按 N 键打开【自动关键点】按钮，将时间滑块调至第 100 帧处，在视图中调整摄影机的位置，然后关闭【自动关键点】按钮，按 F9 键进行渲染，效果如图 15-84 所示。

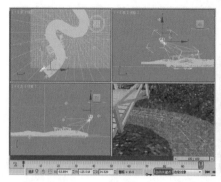

图 15-84　设置摄影机动画关键点

案例精讲 155　渲染动画

案例文件：CDROM | Scenes | Cha15| 小桥流水 .max

视频文件：视频教学 | Cha15| 渲染动画 .avi

制作概述

本例将介绍动画制作的最后步骤——渲染动画。通过在【渲染场景】对话框中设置相关的渲染参数，最后输出动画。

学习目标

了解渲染参数的设置方法。

操作步骤

激活【摄影机】视图，按 F10 键打开【渲染场景】对话框，选中【活动时间段 0 到 100】单选按钮，将【输出大小】设置为 640×480，在 【渲染输出】选项下单击【文件】按钮，在弹出的【渲染输出文件】对话框中将输出格式定义为 .avi 格式，并将它命名。最后单击【渲染】按钮开始渲染，如图 15-85 所示。

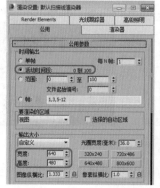

图 15-85　渲染输出